程序员软件开发名师讲坛·轻松学系列

轻松学Web前端开发入门与实战
HTML5+CSS3+JavaScript+Vue.js+jQuery
（视频·彩色版）（第2版）

刘兵　编著

中国水利水电出版社
www.waterpub.com.cn
·北京·

内容提要

《轻松学 Web 前端开发入门与实战 HTML5+CSS3+JavaScript+Vue.js+jQuery(视频·彩色版)(第 2 版)》基于编者 20 余年教学实践和软件开发经验，从初学者角度，用通俗易懂的语言、丰富实用的案例，循序渐进地讲解 Web 前端技术的基础知识和主流框架技术。全书共 15 章，主要内容涵盖 HTML 基础，表格、表单与框架，CSS 基础，CSS 网页布局，JavaScript 语言，DOM 编程，数据验证，jQuery，Ajax，JavaScript 进阶，Vue.js，计算属性与侦听属性，组件与路由，第三方插件，制作影院订票系统前端页面等。

《轻松学 Web 前端开发入门与实战 HTML5+CSS3+JavaScript+Vue.js+jQuery(视频·彩色版)(第 2 版)》根据 Web 前端开发技术所需知识的主脉络去搭建内容，采用"案例驱动+视频讲解+代码调试"相配套的方式，向读者提供 Web 前端技术开发从入门到项目实战的解决方案。扫描书中的二维码可以观看每个实例的制作视频和相关知识点的讲解视频，实现手把手教读者从零基础入门到快速学会 Web 前端项目开发。

《轻松学 Web 前端开发入门与实战 HTML5+ CSS3+JavaScript+Vue.js+jQuery(视频·彩色版)(第 2 版)》配有 253 集同步讲解视频、238 个实例源码分析、15 个综合实验、1 个综合案例，并提供丰富的教学资源，包括教学大纲、教学讲义、PPT 课件、程序源代码、课后习题答案、期末考试大作业、实验程序源码、在线交流服务 QQ 群和不定期网络直播等，既适合 Web 前端开发、网页设计、网站建设的读者自学，也适合高等学校、高职高专、职业技术学院和民办高校计算机及相关专业的学生选用，还可以作为相关培训机构 Web 前端开发课程的教材。

图书在版编目（CIP）数据

轻松学 Web 前端开发入门与实战 : HTML5+CSS3+JavaScript+Vue.js+jQuery : 视频·彩色版 / 刘兵编著.
2 版 . -- 北京 : 中国水利水电出版社 , 2025.7.
（程序员软件开发名师讲坛）. -- ISBN 978-7-5226-3074-8

Ⅰ . TP393.092.2

中国国家版本馆 CIP 数据核字第 2025Q361B2 号

书　　名	程序员软件开发名师讲坛·轻松学系列 轻松学 Web 前端开发入门与实战 HTML5+CSS3+JavaScript+Vue.js+jQuery(视频·彩色版)(第 2 版) QINGSONG XUE Web QIANDUAN KAIFA RUMEN YU SHIZHAN HTML5+CSS3+JavaScript+Vue.js+jQuery
作　　者	刘兵　编著
出版发行	中国水利水电出版社 （北京市海淀区玉渊潭南路 1 号 D 座　100038） 网址：http://www.waterpub.com.cn E-mail：zhiboshangshu@163.com 电话：（010）68367658（营销中心）
经　　售	北京科水图书销售有限公司 电话：（010）68545874、63202643 全国各地新华书店和相关出版物销售网点
排　　版	北京智博尚书文化传媒有限公司
印　　刷	三河市龙大印装有限公司
规　　格	185mm×260mm　16 开本　26.75 印张　783 千字
版　　次	2020 年 8 月第 1 版第 1 次印刷 2025 年 7 月第 2 版　2025 年 7 月第 1 次印刷
印　　数	0001—3000 册
定　　价	89.80 元

凡购买我社图书，如有缺页、倒页、脱页的，本社营销中心负责调换

版权所有·侵权必究

改版前言

再版更新内容

自《轻松学Web前端开发入门与实战 HTML5+CSS3+JavaScript+Vue.js+jQuery（视频·彩色版）》面世以来，深受广大读者的厚爱，在此首先对各位读者表示由衷的感谢。

由于技术更迭和进步，在第1版的基础上，编者更新了部分内容，推出《轻松学Web前端开发入门与实战 HTML5+CSS3+JavaScript+Vue.js+jQuery（视频·彩色版）（第2版）》。主要更新部分：在第1版的基础上更新了第10～15章，将Vue.js 2.0版本（已于2023年12月31日停止维护）的内容升级为Vue.js 3.x版本予以介绍。另外，删除了现在也很少使用的Bootstrap等相关内容，将其实现功能换成Element Plus和Vant。

改版后的书籍，教学大纲、教学讲义、PPT课件、程序源代码、课后习题答案、期末考试大作业、实验程序源码等都进行了相应更新，全书紧跟日益发展的Web开发技术，将为读者提供更新、更全面的自学资料。

编写背景

随着"互联网+"模式的不断推广与普及，Web已经成为一种服务和开发的平台，从最初简单的信息发布逐渐演变成系统，Web前端技术已经是互联网行业每个从业人员必须掌握的入门技术。

Web前端主流技术日新月异，HTML、CSS、JavaScript、jQuery、Vue.js 3.x等技术是制作网站必需的Web前端主流技术。全面掌握这些技术，可以提高Web前端开发的效率，制作出更酷炫的网页，降低开发复杂度和开发成本。

目前市场上Web前端开发的图书比较多，但多数是以介绍HTML、CSS、JavaScript为主，而像jQuery、Vue.js 3.x等主流框架技术都是单一软件内容成书，这些书之间的内容无法衔接，渐进关系跳跃，初学者学起来很困难，有些书过分强调某一种语言语法的细节和大而全的功能描述，选用的案例也比较随意，可读性和实用性欠缺，达不到让读者轻松入门到快速掌握Web项目开发的目的。为此，编者结合自己20余年的教学与软件开发经验，本着"让读者容易上手，做到轻松学习，实现手把手教你从零基础入门到快速学会Web前端开发"的总体思路，尝试将Web前端开发的基础知识和主流框架整合在一起，编写了本书，希望能帮助读者全面系统地掌握Web前端开发主流技术，快速提升开发技能。

内容结构

本书共15章，分为5个部分，循序渐进地介绍Web前端开发的基础知识、主流框架实用技术和综合案例开发，具体结构及内容简述如下：

第1部分 设置网页内容 呈现用户所需

包括第1～2章。网页内容通过超文本标记语言（HyperText Markup Language，HTML）进行实现。这一部分主要介绍Web前端技术中的基本概念、HTML使用的超文本传输协议、统一资源定位符、HTML的常用标记、表格、表单、框架。这一部分是整本书的基础，重点放在如何在网页中呈现用户所需的相关内容。

第2部分　定义网页样式　美化网页布局

包括第3～4章。网页样式通过层叠样式表（Cascading Style Sheet，CSS）实现。这一部分主要介绍CSS基础知识、CSS选择器、使用CSS设置文本样式、设置元素的背景、边框和边距、变形处理、CSS动画、网页布局，重点是如何使网页以酷炫的方式呈现在浏览器中。

第3部分　控制网页行为　制作动态网页

包括第5～7章。网页行为是通过JavaScript语言进行控制的。这一部分主要介绍JavaScript的基础知识、JavaScript的基本结构、JavaScript中的对象、DOM编程、通过正则表达式进行数据验证。JavaScript主要实现实时、动态的交互，对用户的操作进行响应，使页面更具备人性化，它是目前运用最广泛的行为标准语言。

第4部分　巧用框架技术　实现快捷开发

包括第8～14章。

jQuery框架（第8～9章）是一个优秀的JavaScript框架，让开发者轻松实现很多以往需要大量JavaScript代码才能实现的方法，同时还很好地解决了浏览器之间的兼容性问题。这两章主要介绍jQuery的引用方式、jQuery选择器、jQuery中DOM元素操作方法、jQuery的事件处理方法、jQuery的动画特效、Ajax的工作原理和数据请求方式等。

Vue.js 3.x框架（第10～14章）是一个轻量级的前端框架，它是按数据驱动和组件化的思想构建的，并且提供了更加简洁、更易于理解的应用程序编程接口（Application Programming Interface，API），能够在很大程度上降低Web前端开发的难度，可以很方便地与第三方库或既有项目整合。Vue.js采用的是3.x版本，主要介绍Vue.js的基本概念、Vue.js实例和模板语法、双向数据绑定、计算属性、监听器、事件处理、组件化技术等。

第5部分　实操综合案例　提升开发技能

包括第15章。通过"制作影院订票系统前端页面"这一综合案例的讲解，教会读者网站设计的流程，提升综合运用HTML、CSS、JavaScript的能力，理解Vue.js的数据驱动与组件化，快速提升Web开发综合技能。

主要特色

与其他同类书相比，本书具有以下5个明显特色。

1. Web主流框架技术全，知识点分布合理连贯，方便初学者系统学习

本书基于编者20余年的教学经验和软件开发实践的总结，从初学者角度，用238个实用案例，循序渐进地讲解了Web前端开发的基础知识和主流框架（包括HTML、CSS、JavaScript、jQuery、Vue.js 3.x等），方便读者全面系统学习Web开发的核心技术，快速解决网站设计中的实际问题，以适应Web前端工作岗位的需要。

2. 采用"案例驱动+视频讲解+代码调试"相配套方式，提高学习效率

书中238个实用案例都是从基本的HTML结构即从零开始，通过不断加深实例难度来完成最终的实际任务，让读者在学习过程中有一种"一切尽在掌握"的成就感，激发读者的学习兴趣。本书重点在于解决实际问题，而非语言的语法细节，从而提高读者的学习效率。书中所有案例都配有视频讲解和代码调试，真正实现手把手教你从零基础入门到快速学会Web前端主流开发技术。

3. 考虑读者认知规律，化解知识难点，实例程序简短，实现轻松阅读

本书根据Web前端开发所需知识和技术的主脉络去搭建内容，不拘泥于某一种语言的语法细节，注重讲述Web开发过程中必须知道的一些知识和主流框架，内容由浅入深、循序渐进、结构科学，并充分考虑读者的认知规律，注重化解知识难点，实例程序简短、实用，易于读者轻松阅读。通过综合案例的实操，提升读者Web前端开发的综合技能。

4. 强调动手实践，每章配有大量习题和综合实验，益于读者练习与自测

每章最后都配有大量难易不同的练习题(选择、填空、问答、程序设计等)和综合实验(扫描二维码查看)，提供了参考答案和实验程序源代码，方便读者自测相关知点的学习效果，并通过自己动手完成综合实验，提升读者运用所学知识和技术的综合实践能力。

5. 提供丰富优质教学资源和及时的在线服务，方便读者自学与教师教学

(1)提供253集视频讲解，提代所有案例程序源代码和教学PPT课件等，方便读者自学与教师教学。

(2)创建了学习交流服务群(群号：347522986，若群人数已满，会建新群，请注意加群时的提示，并根据提示加入对应的群)，群中编者与读者互动，并不断增加其他服务(答疑和不定期的直播辅导等)，分享教学设计、教学大纲、应用案例和学习文档等各种时时更新的资源。

本书资源获取方式

(1)读者可以手机扫描下面的二维码或在微信公众号中搜索"人人都是程序猿"，关注后输入"Web12345678"，发送到公众号后台，即可获取本书资源下载链接。

(2)将该链接复制到计算机浏览器的地址栏中，按Enter键进入网盘资源界面(一定要复制到计算机浏览器的地址栏中，通过计算机下载，手机不能下载，也不能在线解压，没有解压密码)获取。

本书在线交流方式

(1)为方便读者间的交流，特意创建QQ群：347522986，供广大Web开发爱好者与编者在线交流学习。

(2)如果您在阅读中发现问题或对图书内容有什么意见或建议，也欢迎来信指教，来信请发邮件到lb@whpu.edu.cn，编者看到后将尽快给您回复。

本书读者对象

(1)零基础从事Web前端开发、网页设计、网页制作、网站建设的入门者及爱好者。
(2)有一定Web前端开发基础的初、中级工程师。
(3)高等学校、高职高专、职业技术学院和民办高校相关专业的学生。
(4)相关培训机构Web前端开发课程培训人员。

本书阅读提示

(1)对于没有任何网页制作经验的读者来说，在阅读本书时一定要遵循HTML、CSS、JavaScript的顺序进行学习，重点关注书中讲解的理论知识，然后扫描二维码观看每个知识点相对应的实例视频讲解，在掌握其主要功能后进行多次代码演练，特别是学会网页制作过程中的代码调试能力。尤其重要的是，章节和实例应顺次学习，不宜跳跃，哪怕是慢一点也要坚持按顺序学习，打下良好的基础后，在后续章节的学习中才不会受阻。课后的习题和实验用于检测读者的学习效果，如果不能顺利完成则要返回继续学习相关章节的内容。

（2）对于有一定网页制作基础的读者来说，可以根据自己本身的情况，有选择地学习本书的相关章节和实例，书中的实例和课后练习要重点掌握，以此来巩固相关知识的运用，并能够举一反三。本书后半部分的网页知识相关框架是特别针对具有一定基础的读者的，包括Ajax、jQuery和Vue.js等框架的学习，使网页制作能力能够适应前端相关岗位的基本要求。

（3）如果高校老师和相关培训机构选择本书作为培训教材，可以不用讲解全部知识点，有些知识点可以让学生观看书中的视频自学。选用本书作为教材特别适合线上学习相关知识点，留出大量时间在线下进行相关知识的综合讨论，以实现讨论式教学或目标式教学，提高课堂效率。

总之，不管读者的网页制作能力处于什么层次，只要善用本书，都能轻松学会本书所有内容，从而达到Web前端岗位的最基本要求。本书所有的案例程序都可正常运行，读者可以直接采用。

本书作者团队

本书由武汉轻工大学刘兵教授负责全书的主要编写工作。此外，谢兆鸿教授认真地审阅了全书并提出了许多宝贵意见。参与本书实例制作、视频讲解及视频编辑工作的老师还有刘艺丹、李言龙、李文莉、汪济祥、李言姣等。在全书的文字资料输入及校对、排版工作中得到了汪琼女士的大力帮助。此外，中国水利水电出版社各位编辑为提高本书的编校质量付出了辛勤劳动，在此一并表示衷心的感谢。

在本书的编写过程中，受到了很多Web前端技术方面的网络资源、书籍中的观点的启发，在此向这些作者一并表示感谢。限于时间和作者水平，尤其是Web前端技术的发展十分迅速，书中难免存在一些疏漏及不妥之处，恳请各位同行和读者批评指正。编者的电子邮件地址为lb@whpu.edu.cn。

刘　兵

2025年6月于武汉轻工大学

目　　录

第1部分　设置网页内容　呈现用户所需

第1章 HTML 基础 002
- 视频讲解：22集，260分钟
- 精彩案例：18个

1.1 网站开发概述 004
　1.1.1　网页设计概述 004
　1.1.2　网站设计的技术 006
1.2 HTML 相关术语 007
　1.2.1　HTTP 008
　1.2.2　URL 008
　1.2.3　HTML 009
1.3 HTML 文件 010
　1.3.1　HTML文件的基本结构 010
　【例1-1】example1-1.html 010
　1.3.2　HTML标记的语法格式 011
1.4 HTML 常用标记 012
　1.4.1　文本标记 012
　【例1-2】example1-2.html 012
　【例1-3】example1-3.html 013
　【例1-4】example1-4.html 014
　【例1-5】example1-5.html 014
　【例1-6】example1-6.html 016
　【例1-7】example1-7.html 017
　1.4.2　列表标记 017
　【例1-8】example1-8.html 018
　【例1-9】example1-9.html 019
　【例1-10】example1-10.html 019
　1.4.3　分隔线标记 020
　【例1-11】example1-11.html 020
　1.4.4　超链接标记 021
　【例1-12】example1-12.html 022
　【例1-13（1）】example1-13.html 023
　【例1-13（2）】example1-14.html 023
　1.4.5　图片标记 024
　【例1-14】example1-15.html 025

　【例1-15】example1-16.html 025
　【例1-16】example1-17.html 026
　1.4.6　多媒体标记 027
　【例1-17】example1-18.html 027
　【例1-18】example1-19.html 028
　1.4.7　标记类型 028
　1.4.8　<meta>标记 030
1.5 网页调试 031
　1.5.1　测试与调试环境 031
　1.5.2　网页调试 032
1.6 本章小结 033
1.7 习题 1 033
1.8 实验 1　HTML 语言基础 033

第2章 表格、表单与框架 034
- 视频讲解：24集，250分钟
- 精彩案例：20个

2.1 表格 036
　2.1.1　表格概述 036
　【例2-1】example2-1.htm 036
　2.1.2　表格的基本结构 037
　【例2-2】example2-2.htm 037
　2.1.3　表格的属性 038
　【例2-3】example2-3.htm 039
　【例2-4】example2-4.htm 040
　2.1.4　单元格合并 040
　【例2-5】example2-5.htm 041
2.2 表单 042
　2.2.1　表单概述 042
　2.2.2　表单标记详解 043
　【例2-6】example2-6.htm 043
　【例2-7】example2-7.htm 044
　【例2-8】example2-8.htm 046
　【例2-9】example2-9.htm 047
　2.2.3　HTML5新增标记 048

【例2-10】example2-10.htm 048
【例2-11】example2-11.htm 049
【例2-12】example2-12.htm 050
【例2-13】example2-13.htm 051
【例2-14】example2-14.htm 052
【例2-15】example2-15.htm 053
2.2.4 表单综合实例 054
【例2-16】example2-16.htm 054
2.3 框架 055
2.3.1 概述 055
2.3.2 左右分割窗口 056
【例2-17】example2-17.htm 056
2.3.3 上下分割窗口 057
【例2-18】example2-18.htm 057
2.3.4 嵌套分割窗口 058
【例2-19】example2-19.htm 058
2.3.5 内联框架 059
【例2-20】example2-20.htm 059
2.4 本章小结 060
2.5 习题2 060
2.6 实验2 表格与表单 060

第2部分 定义网页样式 美化网页布局

第3章 CSS基础 062

视频讲解：30集，298分钟
精彩案例：26个

3.1 CSS基础知识 064
　3.1.1 CSS概述 064
　3.1.2 CSS定义的基本语法 064
　3.1.3 CSS的使用方法 065
　　【例3-1】example3-1.html 066
　　【例3-2】example3-2.html 067
　　【例3-3】example3-3.html 067
　　【例3-3】外部样式文件css3-3.css 068
　　【例3-4】example3-4.html 068
　　【例3-5】example3-5.html 069
　　【例3-5】外部样式文件css3-5.css 069
3.2 CSS选择器 070
　3.2.1 元素选择器 070
　　【例3-6】example3-6.html 071
　3.2.2 类选择器 071
　　【例3-7】example3-7.html 072
　3.2.3 ID选择器 073
　　【例3-8】example3-8.html 073
　3.2.4 包含选择器 073
　　【例3-9】example3-9.html 074
　3.2.5 组合选择器 075
　　【例3-10】example3-10.html 075
　3.2.6 父子选择器 075
　　【例3-11】example3-11.html 076
　3.2.7 相邻选择器 076
　　【例3-12】example3-12.html 077
　3.2.8 属性选择器 077
　　【例3-13】example3-13.html 078
　3.2.9 通用选择器 079
　　【例3-14】example3-14.html 079
3.3 CSS基本属性 079
　3.3.1 字体属性 079
　　【例3-15】example3-15.html 080
　3.3.2 文本属性 081
　　【例3-16】example3-16.html 081
　　【例3-17】example3-17.html 082
　3.3.3 背景属性 083
　　【例3-18】example3-18.html 084
　　【例3-19】example3-19.html 085
　　【例3-20】example3-20.html 086
　　【例3-21】example3-21.html 087
　3.3.4 边框属性 088
　　【例3-22】example3-22.html 089
　　【例3-23】example3-23.html 090
　3.3.5 列表属性 090
　　【例3-24】example3-24.html 090
　3.3.6 鼠标属性 092
3.4 伪类和伪元素 092
　3.4.1 伪类 092
　　【例3-25】example3-25.html 093
　3.4.2 伪元素 094
　　【例3-26】example3-26.html 095
3.5 本章小结 096
3.6 习题3 096
3.7 实验3 CSS基础 096

第 4 章 CSS 网页布局 097

- 视频讲解：24 集，364 分钟
- 精彩案例：18 个

4.1 网页布局元素 099
 4.1.1 网页布局概述 099
 4.1.2 元素类型与转换 100
  【例 4-1】example4-1.html 101
  【例 4-2】example4-2.html 102
 4.1.3 定位 102
  【例 4-3】example4-3.html 103
  【例 4-4】example4-4.html 104
  【例 4-5】example4-5.html 105
  【例 4-6】example4-6.htm 106
 4.1.4 浮动 108
  【例 4-7】example4-7.htm 109
 4.1.5 溢出与剪切 111
  【例 4-8】example4-8.html 111
 4.1.6 对象的显示与隐藏 112
  【例 4-9】example4-9.html 113
4.2 盒子模型 114
 4.2.1 盒子模型概述 114
 4.2.2 外边距 115
  【例 4-10】example4-10.html 115
  【例 4-11】example4-11.html 116
 4.2.3 CSS 边框 117
  【例 4-12】example4-12.html 119
  【例 4-13】example4-13.html 120
 4.2.4 内边距 121
  【例 4-14】example4-14.html 122
4.3 DIV+CSS 网页布局技巧 122
 4.3.1 两栏布局 123
  【例 4-15】example4-15.html 123
 4.3.2 多栏布局 124
  【例 4-16】example4-16.html 124
4.4 CSS 高级应用 125
 4.4.1 过渡 126
  【例 4-17】example4-17.html 127
 4.4.2 变形 128
  【例 4-18】example4-18.html 129
4.5 本章小结 130
4.6 习题 4 130
4.7 实验 4 CSS 页面布局 130

第 3 部分　控制网页行为　制作动态网页

第 5 章 JavaScript 语言 132

- 视频讲解：21 集，210 分钟
- 精彩案例：19 个

5.1 JavaScript 的基础知识 134
 5.1.1 JavaScript 概述 134
 5.1.2 JavaScript 的使用方法 ... 135
  【例 5-1】example5-1.html 135
  【例 5-2】example5-2.html 136
5.2 JavaScript 语言的基本结构 ... 136
 5.2.1 数据类型与变量 136
  【例 5-3】example5-3.html 138
 5.2.2 运算符 138
 5.2.3 流程控制语句 140
  【例 5-4】example5-4.html 141
  【例 5-5】example5-5.html 142
  【例 5-6】example5-6.html 143
  【例 5-7】example5-7.html 144
 5.2.4 JavaScript 中的函数 145
  【例 5-8】example5-8.html 145
  【例 5-9】example5-9.html 146
  【例 5-10】example5-10.html 147
 5.2.5 JavaScript 的事件 148
  【例 5-11（1）】example5-11.html 149
  【例 5-11（2）】example5-11-change.html.. 150
5.3 JavaScript 中的对象 150
 5.3.1 对象的基本概念 150
 5.3.2 内置对象 151
  【例 5-12】example5-12.html 152
  【例 5-13】example5-13.htm 153
  【例 5-14】example5-14.html 154
  【例 5-15】example5-15.html 156
 5.3.3 创建自定义对象 157
  【例 5-16】example5-16.html 157
  【例 5-17】example5-17.html 158
  【例 5-18】example5-18.html 160
  【例 5-19】example5-19.html 161
5.4 本章小结 161
5.5 习题 5 162
5.6 实验 5 猜数游戏 162

第 6 章 DOM 编程 163

- 视频讲解：20 集，180 分钟
- 精彩案例：18 个

6.1 浏览器 165
6.2 Window 对象 167
 6.2.1 Window 对象的属性 167
 6.2.2 Window 对象的方法 167
  【例 6-1】example6-1.html 168
  【例 6-2】example6-2.html 169
 6.2.3 Window 对象的事件 171
  【例 6-3】example6-3.html 172
  【例 6-4】example6-4.html 172
6.3 Document 对象 172
 6.3.1 Document 对象的属性 172
  【例 6-5】example6-5.html 173
 6.3.2 Document 对象的常用方法 174
  【例 6-6】example6-6.html 174
  【例 6-7】example6-7.html 175
  【例 6-8】example6-8.html 176
 6.3.3 DOM Element 的常用方法 177
  【例 6-9】example6-9.html 177
  【例 6-10】example6-10.html 178
  【例 6-11】example6-11.html 178
  【例 6-12】example6-12.html 179
  【例 6-13】example6-13.html 180
 6.3.4 DOM Element 的属性 181
  【例 6-14】example6-14.html 182
  【例 6-15】example6-15.html 183
  【例 6-16】example6-16.html 184
  【例 6-17】example6-17.html 185
6.4 Form 对象 186
  【例 6-18】example6-18.html 187
6.5 本章小结 188
6.6 习题 6 188
6.7 实验 6 BOM 与 DOM 编程 188

第 7 章 数据验证 189

- 视频讲解：17 集，240 分钟
- 精彩案例：15 个

7.1 正则表达式 191
 7.1.1 正则表达式概述 191
  【例 7-1】example7-1.html 192
 7.1.2 普通字符 193
  【例 7-2】example7-2.html 193
 7.1.3 元字符 194
  【例 7-3】example7-3.html 195
 7.1.4 字符的选择、分组与后向引用 196
  【例 7-4】example7-4.html 197
  【例 7-5】example7-5.html 197
 7.1.5 正则表达式的修饰符 198
  【例 7-6】example7-6.html 199
  【例 7-7】example7-7.html 199
  【例 7-8】example7-8.html 200
7.2 正则表达式的常用方法 201
 7.2.1 test()方法 201
  【例 7-9】example7-9.html 202
 7.2.2 match()方法 202
  【例 7-10】example7-10.html 203
 7.2.3 replace()方法 204
  【例 7-11】example7-11.html 204
 7.2.4 search()方法 205
  【例 7-12】example7-12.html 205
7.3 网页特效 206
 7.3.1 表单验证 206
  【例 7-13】example7-13.html 206
 7.3.2 级联下拉列表 208
  【例 7-14】example7-14.html 208
 7.3.3 评分 209
  【例 7-15】example7-15.html 209
7.4 本章小结 210
7.5 习题 7 210
7.6 实验 7 数据验证 210

第 4 部分 巧用框架技术 实现快捷开发

第 8 章 jQuery 212

- 视频讲解：29 集，325 分钟
- 精彩案例：25 个

8.1 jQuery 概述 214
 8.1.1 什么是 jQuery 214
 8.1.2 配置 jQuery 环境 214
  【例 8-1】example8-1.html 215
  【例 8-2】example8-2.html 216
8.2 jQuery 选择器 216
 8.2.1 基本选择器 217
  【例 8-3】example8-3.html 217
  【例 8-4】example8-4.html 217

8.2.2　层次选择器 218
　　【例 8-5】example8-5.html 219
　　【例 8-6】example8-6.html 219
　　【例 8-7】example8-7.html 220
8.2.3　过滤器 221
　　【例 8-8】example8-8.html 222
　　【例 8-9】example8-9.html 223
　　【例 8-10】example8-10.html 224
　　【例 8-11】example8-11.html 225
8.3　jQuery 中的 DOM 操作 226
8.3.1　属性操作 226
　　【例 8-12】example8-12.html 226
8.3.2　获取或设置HTML元素的内容 227
　　【例 8-13】example8-13.html 227
8.3.3　获取或设置HTML元素的属性 228
　　【例 8-14】example8-14.html 228
8.3.4　利用jQuery管理页面元素 229
　　【例 8-15】example8-15.html 229
　　【例 8-16】example8-16.html 230
8.4　jQuery 事件处理 232
　　【例 8-17】example8-17.html 232
　　【例 8-18】example8-18.html 233
　　【例 8-19】example8-19.html 233
　　【例 8-20】example8-20.html 234
8.5　jQuery 动画特效 235
8.5.1　显示与隐藏 235
　　【例 8-21】example8-21.html 235
8.5.2　淡入与淡出 236
　　【例 8-22】example8-22.html 237
8.5.3　向上或向下滑动 237
　　【例 8-23】example8-23.html 238
8.5.4　自定义动画 239
　　【例 8-24】example8-24.html 240
8.5.5　停止动画 242
　　【例 8-25】example8-25.html 242
8.6　本章小结 244
8.7　习题 8 244
8.8　实验 8　jQuery 244

第 9 章　Ajax 245

视频讲解：8 集，155 分钟
精彩案例：6 个

9.1　Ajax 概述 247
9.1.1　Ajax的基本概念 247
9.1.2　XMLHttpRequest对象 248

9.1.3　传统Ajax的工作流程 251
　　【例 9-1】example9-1.html 252
　　【例 9-2】example9-2.html 254
9.2　jQuery 实现 Ajax 256
9.2.1　$.ajax()方法 256
　　【例 9-3】example9-3.html 257
　　【例 9-4】example9-4.html 258
9.2.2　$.get()方法与$.post()方法 258
　　【例 9-5】example9-5.html 259
9.3　JSON 260
9.3.1　JSON概述 260
9.3.2　JSON的使用 261
　　【例 9-6】example9-6.html 261
9.4　本章小结 262
9.5　习题 9 262
9.6　实验 9　Ajax 的聊天室应用 262

第 10 章　JavaScript 进阶 263

视频讲解：17 集，140 分钟
精彩案例：15 个

10.1　赋值语句 265
10.1.1　let命令 265
　　【例 10-1】let命令作用域 265
　　【例 10-2】var变量和let变量的父子作用域对比 266
10.1.2　const命令 267
10.2　变量的解构赋值 268
10.2.1　数组的解构赋值 268
　　【例 10-3】数组的几种解构赋值 269
10.2.2　对象的解构赋值 270
　　【例 10-4】对象的几种解构赋值 271
10.2.3　解构赋值的主要用途 272
　　【例 10-5】利用解构方法给函数传递入口参数 272
　　【例 10-6】JSON数据解构 273
　　【例 10-7】遍历Map结构 274
10.3　箭头函数 275
10.3.1　箭头函数定义 275
　　【例 10-8】化简箭头函数 276
10.3.2　箭头函数与解构赋值 277
　　【例 10-9】箭头函数与解构赋值 277
10.4　数组方法 277
10.4.1　map()方法 278
　　【例 10-10】map()方法的应用 278
10.4.2　forEach()方法 279

【例10-11】forEach()方法的应用 279
10.4.3 filter()方法 280
【例10-12】filter()方法的应用 280
10.4.4 every()方法和some()方法 281
【例10-13】every()方法和some()方法的应用 281
10.4.5 reduce() 方法 282
【例10-14】reduce()方法的应用 283
10.5 字符串的扩展 284
    10.5.1 模板字符串 284
    10.5.2 JavaScript字符串新增方法 285
    【例10-15】查找方法的应用 285
10.6 模块的语法 286
    10.6.1 概述 286
    10.6.2 export命令 287
    10.6.3 import命令 287
    10.6.4 export default命令 288
10.7 JSON 与 Map 289
    10.7.1 JSON概述和JSON的使用 289
    10.7.2 Map数据结构 289
10.8 Promise 对象 291
    10.8.1 Promise对象的含义 291
    10.8.2 Promise对象的方法 291
10.9 本章小结 292
10.10 习题 10 293
10.11 实验 10 抽奖游戏 293

第 11 章 Vue.js 294

视频讲解：21 集，124 分钟

精彩案例：21 个

11.1 Vue.js 概述 296
    11.1.1 Vue.js简介 296
    11.1.2 创建Vue.js项目 296
11.2 文本插值 302
    11.2.1 文本插值语法 302
    【例11-1】JSON数据操作 302
    11.2.2 插值表达式 303
    【例11-2】插值表达式的应用 303
    11.2.3 数据解析方式 304
    【例11-3】数据的解析方式 305
    11.2.4 v-once指令 305
    【例11-4】v-once指令的用法 306
11.3 常用指令 306
    11.3.1 数据绑定 307
    【例11-5】v-bind指令的用法 307

【例11-6】样式类绑定的用法 308
    11.3.2 条件渲染 310
    【例11-7】条件渲染的用法 310
11.4 v-for 指令 311
    11.4.1 基本遍历 311
    【例11-8】v-for指令的基本遍历 312
    11.4.2 遍历对象数组 313
    【例11-9】v-for指令遍历对象数组 313
    11.4.3 遍历对象 314
    【例11-10】v-for指令遍历对象 314
11.5 事件处理 315
    11.5.1 监听事件 315
    【例11-11】单击事件绑定 315
    11.5.2 执行方法传值 316
    【例11-12】事件处理方法传值 316
    11.5.3 事件处理方法调用其他方法 317
    【例11-13】事件处理方法调用其他方法 317
    11.5.4 事件对象 318
    【例11-14】事件对象的使用方法 318
    11.5.5 事件修饰符 319
    【例11-15】事件修饰符的使用方法 319
    11.5.6 按键修饰符 320
    【例11-16】按键修饰符的使用方法 320
11.6 表单输入绑定 322
    11.6.1 文本框绑定 322
    【例11-17】文本框绑定的使用方法 322
    11.6.2 复选框绑定 323
    【例11-18】复选框绑定的使用方法 323
    11.6.3 单选框绑定 324
    【例11-19】单选框绑定的使用方法 324
    11.6.4 下拉列表框绑定 325
    【例11-20】下拉列表框绑定的使用方法 325
    11.6.5 综合案例 326
    【例11-21】通过绑定制作注册表单 326
11.6 本章小结 327
11.7 习题 11 327
11.8 实验 11 Vue.js 基础 327

第 12 章 计算属性与侦听属性 328

视频讲解：8 集，58 分钟

精彩案例：8 个

12.1 计算属性 330
    12.1.1 什么是计算属性 330
    【例12-1】使用通常方法实现把一个字符串倒序输出 330

【例12-2】使用计算属性实现把一个字
　　　　符串倒序输出 330
12.1.2　计算属性的用法 331
【例12-3】简易购物车 332
12.1.3　计算属性与方法的区别 333
【例12-4】计算属性与方法的区别 333
12.1.4　案例——输入内容综合查询 335
【例12-5】输入内容综合查询 335
12.2　侦听属性 336
12.2.1　侦听属性定义 336
【例12-6】使用侦听属性实现数字对应
　　　　的英文字母 337
12.2.2　侦听属性案例 338
【例12-7】侦听使用reactive中定义的数
　　　　据实现输入内容综合查询 338
【例12-8】侦听使用ref中定义的数据实
　　　　现输入内容综合查询 339
12.3　本章小结 340
12.4　习题12 340
12.5　实验12　使用Vue实现购物车 340

第13章 组件与路由 341

视频讲解：14集，126分钟

精彩案例：14个

13.1　组件 343
13.1.1　Vue.js组件的创建 343
【例13-1】创建与使用组件 343
13.1.2　组件之间的数据传递 345
【例13-2】实现父组件向子组件传递
　　　　数据 345
【例13-3】实现子组件向父组件传递
　　　　数据 347
13.2　组件进阶 349
13.2.1　动态组件 349
【例13-4】选项卡 349
13.2.2　插槽 351
【例13-5】默认插槽的定义与使用 351
13.2.3　具名插槽 352
【例13-6】具名插槽的定义与使用 352
13.2.4　作用域插槽 353
【例13-7】作用域插槽的定义与使用 354
13.3　路由概述 355
13.3.1　路由基础 355
13.3.2　路由进阶 356
【例13-8】建立路由 357

13.3.3　路由基础案例 359
【例13-9】路由基础案例 359
13.4　编程式导航 361
13.4.1　编程式导航简介 361
13.4.2　编程式导航实现方法 362
【例13-10】编程式导航案例 362
13.5　动态路由 363
13.5.1　动态路由的基本使用方法 363
【例13-11】实现动态路由 364
13.5.2　嵌套路由 366
【例13-12】实现嵌套路由 366
13.5.3　路由参数传递 369
【例13-13】使用<route-link>标签传递
　　　　参数 369
【例13-14】使用事件方法传递路由参数 ... 370
13.6　本章小结 371
13.7　习题13 372
13.8　实验13　使用组件实现简易轮播图 ... 372

第14章 第三方插件 373

视频讲解：15集，128分钟

精彩案例：15个

14.1　Element Plus 375
14.1.1　Element Plus概述 375
【例14-1】Element Plus的引入和使用
　　　　方法 375
14.1.2　内置过渡动画 376
【例14-2】Element Plus过渡效果验证 376
14.1.3　组件 378
【例14-3】Element Plus布局验证 378
【例14-4】Element Plus图标与按钮验证 ... 379
14.1.4　表单 380
【例14-5】基于Element Plus的表单制作 380
14.1.5　表格 382
【例14-6】Element Plus表格验证 383
14.1.6　通知 384
【例14-7】Element Plus的通知制作 384
14.1.7　导航菜单 386
【例14-8】Element Plus的水平导航菜单
　　　　制作 386
【例14-9】Element Plus的侧边导航栏
　　　　制作 387
14.1.8　Badge 390
【例14-10】Element Plus的状态标记
　　　　使用 390

14.1.9 轮播图 391
【例 14-11】基于 Element Plus 的轮播图 ... 392
14.1.10 Drawer 393
【例 14-12】不同方向的侧边栏 393
14.2 Vant 394
14.2.1 Vant 概述 394

【例 14-13】Vant 的引入和使用方法 395
14.2.3 Vant 组件的使用方法 396
【例 14-14】Icon 图标的几种使用方法 397
【例 14-15】手机 App 主界面 398
14.3 本章小结 401
14.4 实验 14 手机 App 主页程序 401

第 5 部分 实操综合案例 提升开发技能

第 15 章 制作影院订票系统前端页面 403

视频讲解：5 集，58 分钟

15.1 案例分析 405
15.2 详细设计 406
    15.2.1 座位数据与样式定义 406

15.2.2 座位的事件处理及相关的代码 408
15.2.3 监听与数据格式化 409
15.2.4 电影信息展示 410
15.3 本章小结 411
15.4 实验 15 影院订票前端页面 411

第1部分 设置网页内容呈现用户所需

第1章 HTML基础

第2章 表格、表单与框架

扫一扫，看视频

扫描二维码
查看示例演示目录

CHAPTER

1

HTML基础

学习目标：

本章主要讲解HTML基础知识、HTML文件结构、HTML常用标记。通过本章的学习，读者应该掌握以下主要内容。

- 网站开发要素和流程。
- HTML基本概念。
- HTML文件的结构。
- HTML常用标记。
- 网页测试方法。

思维导图简图

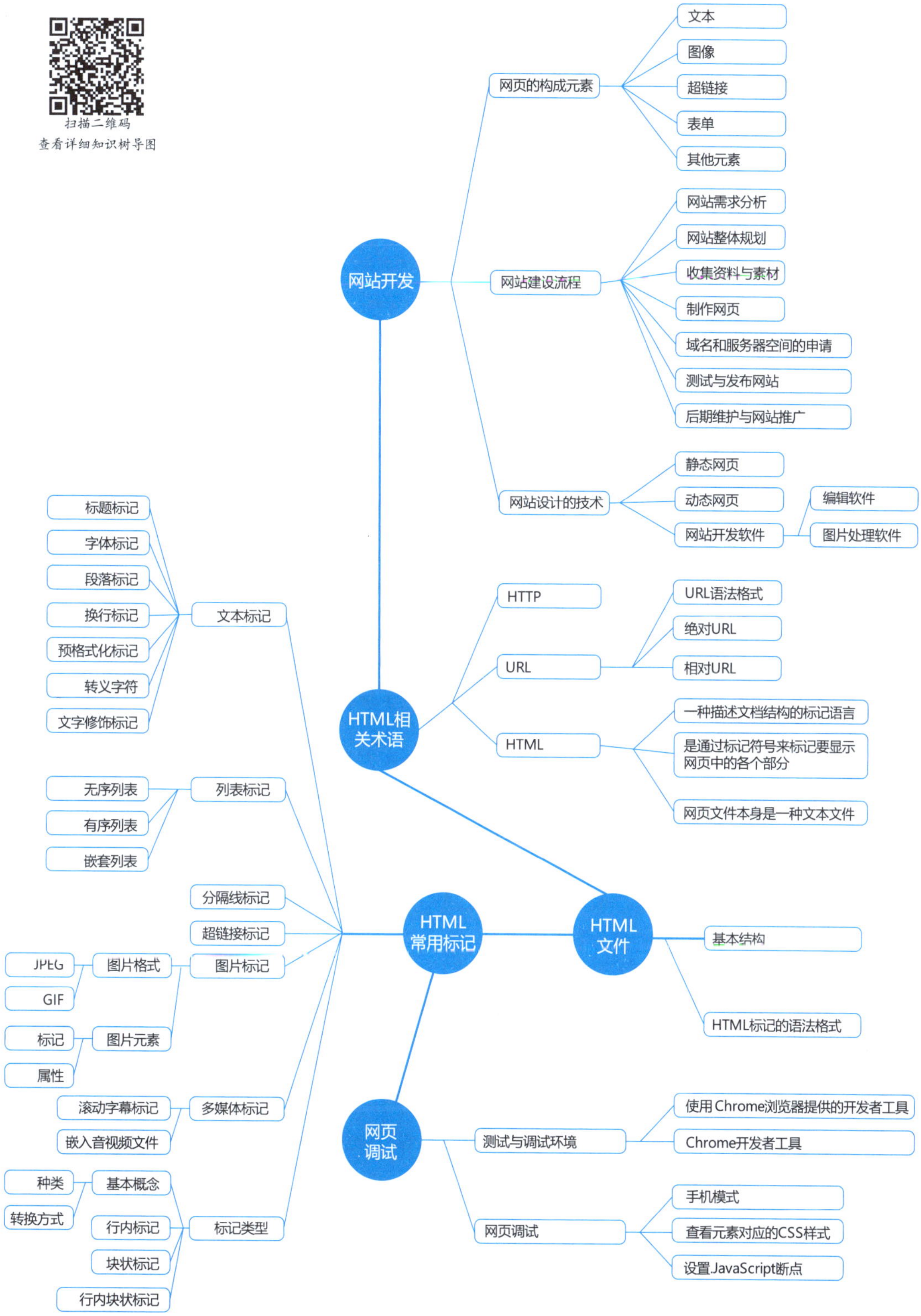

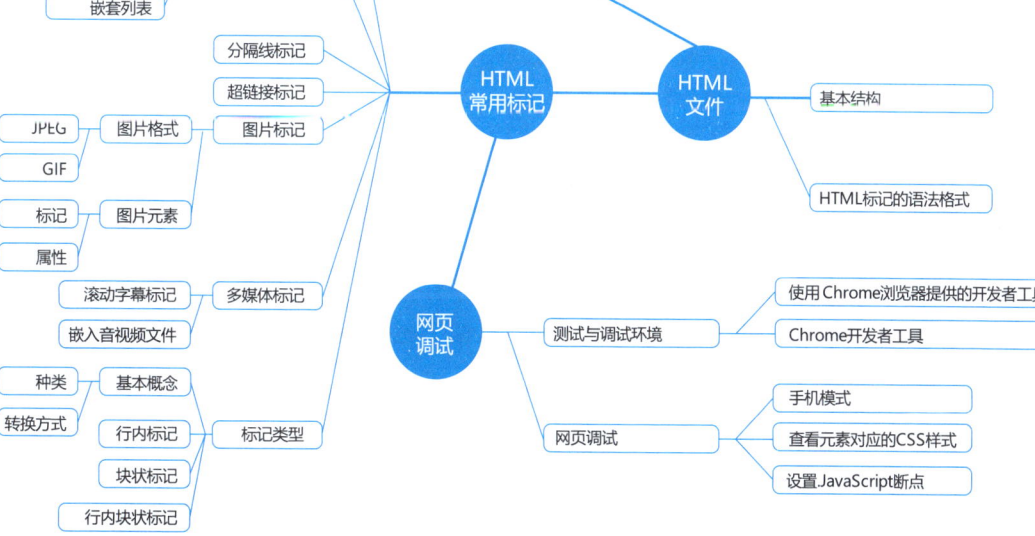

1.1 网站开发概述

网站（Web Site）是按照一定的规则，使用HTML等工具制作的、用于展示特定内容的相关网页（Web Page）的集合。网页是指在浏览器上登录一个网站后，看到的浏览器上的页面。网页是由文字、图片、声音等多媒体通过超链接的方式有机地组合起来的，即网站是由很多网页组成的。在众多网页中，有一个特殊的网页称为主页（Home Page），它是网站的入口。学习网站开发的基础就是学习制作网页。

1.1.1 网页设计概述

网站设计要能充分吸引访问者的注意力，让访问者产生视觉上的愉悦感。在网站创建之初必须将网站的整体设计与网页设计的相关原理紧密结合起来。网站设计是将策划案中的内容、网站的主题模式，结合自己的认识，通过艺术的手法表现出来；网页制作通常是将网页设计师设计出来的设计稿，按照W3C规范用HTML将其制作成网页格式。

网页是用HTML编写的一种文件，将这种文件放在Web服务器上可以让互联网上的其他用户浏览。例如，访问百度网站时看到的就是百度网站的网页。

1. 网页的构成元素

网页的构成元素很丰富，可以是文字，也可以是图片，甚至可以将一些多媒体文件（如音频、视频等）插入到网页里。

（1）文本。网页信息主要以文本为主，这里的文本是指文本字，而非图片中的文字。在网页中可以通过字体、大小、颜色、底纹、边框等选项来设置文本的属性。中文文字常用宋体，9磅或12px大小，黑色，注意颜色不要太杂乱。

（2）图像。网页能有丰富多彩的展示效果主要缘于图像。网页支持的图像格式包括JPG、GIF和PNG等。网页中通常包括以下图形。

- Logo图标，代表网站形象或栏目内容的标志性图片，一般在网页左上角。
- Banner广告，用于宣传站内某个栏目或活动的广告，一般以GIF动画形式为主。
- 图标，主要用于导航，在网页中具有重要的作用，相当于路标。
- 背景图，用于装饰和美化网页。

（3）超链接。超链接是网站的灵魂，是从一个网页指向另一个目的端的链接，如指向另一个网页或者相同网页上的不同位置。超链接可以指向一幅图片、一个电子邮件地址、一个文件、一个程序，也可以指向本网页中的其他位置。超链接的载体可以是文本、图片或者Flash动画等。超链接广泛存在于网页的图片和文字中，提供与图片和文字相关内容的链接。在超链接上单击，即可链接到相应网址的网页。当鼠标指针正好位于链接位置时，光标会变成小手形状。可以说超链接是网页的最大特色，也正是由于超链接的出现，才使计算机网络发展得如此迅速。

（4）表单。表单主要用于收集用户信息，实现浏览者与服务器之间的信息交互。

（5）其他元素。除了上面几个网页的基本元素外，在页面中还可能包括导航条、GIF动画、Flash动画、音频、视频、框架等。其中导航条是一组超级链接，方便用户访问网站内部的各个栏目。导航条可以是文字，也可以是图片。导航条可以显示多级菜单和下拉菜单效果。

2. 网站建设流程

在创建网站之前首先要了解网站建设的基本流程，这样可以明确网站的目标和方向，从而提高效率。

（1）网站需求分析。在建立Web站点时，首先要考虑客户的各种需求，而且要以此为基础进行网站项目的建设。网站的需求分析一般包括以下几点。

- 了解相关行业的市场情况，如在因特网上了解公司所开展业务的市场情况。
- 了解主要竞争对手的情况。
- 了解网站建设的目的，即是为了宣传商品进行电子商务还是建设一个行业性网站。
- 了解用户的实际情况，明确用户需求。
- 进行市场调研，分析同类网站的优劣，并在此基础上形成自己网站的大体架构。

（2）网站整体规划。良好的规划是成功创建一个网站的开始。在制作网页前，要对整个网站的风格、布局、服务对象等做好规划，并选择适合的服务器、脚本语言和数据库平台。

- 规划站点结构时，一般用文件夹保存文档。要明确站点的每个文件、文件夹及其存在的逻辑关系。
- 文件夹命名要合理，要做到"见其名，知其意"。
- 如果是多人合作开发，还要规划好各自负责的内容，并注意统一风格，协调代码。

（3）资料与素材收集。进行网站整体规划后，要根据规划的情况收集网页制作中可能用到的资料和素材，通常包括文字资料、图片素材、动画素材、视频素材等，并将其分类保存。在收集资料时，要根据用户的需求来搜集建站的资料。整理好资料后，就要根据这些资料搜集必要的设计素材。

（4）网页制作。一个网站在进行制作时，有以下内容需要特别关注。

- 创建网页框架：在整体上对页面进行布局，根据导航栏、主题按钮等将页面划分为几个区域。
- 制作导航栏：借助导航栏可以更加方便地浏览网站。
- 添加页面对象：分别编辑各个页面，将页面对象添加到网页的各个区域，并设置好格式。
- 设置链接：为页面的相关部分设置链接，使整个网站的网页之间相互关联。

（5）域名和服务器空间申请。网站制作完成后，首先要注册一个域名，然后租用网络存储空间来存放网站内容，最后使注册的域名与网络存储空间相关联。这样在世界的任何地方只要在浏览器上输入注册的域名，就能看到网站上的信息。

（6）网站测试与发布。发布网站前要进行细致周密的测试，以保证用户的正常浏览和使用。主要的测试内容如下。

- 服务器的稳定性和安全性。
- 程序及数据库测试，网页兼容性测试，如浏览器、显示器。
- 文字、图片、链接是否有错误。

（7）后期维护与网站推广。上传网站后，要定期对网站的内容进行更新与维护。更新与维护的内容包括以下几点。

- 服务器及相关软硬件的维护，对可能出现的问题进行评估，确定响应时间。
- 数据库维护，有效地利用数据是网站维护的重要内容，因此数据库的维护要受到重视。
- 内容的更新、调整等。
- 制定网站维护的相关规定，将网站维护制度化、规范化。

1.1.2 网站设计的技术

技术解决方案是网站最终能够被用户使用的根本，不同的企业对网站有不同的功能需求。技术解决方案主要包括网站的软件环境和硬件环境，具体包括：
- 网站开发语言（ASP、JSP、PHP等）。
- 数据库类型（Oracle、SQL Server、MySQL、Access等）。
- 服务器类型（虚拟主机、虚拟专机、主机托管等）。
- 网站安全性方案（防黑、防病毒等）。

技术解决方案没有绝对的好坏之分，最适合企业的就是最好的。

1. 静态网页

在网站设计中，纯粹HTML格式的网页通常称为静态网页。静态网页是标准的HTML文件，其文件扩展名是htm、html，可以包含文本、图像、声音、Flash动画、客户端脚本和ActiveX控件及Java小程序等。静态网页是网站建设的基础。早期的网站一般都是由静态网页制作的。静态网页是相对于动态网页而言的，是指没有后台数据库、不含程序和不可交互的网页。静态网页的更新相对比较麻烦，适用于一般更新较少的展示型网站。容易让人产生误解的是，静态页面都是.htm这类页面，实际上静态不是指完全静态，也可以出现各种动态效果，如GIF格式的动画、Flash、滚动字幕等。

静态网页和动态网页各有特点，网站采用动态网页还是静态网页主要取决于网站的功能需求和网站内容的多少。如果网站的功能比较简单，内容更新量不是很大，采用纯静态网页的方式会更简单，反之一般采用动态网页技术来实现。

2. 动态网页

早期的动态网页主要采用公用网关接口（Common Gateway Interface，CGI）技术。可以使用不同的程序编写适合的CGI程序，如Visual Basic、Delphi或C/C++等。虽然CGI技术已经成熟而且功能强大，但由于编程困难、效率低下、修改复杂，所以有逐渐被新技术取代的趋势。

（1）PHP（Hypertext Preprocessor，超文本预处理器）。PHP是当今Internet上较为流行的脚本语言之一，其语法借鉴了C、Java、Perl等语言，只需很少的编程知识就能使用PHP建立一个真正交互的Web站点。

PHP与HTML具有非常好的兼容性，开发人员可以直接在脚本代码中加入HTML标签，或者在HTML标签中加入脚本代码，从而更好地实现页面控制。PHP提供了标准的数据库接口，数据库连接方便、兼容性强、扩展性强，可以进行面向对象编程。

（2）ASP（Active Server Pages，动态服务器页面）。ASP是微软公司开发的一种类似HTML、Script（脚本）与CGI的结合体，ASP没有提供专门的编程语言，而是允许用户使用许多已有的脚本语言编写ASP的应用程序。ASP的程序编制比HTML更方便且更具灵活性。ASP在Web服务器端运行，运行后再将运行结果以HTML格式传送至客户端的浏览器。

ASP最大的优点是可以包含HTML标签，可以直接存取数据库及使用无限扩充的ActiveX控件。通过使用ASP的组件和对象技术，用户可以直接使用ActiveX控件，调用对象方法和属性，以简单的方式实现强大的交互功能。

但ASP技术也并非完美无缺，因为其基本上局限于微软公司的操作系统平台，主要工作环境是微软公司的IIS应用程序结构，又因ActiveX控件具有平台特性，所以ASP技术不能很容易地实现在跨平台Web服务器上工作，并且ASP技术的安全性不够好。

（3）JSP（Java Server Pages，Java服务器页面）。JSP是由Sun Microsystems公司于1999年6月推出的技术，是基于Java Servlet以及整个Java体系的Web开发技术。

JSP和ASP在技术方面有许多相似之处，不过两者来源于不同的技术规范组织。ASP一般只应用于Windows NT/2000平台，而JSP可以在85%以上的服务器上运行，而且基于JSP技术的应用程序比基于ASP的应用程序易于维护和管理，所以许多人认为JSP是未来较有发展前景的动态网站技术。

（4）.NET。.NET是ASP的升级版，也是由微软公司开发的，但是和ASP有天壤之别。.NET的版本有1.1、2.0、3.0、3.5、4.0。.NET是网站动态编程语言中最好用的语言，不过易学难精。从.NET 2.0开始，.NET把前台代码和后台程序分为两个文件管理，使.NET的表现和逻辑相分离。.NET网站开发跟软件开发差不多，.NET的网站是编译执行的，效率比ASP高很多。.NET在功能性、安全性和面向对象方面都做得非常优秀，是非常不错的网站编程语言。

虽然以上4种技术在制作动态网页上各有特色，但仍在发展中，不够普及。对于广大个人主页的爱好者、制作者来说，建议尽量少用难度大的CGI技术。如果对微软公司的产品情有独钟，建议采用ASP技术；如果是Linux的追求者，建议采用PHP技术。

3. 网站开发软件

很多人对网页设计的称呼有些不一样，如网站设计、网页美工、网站建设。其实网站建设跟网页设计不是一个概念，一个网站的完成包括前台设计与后台程序两部分。实际工作中这两部分是有明确分工的，即设计师只需完成前台设计部分，后台程序由程序员完成。一般前台网页设计师最常用到的软件是Photoshop、Dreamweaver（梦想编织者，DW）、Flash。

（1）Photoshop。Photoshop是由Adobe Systems公司开发和发行的图像处理软件。对于网站设计制作人员来说，它是不可缺少的一款专业的图片处理网页设计软件。可以说一个网页设计得是否成功，主要取决于网页上图片处理的精美程度。现在已经进入读图的网络时代，所以判断一个网站设计制作人员是否专业的重要因素之一就是能否熟练地掌握Photoshop。掌握了这款软件不但能在图片设计上发挥优势，还可以在网页制作过程中节省很多时间。

（2）Dreamweaver。Dreamweaver最初由美国Macromedia公司开发，2005年被Adobe公司收购。Dreamweaver是集网页制作和网站管理于一身的所见即所得的网页代码编辑器。利用对HTML、CSS、JavaScript等内容的支持，设计师和程序员可以在几乎任何地方快速地制作网页和进行网站建设。Dreamweaver也是目前很多网站设计建设者使用的一款软件，这款软件也是现在网页设计师使用较多的一款软件。

1.2　HTML相关术语

计算机网络发展如此迅速的一个主要原因是全球广域网（World Wild Web，WWW）的出现，用户不需要具有任何计算机网络的专业知识，就可以使用WWW中的超级链接访问Internet上任意的网络资源。一个完整的WWW结构如图1-1所示，其中客户端是浏览器（如IE浏览器、谷歌的Chrome浏览器等），服务器端是WWW服务器（如Apache、IIS等）。WWW的运行主要涉及三

图1-1　WWW结构

个术语：超文本传输协议（HyperText Transfer Protocol，HTTP）、统一资源定位符（Uniform Resource Locator，URL）及HTML。

1.2.1　HTTP

　　超文本是指用超链接的方法将各种不同空间的文字信息组织在一起的网状文本。超文本通常以电子文档方式存在，其中的文字包含可以链接到其他位置或文档的链接，允许从当前阅读位置直接切换到超文本链接所指向的位置。

　　HTTP是指用于从WWW服务器传输超文本到本地浏览器的传输协议。该协议可以使浏览器更加高效，使网络传输减少，其不仅能保证计算机正确快速地传输超文本文档，还能确定传输文档中的哪一部分内容首先显示（如网页中的文本优先于图形进行显示）等。

　　HTTP是客户端浏览器或其他程序与Web服务器之间应用层的通信协议。在Internet的Web服务器上存放的都是超文本信息，客户机需要通过HTTP协议访问所需的超文本信息。HTTP包含命令和传输信息，不仅可以用于Web访问，也可以用于其他因特网或内联网应用系统之间的通信，从而实现各类应用资源超媒体访问的集成。

1.2.2　URL

　　URL是一种简洁的用于完整地描述Internet上资源位置和访问方法的表示方法。Internet上的每一个资源都有唯一的名称标识，通常称为URL地址或网址。在统一资源定位符中包含的信息会指出文件的位置以及浏览器应该如何处理该文件。

1. URL语法格式

　　URL一般由协议类型、存放资源的域名或IP地址，以及资源文件的路径名及相应参数组成。其语法格式如下：

```
协议://域名或IP地址[:端口号]/目录/文件名.文件后缀[?参数=参数值]
```

其中，协议告诉浏览器如何处理将要打开的文件，最常用的协议是HTTP（该协议可以用于访问网络）、HTTPS（用安全套接字层传送的HTTP）；域名或IP地址用于指出当前需要访问的资源主机在网络中的位置，其中的域名会通过DNS服务器解析成对应的IP地址；端口号用于指出主机上的某个进程（进程指运行着的程序），在HTTP协议中端口号如果是默认值80，其值可以不写在URL地址中；参数为可选项，用于向请求的文件传递特定的参数。

　　一个典型的URL为http://www.whpu.edu.cn/news/showNew.aspx?id=1624，其中使用的协议是HTTP协议，域名是www.whpu.edu.cn，端口号是默认值80，目录是news，需要访问的文件名是showNew.aspx，参数和参数值是id=1624。如果URL地址没有给出文件名，浏览器会使用URL引用路径中最后一个目录的默认主页文件，这个默认主页文件常常被称为index.html或default.htm。

2. 绝对URL和相对URL

　　URL分为绝对URL和相对URL两种表示方法。绝对URL用于显示文件的完整路径，这意味着绝对URL本身所在的位置与被引用的实际文件的位置无关；相对URL是以包含URL本身文件夹的位置为参考点来描述目标文件夹的位置。如果目标文件与当前页面（也就是包含URL的页面）在同一个目录，那么这个文件的相对URL仅仅是文件名和扩展名；如果目标文件在当前目录的子目录中，那么其相对URL是子目录名+斜杠+目标文件的文件名和扩展名。

如果要引用文件层次结构中更高层目录中的文件，可以使用两个句点（表示上层目录）和一条斜杠。另外，可以多次使用两个句点和一条斜杠方式来引用当前文件所在硬盘上的任何文件。图1-2所示是一个文件夹的目录结构。如果在index.htm文件中访问同级目录的bg.jpg文件，使用相对URL方式的语句如下：

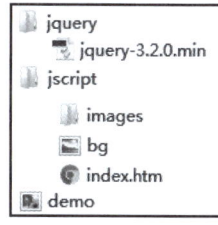

图1-2　目录结构

```
<img src="bg.jpg">
```

如果在index.htm文件中访问父级目录的demo.png文件，使用相对URL方式的语句如下：

```
<img src="../demo.png">
```

如果在index.htm文件中访问同级目录images子目录下的bg.jpg文件，使用相对URL方式的语句如下：

```
<img src="images/bg.jpg">
```

如果在index.htm文件中访问父级目录jquery子目录下的jquery-3.2.0.min文件，使用相对URL方式的语句如下：

```
<script src="../jquery/jquery-3.2.0.min.js"></script>
```

一般来说，对于同一服务器上的文件，应该总是使用相对URL，这样输入简单，并且在将页面从本地系统转移到服务器上时更方便，只要每个文件的相对位置保持不变，链接就有效。

1.2.3　HTML

1. 基本概念

HTML是一种描述文档结构的标注语言，是通过标记符号来标记要显示网页中的各个部分。网页文件本身是一种文本文件，通过在文本文件中添加标记符，可以告诉浏览器如何显示其中的内容（如文字如何处理、页面如何安排、图片如何显示等）。浏览器按顺序阅读网页文件，然后根据标记符解释和显示其标记的内容，对书写出错的标记将不指出其错误，并且不停止其解释执行过程，编制者只能通过显示效果来分析出错原因和出错位置。但需要注意的是，对于不同的浏览器，对同一标记符可能会有完全不同的解释，因此可能会有不同的显示效果。

2. 语言特点

HTML的文档制作并不复杂，但功能强大，支持不同数据格式的文件嵌入，这也是WWW流行的主要原因之一。其主要特点如下：

（1）简易性。HTML简单且灵活方便。

（2）可扩展性。HTML的广泛应用带来增加标识符等要求，这些要求可采取子类元素的方式解决，为系统扩展带来保证。

（3）平台无关性。HTML可以运行在PC机、移动终端等不同的操作系统上，只要有浏览器就可以被解释执行。

（4）通用性。HTML是网络的通用语言，是一种简单、通用的标记语言，允许网页制作者建立文本与图片相结合的复杂页面，这些页面可以被网上任何人浏览，无论使用的是什么类型的计算机或浏览器。

目前HTML的版本号是5.0。如果HTML文件的第1句是"<!doctype html>"，就是告诉浏览器该网页文件是以HTML5的版本标准进行网页解释执行的。

1.3 HTML文件

1.3.1 HTML 文件的基本结构

HTML文件是标准的ASCII文件，其后缀名为htm或html。可以使用任何能够生成TXT类型源文件的文本编辑器来制作HTML文件。HTML文件中的标记不区分大小写。

标准的HTML文件都具有一个基本的文档结构，标记一般都是成对出现的(部分标记也有单标记，如
)。在HTML中，标记符<html>说明该文件是用HTML来描述的，是HTML文件的开头;</html>表示HTML文件的结尾。这一对双标记是HTML文件的开始标记和结尾标记，一般情况下这个标记内仅包含一对头部标记<head></head>与一对主体标记<body></body>。

标记符<head>和</head>分别表示头部信息的开始和结尾。<head>中的元素可以引用脚本、指示浏览器在哪里找到样式表、提供元信息等。绝大多数文档头部包含的数据不作为内容来显示，但影响网页显示的效果。头部中最常用的标记符是title标记符和meta标记符，其中title标记符用于定义网页的标题，其内容显示在网页窗口的标题栏中，网页标题可被浏览器用作书签和收藏清单;meta标记符用于描述一个HTML网页文档的属性，如作者、日期和时间、网页描述、关键词、页面刷新等。

标记符<body></body>表示网页的主体部分，也就是用户可以看到的内容，这一部分可以包含文本、图片、音频、视频等各种内容。

另外，标记"<!--注释内容-->"是HTML语言中的注释语句。例1-1中列出HTML文件的基本结构，其运行结果如图1-3所示。

【例1-1】example1-1.html

```
<!doctype html>         <!--文档声明：告诉浏览器以下文件用HTML5版本解析-->
<html>                  <!--告诉浏览器HTML文件开始-->
  <head>                <!--表示HTML文件的头部-->
    <meta charset="UTF-8">  <!--网页的编码格式为UTF-8，即国际通用编码格式-->
    <title>第一个网页</title><!--网页的标题是"第一个网页"-->
  </head>               <!--表示HTML文件的头部结束-->
  <body>                <!--HTML文件的主体部分开始-->
    Hello World!        <!--在网页中显示的信息内容都放在body标签里-->
  </body>               <!--HTML文件的主体部分结束-->
</html>                 <!--HTML文件结束-->
```

扫一扫，看视频

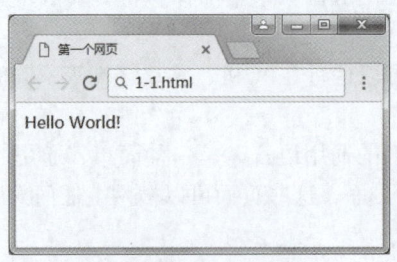

图1-3　程序运行结果

1.3.2　HTML 标记的语法格式

HTML标记用于描述网页结构，也可以对页面对象样式进行简单的设置。所有标记都是由一对尖括号（"<"和">"）和标记名构成的，并分为开始标记和结束标记。开始标记使用"<标记名>"表示，结束标记使用"</标记名>"表示。在开始标记中使用"属性="属性值""格式进行属性设置，结束标记不能包含任何属性。标记中的标记名用于在网页中描述网页对象，属性和属性值用于提供HTML元素的相关信息。

HTML标记的语法格式如下：

```
<标记名称 属性="属性值" 属性="属性值"...>  ...  </标记名称>
```
（语法1-1）

例如，把网页的背景颜色设置为黄色：

```
<body bgcolor="#FFFF00">  ...  </body>
```

通常标记都具有默认属性，当一个标记中只包含标记名时，标记将使用其默认属性。例如，段落标记<p>存在一个默认的居左对齐方式。

HTML标记分为单标记和双标记。其中双标记如语法1-1，有开始标记和结束标记；单标记只有开始标记，没有结束标记。单标记的语法格式如下：

```
<标记名称/>
```
（语法1-2）

例如：

```
<br/>
```

另外，在HTML标记中，有些标记既可以作为单标记使用，又可以作为双标记使用，如<p>、<li>等。

HTML开始标记后面或标记对之间的内容就是HTML标记设置的内容，其中的内容可以是普通的文本，也可以是嵌套的标记。标记属性可以对标记所设置的内容进行一些简单样式的设置，如对文字颜色、字号、字体等样式进行设置。通过给属性设置不同的值，可以获得不同的样式效果。一个标记中可以包含任意多个属性，不同属性之间使用空格分隔，例如：

```
<body bgcolor="#FFFF00" text="#FF0000">
```

对于HTML标记，属性值可以使用引号括起来，也可以不使用引号。使用引号时既可以是单引号，又可以是双引号。例如，bgcolor="#FFFF00"及bgcolor=#FFFF00都正确。但需要注意的是，引号必须配对使用，不能一边使用双引号，另一边使用单引号；要保证使用的引号必须是在英文输入法状态下输入的。另外，HTML标记和属性不区分大小写，即标记
、
和
的作用是一样的。

在<body bgcolor="#FFFF00" text="#FF0000">中定义的属性，含义是背景颜色为黄色，正文颜色为红色。在HTML中对颜色定义可使用3种方法，即<u>直接颜色名称、十六进制颜色代码和十进制RGB码</u>。

（1）<u>直接颜色名称</u>，可以在代码中直接写出颜色的英文名称，如<body text="red">，在浏览器上显示正文文字时就为红色。

（2）<u>十六进制颜色代码，语法格式为#RRGGBB</u>。参数值前的"#"表示后面使用十六进制颜色代码，这种颜色代码由3部分组成，其中前2位十六进制数代表红色，中间2位十六进制数代表绿色，后2位十六进制数代表蓝色。不同的取值代表不同的颜色，取值范围是一个字节所能表示的十六进制数，即00~FF。例如<body text="#FF0000">，在浏览器上同样显示正文文字为红色。

（3）<u>十进制RGB码，语法格式为RGB(RRR,GGG,BBB)</u>。在这种表示法中，后面3个参数分别是红色、绿色、蓝色，其取值范围是一个字节数的十进制表示方法，即0~255。以上两种表达方式可以相互转换，标准是十六进制与十进制的相互转换。例如<body text="rgb(255,0,0)">，在浏览器上同样显示正文文字为红色。

1.4 HTML常用标记

文本、图像、超链接是网页的3个基本元素。其中，文本是网页发布信息的主要形式。通过设置文本的大小、颜色、字体以及段落和换行等，可以使文本看上去整齐美观、错落有致。

1.4.1 文本标记

1. 标题标记

标题可用于分隔文章中的文字及概括文章中文字的内容，从而吸引用户的注意，起到提示作用。标题标记的语法格式如下：

```
<hn align="对齐方式"> 标题文本</hn>
```

HTML中提供了6级标题，为<h1>～<h6>，其中<h1>字号最大，<h6>字号最小。标题属于块级元素，浏览器会自动在标题前后加上空行。

align属性是可选属性，用于指定标题的对齐方式，其取值有3种：left、center和right，分别表示左对齐、居中对齐和右对齐。

例1-2中分别使用了<h1>～<h6>的标题，其在浏览器中的显示结果如图1-4所示。

【例1-2】example1-2.html

```
<!doctype html>
<html>
    <head>
        <meta charset="UTF-8">
        <title>标题标记的使用</title>
    </head>
    <body>
        <h1>Hello world 1</h1>      <!--设置Hello World 1为一级标题样式显示-->
        <h2>Hello world 2</h2>
        <h3>Hello world 3</h3>
        <h4>Hello world 4</h4>
        <h5>Hello world 5</h5>
        <h6>Hello world 6</h6>      <!--设置Hello World 6为六级标题样式显示-->
    </body>
</html>
```

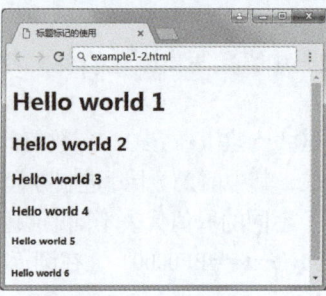

图1-4 设置标题

2. 字体标记

默认情况下，中文网页中的文字以黑色、宋体、3号字的效果显示。如果希望改变这种默认的文字显示效果，可以使用<font>字体标记及其相应的属性进行设置。字体标记的语法格式如下：

```
<font face="字体名称" size="字号" color="字体颜色">文字</font>
```

其中，face属性设置字体的类型，中文的默认字体是宋体；size属性指定文字的大小，其取值范围是1~7（文字的显示是从小到大，默认字号是3）；color属性设定文字颜色，颜色可以用1.4.2小节讲述的3种方法进行表示，默认颜色是黑色。

例1-3中使用字体标记设置文字的字体、字号和颜色，其在浏览器中的显示结果如图1-5所示。

【例1-3】example1-3.html

```
<!doctype html>
<html>
  <head>
    <meta charset="UTF-8">
    <title>字体标记的使用</title>
  </head>
  <body>
    <font size="4" color="red" face="隶书">
        武汉轻工大学
    </font>
    <font size="5" color="green" face="黑体">
        数学与计算机学院
    </font>
    <font size="6" color="blue" face="宋体">
        刘兵
    </font>
  </body>
</html>
```

扫一扫，看视频

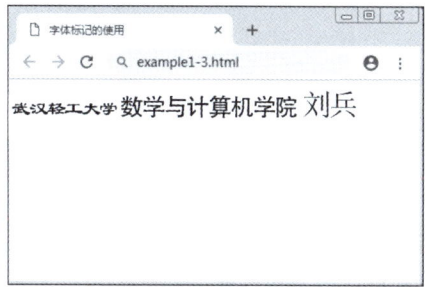

图1-5　设置字体

3. 段落标记

在HTML中创建一个段落的标记是<p>。在HTML中既可以使用单标记，又可以使用双标记。单标记和双标记的相同点是，都能创建一个段落；不同点是，单标记创建的段落会与上文产生一个空行的间隔；双标记创建的段落则与上下文同时有一个空行的间隔。

与标题标记一样，段落标记也具有对齐属性，可以设置段落相对于浏览器窗口在水平方向上的居左、居中和居右对齐方式。段落的对齐方式同样使用align属性进行设置。其基本语法格式如下：

```
<p align="对齐方式">段落内容</p>
```

<p>标记是块级元素，浏览器会自动在<p>标记的前后加上一定的空白。

4. 换行标记

换行标记是
，该标记是一个单标记，在XHTML、XML以及未来的HTML版本中，不允许使用没有闭合标签的HTML元素，所以这种单标记都把结束标记放在开始标记中，也就是
。该标记的作用是换行，不能设置任何属性。

需要说明的是，一次换行使用一次
，多次换行需要使用多次
，连续使用两次
等效于一个段落换行标记<p/>。

例1-4中使用段落标记和换行标记，其在浏览器中的显示结果如图1-6所示。

【例1-4】example1-4.html

```html
<!doctype html>
<html>
  <head>
    <meta charset="UTF-8">
    <title>换行标记的使用</title>
  </head>
  <body>
    <font size="5" color="blue" face="黑体">
      《登鹳雀楼》<p/>白日依山尽，<br/>黄河入海流。<br/>
      欲穷千里目，<br/>更上一层楼。
    </font>
  </body>
</html>
```

图1-6 段落标记与换行标记

5. 预格式化标记

HTML的输出是基于窗口的，因此HTML文件在输出时都要重新排版，即把文本上一些额外的字符（包括空格、制表符和回车符等）忽略。如果不需要重新排版内容，可以用预格式化标记<pre>...</pre>通知浏览器。

所谓预格式化，是指某些格式可以在源代码中预先设置，这些预先设置好的格式在浏览器解析源代码时被保留下来，即源代码执行后的效果与源代码中预先设置好的效果几乎完全一样。

例1-5是使用预格式化标记和不使用预格式化标记的对比，其在浏览器中的显示结果如图1-7和图1-8所示，其中图1-7不使用<pre>标记，图1-8使用<pre>标记。

【例1-5】example1-5.html

```html
<!doctype html>
<html>
  <head>
    <meta charset="UTF-8">
```

```
        <title>预格式化标记的使用</title>
    </head>
    <body>
        <font size="6" color='blue'>
            <pre>
            《登鹳雀楼》

            白日依山尽
            黄河入海流
            欲穷千里目
            更上一层楼。
            </pre>
        </font>
    </body>
</html>
```

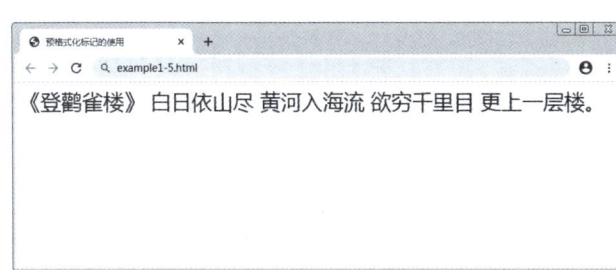

图 1-7　无预格式化标记

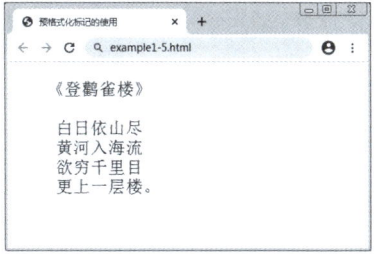

图 1-8　有预格式化标记

6. 转义字符

有些字符在HTML中具有特殊的含义，如小于号"<"表示HTML标记的开始；还有一些字符无法通过键盘输入，这些字符对于网页来说都属于特殊字符。要在网页中显示这些特殊字符，必须使用转义字符的方式进行输入。

转义字符由3部分组成，第1部分是"&"符号；第2部分是实体名字或者"#"加上实体编号；第3部分是分号，表示转义字符结束。转义字符的语法结构如下：

&实体名称;

例如，"<"可以使用"<"表示，">"可以使用">"表示，空格可以使用" "表示。常用的特殊字符与对应的字符实体见表1-1。

表 1-1　常用的特殊字符与对应的字符实体

特殊字符	说　　明	字符实体
	空格	
<	小于号	&lt;
>	大于号	&gt;
&	和号	&amp;
"	引号	&quot;
'	撇号	'（IE 不支持）
¢	分（cent）	&cent;
£	镑（pound）	&pound;
¥	元（yen）	&yen;
€	欧元（euro）	&euro;

续表

特殊字符	说　明	字符实体
§	小节	&sect;
©	版权（copyright）	&copy;
®	注册商标	&reg;
™	商标	&trade;
×	乘号	&times;
÷	除号	&divide;

同一个符号既可以使用实体名称，如"<"，又可以使用实体编号，如"<"，这两种方式都表示符号"<"。

例1-6中列出常用的特殊字符在HTML文件中的写法，其在浏览器中的显示结果如图1-9所示。

【例1-6】example1-6.html

```
<!doctype html>
<html>
  <head>
    <meta charset="UTF-8">
    <title>特殊标记的使用</title>
  </head>
  <body>
    在HTML中，常用的特殊字符有：<br/>
      &lt;、&gt;、&amp;、&quot;、&copy;、&reg;、&trade;、&times;、&divide;等。
  </body>
</html>
```

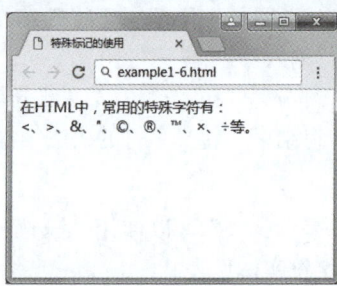

图 1-9　常用的特殊字符

7. 文字修饰标记

使用文字修饰标记可以设置文字为粗体、倾斜、下划线等格式。文字不同的格式需要用不同的修饰标记。常用的文字修饰标记见表1-2。

表 1-2　常用的文字修饰标记

标　记	说　明
...	加粗，如 HTML 文件
<i>...</i>	斜体，如 <i>HTML 文本 </i>
<u>...</u>	下划线，如 <u>HTML 文本 </u>
<s>...</s>	删除线，如 <s> 删除线 </s>
^{...}	上标
_{...}	下标

例1-7中展示文字修饰标记的使用方法，其在浏览器中的显示结果如图1-10所示。

【例1-7】example1-7.html

```html
<!doctype html>
<html>
  <head>
    <meta charset="UTF-8">
    <title>文字修饰标记</title>
  </head>
  <body>
    <u>
      下划线
      <i>
        倾斜下划线
        <b>加粗倾斜下划线</b>
      </i>
    </u>
    <h1>
      H<sub>2</sub>o<br/>
      X<sup>2</sup>+Y<sup>2</sup>=Z<sup>2</sup>
    </h1>
  </body>
</html>
```

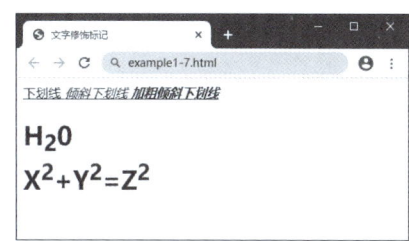

图1-10　文字修饰标记

1.4.2　列表标记

在HTML页面中，列表可以使相关的内容以一种整齐划一的方式显示。列表分为两种类型：一种是无序列表，另一种是有序列表。前者使用项目符号来标记项目，后者使用编号来记录项目顺序。

1. 无序列表

在无序列表中，各个列表项之间没有顺序级别之分，通常使用一个项目符号作为每个列表项的前缀。无序列表主要使用<ul>、<li>标记和type属性，其中<ul>标记定义无序列表，<li>标记定义列表项，列表项的内容位于一对<li></li>标签之内，<ul>标记内的type属性用于定义列表项的标记符。无序列表的基本语法格式如下：

```html
<ul type="列表项的标记符">
    <li>项目一 </li>
    <li>项目二 </li>
    <li>项目三 </li>
    ...
</ul>
```

type属性的取值定义如下：
- disc是默认值，为实心圆。
- circle为空心圆。
- square为实心方块。

例1-8中展示无序列表标记的使用方法，其在浏览器中的显示结果如图1-11所示。

【例1-8】example1-8.html

```html
<!doctype html>
<html>
  <head>
    <meta charset="UTF-8">
    <title>无序列表标记</title>
  </head>
  <body>
    Web前端语言：<br/>
    <ul>     <!--定义无序列表，表项标识符为默认的实心圆方式-->
      <li>HTML</li>
      <li>CSS</li>
      <li>JavaScript</li>
    </ul>
    Web服务器端语言：<br/>
    <ul type="circle">   <!--定义无序列表，表项标识符为空心圆方式-->
      <li>ASP.NET</li>
      <li>PHP</li>
      <li>JSP</li>
    </ul>
  </body>
</html>
```

图1-11　无序列表

2. 有序列表

有序列表使用编号而不是项目符号来编排项目。列表中的项目由数字或英文字母开头，通常各项目之间有先后的顺序性。在有序列表中，主要使用<ol>和<li>两个标记以及type和start属性。有序列表的基本语法格式如下：

```html
<ol type="列表项的标记符"　start="起始值">
  <li>项目一 </li>
  <li>项目二 </li>
  <li>项目三 </li>
```

```
    ...
</ol>
```

在有序列表中，使用<ol>作为有序列表的声明，使用<li>作为每一个项目的起始。start属性定义列表项开始编号的位置序号。在有序列表的默认情况下，使用数字序号作为列表的开始，但可以通过type属性将有序列表的类型设置为英文或罗马字母。有序列表type属性的取值说明见表1-3。

表 1-3 有序列表 type 属性的取值说明

type 值	说　　明
1	默认值。数字有序列表（1、2、3、4……）
a	按小写字母顺序排列的有序列表（a、b、c、d……）
A	按大写字母顺序排列的有序列表（A、B、C、D……）
i	按小写罗马字母顺序排列的有序列表（ⅰ、ⅱ、ⅲ、ⅳ……）
I	按大写罗马字母顺序排列的有序列表（Ⅰ、Ⅱ、Ⅲ、Ⅳ……）

例1-9中展示有序列表标记的使用方法，其在浏览器中的显示结果如图1-12所示。

【例1-9】example1-9.html

```html
<!doctype html>
<html>
  <head>
    <meta charset="UTF-8">
    <title>有序列表标记</title>
  </head>
  <body>
    Web前端语言：<br/>
    <ol>        <!--定义有序列表，默认start="1" type="1"-->
      <li>HTML</li>
      <li>CSS</li>
      <li>JavaScript</li>
    </ol>
    Web服务器端语言：<br/>
    <ol type="I" start="2">  <!--从2开始，列表数字是大写罗马字母-->
      <li>ASP.NET</li>
      <li>PHP</li>
      <li>JSP</li>
    </ol>
  </body>
</html>
```

3. 嵌套列表

嵌套列表是指在一个列表项的定义中嵌套另一个列表的定义。例1-10中展示在一个无序列表中嵌套了一个有序列表，其在浏览器中的显示结果如图1-13所示。

【例1-10】example1-10.html

```html
<!doctype html>
<html>
  <head>
    <meta charset="utf-8">
    <title>嵌套列表</title>
```

扫一扫，看视频

```
    </head>
    <body>
        <h1>列表嵌套</h1>
        <ul type="square">
            <li>树叶</li>
            <li>树
                <ol>
                    <li>枫树</li>
                    <li>杨树</li>
                </ol>
            </li>
            <li>还有什么</li>
        </ul>
    </body>
</html>
```

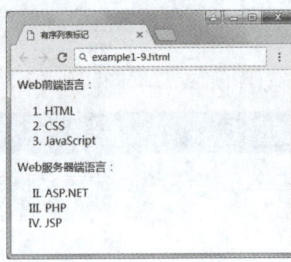
图 1-12　有序列表

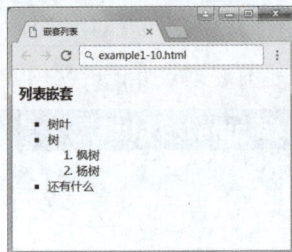
图 1-13　嵌套列表

1.4.3　分隔线标记

分隔线可以在 HTML 页面中创建一条水平线，水平线可以将文档分隔成若干个部分。分隔线标记是 <hr>，其属性及说明见表 1-4。

表 1-4　<hr> 标记的属性及说明

属性	说明
align	设置水平线的对齐方式，取值为 left、center、right
noshade	设置水平线为纯色，无阴影
size	设置水平线的高度，单位为像素
width	设置水平线的宽度，单位为像素
color	设置水平线的颜色

例 1-11 中展示水平分隔线标记的使用方法，其在浏览器中的显示结果如图 1-14 所示。

【例 1-11】example1-11.html

```
<!doctype html>
<html>
    <head>
        <meta charset="utf-8">
        <title>水平分隔线的建立</title>
    </head>
    <body>
        <center>
        《登鹳雀楼》
        <hr size="10" width="100px" color="red">
```

扫一扫，看视频

```
            白日依山尽，<br/>
            黄河入海流。<br/>
            欲穷千里目，<br/>
            更上一层楼。<br/>
        </center>
        <hr align="center" color="blue" width="50%">
    </body>
</html>
```

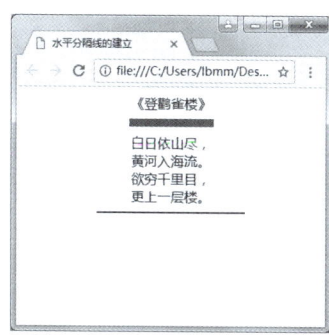

图 1-14　水平分隔线

1.4.4　超链接标记

超链接是指从一个网页指向一个目标的链接关系，这个目标可以是另一个网页，也可以是相同网页上的不同位置，还可以是一幅图片、一个电子邮件地址、一个文件，甚至是一个应用程序。超链接在本质上属于网页的一部分，是一种允许同其他网页或站点之间进行链接的元素。各个网页链接在一起后，才能真正构成一个网站。单击已经链接的文字或图片后，链接目标将显示在浏览器上，并且根据目标的类型打开或运行。

网页上的超链接一般分为3种：第1种是绝对URL的超链接，简单地讲就是网络上的一个站点或网页的完整路径；第2种是相对URL的超链接，如将网页上的某一段文字或某标题链接到同一网站的其他网页上；第3种是同一网页的超链接，这种超链接又称为书签。

1. 文本链接

使用一对<a>标签创建文本链接，其语法格式如下：

```
<a href="目标URL" target="目标窗口">
    指针文本
</a>
```

其中，href属性用于指出文本链接的目标资源的URL地址；target属性用于指出在指定的目标窗口中打开链接文档。target属性的取值及其说明见表1-5。

表 1-5　target 属性的取值及其说明

target 属性值	说　　明
_blank	在新窗口中打开目标资源
_self	默认值，在当前的窗口或框架中打开目标资源
_parent	在父框架集中打开目标资源
_top	在整个窗口中打开目标资源
框架名称	在指定的框架中打开目标资源

例如：

```
<a href = "http://www.whpu.edu.cn/" target="_blank">武汉轻工大学</a>
```

单击文本链接指针"武汉轻工大学"时，即可在新的浏览器窗口打开武汉轻工大学的主页内容。在这个例子中，充当文本链接指针的是文本"武汉轻工大学"。例1-12中展示了文本链接的定义方法，其在浏览器中的显示结果如图1-15所示。

【例1-12】example1-12.html

```
<!doctype html>
<html>
  <head>
    <meta charset="utf-8">
    <title>文本链接</title>
  </head>
  <body>
    常用的购物网站有：
    <ul>
      <li><a href="http://www.taobao.com/">淘宝</a></li>
      <li><a href="http://www.jd.com" target="_blank">京东</a></li>
      <li><a href="http://www.suning.com" target="_top">苏宁易购</a></li>
    </ul>
  </body>
</html>
```

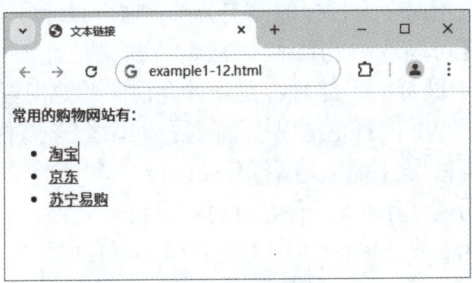

图1-15　文本链接

2. 书签链接

当一个网页内容较多且页面过长，浏览网页寻找页面的一个特定目标时，就需要不断地拖动滚动条，并且找起来非常不方便，这种情况下需要用到书签链接。

书签链接可用于在当前页面的书签位置间跳转，也可以跳转到不同页面的书签位置。创建书签链接需要两步：第1步是创建书签，第2步是创建书签链接。

（1）创建书签。创建书签的标记与创建文本链接的标记相同，都是使用<a>标记。其基本语法格式如下：

```
<a name="书签名">[文字或图片]</a>
```

需要说明的是，"[文字或图片]"中的"[]"表示一个可选项，其中的文字或图片是可有可无的，书签将在当前<a>标记位置建立一个name属性值指定的书签。需要注意的是，书签名不能有空格。

（2）创建书签链接。链接到同一页面的书签链接的定义语法如下：

```
<a href="#书签名">源端点</a>
```

链接到不同页面的书签链接的定义语法如下：

`<a href="file_URL#书签名">源端点</a>`

例1-13在example1-14.html中定义了书签`<a name="top4">第4章</a>`，现在要从example1-13.html中跳转到example1-14.html并且将位置定到书签"top4"所在的位置，就可以在example1-13.html中设置书签链接`<a href="example1-14.html#top4">第4章</a>`，例1-13的运行结果如图1-16和图1-17所示。

【例1-13（1）】example1-13.html

扫一扫，看视频

```html
<!doctype html>
<html>
  <head>
    <meta charset="utf-8">
    <title>书签链接</title>
  </head>
  <body>
    书中目录：
    <ul>
      <li><a href="example1-14.html#top4">第4章</a></li>
      <li><a href="example1-14.html#top5">第5章</a></li>
    </ul>
  </body>
</html>
```

【例1-13（2）】example1-14.html

```html
<!doctype html>
<html>
  <head>
    <meta charset="utf-8">
    <title>书签链接</title>
  </head>
  <body>
    书中目录：
    <ul>
      <li><a name="top1">第1章</a></li>
      <li><a name="top2">第2章</a></li>
      <li><a name="top3">第3章</a></li>
      <li><a name="top4">第4章</a></li>
      <li><a name="top5">第5章</a></li>
      <li><a name="top6">第6章</a></li>
      <li><a name="top7">第7章</a></li>
      <li><a name="top8">第8章</a></li>
      <li><a name="top9">第9章</a></li>
      <li><a name="top10">第10章</a></li>
      <li><a name="top11">第11章</a></li>
      <li><a name="top12">第12章</a></li>
      <li><a name="top13">第13章</a></li>
      <li><a name="top14">第14章</a></li>
      <li><a name="top15">第15章</a></li>
      <li><a name="top16">第16章</a></li>
      <li><a name="top17">第17章</a></li>
      <li><a name="top18">第18章</a></li>
    </ul>
```

```
    </body>
</html>
```

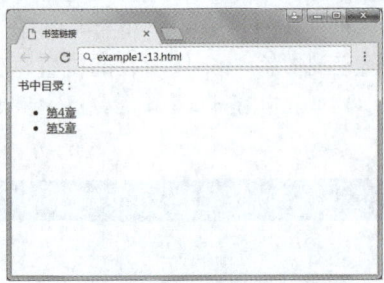

图 1-16　创建书签链接

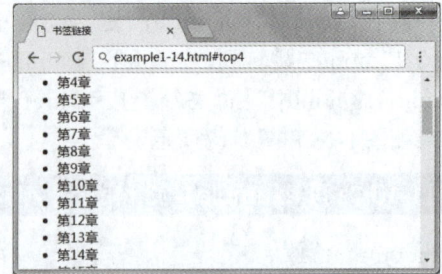

图 1-17　创建书签

1.4.5　图片标记

在HTML语言制作的网页文档中可以加载图像，可以将图像作为网页文档的内在对象（内联图像），也可以将其作为一个通过超链接下载的单独文档，或者作为文档的背景。

在文档内容中加入图像（静态的或具有动画效果的图标、照片、说明、绘画等）时，文档会变得更加生动活泼，更加引人入胜，而且看上去更加专业、更具信息性并易于浏览，还可以专门将一个图像作为超链接的可视引导图。

HTML语言中没有规定图像的官方格式，但解释执行网页的浏览器规定了GIF（Graphics Interchange Format，图形交换格式）和JPEG（Joint PhotograPhic ExPerts Group，联合图像专家组）图像格式作为网页的图像标准，其他多媒体格式大多需要特殊的辅助应用程序，每个浏览器的使用者都要获得、安装并正确地操作这些应用程序，才能在浏览器中正确地打开这些特殊的多媒体文件。

在Web出现以前，GIF和JPEG两种图像格式已经得到了广泛使用，所以有大量的支持软件可以创建这两种格式的图像。

GIF格式是指图像交换格式，采用一种特殊的压缩技术，可以显著地减小图像文件的大小，从而在网络上更快地进行传输。GIF压缩是"无损"压缩，也就是说，图像中原来的数据不会发生改变或丢失，所以解压缩并解码后的图像与原来的图像完全一样。由于GIF格式的图像的颜色数目有限，使用GIF格式编码的图像并不是任何时候都适用，尤其是对那些具有照片一样逼真效果的图片来说并不合适。GIF格式可以用于创建非常好看的图标和颜色不多的图像及图画。此外，GIF图像还非常容易实现动画效果。

联合图像专家组是开发现在所使用的JPEG图像编码格式的标准化组织。和GIF图像一样，JPEG图像也是独立于平台的，并且其为了通过数字通信技术进行高速传播而专门进行了压缩。和GIF图像不一样的是，JPEG图像支持数以万计的颜色，可以显示更加精细且像照片一样逼真的数字图像。

JPEG图像使用的是特殊的压缩算法，从而可以实现非常高的压缩比。例如，把200 KB大小的GIF图像压缩到只有30 KB大小的JPEG图像，这种情况非常普遍。为了达到这样惊人的压缩率，JPEG格式要损失一些图像数据。然而，通过专门的JPEG工具可以调整这个"损失率"，这样尽管压缩后的图像和原来的图像并不完全一样，但大多数人都无法分辨出压缩前后的差别。

尽管JPEG格式对照片来说是一个不错的选择，但对插图来说就不那么合适了。JPEG格式使用的压缩和解压缩算法在处理大范围的颜色块时，会留下很明显的人工痕迹。所以，如果想显示出用线条描绘的图画，GIF格式更适合一些。JPEG格式通常由.jpg（或.JPG）文件名来结尾。

在HTML语言中使用<img>标记在网页中嵌入图像，并设置图像的属性。其语法格式如下：

<img src="图片文件路径" alt="提示文本" height="图片高度" width="图片宽度" />

其中，src属性和alt属性是必需的；通过height属性和width属性可以调整图片显示的大小，如果不设置这两个属性值，则使用图片原始的属性值，另外这两个属性的属性值可以是像素，也可以是百分数，如果是百分数则指相对于浏览器窗口的一个比例。有时为了对网页上的图片进行某些方面的描述说明，或者当网页图片无法下载时能让用户了解图片内容，在制作网页时可以通过图片的alt属性对图片设置提示文本。

例1-14中展示了在网页中显示图片的方法，其在浏览器中的显示结果如图1-18所示。

【例1-14】example1-15.html

```
<!doctype html>
<html>
  <head>
    <meta charset="utf-8">
    <title>图片使用</title>
  </head>
  <body>
    <img src="1-14.jpg" alt="图片默认的高度与宽度">
  </body>
</html>
```

扫一扫，看视频

<a>标记不仅可以为文字设置超链接，还可以为图片设置超链接。为图片设置超链接有两种方式：一种方式是将整个图片设置为超链接，只要单击该图片就可以跳转到链接的URL上；另一种方式是为图片设置热点区域，将图片划分为多个区域，单击图片不同的位置将会跳转到不同的链接上。

（1）将整个图片设置为超链接。例1-15中展示了如何在网页中将图片设置为超链接，并把图片大小设置成高150px、宽200px，其在浏览器中的显示结果如图1-19所示。

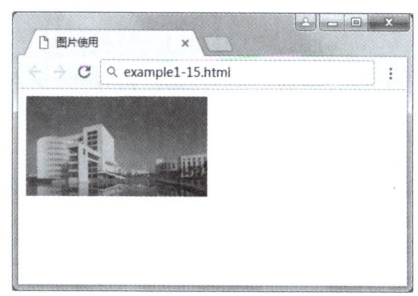

图1-18　图片标记

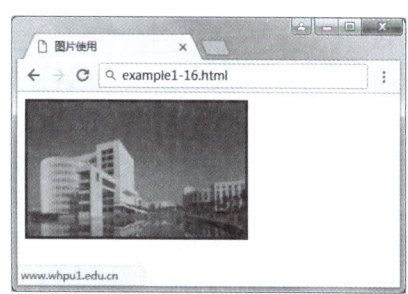

图1-19　将图片设置为超链接

【例1-15】example1-16.html

```
<!doctype html>
<html>
  <head>
    <meta charset="utf-8">
```

扫一扫，看视频

```
        <title>图片使用</title>
    </head>
    <body>
        <a href="http://www.whpu.edu.cn">
            <img src="1-14.jpg" width="200" height="150" border="3">
        </a>
    </body>
</html>
```

（2）设置图片的热点区域。在定义图片的热点区域时，除了要定义图片热点区域的名称之外，还要设置其热区范围。可以使用IMG元素中的usemap属性和<map>标记创建，其语法格式如下：

```
<img src="图片文件路径" usemap="#map名" />
<map name="map名">
    <area shape="图片热区形状" coords="热区坐标" href="链接地址"
</map>
```

其中，usemap属性值中的"map名"必须是<map>标记中的name属性值，因为可以为不同的图片创建热点区域，每个图片都会对应一个<map>标签，不同的图片以usemap属性值来区分不同的<map>标签。需要注意的是，usemap属性值中的"map名"前面必须加上"#"。

<map>标记里至少要包含一个<area>元素，如果一个图片上有多个可单击区域，将会有多个<area>元素。在<area>元素里，必须指定coords属性，该属性值是一组用逗号隔开的数字，通过这些数字可以决定可单击区域的位置。但是coords属性值的具体含义取决于shape属性值，shape属性用于指定可单击区域的形状，默认的单击区域是整个图片区域。shape属性值可进行如下设置。

1）rect：指定可单击区域为矩形，coords的值为"x1,y1,x2,y2"，用于规定矩形左上角(x1, y1)和右下角(x2, y2)的坐标。

2）circle：指定可单击区域为圆形，此时coords的值为"x,y,z"，其中x和y代表圆心的坐标，z为圆的半径长度。

3）poly：指定多边形各边的坐标，coords的值为"x1,y1,x2,y2,...,xn,yn"，其中"x1,y1"为多边形第1个顶点的坐标，其他类似。HTML中的多边形必须是闭合的，所以不需要在coords的最后重复第1个顶点坐标来将整个区域闭合。

在例1-16中设定一个图像的高度为100px，宽度为210px。在此图片中设置上、下两个矩形图片的热点区域，上面的矩形热点区域是从点(0, 0)到点(210, 50)，链接的地址是"http://www.whpu.edu.cn"，下面的矩形热点区域是从点(0, 50)到点(210, 100)，链接的地址是"http://www.baidu.com"。

【例1-16】example1-17.html

```
<!doctype html>
<html>
    <head>
        <meta charset="utf-8">
        <title>图片热点区域</title>
    </head>
    <body>
        <img src="1-14.jpg" width="210" height="100" usemap="#myMap">
        <map name="myMap">
            <area shape="rect" coords="0,0,210,50" href="http://www.whpu.edu.cn">
            <area shape="rect" coords="0,50,210,100" href="http://www.baidu.com">
```

```
      </map>
    </body>
</html>
```

1.4.6 多媒体标记

1. 滚动字幕标记

使用<marquee>标记可以实现文字或图片的跑马灯效果。例如，可以使一段文字从浏览器的右侧进入，横穿屏幕，到浏览器的左侧消失；也可以使一段文字从浏览器的下侧进入，到浏览器的上侧消失。具体采用哪种跑马灯效果可通过对应的属性控制。<marquee>标记的语法格式如下：

```
<marquee behavior="value" bgcolor="rgb" direction="value" scrollamount="value"
scrolldelay="value" truespeed="truespeed" loop="digit" height="value" width="value"
hspace="value" vspace="value">文字或图片</marquee>
```

<marquee>标记的属性及说明见表1-6。

表1-6 <marquee>标记的属性及说明

属 性	说 明
behavior	指定跑马灯效果，可以为 scroll（滚动）、slide（滑动）和 alternate（交替）
bgcolor	指定跑马灯效果区域的背景颜色
direction	指定跑马灯效果的移动方向，可以为 left（向左）、right（向右）、up（向上）和 down（向下）
scrollamount	指定每次移动的距离，取值为正整数，数值越大移动得越快
scrolldelay	指定每次移动的延迟时间，单位为毫秒
truespeed	指定跑马灯效果的速度，单位为毫秒
loop	指定跑马灯效果的运行次数，取值为整数，-1 为无限循环
height	指定跑马灯效果区域的高度，可以是像素值，也可以是百分比
width	指定跑马灯效果区域的宽度，可以是像素值，也可以是百分比
hspace	指定跑马灯效果区域左右的空白宽度，属性值为正整数，不包括单位
vspace	指定跑马灯效果区域上下的空白宽度，属性值为正整数，不包括单位

在例1-17中使用<marquee>标记创建了由左向右的滚动字幕，滚动速度为每200ms移动10px。

【例1-17】example1-18.html

```
<!doctype html>
<html>
    <head>
        <meta charset="utf-8">
        <title>滚动字幕</title>
    </head>
    <body>
        <marquee behavior="scroll" direction="right" scrollamount="10"  scrolldelay="200">
            这是一个滚动字幕。
        </marquee>
    </body>
</html>
```

2. 嵌入音视频文件

在网页中可以使用嵌入标记<embed>嵌入MP3音乐、电影等多媒体内容，使网页更加生动。其基本语法格式如下：

```
<embed src="音频或视频文件的URL"></embed>
```

在<embed>标记中，除了必须设置src属性之外，还可以设置其他属性获得所嵌入多媒体对象的不同表现效果。<embed>标记的常用属性及说明见表1-7。

表1-7 <embed> 标记的常用属性及说明

属 性	说 明
autostart	规定音频或视频文件是否在下载完之后自动播放，值可以为 true、false
loop	规定音频或视频文件是否循环及循环次数。当属性值为正整数时，音频或视频文件的循环次数与正整数值相同；当属性值为 true 时，音频或视频文件循环；当属性值为 false 时，音频或视频文件不循环
hidden	规定控制面板是否显示。值可以为 true、no，默认值为 no
starttime	规定音频或视频文件开始播放的时间，默认从文件开头播放 语法：starttime=mm:ss（分钟：秒）
volume	规定音频或视频文件的音量大小，未定义则使用系统本身的设定值。其值是 0～100 的整数

例1-18中使用<embed>标记设置自动播放MP3音乐，该音乐自动播放3次。

【例1-18】example1-19.html

```
<!doctype html>
<html>
  <head>
    <meta charset="utf-8">
    <title>网页嵌入音乐</title>
  </head>
  <body>
    <embed src="Hotel California.mp3" width="230" height="260" loop="3" >
  </body>
</html>
```

1.4.7 标记类型

HTML标记分为三种：行内标记、块状标记和行内块状标记。需要说明的是，这三者可以互相转换。使用display属性能够将这三者任意转换。

（1）display:inline表示转换为行内标记。

（2）display:block表示转换为块状标记。

（3）display:inline-block表示转换为行内块状标记。

1. 行内标记

行内标记最常使用的就是<span>标记，其他的只在特定功能下使用。例如修饰字体<b>和<i>标记，还有<sub>和<sup>这两个标记可以直接做出下标、上标的效果。常用的行内标记及说明见表1-8。

表 1-8　常用的行内标记及说明

标记名	说　明	标记名	说　明
a	锚点	label	表格标签
abbr	缩写	q	短引用
acronym	首字	s	删除线
b	粗体	samp	定义范例计算机代码
big	大字体	select	项目选择
br	换行	small	小字体文本
cite	引用	span	常用内联标记
code	计算机代码	strike	中划线
dfn	定义字段	strong	粗体强调
em	强调	sub	下标
font	设定字体	sup	上标
i	斜体	textarea	多行文本输入框
img	图片	tt	电传文本
input	输入框	u	下划线
kbd	定义键盘文本	var	定义变量

行内标记的主要特征有以下几点。

（1）在CSS中设置宽/高无效。

（2）在CSS中，margin属性仅能设置左/右方向有效，上/下无效；padding属性设置上/下/左/右都有效，即会撑大空间。行内标记的尺寸由包含的内容决定。盒子模型中padding、border与块级元素并无差异，都是标准的盒子模型，但是margin属性只有水平方向的值，垂直方向并没有起作用。

（3）不会自动进行换行。

2. 块状标记

块状标记中具有代表性的就是div，常用的块状标记及说明见表1-9。为了方便程序员解读代码，一般都会使用特定的语义化标签，使代码可读性强，并且便于查错。

表 1-9　常用的块状标记及说明

标记名	说　明	标记名	说　明
address	地址	h4	4级标题
blockquote	块引用	h5	5级标题
center	居中对齐块	h6	6级标题
dir	目录列表	hr	水平分隔线
div	常用块状标记	input	表单
dl	定义列表	ol	有序列表
fieldset	form 控制组	p	段落
form	交互表单	pre	格式化文本
h1	大标题	table	表格
h2	副标题	ul	无序列表
h3	3级标题		

块状标记的主要特征有以下几点。

（1）在CSS的设置中，能够识别宽/高。

（2）在CSS的设置中，margin属性和padding属性的上/下/左/右均对其有效。

（3）可以自动换行。

（4）多个块状标记的标签写在一起，默认排列方式为从上到下。

3. 行内块状标记

行内块状标记综合了行内标记和块状标记的特性，但是各有取舍。因此在日常使用中，行内块状标记的使用次数比较多。行内块状标记的主要特征有以下几点。

（1）不自动换行。

（2）能够识别宽/高。

（3）默认排列方式为从左到右。

在HTML5中，程序员可以自定义标签，在任意定义标签中加入"display:block;"即可，当然也可以是行内标记或行内块状标记。

1.4.8 <meta> 标记

1. 概述

<meta>标记位于HTML文档的<head>和<title>之间，虽然其提供的信息用户不可见，却是文档最基本的元素信息。<meta>除了提供文档字符集、使用语言、作者等基本信息外，还涉及对关键词和网页等级的设定，所以<meta>标记的内容设计对于搜索引擎来说至关重要。合理利用<meta>标记的description和keywords属性，加入网站的关键词或网页的关键词，可使网站更加贴近用户体验。

2. 属性

<meta>标记共有两个属性，分别是name属性和http-equiv属性。

（1）name属性。name属性主要用于描述网页，如网页的关键词、叙述等。与之对应的属性值为content，content中的内容是对name填入类型的具体描述，便于搜索引擎抓取。<meta>标记中name属性的语法格式如下：

```
<meta name="参数" content="具体的描述">
```

name属性共有以下几种参数。

- keywords（关键词）：用于告诉搜索引擎该网页的关键词。例如：

```
<meta name="keywords" content="前端,CSS">
```

- description（网站内容的描述）：用于告诉搜索引擎该网站的主要内容。例如：

```
<meta name="description" content="热爱前端与编程">
```

- viewport（移动端的窗口）：常用于设计移动端网页。

（2）http-equiv属性。顾名思义，http-equiv相当于http的文件头的作用。<meta>标记中http-equiv属性的语法格式如下：

```
<meta http-equiv="参数" content="具体的描述">
```

http-equiv属性主要有以下几种参数。

- content-Type（设定网页字符集）：用于设定网页字符集，便于浏览器解析与渲染页面。例如：

```
<meta http-equiv="content-Type" content="text/html;charset=utf-8">
```

- expires（网页到期时间）：用于设定网页的到期时间，过期后网页必须到服务器上重新传输。例如：

```
<meta http-equiv="expires" content="Sunday 26 October 2018 01:00 GMT"/>
```

- refresh（自动刷新并指向某页面）：网页将在设定的时间内自动刷新并指向设定的网址。例如，需要2s后自动跳转到http://www.whpu.edu.cn/，代码如下：

  ```
  <meta http-equiv="refresh" content="2; URL=http://www.whpu.edu.cn/">
  ```

- Set-Cookie（cookie设定）：如果网页过期，那么这个网页存在本地的cookie也会被自动删除。例如：

  ```
  <meta http-equiv="Set-Cookie" content="name, date"> //格式
  ```

京东首页的meta设置代码如下：

```
<meta charset="gbk">
<meta name="description" content="京东JD.COM-专业的综合网上购物商城，销售家电、数码通信、电脑、家居百货、服装服饰、母婴、图书、食品等数万个品牌优质商品。便捷、诚信的服务，为您提供愉悦的网上购物体验！">
<meta name="Keywords" content="网上购物，网上商城，手机，笔记本，电脑，MP3，CD，VCD，DV，相机，数码，配件，手表，存储卡，京东">
```

1.5 网页调试

1.5.1 测试与调试环境

程序员制作的网页包括HTML、CSS和JavaScript三种不同形式的代码，在浏览器中运行时如果遇到错误，就需要反复检查程序源代码。如果有一个好的网页测试或调试工具，就能够尽快找到网页代码中的错误。

网站的测试及调试建议使用Chrome浏览器提供的开发者工具。打开Chrome浏览器后直接在页面上右击，在弹出的快捷菜单中选择"检查"命令，或者直接按F12键，进入开发者工具界面，如图1-20所示。

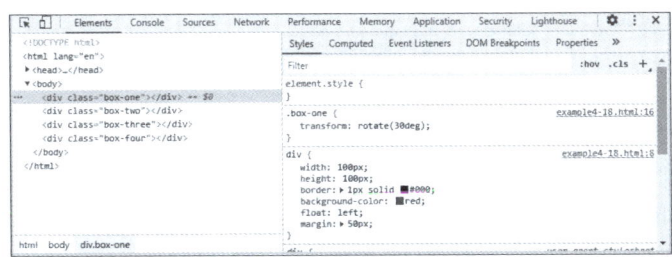

图 1-20　Chrome 浏览器的开发者工具

主要菜单项介绍如下。

（1）"定位小箭头"按钮：选中Elements面板，并单击该按钮，可以在页面中定位相应元素的源代码位置，或者选择源代码位置可定位到页面相应的元素。

（2）"手机与PC视图切换"按钮：单击该按钮，网页可以在PC屏幕样式上显示网页和在手机屏幕样式上显示网页之间进行转换。

（3）Elements面板：该面板显示了渲染完毕后的全部HTML源代码。双击HTML源代码或者右侧的CSS，可以更改网页外观，即可以对静态网页进行调试。

（4）Console面板：该面板用于显示网页加载过程中的日志信息，包括打印、警告、错误及其他可显示的信息等。该面板也是一个JavaScript交互控制台。

（5）Sources面板：当浏览器加载当前页面时，所用到的资源文件的列表会按资源的URL进行分类。该面板最关键的用处是可以调试JavaScript，在该面板中可以找到对应的JavaScript文件，然后设置断点，进行调试。

（6）Network面板：在加载页面过程中，发送的网络请求（包括加载资源）按照时间线的形式呈现，在该面板中能够看到请求状态以及加载时间等。

Network面板记录了网络请求的详细信息，包括请求头、响应头、表单数据、参数信息等。

1.5.2 网页调试

1. 手机模式

Chrome浏览器可以模拟手机界面，在图1-20中单击"手机与PC视图切换"按钮，然后选择可以切换的手机型号，浏览器会以指定手机型号的屏幕大小显示需要浏览的网页，如图1-21所示。

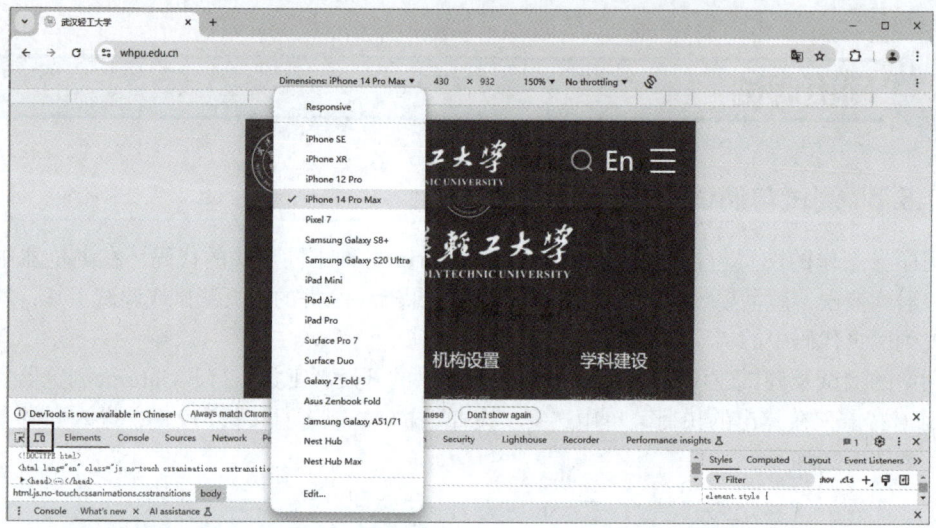

图 1-21　手机模式

2. 查看元素对应的CSS样式

在Chrome浏览器中打开调试工具，单击调试工具左上角的"定位小箭头"按钮或者按快捷键Ctrl/Cmd + Shift + C。在页面中选中需要查看的元素，被查看的元素在DOM树中以蓝色背景突出显示，样式在右侧 Styles 选项卡区域内，如图1-22所示。

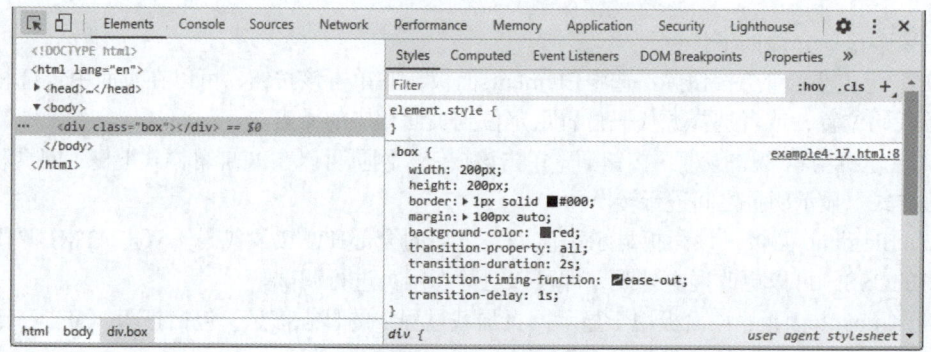

图 1-22　查看 CSS 样式

3. 设置JavaScript断点

在Chrome浏览器中打开调试工具，单击调试菜单的Sources选项卡，然后找到要调试的文件，在内容源代码左侧的代码标记行处单击，即可标记一个断点。再刷新Chrome浏览器，页面代码运行到断点处便会暂停执行，如图1-23所示，通过右侧的相关选项，可以查看变量内容。

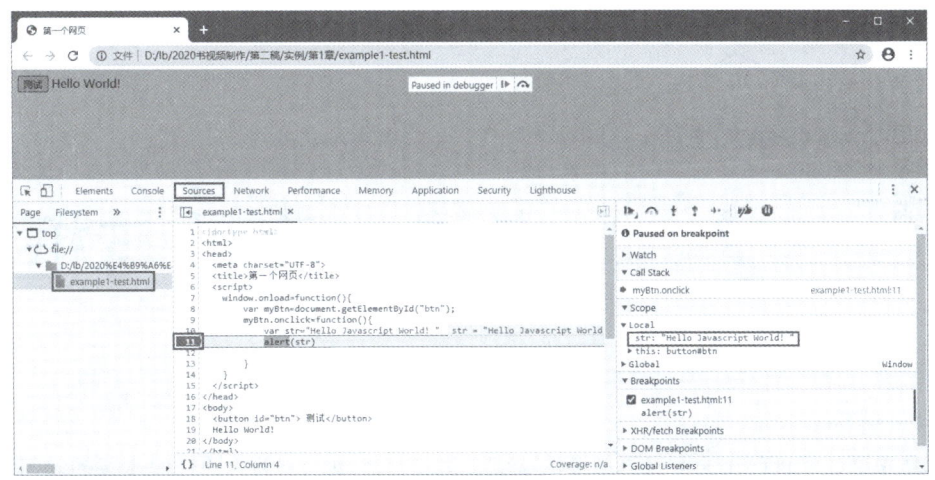

图 1-23　设置 JavaScript 断点

1.6 本章小结

本章重点讲述了Web设计所需的主要Internet技术，并对HTML的基本概念进行了详细阐述。学习完本章后应能掌握Web主要内容，包括静态网页与动态网页的区别、HTTP、URL、HTML及HTML文件的基本结构。特别需要重点理解HTML文档是基本结构，同时应该着重掌握HTML包含的许多标记元素，主要有<font>、<p>、
、<u>、<ol>、<a>、<img>等，通过设置标记的相关属性可以控制元素在网页中的显示样式。能够利用HTML语言编写一些简单的Web网页，而且可以利用所学知识分析一些知名网站的主页(如新浪主页等)的HTML语言结构。还应该对网页的测试和调试工具有所了解，即本书后续章节的网页在浏览器中运行出现问题或错误时，能够对网页错误进行调试。

1.7 习题1

扫描二维码，查看习题。

扫描二维码
查看习题

1.8 实验1　HTML语言基础

扫描二维码，查看实验内容。

扫描二维码
查看实验内容

CHAPTER 2 表格、表单与框架

学习目标：

本章主要讲解HTML语言三类主要的标记：表格、表单、框架。通过对本章的学习，读者应该掌握以下主要内容。

- 表格的应用方式。
- 表单标记的语法结构。
- 不同表单标记的适用场合。
- 框架结构的划分方法。

思维导图简图

- **表格**
  - 表格概述
  - 表格的基本结构
    - 表格可以分成表头、主体和表尾三个部分
    - 表格的多个相关标记
  - 表格的属性
  - 单元格合并
    - 跨行
    - 跨列

- **表单**
  - 表单概述
    - 表单的作用
    - 表单的组成
  - 表单标记
    - 表单标记用于定义表单采集数据的范围
    - 表单<form>
    - 输入标记
      - 标记
      - 主要属性
      - 列表
        - 文本框和密码框
        - 复选框和单选按钮
        - 按钮
        - 隐藏域
    - 选择标记
    - textarea标记
  - HTML5 新增标记
    - <datalist>标记
    - <date>输入类型
    - <color>输入类型
    - <button>标记
    - <summary>标记
    - <progress>标记
    - <meter>标记

- **框架**
  - 概述
    - 作用
    - 标记
  - 左右分割窗口
    - 作用
    - 设置cols属性
  - 上下分割窗口
    - 作用
    - 设置rows属性
  - 嵌套分割窗口
    - 定义
    - 使用方法
  - 内联框架
    - 标记
    - 常用属性

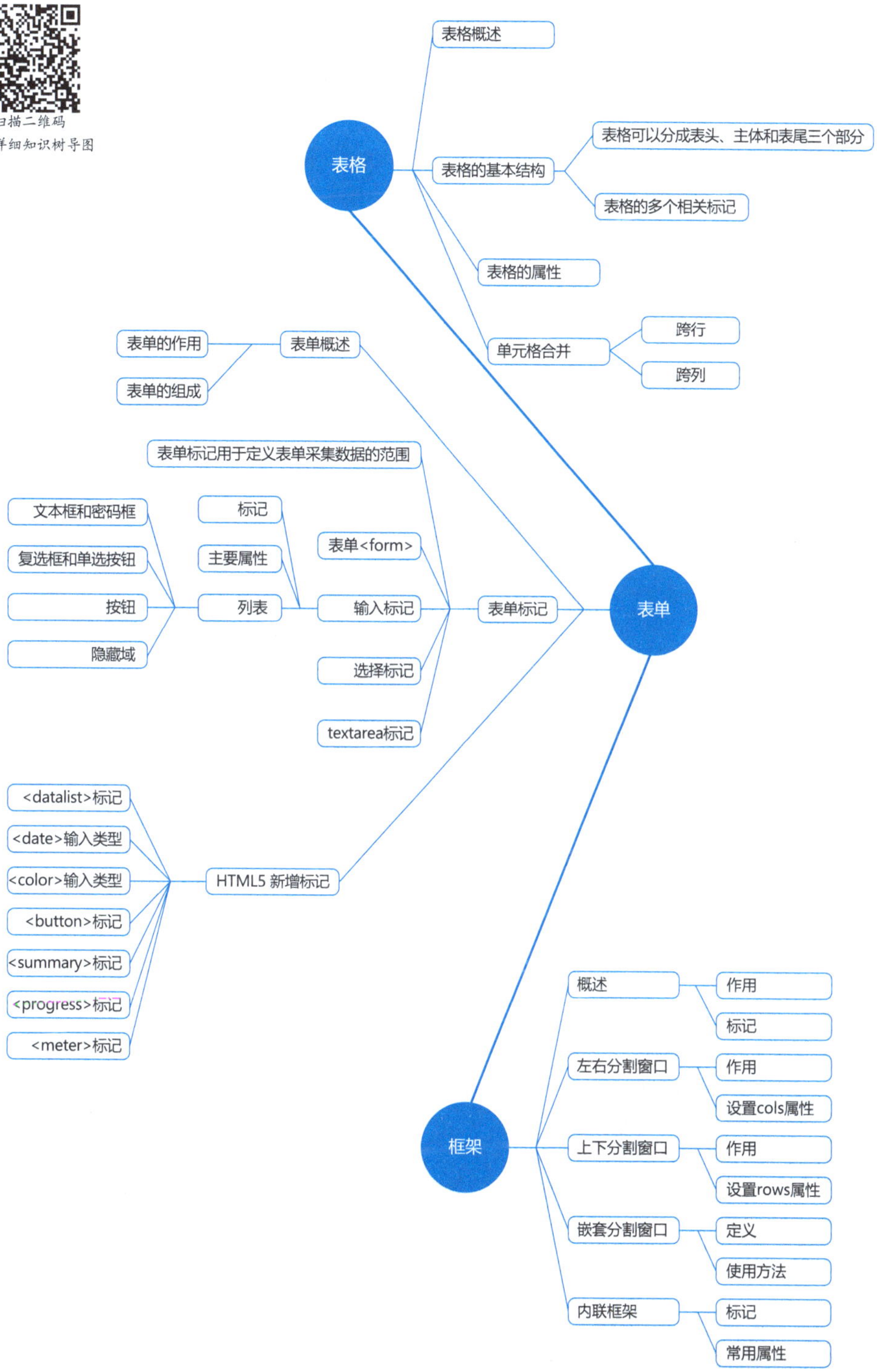

2.1 表格

2.1.1 表格概述

表格通过行列的形式直观形象地将内容呈现出来，是文档处理过程中经常用到的一种对象。在HTML中，表格除了用于进行数据对齐之外，一个重要作用就是用于排版网页的页面内容，可以把任意的网页元素存放在HTML表格的单元格中（如导航条、文字、图像、动画等），从而使网页中的各个组成部分有序排列。

表格属于结构性对象，每个表格由若干行组成，每一行又由若干个单元格组成。表格内的具体信息放置在单元格中，单元格可以包含文本、图像、列表、段落、表单、水平线以及其他表格等。一个表格包括行、列和单元格三个组成部分。行是表格中的水平分隔，列是表格中的垂直分隔，单元格是行和列相交生成的区域。整个表格至少需要用三个标记来表示，分别是<table>、<tr>和<td>，其中<table>用于声明一个表格对象，<tr>用于声明一行，<td>用于声明一个单元格。表格的基本语法格式如下：

```
<table>
  <tr>
    ...
    <td>单元格内容</td>
    ...
  </tr>
  <tr>
    ...
    <td>单元格内容</td>
    ...
  </tr>
</table>
```

需要说明的是，表格中所有的<tr></tr>标记都必须放到<table></table>标记之间，一个<table></table>标记中有多少行，就需要有多少个<tr></tr>标记；而<td></td>标记需要放到<tr></tr>标记之间，一个<tr></tr>标记中有多少个单元格，就需要包含多少个<td></td>标记。需要注意的是，所有需要在表格中显示的内容（包括嵌套表格）都应放到单元格<td></td>标记对之间。

例2-1中制作了一个2行3列的表格，表格的宽度为300px，边框线宽度为2px，其在浏览器中的显示结果如图2-1所示。

【例2-1】example2-1.htm

扫一扫，看视频

```
<!doctype html>
<html>
  <head>
    <meta charset="utf-8">
    <title>表格示例</title>
  </head>
  <body>
    <table width="300" border="2">
      <tr>
        <td>第1行第1个单元格</td>
        <td>第1行第2个单元格</td>
        <td>第1行第3个单元格</td>
```

```
            </tr>
            <tr>
                <td>第2行第1个单元格</td>
                <td>第2行第2个单元格</td>
                <td>第2行第3个单元格</td>
            </tr>
        </table>
    </body>
</html>
```

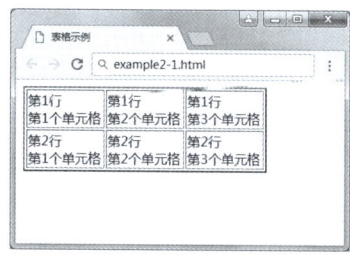

图 2-1　基本表格

在例2-1中，<table>标记中的width属性设置表格的宽度是300px，border属性设置表格的边框线是2px。

2.1.2　表格的基本结构

从结构上看，表格可以分成表头、主体和表尾三个部分，分别用<thead>、<tbody>、<tfoot>标记表示。表头和表尾在一张表格中只能有一个，而一张表格可以有多个主体。

对于大型表格来说，应该将<tfoot>放置在<tbody>的前面，这样浏览器显示数据时，有利于加快表格的显示速度。另外，<thead>、<tbody>、<tfoot>标记内部都必须使用<tr>标记。

使用<thead>、<tbody>、<tfoot>对表格进行结构划分的好处是可以先显示<tbody>的内容，而不必等整个表格下载完成后才能显示。无论<thead>、<tbody>、<tfoot>的顺序如何改变，<thead>的内容总是在表格的最前面，<tfoot>的内容总是在表格的最后面。

例2-2是使用<thead>、<tbody>、<tfoot>结构制作的表格，表格的宽度为300px，边框线宽度为2px，并把表尾的三个单元格合并，同时<tfoot>标记定义的内容放到<tbody>标记的前面，但其显示结果仍然按照<thead>、<tbody>、<tfoot>结构的顺序在浏览器中显示。例2-2在浏览器中的显示结果如图2-2所示。

【例2-2】example2-2.htm

```
<!doctype html>
<html>
    <head>
        <meta charset="utf-8">
        <title>表格基本结构</title>
    </head>
    <body>
        <table border="2" width="300">
            <caption>教师信息表</caption>
            <thead>
                <tr>
                    <th>工号</th>
```

扫一扫，看视频

```
                <th>姓名</th>
                <th>性别</th>
            </tr>
        </thead>
        <tfoot>
            <tr>
                <td colspan="3" align="center">这里是表尾</td>
            </tr>
        </tfoot>
        <tbody>
            <tr>
                <td>8888</td>
                <td>刘艺丹</td>
                <td>女</td>
            </tr>
        </tbody>
    </table>
  </body>
</html>
```

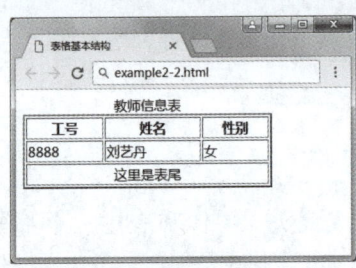

图 2-2　表格的基本结构

例2-2中使用了表格的多个相关标记，如<caption>、<th>。表2-1中列出了表格相关标记及其说明。

表 2-1　表格相关标记及其说明

标　　记	说　　明
table	表格的最外层标记，代表一个表格
tr	单元行，由若干单元格横向排列而成
td	单元格，包含表格数据
th	单元格标题，与 td 作用相似，但一般作为表头行的单元格
thead	表头分组
tfoot	表尾分组
tbody	表格主体分组
colgroup	列分组
caption	表格标题

2.1.3　表格的属性

使用<table>标记可以设置表格的高度、宽度、边框线的粗细、对齐方式、背景颜色、背景图片、单元格间距和边距等表格属性。表2-2中列出了表格的基本属性及其说明。

表 2-2　表格的基本属性及其说明

属　　性	说　　明
align	表格的对齐方式，通常是 left（左对齐）、center（居中对齐）、right（右对齐）

续表

属　　性	说　　明
border	表格边框
bordercolor	表格边框的颜色
bgcolor	表格的背景颜色
background	表格的背景图片
cellspacing	单元格之间的间距
cellpadding	单元格的内容与其边框的内边距
height	表格高度
width	表格宽度

例2-3中的表格通过border属性设定表格边框线的宽度为2px；通过bordercolor属性设定表格边框线的颜色为红色；通过width属性设定表格宽度为400px；通过height属性设定表格高度为60px；通过cellspacing属性设定单元格之间的间距为1px；通过cellpadding属性设定单元格的内容与其边框的内边距为2px；通过align属性设定表格为居中对齐；通过background属性设定表格的背景图片文件名为"2-3.jpg"；通过bgcolor属性设定表格的背景颜色为粉色。例2-3在浏览器中的显示结果如图2-3所示。

【例2-3】example2-3.htm

```
<!doctype html>
<html>
  <head>
    <meta charset="utf-8">
    <title>表格的属性</title>
  </head>
  <body>
    <table align="center" border="2" bgcolor="pink" background="2-3.jpg" bordercolor="red" width="400px" height="60px" cellspacing="1" cellpadding="2">
    <caption>表格标题</caption>
      <tr>
        <th>学号</th>
        <th>姓名</th>
        <th>专业</th>
      </tr>
      <tr>
        <td>8888</td>
        <td>张三</td>
        <td>网络工程</td>
      </tr>
    </table>
  </body>
</html>
```

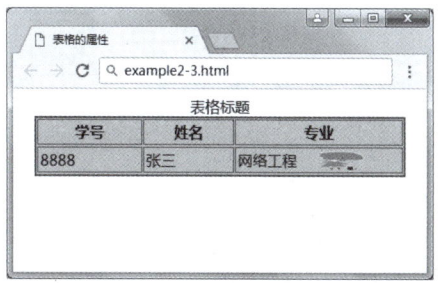

图2-3　表格的属性

使用<table>标记可以从总体上设置表格属性，根据网页布局的需要，还可以单独对表格中的某行和某一个单元格进行属性设置。在HTML文档中，<tr>标记用于生成和设置表格中一行的标记，其属性的语法格式如下：

<tr height="行高" align="水平对齐方式" valign="垂直对齐方式" bgcolor="背景颜色">

例2-4的中表格通过border属性设定表格边框线的宽度为2px；通过width属性设定表格宽度为400px；在表格的第二行<tr>标记中，通过align属性设定表格水平方向为居中对齐；通过height属性设定行高度为100px；通过valign属性［取值可以为top（顶端对齐）、middle（居中对齐）、bottom（底端对齐）］设定该行的垂直方向为居中对齐；通过bgcolor属性设定该行的背景颜色为黄色。例2-4在浏览器中的显示结果如图2-4所示。

【例2-4】example2-4.htm

```html
<!doctype html>
<html>
  <head>
    <meta charset="utf-8">
    <title>表格的行属性</title>
  </head>
  <body>
    <table border="2" width="400px">
    <caption>学生信息</caption>
      <tr>
        <td>学号</td>
        <td>姓名</td>
        <td>专业</td>
      </tr>
      <tr align="center" valign="middle" height="100px" bgcolor="yellow">
        <td>8888</td>
        <td>张三</td>
        <td>网络工程</td>
      </tr>
    </table>
  </body>
</html>
```

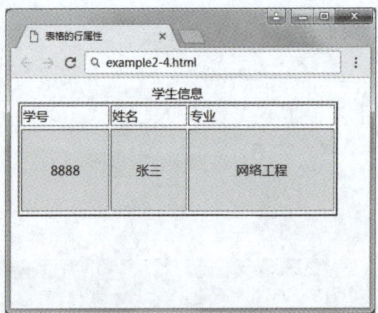

图 2-4　表格的行属性

2.1.4　单元格合并

默认情况下，表格中每行的单元格高度和宽度都是一样的，但很多时候，由于制表需要或布局页面的需要，表格每行的单元格数目不一致，这时表格就需要执行跨行或跨列操作，也就是需要合并单元格。跨行和跨列功能可以分别通过单元格的 rowspan 和 colspan 属性实现，其基本语法格式如下：

```
<td rowspan="所跨行数" colspan="所跨列数">
```

需要说明的是，rowspan 和 colspan 的属性值是一个具体的数值。在例 2-5 中制作一个 2 行 5 列的表格，要求把表格第 1 行和第 2 行的最后一个单元格合并，并在此合并的单元格中放入一张图片；把表格第 2 行的中间 3 个单元格合并，并在此合并单元格中放入一个超链接；把表格第 3 行的后面 4 个单元格合并。例 2-5 在浏览器中的显示结果如图 2-5 所示。

【例 2-5】example2-5.htm

扫一扫，看视频

```html
<!doctype html>
<html>
  <head>
    <meta charset="utf-8">
    <title>合并单元格</title>
  </head>
  <body>
    <table border="2" width="400px" >
    <caption>大奖赛登记表</caption>
      <tr>
        <td>报名号</td>
        <td>00757</td>
        <td>性别</td>
        <td>女</td>
        <td rowspan="2">
          <img src="2-5.jpg" alt="登记照">
        </td>
      </tr>
      <tr>
        <td>姓名</td>
        <td colspan="3">
          <a href="#">李四</a>
        </td>
      </tr>
      <tr>
        <td>推荐单位</td>
        <td colspan="4">武汉科技有限公司</td>
      </tr>
    </table>
  </body>
</html>
```

图 2-5 单元格合并

2.2 表单

2.2.1 表单概述

表单是一个容器，用于收集客户端要提交到服务器端的信息。客户端将信息填写在表单的控件中，当用户单击表单中的提交按钮时，表单中控件所包含的信息就会被提交给表单的action属性所指定的服务器处理程序。表单的使用非常广泛，是网页上用于输入信息的区域，如向文本框中输入文字或者在选项框中进行选择等。从表单的设计到服务器返回处理结果的流程包括：

（1）通过表单控件设计表单。
（2）通过浏览器将表单显示在客户端。
（3）在客户端填写相关信息，并单击表单中的提交按钮，将表单提交给处理程序。
（4）服务器处理完表单后，将生成的结果返回给客户端浏览器。

1. 表单的组成

在一个网页中可以包含多个表单。每一个表单有以下三个基本组成部分。

（1）表单标签：包含处理表单数据使用的服务器端程序的URL以及数据提交到服务器的方法。

（2）表单域：包含文本框、密码框、隐藏域、多行文本框、复选框、单选按钮、下拉选择框和文件上传框等，用于收集用户需要提交到服务器的数据。

（3）表单按钮：包括提交按钮、重置按钮和普通按钮。这些按钮的触发事件用于将数据传送到服务器上的CGI脚本或者取消输入，还可以用表单按钮来控制其他定义了处理脚本的处理工作。

2. 表单标记

表单标记用于定义表单采集数据的范围，其起始标记和结束标记分别是<form>和</form>，在该标记中包含的数据将被提交到服务器或电子邮件中。表单标记的语法格式如下：

```
<form action="URL" method="get|post" enctype="..." target="...">
</form>
```

（1）action="URL"，用于指定服务器端处理提交表单信息的程序是什么。用户单击提交按钮后，用户输入的信息由action的属性值所指定的服务器端程序来接收数据，而action的属性值可以是一个URL地址或一个电子邮件地址。

（2）method="get|post"，用于指明提交表单数据到服务器所使用的传递方法。使用post方法将会在传送表单信息的数据包中包含名称/键值对，并且这些信息对用户是不可见的。post方法的安全性比较高，传送的数据量相比get方法要大，所以一般推荐使用post方法进行数据传送。

get方法是把名称/键值对加在action的URL后面，并且把所形成的URL送至服务器。get方法的安全性较差，传输的数据量小，一般限制在2 KB左右，但其执行效率比post方法高。

（3）enctype="..."，enctype属性规定在发送到服务器之前应该如何对表单数据进行编码。

默认enctype的属性值为"application/x-www-form-urlencoded"，即该编码在发送到服务器之前，将所有字符都进行编码（空格转换为加号，特殊符号转换为ASCII HEX值）；multipart/

form-data属性值不对字符编码，在使用包含文件上传控件的表单时，必须使用该值；text/plain属性值会把信息中的空格转换为"+"，但不对特殊字符编码。

(4) target="..."，用于指定提交数据给服务器后，服务器所返回的文档结果的显示位置，该属性的取值及含义如下。

- _blank：在一个新的浏览器窗口中显示文档。
- _self：在当前浏览器中显示指定文档。
- _parent：把文档显示在当前框的直接父级框中，如果没有父级框时等价于_self。
- _top：把文档显示在原来的最顶部浏览器窗口中，因此取消所有其他框架。

2.2.2 表单标记详解

在form的开始与结束标记之间，除了可以使用html标记外，还有三个特殊标记，分别是input（在浏览器的窗口上定义一个可以供用户输入的单行窗口、单选按钮或复选框）、select（在浏览器的窗口上定义一个可以滚动的菜单，用户在菜单内进行选择）、textarea（在浏览器的窗口上定义一个域，用户可以在这个域内输入多行文本）。

1. input标记

HTML中的input标记是表单中最常用的标记。网页中常见的文本框、按钮等都是用这个标记定义的。input标记定义的语法格式如下：

```
<input type="..." name="..." value="...">
```

其中，type属性用于说明提供给用户进行信息输入的类型，如文本框、单选按钮或复选框。input标记type属性的属性值及说明见表2-3。

表 2-3 input 标记 type 属性的属性值及说明

属性值	说 明
text	在表单中使用单行文本框
password	在表单中为用户提供密码输入框
radio	在表单中使用单选按钮
checkbox	在表单中使用复选框
submit	在表单中使用提交按钮
reset	在表单中使用重置按钮
button	在表单中使用普通按钮

（1）文字输入和密码输入。例2-6说明文字输入框和密码输入框的制作方法，其在浏览器中的显示结果如图2-6所示。

【例2-6】example2-6.htm

```
<!doctype html>
<html>
  <head>
    <meta charset="utf-8">
    <title>表单</title>
  </head>
  <body>
    <form action="reg.jsp" method="post">
      请输入您的真实姓名：<input type="text" name="userName"><br>
```

扫一扫，看视频

```
            您的主页的网址: <input type="text" name="webAddress" value="http://"><br>
            密码: <input type="password" name="password"><br>
            <input type="submit" value="提交">
            <input type="reset" value="复位">
        </form>
    </body>
</html>
```

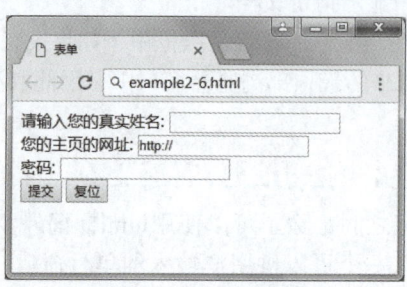

图2-6 文本框和密码框

从例2-6可以看出，第8～14行使用了制作表单的标记<form>…</form>。第9行是单行文本框标记，并设置属性name="userName"，这个属性定义了文本框在这个表单中的名字为userName，以便和其他文本框区分，用户在这个文本框中输入信息并送到Web服务器后（本例可看出是由服务器端的reg.jsp接收输入的信息的）就激活了服务器端的reg.jsp程序，在该程序中获得这个文本框输入的内容时就要用到userName这个名字。 第10行同样定义了一个文本框，但其设置属性value="http://"，表示该文本框的默认值为value="http://"，图2-6中显示在第2行。第11行是密码输入框，其与文本框是有区别的，文本框是用户输入什么值就在文本框中显示什么值，而密码输入框是不管用户输入什么值都以"*"显示。

如果需要限制用户输入数据的最大长度，则需要在input标记中使用限制最大长度的属性maxlength。例如，一般中国人的名字最多为5个汉字，即10字节，所以在控制用户输入姓名时限制其最大长度为10，则可把上例中的第9行改成：

```
请输入您的真实姓名: <input type="text" name="userName" maxlength="10"><br>
```

（2）**复选框和单选按钮**。当在网页中要求用户输入一些个人基本信息时，有些信息只能进行选择而不能由用户自行输入。这些数据有可能在服务器端进行一些统计，所以输入的数据必须有严格限制，这时就需要用到复选框或单选按钮。例如性别选项，不能输入而只能进行选择，因为性别只可能是男或女，这种形式的选择框称为单选按钮，即在几个选项中仅能选中一个；另外有一种选择框称为复选框，即允许用户选中多个。单选按钮和复选框的语法格式如下：

```
单选按钮: <input type="radio" value="..."  checked>
复选框: <input type= "checkbox" value="..."  checked>
```

其中，checked属性表示在初始情况下该单选按钮或复选框是否被选中。例2-7是单选按钮和复选框的使用实例，需要特别注意的是，定义为一组的单选按钮其name属性值必须相同。例2-7在浏览器中的显示结果如图2-7所示。

【例2-7】example2-7.htm

```
<!doctype html>
<html>
    <head>
        <meta charset="utf-8">
        <title>表单</title>
```

```
        </head>
        <body>
            <form action="reg.asp" method="post" >
            选择一种你喜爱的水果:
            <br><input type="radio" name="sg" value="banana">香蕉
            <br><input type="radio" name="sg" value="apple">苹果
            <br><input type="radio" name="sg" value="orange">橘子
            <br>选择你所喜爱的运动:
            <br><input type="checkbox"  name="ra1" value="football">足球
            <br><input type="checkbox"  name="ra2" checked value="basketball">篮球
            <br><input type="checkbox"  name="ra3" value="volleyball">排球
            <br>
            <input type="submit" value="提交">
            <input type="reset" value="复位">
            </form>
        </body>
</html>
```

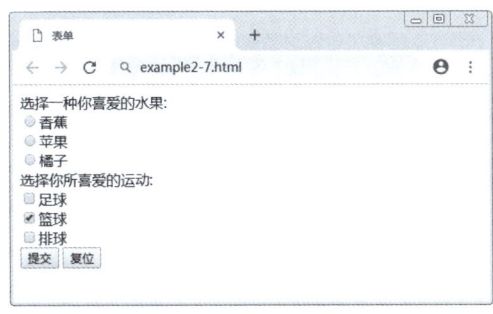

图 2-7　单选按钮和复选框

（3）按钮。例2-6和例2-7中有两个按钮，一个是submit按钮，另一个reset按钮。submit按钮的真正含义为"提交"，单击这个按钮后，用户输入的数据就会提交给一个驻留在Web服务器上的程序，该程序由<form>标记内的action属性来决定，然后服务器接收用户输入的信息并进行处理。提交按钮在表单中是必不可少的。当设置submit按钮时，可以通过设置value属性来改变submit按钮上显示的文字，如value="提交"。如果省略value属性，则浏览器窗口中的按钮上出现submit字样。

在浏览器中常用的另一种按钮是reset按钮。单击这个按钮后，用户在表单中输入的数据被全部清除，必须重新输入新的数据。可以通过value属性设置reset按钮上显示的文字，如value="复位"。

（4）隐藏域。隐藏域用于收集或发送信息的不可见元素。对于网页的访问者来说，隐藏域是看不见的。当表单被提交时，隐藏域就会将设置信息时定义的名称和值发送到服务器上。隐藏域的语法格式如下：

```
<input type="hidden" name="..." value="...">
```

2. select 标记

在制作HTML文件时，使用<select>...</select>标记可以在浏览器窗口中设置下拉式菜单或带有滚动条的菜单，用户可以在菜单中选中一个或多个选项。select标记的语法格式如下：

```
<select name="" size="" multiple>
    <option value="选项1">选项1
```

```
...
<option value="选项n">选项n
</select>
```

select标记中有几个常用属性，分别是name、size和multiple。其中，name属性是用户提交表单时，服务器程序用于获取用户输入信息的名字；size属性用于控制菜单选项在浏览器窗口中的显示条数；multiple属性用于设置用户一次是否可以选择多个选项，如果省略multiple，用户一次只能选一项，类似于单选，有multiple属性时就是多选，使用Shift键或Ctrl键，一次可以选中多个选项。

在select的开始和结束标记之间，通过option标记确定下拉列表选项，有几个选项就需要有几个option标记，选项的具体内容写在每个option之后。option标记的某个选项如果需要默认被选中，可以在该option标记中定义selected属性。若在select标记中设定multiple属性，可以在多个option标记中带有selected属性，表示这些选项已经预先被选中。

例2-8中定义了一个出生年份的下拉列表，在这些年份中，2000年默认被选中，其在浏览器中的显示结果如图2-8所示。

【例2-8】example2-8.htm

```
<!doctype html>
<html>
  <head>
    <meta charset="utf-8">
    <title>select标记</title>
  </head>
  <body>
    出生年：
    <select name="birthYear" >
      <option value="1998">1998
      <option value="1999">1998
      <option value="2000" selected>2000
      <option value="2001">2001
      <option value="2002">2002
      <option value="2003">2003
      <option value="2004">2004
      <option value="2005">2005
    </select>
  </body>
</html>
```

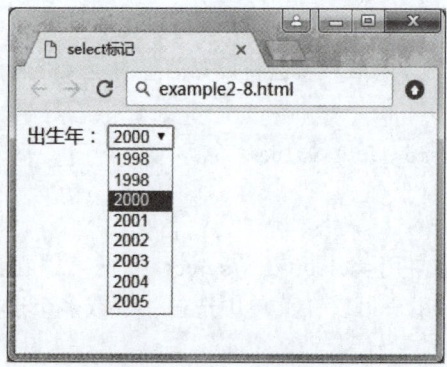

图2-8　下拉列表框

3. textarea标记

如果需要在表单中输入大量的文字，特别是包括换行文字，则需要使用<textarea>多行文本框标记。在HTML中，<textarea>标记的语法格式如下：

```
<textarea name="..." cols="..." rows="..." wrap="off/virtual/physical">
</textarea>
```

（1）name属性，多行文本框的名称，这项是必不可少的，服务器端通过这个名字获取所输入的信息。

（2）cols属性，垂直列。在没有进行样式表设置时，该属性的值表示一行中可容纳的字节数。例如cols=60，表示一行中最多可容纳60个英文字符，即30个汉字。另外需要说明的是，文本框的宽度也是通过这个属性调整的。

（3）rows属性，水平行，表示可显示的行数。例如rows=10，表示可显示10行。如果超过10行，则需要拖动滚动条进行查看。

（4）通常情况下，用户在输入文本区域中输入文本时，只有按下Enter键时才进行换行。如果希望启动自动换行功能（word wrapping），则需要将wrap属性设置为virtual或physical。当用户输入的一行文本大于文本区的宽度时，浏览器会自动将多余的文字挪到下一行，在文字中最近的那一点进行换行。当wrap="virtual"时，将实现文本区内的自动换行，以改善显示效果，但在传输数据给服务器时，文本只在用户按下Enter键的地方进行换行，其他地方没有换行效果；当wrap="physical"时，将实现文本区内的自动换行，并以这种形式传送给服务器。因为文本要以用户在文本区内看到的效果传输给服务器，因此使用自动换行是非常有用的方法；如果把wrap设置为off，将得到默认的动作。

例如，将包含60个字符的文本输入到一个40个字符宽的文本区域内：

```
word wrapping is  a feature that makes life easier for users.
```

如果设置为wrap="wrap"，文本区会包含一行文本，用户必须将光标移动到右边才能看到全部文本，这时将把一行文本传送给服务器；如果设置为wrap="virtual"，文本区会包含两行文本，并在单词makes后面换行，但是只有一行文本被传送到服务器，没有嵌入新行字符；如果设置为wrap="physical"，文本区会包含两行文本，并在单词makes后面换行，这时发送给服务器的是两行文本，单词makes后的新行字符将分隔这两行文本。

例2-9定义了一个多行文本框，主要用于了解<textarea>标记的使用方法。例2-9在浏览器中的显示结果如图2-9所示。

【例2-9】example2-9.htm

```
<!doctype html>
<html>
  <head>
    <meta charset="utf-8">
    <title>textarea标记</title>
  </head>
  <body>
    备注：<br/>
    <textarea wrap="physical" name="bz" cols="40" rows="4">
    </textarea>
  </body>
</html>
```

扫一扫，看视频

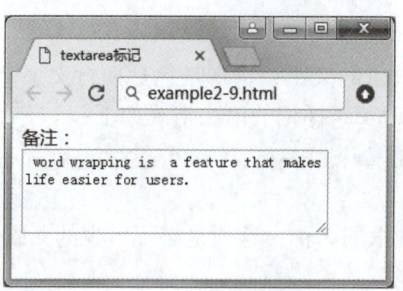

图 2-9 多行文本框

2.2.3 HTML5 新增标记

1. datalist 标记

当需要用户输入一串字符串(如用户名)时,通常会用<input type="text"/>标记来提示用户进行数据输入,此时用户可以随意地输入内容。假如需要限制用户输入数据的可能性(如输入国家名称),可以使用 select 元素来限制可选内容。如果在用户自由输入的同时需要给用户一些建议选项,这就需要使用 datalist 元素。

datalist 元素用于定义输入框的选项列表,列表通过 datalist 内的 option 元素创建。如果用户不希望从列表中选择某项,也可以自行输入其他内容。datalist 元素通常与 input 元素联合使用来定义 input 的取值。在使用<datalist>标记时,需要通过 id 属性为其指定一个唯一标识,然后为 input 元素指定 list 属性,将该属性值设置为 option 元素对应的 id 属性值即可。用例 2-10 来说明<datalist>标记的使用方法,其在浏览器中的显示结果如图 2-10 所示。

【例 2-10】example2-10.htm

```
<!doctype html>
<html>
  <head>
    <meta charset="utf-8">
    <title>datalist标记</title >
  </head>
  <body>
    <label>请选择合适的编辑器:</label>
      <input type="text" id="txt_ide" list="ide" />
      <datalist id="ide">
        <option value="Brackets" />
        <option value="Coda" />
        <option value="Dreamweaver" />
        <option value="Espresso" />
        <option value="jEdit" />
        <option value="Komodo Edit" />
        <option value="Notepad++" />
        <option value="Sublime Text 2" />
        <option value="Taco HTML Edit" />
        <option value="Textmate" />
        <option value="Text Pad" />
        <option value="TextWrangler" />
        <option value="Visual Studio" />
        <option value="VIM" />
```

```
            <option value="XCode" />
        </datalist>
    </body>
</html>
```

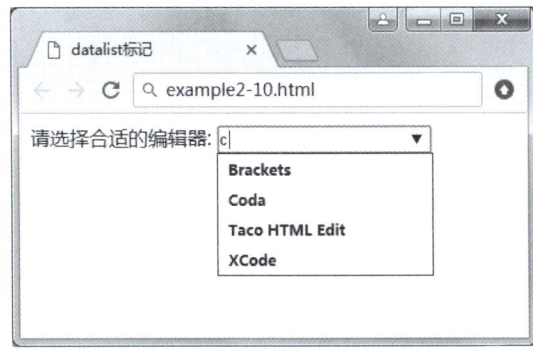

图 2-10　<datalist> 标记

2. date输入类型

很多页面和Web应用中都有输入日期和时间的需求，如订飞机票、火车票、酒店等网站。在HTML5之前，对于这样的页面需求，最常见的方法是用JavaScript日期选择组件实现日期的选择，该组件提供将日期填充到指定的输入框中的功能。

现在HTML5里的<input>标记增加了date类型给浏览器实现原生日历的方法。在HTML5规范里只规定date新型input的输入类型，并没有规定日历弹出框的实现和样式。所以，各浏览器可根据自己的设计实现日历。

目前只有谷歌浏览器完全实现了日历功能，在不久以后所有的浏览器最终都将会提供原生的日历组件。定义date日历的语法格式如下：

```
<input type="date" name="..." value="..." min="..." max="..." step="...">
```

其中，min属性用于设置日期或时间的最小值；max属性用于设置日期或时间的最大值；step属性针对不同的类型有不同的默认步长（date类型的默认步长是1天）。

日期、时间型input常用的有date（日期）、week（周）、month（月）、time（时间）、datetime（日期时间）和datetime-local（本地日期和时间）。

例2-11说明了date类型的<input>标记的使用方法，定义了用户可以从2000年1月到2008年12月进行月份的选择，其在浏览器中的显示结果如图2-11所示。

【例2-11】example2-11.htm

```
<!doctype html>
<html>
    <head>
        <meta charset="utf-8">
        <title>date类型input标记</title>
    </head>
    <body>
        出生年月：
        <input type="month" name="birthMonth" value="2003-09" min="2000-01" max="2008-12">
    </body>
</html>
```

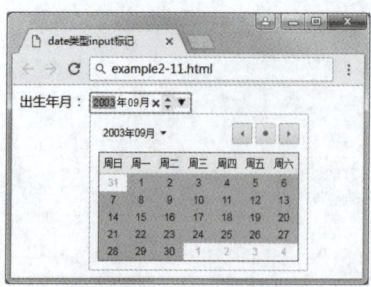

图 2-11 选择日期

3. color输入类型

color输入类型用于规定颜色，该输入类型允许用户从拾色器中选取颜色。其定义的语法格式如下：

```
<input type="color" value="..." name="..."/>
```

其中，value值用于定义初始的默认颜色。例2-12说明了color类型input元素的使用方法，定义用户使用拾色器进行颜色选择，其在浏览器中的显示结果如图2-12所示。

【例2-12】example2-12.htm

```
<!doctype html>
<html>
  <head>
    <meta charset="utf-8">
    <title>color类型input标记</title>
  </head>
  <body>
    选择您喜欢的颜色：
    <input type="color" value="#00ff00" name="likeColor">
  </body>
</html>
```

扫一扫，看视频

图 2-12 选择颜色

4. \<button>标记

\<button>标记用于定义一个按钮。\<button>标记定义的语法结构如下：

```
<button>按钮内容</button>
```

\<button>标记与\<input type="button">相比，提供了更为强大的功能和更丰富的内容。

<button>与</button>标记之间的所有内容都是按钮的内容，其中包括任何可接收的正文内容，如文本或多媒体内容。例如，可以在按钮中包括一幅图像和相关的文本，这样可以制作一个非常有特点的按钮。<button>和<input type="button">的具体区别如下。

（1）关闭标记设置。<input>禁用关闭标记</input>，其闭合的写法如下：<input type="submit" value="OK" />。<button>的起始标记和关闭标记都是必要的，如<button>OK</button>。

（2）<button>的值并不是写在value属性中，而是在起始标记和关闭标记之间，如上面的OK。同时<button>的值很广泛，可以有文字、图像、移动元素、水平线、框架、分组框、音频、视频等。

（3）可为<button>标记添加CSS样式。例如：

```
<button style="width:150px;height:50px;border:0;">OK</button>
```

其中，"width:150px;height:50px;"用于设置按钮的宽度和高度；"border:0;"表示删除默认的边框。

（4）单击事件、弹出信息的代码可直接写在<button>标记中，方法比较简单。例如：

```
<button onclick="alert('弹出信息的内容');
    window.open('打开网页的地址')">按钮名称</button>
```

其中，"alert('弹出信息的内容');"为单击时弹出的信息；"window.open('打开网页的地址')"为打开的网页。

5. <details>标记和<summary>标记

<details>标记用于描述文档或文档某个部分的细节。<summary>标记包含在<details>标记中，并且是<details>标记的第1个子标记，包含的内容是<details>标记的标题。初始时，标题对用户是可见的，用户单击标题时，会显示或隐藏<details>标记中的其他内容。如果需要默认状态为展开<details>标记的内容，可以在<details>标记中设置open属性，即<details open>。

例2-13说明了<details>标记和<summary>标记的使用方法，其在浏览器中的显示结果如图2-13和图2-14所示。图2-13是初始状态，图2-14是用户单击标题后的展开状态。

【例2-13】example2-13.htm

```
<!doctype html>
<html>
  <head>
    <meta charset="utf-8">
    <title>details and summary</title>
  </head>
  <body>
    <details open>
      <summary>显示在线用户</summary>
      <ul>
        <li>张三</li>
        <li>李四</li>
        <li>王五</li>
        <li>赵六</li>
      </ul>
    </details>
  </body>
</html>
```

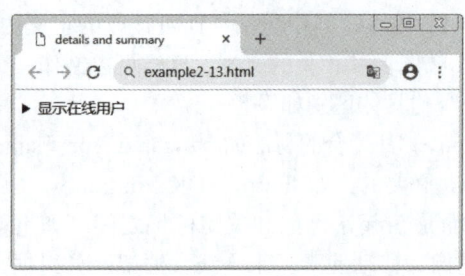
图 2-13 初始状态

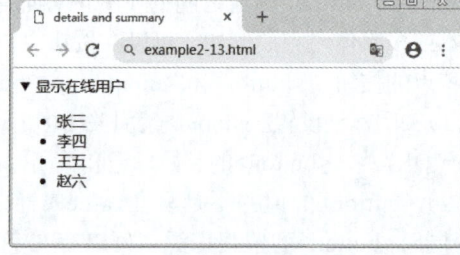
图 2-14 展开状态

6. <progress>标记

<progress>标记的作用是提示任务进度，这个标记可以用JavaScript脚本动态地改变当前的进度值。<progress>标记的语法结构如下：

```
<progress value="值" max="值">
```

<progress>标记的两个主要属性说明如下。
- value属性：一个数值，规定已经完成多少工作量。
- max属性：一个数值，指明任务一共需要多少工作量。

需要特别强调的是，value属性和max属性的值必须大于0，并且value属性的值需要小于或等于max属性的值。

例2-14说明了<progress>标记的使用方法，其在浏览器中的显示结果如图2-15所示。

【例2-14】example2-14.htm

```
<!doctype html>
<html>
  <head>
    <meta charset="utf-8">
    <title>progress</title>
  </head>
  <body>
    下载进度：
    <progress value="22" max="100">
    </progress>
    <p>
      <strong>注意：</strong>
      IE 9或者更早版本的IE浏览器不支持progress标签。
    </p>
  </body>
</html>
```

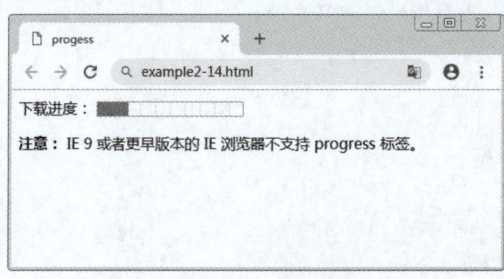
图 2-15 progress 进度条

例2-14将value属性的值设为22，max属性的值设为100，因此进度条显示到20%。

7. <meter>标记

在HTML中，<meter>标记用于定义度量衡，只用于已知最大值和最小值的度量（如磁盘使用情况、查询结果的相关性等）。<meter>标记不能被当作一个进度条使用，如果涉及进度条，一般使用<progress>标记。<meter>标记是HTML5新增的标记，目前Firefox、Opera、Chrome和Safari 6浏览器都已经支持该标记，但IE浏览器还不支持。<meter>标记有多个常用属性，见表2-4。

表2-4 <meter> 标记的常用属性

属 性	说 明
value	在元素中的实际数量值。如果设置了最小值和最大值（由 min 属性和 max 属性定义），该值必须在最小值和最大值之间。该属性的默认值为 0
min	指定规定范围时允许使用的最小值，该属性的默认值为 0，设置最小值时，值不可以小于 0
max	指定规定范围时允许使用的最大值，如果设定该属性值小于 min 属性值，浏览器会把 min 设置为最大值。该属性的默认值为 1
low	规定范围的下限值，必须小于或等于 high 属性值。如果 low 属性值小于 min 属性值，浏览器把 min 属性值视为 low 属性值
high	规定范围的上限值，如果该属性值小于 low 属性值，则把 low 属性值视为 high 属性值，如果该属性值大于 max 属性值，则把 max 属性值视为 high 属性值
optimum	设置最佳值，属性值必须在 min 属性值与 max 属性值之间，可以大于 high 属性值

例2-15说明了<meter>标记的使用方法，其在浏览器中的显示结果如图2-16所示。

【例2-15】example2-15.htm

```
<!doctype html>
<html lang="en">
  <head>
    <meta charset="utf-8">
    <title>meter</title>
  </head>
  <body>
    <h2>meter标签的应用</h2>
    <p>空间剩余大小：
      <meter min="0" max="1024" value="600">600/1024</meter>
      600/1024 GB</p>
    <p>您的得分是：
      <meter min="0" max="100" low="60" high="90" optimum="100" value="91">91分</meter>91分</p>
  </body>
</html>
```

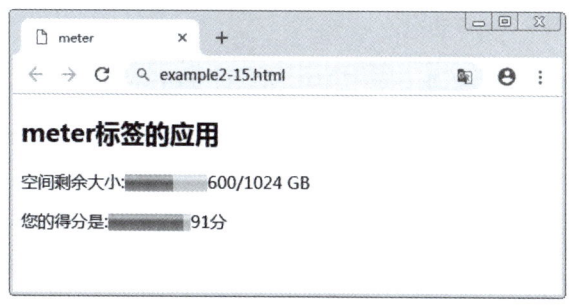

图2-16 <meter> 标记

2.2.4 表单综合实例

例2-16是表单制作的综合实例，在本例中使用了多个表单元素，包括文本框、单选按钮、下拉列表、复选框、文本域、提交按钮和重置按钮等。其在浏览器中的显示结如图2-17所示。

【例2-16】example2-16.htm

```html
<!doctype html>
  <html>
    <head>
      <meta charset="utf8">
      <title>表单综合实例</title>
    </head>
    <body>
        <table align="center" width="500" border="0" cellpadding="2" cellspacing="0">
        <caption align="center"><h2>学生注册信息</h2></caption>
        <form action="server.php" method="post">
        <tr>
          <th>姓名：</th>
          <td><input type="text" name="username" size="20"/></td>
        </tr>
        <tr>    <!-- 使用单选按钮域定义性别输入框  -->
          <th>性别：</th>
          <td>
            <input type="radio" name="sex" value="1" checked="checked"/>男
            <input type="radio" name="sex" value="2"/>女
            <input type="radio" name="sex" value="3"/>保密
          </td>
        </tr>
        <tr>    <!-- 使用下拉列表域定义学历输入框   -->
          <th>学历：</th>
          <td>
            <select name="edu">
              <option>--请选择--</option>
              <option value="1">高中</option>
              <option value="2">大专</option>
              <option value="3">本科</option>
              <option value="4">研究生</option>
              <option value="5">其他</option>
            </select>
          </td>
        </tr>
        <tr>    <!-- 使用复选框按钮域定义选修课程输入框  -->
          <th>选修课程：</th>
          <td>
            <input type="checkbox" name="course[]" value="4">Linux
            <input type="checkbox" name="course[]" value="5">Apache
            <input type="checkbox" name="course[]" value="6">Mysql
            <input type="checkbox" name="course[]" value="7">PHP
          </td>
        </tr>
        <tr>    <!-- 使用多行输入框定义自我评价输入框  -->
          <th>自我评价：</th>
          <td><textarea name="eval" rows="4" cols="40"></textarea></td>
```

```
            </tr>
            <tr>    <!-- 定义提交和重置两个按钮-->
                <td colspan="2" align="center">
                    <input type="submit" name="submit" value="提交">
                    <input type="reset" name="reset" value="重置">
                </td>
            </tr>
        </form>
    </table>
  </body>
</html>
```

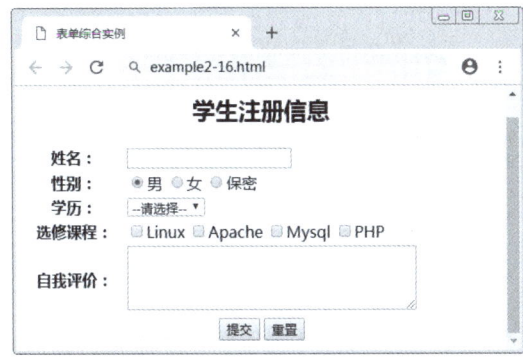

图 2-17　表单综合实例

2.3 框架

2.3.1 概述

框架是一种布局网页的方式，主要运用于一些论坛网站上。现在大多数网站在使用这种布局时都采用CSS+DIV方式实现。

框架的作用是把浏览器窗口划分成若干个小窗口，每个小窗口可以分别显示不同的网页。这样在一个页面中可以同时呈现出不同的网页内容，不同窗口的内容相互独立。框架的主要用途是导航，通常会在一个窗口中显示导航条，另外一个窗口则作为内容窗口，用于显示导航栏目的目标页面的内容，窗口的内容会根据导航栏目的不同而动态变化。

框架页面中不涉及页面的具体内容，所以在该页面中不需要使用<body>标记。框架的基本结构主要分为框架集和框架两个部分，在网页中分别用<frameset>和<frame>标记定义。其基本语法格式如下：

```
<frameset>
    <noframes>
      不支持框架结构显示页面！
    </noframes>
    <frame src="URL">
    </frame>
    ...
</frameset>
```

其中，<noframes>...</noframes>中的内容显示在不支持框架的浏览器窗口中，一般用于指向一个普通版本的HTML文件,以便于不支持框架结构浏览器的用户阅读。另外,一个框架集(frameset)中可以包含多个框架(frame),每个框架窗口显示的页面由框架的src属性指定。

<frameset>标记有两个对窗口页面进行分割的属性:rows和cols,这两个属性可以将浏览器页面分为n行m列,也可以各自独立使用。这两个属性对浏览器窗口的分割方法主要有以下几种类型:左右(水平)分割、上下(垂直)分割、嵌套分割(浏览器窗口既存在左右分割,又存在上下分割)。

2.3.2 左右分割窗口

左右分割也又称平分割,表示在水平方向将浏览器窗口分割成多个窗口,这种方式的分割需要使用<frameset>标记的cols属性。其语法的定义格式如下:

```
<frameset cols="value1,value2,...">
  <frame src="URL"></frame>
  <frame src="URL"></frame>
  ...
</frameset>
```

需要特别强调的是,cols属性值的个数决定了<frame>标记的个数,即分割的窗口个数。各个值之间使用逗号隔开,各个值定义了相应框架窗口的宽度,可以是数字(单位是像素),也可以是百分比和以"*"表示的剩余值。剩余值表示所有窗口设定之后浏览器窗口宽度的剩余部分,当"*"出现一次时,表示对应框架窗口的宽度将根据浏览器窗口的宽度自动调整;当"*"出现一次以上时,剩余值将等比例地分给每个对应的窗口。例如,<frameset cols="200,100,*">表示第1个和第2个窗口的宽度分别为200px和100px,第3个窗口的宽度等于浏览器窗口的宽度值减去300px后的值;而<frameset cols="200,*,*">表示第1个窗口的宽度是200px,第2个和第3个窗口的宽度相等,值是浏览器窗口减去200px后宽度的一半。

例2-17使用框架结构对浏览器窗口进行左右分割,其在浏览器中的显示结果如图2-18所示。

【例2-17】example2-17.htm

```
<!doctype html>
  <html>
    <head>
      <meta charset="utf-8">
      <title>左右分割窗口</title>
    </head>
    <frameset cols="200,*">
        <frame src="http://www.sina.com.cn" />
        <frame src="http://www.baidu.com" />
    </frameset>
  </html>
```

扫一扫,看视频

上述代码使用cols属性将窗口分割成左右两个,其中一个窗口的大小是200px,另一个窗口的大小是浏览器窗口减去200px后的剩余值。

图 2-18 左右分割窗口

2.3.3 上下分割窗口

上下分割又称垂直分割，表示在垂直方向将浏览器窗口分割成多个，这种方式的分割需要使用<frameset>标记的rows属性。其语法的定义格式如下：

```
<frameset rows="value1,value2,...">
  <frame src="URL"></frame>
  <frame src="URL"></frame>
  ...
</frameset>
```

需要特别强调的是，rows属性值的个数决定了<frame>标记的个数，即分割的窗口个数。rows属性定义了窗口的高度，与cols属性的取值完全相同。

例2-18使用框架结构对浏览器窗口进行上下分割，其在浏览器中的显示结果如图2-19所示。

【例2-18】example2-18.htm

```
<!doctype html>
  <html>
    <head>
      <meta charset="utf-8">
      <title>上下分割窗口</title>
    </head>
    <frameset rows="200,*">
      <frame src="http://www.sina.com.cn" />
      <frame src="http://www.baidu.com" />
    </frameset>
  </html>
```

上述代码使用rows属性将窗口分割成上下两个，其中上面窗口的高度是200px，下面窗口的高度是浏览器窗口高度减去200px后的剩余值。

图 2-19 上下分割窗口

2.3.4 嵌套分割窗口

浏览器窗口可以先进行左右分割，再进行上下分割，或者相反操作，这种窗口分割方式称为嵌套分割。嵌套分割需要在<frameset>标记对内再嵌套<frameset>标记，并且子标记<frameset>将会把父标记<frameset>分割的对应窗口再按指定的分割方式进行第2次分割。其语法的定义格式如下：

```
<frameset rows="value1,value2,...">
  <frame src="URL"></frame>
  <frameset cols="value1,value2,...">
  </frameset>
  ...
</frameset>
```

例2-19使用嵌套框架结构对浏览器窗口进行分割，其在浏览器中的显示结果如图2-20所示。

【例2-19】example2-19.htm

```
<!doctype html>
  <html>
    <head>
      <meta charset="utf-8">
      <title>嵌套分割窗口</title>
    </head>
    <frameset rows="100,*">
        <frame src="http://www.sina.com.cn" />
        <frameset cols="200,*">
          <frame src="http://www.sohu.com" />
          <frame src="http://www.baidu.com" />
        </frameset>
    </frameset>
  </html>
```

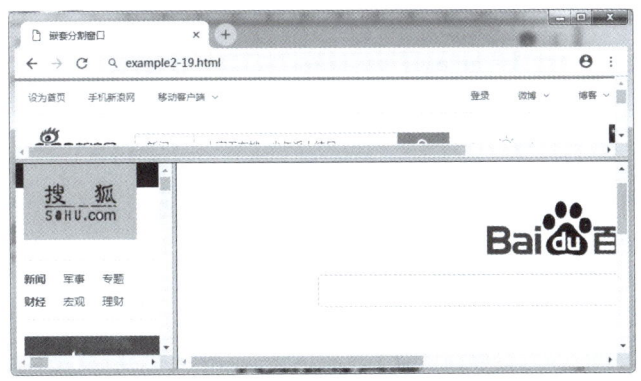

图 2-20 嵌套分割窗口

上述代码首先使用rows属性将窗口分割成上下两个，然后通过嵌套<frameset>标记将第2个窗口分割成左右两个。

2.3.5 内联框架

<iframe>标记规定一个内联框架，内联框架用于在当前HTML文档中嵌入另一个文档。<iframe>标记不是应用在<frameset>内的，其可以出现在文档中的任何地方。<iframe>标记在文档中定义了一个矩形区域，浏览器会在这个区域中显示一个单独的文档，包括滚动条和边框。该标记的语法格式如下：

```
<iframe 属性="属性值"></iframe>
```

iframe标记的常用属性如下。

（1）frameborder：是否显示边框，1代表是，0代表否。
（2）height：框架作为一个普通标记的高度，建议使用CSS设置。
（3）width：框架作为一个普通标记的宽度，建议使用CSS设置。
（4）name：框架的名称，window.frames[name]是专用的属性。
（5）scrolling：框架是否滚动，其值包括yes（是）、no（否）和auto（自动）。
（6）src：内联框架访问的地址，可以是页面地址，也可以是图片地址。

例2-20是使用iframe的实例，设计值用宽度300px，高度200px，访问的页面是http://www.sina.com.cn，边框是1px，其在浏览器中的显示结果如图2-21所示。

【例2-20】example2-20.htm

```html
<!doctype html>
  <html>
    <head>
      <meta charset="utf-8">
      <title>iframe </title>
    </head>
    <body>
      下面的iframe内嵌入其他网页内容
      <iframe src="http://www.sina.com.cn"
          frameborder="1" height="200" width="300">
            <p>您的浏览器不支持iframe标签。</p>
      </iframe>
    </body>
  </html>
```

扫一扫，看视频

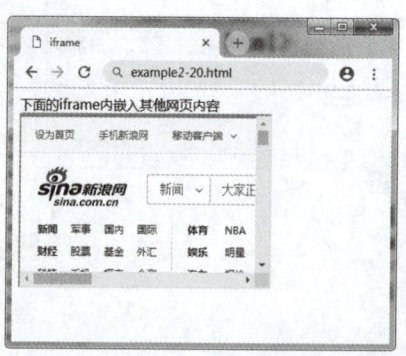

图 2-21　iframe 标记的用法

iframe 的主要优点：在网页重新加载页面时不需要重新加载整个页面，只需要重新加载页面中的一个框架页，这样可以减少数据的传输，减少网页的加载时间；另外，iframe 技术简单，使用方便，主要应用于不需要搜索引擎来搜索的页面；方便开发，可以减少代码的重复率。

iframe 也有一些缺点，主要表现在会产生很多页面，不易于管理；在输出网页时会有些麻烦；另外，多框架的页面会增加服务器的 http 请求等。

2.4　本章小结

本章主要讲解 HTML 语言中的表格、表单和框架结构。其中，表格是组织结构化数据的常用工具，也可以用表格进行页面布局；表单是收集用户输入数据的容器，对于不同的数据，表单可以使用不同的控件来呈现，主要包括文本框、密码框、单选按钮、复选框、下拉列表、提交按钮、重置按钮以及普通按钮等，同时还有一些 HTML5 最新推出的表单控件；框架可以实现整个网页中内容的划分，不同的区域引用不同的源文件，区域之间可以相互独立、互不影响，可以方便地实现页面的局部刷新。

通过对本章的学习，读者能够加深对各 HTML 标记的理解，为后面章节的学习打下扎实的基础。

2.5　习题 2

扫描二维码，查看习题。

扫描二维码
查看习题

2.6　实验 2　表格与表单

扫描二维码，查看实验内容。

扫描二维码
查看实验内容

第2部分
定义网页样式 美化网页布局

第3章 CSS基础
第4章 CSS网页布局

扫一扫，看视频

扫描二维码
查看示例演示目录

CHAPTER 3 CSS基础

学习目标：

本章主要讲解CSS的相关知识，包括CSS基础知识、CSS选择器、CSS基本属性等。通过对本章的学习，读者应该掌握以下主要内容。

- CSS定义的基本语法和使用方法。
- CSS选择器的种类及使用方法。
- CSS文本样式属性，能够运用相应的属性定义文本样式。
- CSS优先级别。

思维导图简图

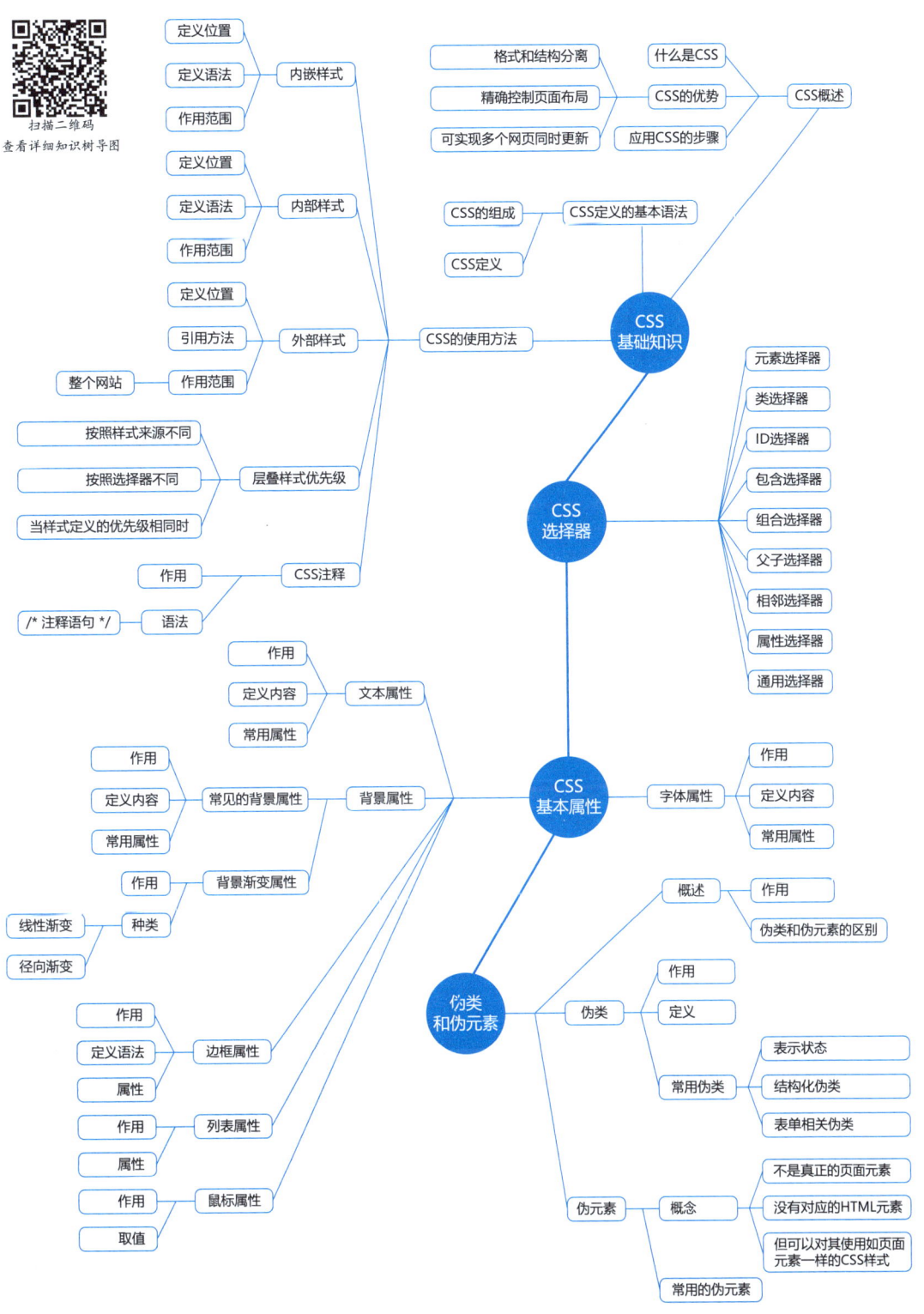

3.1 CSS基础知识

3.1.1 CSS 概述

CSS（Cascading Style Sheet，层叠样式表）是一种格式化网页的标准方式，用于控制网页样式，并允许CSS样式信息与网页内容（由HTML语言定义）分离的一种技术。

在CSS还没有被引入页面设计之前，传统的HTML语言要实现页面的美工设计会非常麻烦。例如，要在网页中定义红色5号字体的文字，使用<font>标记实现的语句如下：

```
<font size="5" color="red"> Hello CSS World!</font>
```

这样实现似乎没有什么问题，但如果页面中需要设置这种格式的文字很多，就需要在每个地方都重复这段属性设置代码。如果需要将这个格式进行修改，如将红色字体改为蓝色字体，就需要把每段属性设置代码找出来并进行相应的修改，这需要浪费大量的时间和精力，而且可能存在遗漏。

为了解决设计样式和风格的问题，1997年，W3C在颁布HTML4标准的同时发布了样式表的第1个标准——CSS1.0；2010年，W3C开始对CSS3进行研发，现在大部分浏览器都已支持CSS3。

1. CSS的优势

使用传统的HTML进行网页设计时存在大量缺陷，如果在HTML页面中引入CSS技术，情况将得到明显的改善，这种改善从以下几个方面进行体现。

（1）格式和结构分离。格式和结构分离有利于格式的重用及网页的修改与维护。

（2）精确控制页面布局。能够对网页的布局、字体、颜色、背景等图文效果实现更加精确的控制。

（3）可实现多个网页同时更新。利用CSS样式表，可以将站点上的多个网页都指向同一个CSS文件，从而在更新这个CSS文件时实现多个网页样式的同时更新。

2. 应用CSS的步骤

CSS文件与HTML文件一样，都是纯文本文件，因此一般的文字处理软件都可以对CSS文件进行编辑。使用CSS格式化网页，需要将CSS应用到HTML文档中，所以CSS的应用主要有以下两个步骤。

（1）定义CSS样式表。
（2）将定义好的CSS样式应用在HTML文档中。

目前使用的浏览器种类非常多，绝大多数浏览器对CSS都有很好的支持，一般不用担心设计的CSS文件不被浏览器支持。但需要注意的是，不同的浏览器对CSS的支持在细节上可能会有差异，不同的浏览器显示的CSS效果可能会不同，所以当使用CSS设置网页样式时，一般需要在几个主流浏览器上进行显示效果测试。

3.1.2 CSS 定义的基本语法

CSS的定义是由三部分组成的，包括选择符（selector）、属性（properties）、属性值（value），其定义的语法格式如下：

```
选择器{
    属性1:属性值1;
    属性2:属性值2;
    …
}
```

需要说明的是，选择器通常是指以什么方式选中需要改变样式的HTML元素；属性是希望设置的样式属性，每个属性有一个值，属性和值用冒号隔开。如果要定义不止一个"属性:属性值"的声明时，需要用分号将每个声明分开，最后一条声明规则不需要加分号，但大多数有经验的程序员会在每条声明的末尾都加上分号，这样做的好处是当从现有的规则中增减声明时，会减少出错的可能。另外，应该尽可能地在每一行只描述一个属性和属性值的声明，这样可以增强CSS样式定义的可读性。

下面这段代码的作用是将网页中所有<h1>标记内的文字颜色定义为红色，同时将字体大小设置为14px。

```
h1{                      /*元素选择器h1选中网页的所有<h1>标记*/
    color:red;           /*设置文字的颜色属性为红色*/
    font-size:14px;      /*设置文字的大小属性为14px*/
}
```

h1是选择器，用于选择网页中的所有<h1>标记，color和font-size是属性，red和14px是属性值。需要说明的是，在CSS中，"/* */"是注释语句。

如果属性值由若干个单词组成，则需要给属性值加引号。例如，将<h1>标记内的字体设置为New Century Schoolbook，代码如下：

```
h1{
    font-family:'New Century Schoolbook';
    /*设置文字的字体属性为New Century Schoolbook，注意引号的使用*/
}
```

在CSS样式定义中是否包含空格不会影响CSS在浏览器中的工作效果，并且在定义选择器、属性和属性值时，CSS对大小写是不敏感的。不过存在一个例外：如果涉及与HTML文档一起工作，class类选择器和id选择器对名称的大小写是敏感的。

大多数属性仅使用一个属性值进行定义，但也有些属性使用若干个属性值进行定义，每个属性值之间用逗号隔开，如font-family属性可以定义多个字体属性，如果浏览器不支持第1个字体，则会尝试第2个，以此类推；如果属性值都不支持，则采用默认属性值。例如：

```
h1{
    font-family: Times, 'New Century Schoolbook', Georgia;
}
```

3.1.3 CSS的使用方法

在HTML页面中使用CSS主要有4种方法，即内嵌样式、内部样式、外部样式（使用<link>标记链接外部样式表）、使用@import引入外部样式文件。

1. 内嵌样式

内嵌样式是指将CSS规则混合在HTML标记中使用的方式。CSS规则作为HTML标记style属性的属性值。例如：

```
<a style="font-family:黑体; font-size:16px; color:red">
    这是使用样式的超链接
</a>
```

内嵌样式只对其所在的标记起作用,其他的同类标记不受影响。由于将表现和内容混杂在一起,内嵌样式会损失样式表的许多优势,所以不建议使用这种方法。

例3-1中定义了两个超链接,第1个超链接定义了内嵌样式,文字为红色,字体大小为28px;第2个超链接使用默认样式,其在浏览器中的显示结果如图3-1所示。

【例3-1】example3-1.html

```
<!doctype html>
<html>
    <head>
        <meta charset="utf-8">
        <title>样式使用</title>
    </head>
    <body>
        <a href="http://www.baidu.com" style="color:red; font-size:28px;">
            百度
        </a> <br/>
        <a href="http://www.baidu.com">百度</a>
    </body>
</html>
```

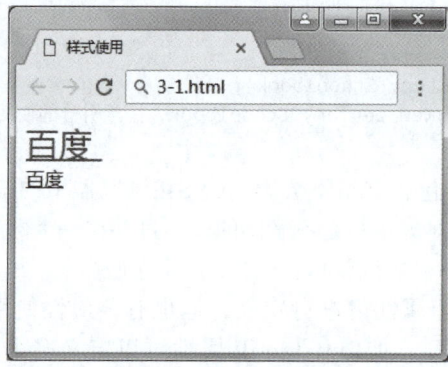

图 3-1　CSS 样式的使用

2. 内部样式

内嵌样式只能定义某一个标记的样式,如果需要对整个网页文档的某个标记进行特定样式定义,则需要使用内部样式。内部样式一般是在<head>标记中并使用<style>标记进行定义,其定义的语法格式如下:

```
<style type="text/css">
    选择器{
        属性:属性值;
        …
        属性:属性值;
    }
</style>
```

例3-2的程序代码是使用内部样式来实现与例3-1同样的功能,其在浏览器中的显示结果见图3-1。

【例3-2】example3-2.html

```html
<!doctype html>
<html>
  <head>
    <meta charset="utf-8">
    <title>样式使用</title>
    <style>
      #myCSS{
        color:red;
        font-size:28px;
      }
    </style>
  </head>
  <body>
    <a href="http://www.baidu.com" id="myCSS">
      百度
    </a><br/>
    <a href="http://www.baidu.com">百度</a>
  </body>
</html>
```

3. 外部样式

外部样式是指将样式表以单独的文件（文件后缀一般为.css）存放，让网站中的所有网页通过<link>标记均可引用此样式文件，以降低网站的维护成本，并且可以让网站拥有统一的风格。需要说明的是，<link>标记一般放到页面的<head>区域内。使用<link>标记引入外部样式文件的语法格式如下：

```
<link rel="stylesheet" type="text/css" href="样式表源文件地址">
```

其中，href属性中的外部样式文件地址的填写方法和超链接的链接地址的写法一样；rel="stylesheet"告诉浏览器链接的是一个样式表文件，是固定格式；type="text/css"表示传输的文本类型为样式表类型文件，也是固定格式。

一个外部样式文件可以应用于整个网站的多个页面。当改变外部样式文件时，所有引用该文件的页面样式都会随之改变。外部样式文件可以用任何文本编辑器（如记事本）打开并编辑，其内容就是定义的样式，不包含HTML标记。由此可以看出内嵌样式、内部样式、外部样式之间的本质区别，其区别如下：

（1）内嵌样式用于定义某个标记样式。
（2）内部样式用于定义整个网页样式。
（3）外部样式用于定义整个网站样式。

例3-3的程序代码是使用外部样式完成图3-1所示的页面，外部样式文件的文件名是CSS3-3.css，引用该文件的HTML代码文件是example3-3.html。

【例3-3】example3-3.html

```html
<!doctype html>
<html>
  <head>
    <meta charset="utf-8">
    <title>样式使用</title>
    <link href="css3-3.css" type="text/css" rel="stylesheet">
```

```html
    </head>
    <body>
        <a href="http://www.baidu.com" id="myCSS">
            百度
        </a><br/>
        <a href="http://www.baidu.com">百度</a>
    </body>
</html>
```

【例3-3】外部样式文件css3-3.css

```css
#myCSS{
    color:red;
    font-size:28px;
}
```

需要特别强调的是，在一个HTML文件中可以引入多个外部样式文件，当这些外部样式文件都对某一个标记进行了样式定义时，起作用的将是最后引用的外部样式文件中对于该标记的定义。

4. 使用@import引入外部样式文件

与<link>标记类似，使用@import也能引用外部样式文件，不过@import只能放在<style>标记内使用，而且必须放在其他CSS样式之前。@import引入外部样式文件的语法格式如下：

`@import url(样式表源文件地址)`

其中，url为关键字，不能随便更改；样式表源文件地址是指外部样式的URL，可以是绝对URL，也可以是相对URL。@import除了语法和所在位置与<link>标记不同，其他的使用方法与效果都是一样的。

例3-4的程序代码是使用@import引入外部样式文件完成图3-1所示的页面，外部样式文件的文件名是CSS3-3.css，引用该文件的HTML代码文件是example3-4.html。

【例3-4】example3-4.html

```html
<!doctype html>
<html>
    <head>
        <meta charset="utf-8">
        <title>样式使用</title>
        <style>
            @import url("css3-3.css");
        </style>
    </head>
    <body>
        <a href="http://www.baidu.com" id="myCSS">
            百度
        </a><br/>
        <a href="http://www.baidu.com">百度</a>
    </body>
</html>
```

5. 层叠样式优先级

内嵌样式是对某一个HTML标记进行样式定义，定义位置在某个HTML标记中；内部样式是对某一个网页进行样式定义，适用于整个HTML网页文档，定义位置一般都在HTML文件的<head>标记中，通过<style>标记进行定义，其也可以在网页中的其他位置定义；外部样式是对某一个网站的多个网页样式进行定义，适用于整个网站的HTML网页文档，一般先建立一个后缀为.css的样式定义文件，再在HTML网页文件中通过<link>标记或@import进行外部样式文件的引用，这种方式对网站的样式管理非常方便。

外部样式如果被多个HTML网页引用，浏览器只需加载一次，而且如果需要修改某个样式在不同HTML网页中的定义，仅修改外部样式文件即可；如果以内部样式的方式写入多个页面中，每打开一个页面时浏览器就要加载一次，占用的流量多，进行修改时需要一个一个页面地打开并修改，其工作量大，比较烦琐，容易出错。

CSS层叠样式表中的层叠是指样式的优先级，当内嵌样式、内部样式、外部样式都对某个HTML标记进行了样式定义，即当样式定义发生冲突时，以优先级高的为最终显示效果。其实层叠就是浏览器对多个样式来源进行叠加，最终确定显示结果的过程。

浏览器会按照不同的方式来确定样式的优先级，其原则如下。

（1）按照样式来源不同，其优先级如下：内嵌样式>内部样式>外部样式>浏览器默认样式。

（2）按照选择器不同，其优先级如下：id选择器>class类选择器>元素选择器。

（3）当样式定义的优先级相同时，取后面定义的样式为最终显示效果的样式。

例3-5中引入了外部样式文件css3-5.css，在该文件中对<h2>标记定义文字颜色为红色，文字大小为16px；在网页中使用内部样式同样也定义了<h2>标记，其定义的文字颜色为绿色，在一个<h2>标记中使用内嵌样式定义<h2>标记，其定义的文字颜色为粉色，文字大小为20px，其在浏览器中的显示结果如图3-2所示。

【例3-5】example3-5.html

```
<!doctype html>
<html>
  <head>
    <meta charset="utf-8">
    <title>样式优先级</title>
    <link href="css3-5.css" rel="stylesheet" type="text/css">
    <style>
      h2{color:green;}
    </style>
  </head>
  <body>
    <h2>内部样式定义的颜色和外部定义字体大小起作用</h2>
    <h2 style="color:pink; font-size:20px;">
      内嵌样式起作用，文字粉色，文字大小20px
    </h2>
  </body>
</html>
```

【例3-5】外部样式文件css3-5.css

```
h2{
  color:red;
  font-size:16px;
}
```

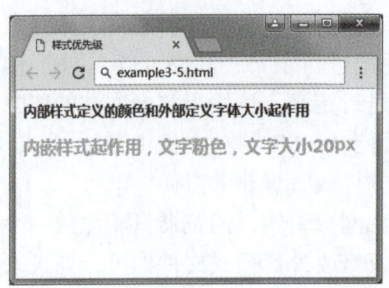

图 3-2　样式优先级

6. 注释

注释用于说明所写代码的含义，对读者读懂这些代码很有帮助。CSS用C/C++的语法进行注释，其中"/*"放在注释的开始处，"*/"放在结束处。例如下面的CSS语句：

```
<STYLE TYPE="text/css">
    h1 { font-size: x-large; color: red } /*这是一个CSS的注释*/
    h2 { font-size: large; color: blue }
</STYLE>
```

当把一个网页样式提交给用户使用之后，经过很长时间，用户又需要重新修改网页样式时，可能程序员已经忘记了代码的准确含义，这些注释可以帮助程序员记起这些样式定义的含义。养成注释的习惯是一个程序员必须具备的基本素质，特别是对进行团队工作的程序员来说更加重要。

3.2 CSS选择器

CSS最大的作用就是能将一种样式加载在多个标记上，方便开发者管理与使用。CSS通过选择器选中网页文档的某些标记，并对这些标记进行相应的样式设置，以达到设计者对网页外观的显示要求。本节将详细讲述如何在CSS中进行标记的选择。

3.2.1 元素选择器

元素选择器是最常见的CSS选择器，又称类型选择器（type selector）。如果使用元素选择器，选中的是本网页文档中所有的相对应元素。例如，如果元素选择器使用p元素，则选中本网页中所有<p></p>所包含的文字内容，再对文字内容设置相应的样式，就可以改变显示效果。设置元素选择器的基本语法格式如下：

```
HTML元素名{
    样式属性:属性值;
    样式属性:属性值;
    ...
}
```

例如：

```
h2{
    color:red;
    font-size:16px;
}
```

例3-6中使用元素选择器h2和span，并对其进行相关样式的属性设置，其在浏览器中的显示结果如图3-3所示。

【例3-6】example3-6.html

```html
<!doctype html>
<html>
  <head>
    <meta charset="utf-8">
    <title>元素选择器</title>
    <style>
      h2{
          color:red;
      }
      span{
          color:blue;
          font-size:48px;
      }
    </style>
  </head>
  <body>
    <h2>hello</h2>
    <h2>hello</h2>
    <span>world</span>
  </body>
</html>
```

图 3-3　元素选择器

3.2.2　类选择器

使用HTML元素选择器可以设置网页中所有相同标记的统一格式，但如果需要对相同标记中的个别标记进行特殊效果设置时，使用HTML元素选择器就无法实现了，此时需要引入其他的选择器来完成。

类（class）选择器允许以一种独立于文档元素的方式来指定样式。该选择器可以单独使用，也可以与其他元素结合使用。类选择器样式定义的语法格式如下：

```
.类选择器名称{
    样式属性:属性值;
    样式属性:属性值;
    ...
}
```

需要强调说明的是，类选择器的定义以英文圆点开头。类选择器的名称可以任意（但是不能用中文），该名称最好以驼峰方式命名，即当名称由多个单词组成时，第1个单词的所有字母小写，从第2个单词开始往后的每个单词的首字母大写，其他字母小写。例如：

```
.myBoxColor{
    color:red;
}
.myBoxBackground{
    background:grey;
}
```

类选择器的使用语法格式如下：

`<标记名称 class="类选择器名称1  类选择器名称2 ...">`

例如：

`<div class="myBoxColor myBoxBackground"> </div>`

这里定义了两个类选择器：myBoxColor和myBoxBackground，然后在HTML的<div>标记中使用这两个类选择器，在使用两个以上的类选择器时，其名称之间要用空格分隔，最终这两个选择器定义的样式会叠加，并在<div>标记中呈现。如果在两个类选择器中都对同一个样式属性进行了样式定义，则最后定义的样式起作用。

在程序代码example3-7.html中，使用两个类选择器：youClass和myClass，并对其进行相关样式属性的设置，请仔细体会样式定义呈现的效果，其在浏览器中的显示结果如图3-4所示。

【例3-7】example3-7.html

```html
<!doctype html>
<html>
  <head>
    <meta charset="utf-8">
    <title>类选择器</title>
    <style>
      .youClass{
          color:red;              /*颜色为红色*/
      }
      .myClass{
          font-size:16px;         /*字体大小为16px*/
          text-decoration:underline;  /*文字加下划线*/
      }
    </style>
  </head>
  <body>
    <h2 class="youClass">hello</h2>
    <span class="myClass youClass">world</span>
  </body>
</html>
```

图3-4 类选择器

3.2.3 ID 选择器

ID选择器在某些方面类似于类选择器，但也有一些差别，主要表现有：
（1）在语法定义上，ID选择器前面使用"#"，而不是类选择器的圆点。
（2）ID选择器不是使用class属性进行引用，而是使用id属性。
（3）在一个HTML文档中，ID选择器仅允许使用一次，而类选择器可以使用多次。
（4）ID选择器不能结合使用，因为ID属性不允许有以空格分隔的词列表。

需要特别强调的是，类选择器和ID选择器在定义和使用时都是区分大小写的。定义ID选择器的语法格式如下：

```
#ID选择器名称{
    样式属性:属性值;
    样式属性:属性值;
    …
}
```

使用ID选择器的语法格式如下：

```
<标记名称 id="ID选择器名称">
```

在程序代码example3-8.html中，使用两个ID选择器：youID和myID，并对其进行相关样式属性的设置，请仔细体会样式定义呈现的效果，其在浏览器中的显示结果见图3-4。

【例3-8】example3-8.html

扫一扫，看视频

```html
<!doctype html>
<html>
  <head>
    <meta charset="utf-8">
    <title>id选择器</title>
    <style>
      #youID{
        color:red;
      }
      #myID{
        color:red;
        font-size:16px;
        text-decoration:underline;
      }
    </style>
  </head>
  <body>
    <h2 id="youID">hello</h2>
    <span id="myID">world</span>
  </body>
</html>
```

3.2.4 包含选择器

包含选择器又称后代选择器，该选择器可以选择作为某元素后代的元素。当HTML标记发生嵌套时，内层标记就成为外层标记的后代。例如：

```
<h2>
  <p>
```

```
    Hello
    <span>World!</span>
  </p>
</h2>
```

在以上代码中，<p>和<span>标记被<h2>标记包含，所以<p>和<span>标记是<h2>标记的后代，并且<p>标记是<h2>标记的儿子标记，反过来<h2>标记是<p>标记的父标记；<span>标记是<p>标记的儿子标记，反过来<p>标记是<span>标记的父标记。定义包含选择器的语法格式如下：

```
祖先选择器 后代选择器{
    样式属性:属性值;
    样式属性:属性值;
    …
}
```

祖先选择器和后代选择器之间必须用空格进行分隔。另外，祖先选择器可以包括一个或多个用空格分隔的选择器。选择器之间的空格是一种结合符。每个空格结合符可以解释为"……在……找到""……作为……的一部分""……作为……的后代"，但是要求必须从左向右读选择器。例如：

```
h2 p span{ color:red; font-size:28px; }
```

"h2 p span"选择器选中的元素可以读作"选中h2元素后代中p元素后代中的所有span元素"。

例3-9中使用包含选择器对相应元素进行样式属性设置，请仔细体会样式定义呈现的效果，其在浏览器中的显示结果如图3-5所示。

【例3-9】example3-9.html

扫一扫，看视频

```
<!doctype html>
  <html>
  <head>
    <meta charset="utf-8">
    <title>包含选择器</title>
    <style>
      h2 span{
        color:red;
        font-size:48px;
      }
    </style>
  </head>
  <body>
    <h2>hello <span>world!</span></h2>
    <span>world</span>
  </body>
</html>
```

图3-5 包含选择器

3.2.5 组合选择器

组合选择器又称并集选择器,是各个选择器通过逗号连接而成的,任何形式的选择器(包括元素选择器、类选择器及ID选择器等)都可以作为组合选择器的一部分。如果某些选择器定义的样式完全相同或部分相同,就可以利用组合选择器为其定义相同的CSS样式。定义组合选择器的语法格式如下:

```
选择器1,选择器2,...,选择器n{
    样式属性:属性值;
    样式属性:属性值;
    ...
}
```

例3-10中使用组合选择器对<h2>和<span>标记进行相同样式属性的设置,请仔细体会样式定义呈现的效果,其在浏览器中的显示结果如图3-6所示。

【例3-10】example3-10.html

```html
<!doctype html>
<html>
  <head>
    <meta charset="utf-8">
    <title>组合选择器</title>
    <style>
      h2,span{
        color:red;
        font-size:48px;
      }
    </style>
  </head>
  <body>
    <h2>hello </h2>
    <h3>hello world!</h3>
    <span>world</span>
  </body>
</html>
```

扫一扫,看视频

图 3-6 组合选择器

3.2.6 父子选择器

如果不希望选择所有的后代,而是希望缩小范围,只选择某个元素的子元素,就需要使用父子选择器。父子选择器使用大于号作为选择器的分隔符,其语法格式如下:

```
父选择器 > 子选择器 {
    样式属性:属性值;
    样式属性:属性值;
    …
}
```

父选择器包含子选择器,并且样式只能作用在子选择器上,而不能作用在父选择器上。

例3-11中使用父子选择器对<h2>的子元素<span>标记进行样式属性的定义,同时使用包含选择器对<h2>的后代<span>标记进行样式属性的定义,其在浏览器中的显示结果如图3-7所示。请仔细体会父子选择器和包含选择器的区别。

【例3-11】example3-11.html

```html
<!doctype html>
<html>
  <head>
    <meta charset="utf-8">
    <title>父子选择器</title>
    <style>
      h2 span {color:blue}
      h2>span{color:red; font-size:48px;}
    </style>
  </head>
  <body>
    <h2>hello <span>world!</span></h2>
    <h2>hello <p> <span>world</span> </p> </h2>
  </body>
</html>
```

图3-7 父子选择器

3.2.7 相邻选择器

如果需要选择紧接在某一个元素后的元素,并且二者有相同的父元素,可以使用相邻选择器。相邻选择器使用加号作为选择器的分隔符,其语法格式如下:

```
选择器1 + 选择器2 {
    样式属性:属性值;
    样式属性:属性值;
    …
}
```

选择器2是紧跟在选择器1之后的兄弟标记,并且样式只能作用在选择器2上,而不能作用在选择器1上。

例3-12中使用元素选择器h2对兄弟<span>标记进行样式属性的定义,请仔细体会相邻选择器的内在含义，其在浏览器中的显示结果如图3-8所示。

【例3-12】example3-12.html

```html
<!doctype html>
<html>
  <head>
    <meta charset="utf-8">
    <title>相邻选择器</title>
    <style>
      h2+span{
        color:red;
        font-size:48px;
      }
    </style>
  </head>
  <body>
    <h2>hello <span>world!</span></h2>
    <span>world</span>
    <span>hello world too!</span>
  </body>
</html>
```

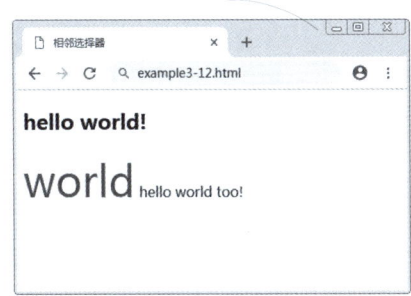

图 3-8　相邻选择器

3.2.8　属性选择器

属性选择器是CSS3选择器，其主要作用是对带有指定属性的HTML元素进行样式设置。使用属性选择器可以只选中含有某个属性的HTML元素，或者同时含有某个属性和其对应属性值的HTML元素，并对其进行相关样式的设置。定义属性选择器的语法格式如下：

```
标记名称[属性选择器] {
    样式属性:属性值;
    样式属性:属性值;
    ...
}
```

属性选择器可以是表3-1中的一种。例如，定义具有href属性的超链接元素，让其文字显示为红色，其样式定义的语法格式如下：

```
a[href] {
  color:red;
}
```

又如，定义选中含有class属性且属性值为"important"的<p>标记，其样式定义的语法如下：

```css
p[class="important"]{
  color:red;
}
```

表 3-1 属性选择器

选择器	说　明
[attribute]	用于选取带有指定属性的元素
[attribute=value]	用于选取带有指定属性和属性值的元素
[attribute~=value]	用于选取属性值中包含指定词汇的元素
[attribute|=value]	用于选取带有以指定值开头的属性值的元素，该值必须是整个单词
[attribute^=value]	匹配属性值以指定值开头的每个元素
[attribute$=value]	匹配属性值以指定值结尾的每个元素
[attribute*=value]	匹配属性值中包含指定值的每个元素

例 3-13 中使用两种属性选择器对<p>标记进行样式属性的定义，请仔细体会属性选择器的内在含义，其在浏览器中的显示结果如图 3-9 所示。

【例 3-13】example3-13.html

```html
<!doctype html>
<html>
  <head>
    <meta charset="utf-8">
    <title>属性选择器</title>
    <style>
      p[align]{
        color:red;
        font-size:48px;
      }
      p[align=right]{
        color:blue;
        font-size:24px;
      }
    </style>
  </head>
  <body>
    <p align="center">Hello world!</p>
    <p align="right">Hello world too!</p>
  </body>
</html>
```

扫一扫，看视频

图 3-9 属性选择器

3.2.9 通用选择器

通用选择器是所有选择器中最强大却用得最少的选择器。通用选择器的作用就像是通配符，其匹配所有可用元素。通用选择器由一个星号表示，一般用于对网页上的所有元素进行样式设置，其语法格式如下：

```
* {
    样式属性:属性值;
    样式属性:属性值;
    …
}
```

"*"代表所有，即所有标记都使用该样式。例3-14中使用通用选择器进行样式属性的定义，把网页内的<h2>和<span>标记都设定成蓝色字体，文字大小为36px，其在浏览器中的显示结果如图3-10所示。

【例3-14】example3-14.html

```
<!doctype html>
<html>
  <head>
    <meta charset="utf-8">
    <title>通用选择器</title>
    <style>
      * {color:blue; font-size:36px;}
    </style>
  </head>
  <body>
    <p>Hello world!</p>
    <span>Hello world too!</span>
  </body>
</html>
```

扫一扫，看视频

图3-10 通用选择器

3.3 CSS基本属性

3.3.1 字体属性

CSS中对文字样式的设置主要包括字体设置、字体大小、字体粗细、字体风格、字体颜色等。常用的字体属性及说明见表3-2。

表 3-2　字体属性及说明

属　性	说　明
font	简写属性。把所有针对字体的属性设置在一个声明中
font-family	设置字体系列。例如"隶书，Times New Roman"等，当指定多种字体时，用逗号分隔，如果浏览器不支持第 1 种字体，则会尝试下一种字体；当字体由多个单词组成时，由双引号括起来
font-size	设置字体的尺寸。常用单位为像素（px）
font-style	设置字体风格。normal 为正常；italic 为斜体；oblique 为倾斜
font-weight	设置字体的粗细。normal 为正常；lighter 为细体；bold 为粗体；bolder 为特粗体

表 3-2 中的 font 属性是一个简写属性，即可以在这个声明中设置所有字体的属性。需要注意的是，在 font 属性的样式定义中，至少要指定字体大小和字体系列。可以按以下顺序设置 font 属性：font-style、font-variant、font-weight、font-size/line-height、font-family。如果有些属性没有进行设置，会使用其默认值。

例 3-15 中使用通用字体属性进行样式属性的设置，其在浏览器中的显示结果如图 3-11 所示。

【例 3-15】example3-15.html

```html
<!doctype html>
  <html>
  <head>
    <meta charset="utf-8">
    <title>字体属性</title>
    <style>
      #fontCSS1{
        font-family:"Times New Roman",Georgia,Serif ;  /*设置字体类型*/
        font-size:28px;                                /*设置字体大小*/
        font-weight: bold;                             /*设置字体粗细*/
      }
      #fontCSS2{
        font-family:Arial,Verdana,Sans-serif;
        font-size:20px;
        font-style:italic;                             /*设置字体风格*/
        font-weight: 900;
      }
      #myFont{
        /*设置字体为倾斜、加粗、大小为24px，行高为36px，字体为arial,sans-serif*/
        font: oblique bold 24px/36px arial,sans-serif;
      }
    </style>
  </head>
  <body>
    <p id="fontCSS1">hello world1!</p>
    <p id="fontCSS2">hello world2!</p>
    <p id="myFont">hello world3!</p>
  </body>
</html>
```

图 3-11　字体属性

3.3.2　文本属性

文本属性用于对一段文字整体地进行设置。文本属性的设置包括设置阴影效果、大小写转换、文本缩进、文本对齐方式等，其属性及说明见表 3-3。

表 3-3　文本属性及说明

属　　性	说　　明
color	设置文本颜色。设置方式包括预定义颜色（如 red.green 等）、十六进制（如 #ff0000）、RGB 代码（如 RGB(255,0,0)）
direction	设置文本方向
line-height	设置行高，单位为像素。此属性在用于进行文字垂直方向对齐时，属性值与 height 属性值的设置相同
letter-spacing	设置字符间距，即字符与字符之间的空白。其属性值可以为不同单位的数值，并且允许使用负值，默认值为 normal
text-align	设置文本内容的水平对齐方式。left 为左对齐（默认值）、center 为居中对齐、right 为右对齐
text-decoration	向文本添加修饰。none 为无修饰（默认值）、underline 为下划线、overline 为上划线、line-through 为删除线
text-indent	设置首行文本的缩进
text-overflow	设置对象内溢出文本的处理方法。clip 为不显示溢出文本、ellipsis 为用省略标记 "..." 标识溢出文本
text-shadow	设置文本阴影
text-transform	控制文本转换。none 为不转换（默认值）、capitalize 为首字母大写、uppercase 为将全部字符转换成大写、lowercase 为将全部字符转换成小写
unicode-bidi	设置文本方向
white-space	设置元素中空白的处理方式
word-spacing	设置字间距。用于定义英文单词之间的间距，对中文无效

例 3-16 中对字体的常见属性进行样式定义，其在浏览器中的显示结果如图 3-12 所示。

【例 3-16】example3-16.html

```
<!doctype html>
<html>
  <head>
    <meta charset="utf-8">
    <title>文本属性</title>
    <style>
      #one{
```

扫一扫，看视频

```
            text-align:left;              /*文字左对齐*/
            word-spacing:30px;            /*单词之间的间距为30px*/
        }
        #two{
            text-align:center;            /*文字居中对齐*/
            word-spacing:-15px;           /*单词之间的间距为-15px*/
        }
        #three{
            text-align:right;             /*文字右对齐*/
            letter-spacing:28px;          /*字母之间的间距为28px*/
            text-decoration:underline;    /*文字修饰：加下划线*/
            text-transform:uppercase;     /*文字全部大写*/
        }
    </style>
</head>
<body>
    <h2 id="one">hello CSS world!</h2>
    <h2 id="two">hello CSS world!</h2>
    <h2 id="three">hello CSS world!</h2>
</body>
</html>
```

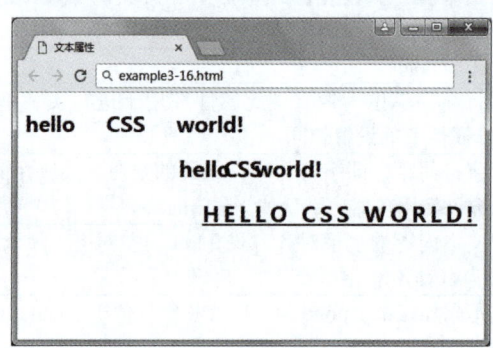

图 3-12　文本属性

text-shadow属性是CSS3的属性，用于向文本添加一个或多个阴影，该属性是用逗号分隔的阴影列表，每个阴影由两个或三个长度值和一个可选的颜色值进行规定，省略的长度是0，该属性的语法格式如下：

text-shadow: h-shadow v-shadow blur color[,h-shadow v-shadow blur color];

其中，h-shadow是必须定义的，表示水平阴影的位置，如果是正值则表示阴影向右位移的距离，如果是负值则表示阴影向左位移的距离；v-shadow是必须定义的，表示垂直阴影的位置，如果是正值则表示阴影向下位移的距离，如果是负值则表示阴影向上位移的距离；blur是可选项，表示阴影的模糊距离；color是可选项，表示阴影的颜色。

例3-17中对一段文字定义了两个阴影，一个阴影是红色，一个阴影是绿色，注意两个阴影的位置不要重合，否则将只能看到一个阴影，其在浏览器中的显示结果如图3-13所示。

【例3-17】example3-17.html

```
<!doctype html>
<html>
    <head>
        <meta charset="utf-8">
        <title>文本属性</title>
```

```
    <style>
      h2{
           font-size:48px;
           font-family:隶书;
           text-shadow:red 6px -7px 5px,grey 16px -17px 15px;
      }
    </style>
  </head>
  <body>
    <h2>Web程序设计基础</h2>
  </body>
</html>
```

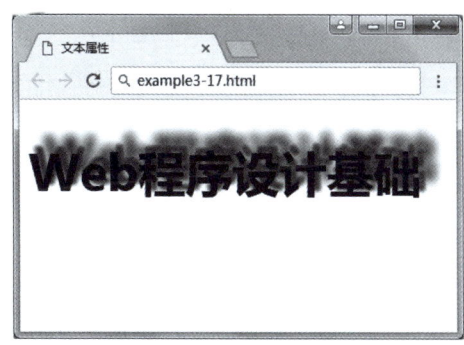

图 3-13　文本阴影属性

3.3.3　背景属性

1. 常见的背景属性

CSS的背景属性主要用于设置对象的背景颜色、背景图片、背景图片的重复性、背景图片的位置等属性，其常见属性及说明见表3-4。

表 3-4　常见的背景属性及说明

属　　性	说　　明
background	简写属性，将背景的所有属性设置在一个声明中
background-attachment	设置背景图像是否固定或者随着页面的其余部分滚动。scroll 表示背景图像随内容滚动；fixed 表示背景图像不随内容滚动
background-color	设置元素的背景颜色。取英文单词，或 #rrggbb，或 #rgb
background-image	把图像设置为背景。其值可以为以绝对路径或相对路径表示的 URL
background-position	设置背景图像的起始位置。left 为水平居左，right 为水平居右，center 为水平居中或垂直居中，top 为垂直靠上，bottom 为垂直靠下或精确的值
background-repeat	设置背景图像是否重复及如何重复。repeat-x 为横向平铺；repeat-y 为纵向平铺；norepeat 为不平铺；repeat 为平铺背景图片，该值为默认值

（1）使用background-color属性为元素设置背景色。这个属性接收任何合法的颜色值。例如，把p元素的背景设置为灰色，代码如下：

```
p {
  background-color: gray;
}
```

background-color不能继承，其默认值是transparent。transparent有"透明"之意。也就是说，

如果一个元素没有指定背景色，背景就是透明的，这样其祖先元素的背景就可以显现出来。

（2）要把图像作为背景，需要使用background-image属性。background-image属性的默认值是none，表示背景上没有放置任何图像。如果需要设置一个背景图像，必须为这个属性设置一个URL值。例如，把p元素的背景图像设置为1.jpg，代码如下：

```
p {
    background-image: url(images/1.jpg);
}
```

（3）设置背景图像的起始位置需要使用background-position属性，该位置的属性值可以有多种形式，可以是X、Y轴方向的百分比或绝对值，也可以使用表示位置的英文名称，如left、center、right、top、bottom。例如，把背景图像放置在底部居中，必须先去除背景图像的重复属性，然后用background-position属性进行设置，代码如下：

```
background-repeat:no-repeat;              /*设置背景图像不重复*/
background-position:center bottom;        /*设置背景图像水平居中，底端对齐*/
```

例3-18中建立5个<div>标记，每个<div>标记设置的背景图像为图3-14右下角所示的五角星，当鼠标指针指到某个五角星时，该五角星变成图3-14左上角的五角星，其在浏览器中的显示结果如图3-15所示。

图3-14　五角星背景图像

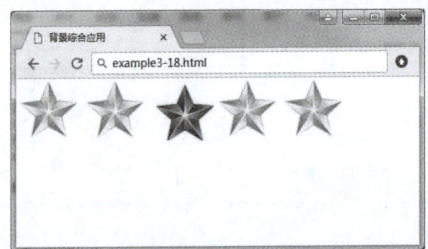

图3-15　鼠标指针指向中间五角星时的效果

【例3-18】example3-18.html

```
<!doctype html>
<html>
  <head>
    <meta charset="utf-8">
    <title>背景综合应用</title>
    <style>
      div
      {
        width:170px;                                    /*显示五角星的<div>标记宽度*/
        height:150px;                                   /*显示五角星的<div>标记高度*/
        background-image:url(images/fivestar.jpg);      /*设置背景图像为五角星*/
        /*显示背景图像的起始位置是水平方向-340px，垂直方向-325px，即右下角的五角星*/
        background-position:-340px -325px;
        float:left;
      }
      div:hover{        /*伪类，表示当鼠标指针经过某个<div>时，该<div>标记属性改变成以下设置*/
        background-position:0px 0px;    /*背景位置改成水平方向和垂直方向都是0，即左上角的五角星*/
      }
    </style>
  </head>
  <body>
```

```
        <div></div>
        <div></div>
        <div></div>
        <div></div>
        <div></div>
    </body>
</html>
```

（4）如果需要在网页上对背景图像进行平铺，可以使用background-repeat属性。该属性的属性值如果是repeat，则会将背景图像在水平方向和垂直方向上都平铺，就像HTML中的"<body background="2.jpg">"；如果值是repeat-x和repeat-y，则分别使图像只在水平方向或垂直方向上进行重复；如果值是no-repeat，则不允许图像在任何方向上进行平铺。默认情况下，背景图像将从一个元素的左上角开始。例3-19将背景图像放在右边，然后在Y轴方向进行平铺，其在浏览器中的显示结果如图3-16所示。

【例3-19】example3-19.html

```
<!doctype html>
<html>
  <head>
    <meta charset="utf-8">
    <title>背景属性</title>
    <style>
      body{
        background-image:url(images/1.jpg);      /*设置背景图像位置*/
        background-position:right;               /*设置背景图像水平方向右对齐*/
        background-repeat:repeat-y;              /*设置背景图像Y轴方向平铺*/
      }
    </style>
  </head>
  <body>
  </body>
</html>
```

图3-16 设置背景图像的位置

（5）background-clip属性规定背景的绘制区域，该属性是CSS3的属性，主要用于设置背景图像的裁剪区域，其基本语法格式如下：

```
background-clip : border-box | padding-box | content-box;
```

其中，border-box是默认值，表示从边框区域向外裁剪背景；padding-box表示从内边距区域向外裁剪背景；content-box表示从内容区域向外裁剪背景。

例3-20将背景颜色仅设置在内容区域,内边距不设置背景颜色,其在浏览器中的显示结果如图3-17所示。

【例3-20】example3-20.html

```html
<!doctype html>
<html>
  <head>
    <meta charset="utf-8">
    <title>背景裁剪属性</title>
    <style>
      div
      {
        width:300px;                    /*设置div块的宽度为300px*/
        height:300px;                   /*设置div块的高度为300px*/
        padding:20px;                   /*设置div块的内边距为20px*/
        background-color:yellow;        /*设置div块的背景颜色为黄色*/
        background-clip:content-box;    /*设置div块的裁剪属性为从内容区域向外裁剪*/
        border:3px solid red;           /*设置div块的边框为3px、实心线、红色*/
      }
    </style>
  </head>
  <body>
    <div>
      这是文本。这是文本。这是文本。这是文本。这是文本。这是文本。这是文本。
      这是文本。这是文本。这是文本。这是文本。这是文本。这是文本。这是文本。
      这是文本。这是文本。这是文本。这是文本。这是文本。这是文本。这是文本。
      这是文本。这是文本。这是文本。这是文本。这是文本。这是文本。这是文本。
      这是文本。这是文本。这是文本。这是文本。这是文本。这是文本。这是文本。
      这是文本。这是文本。这是文本。这是文本。这是文本。这是文本。这是文本。
    </div>
  </body>
</html>
```

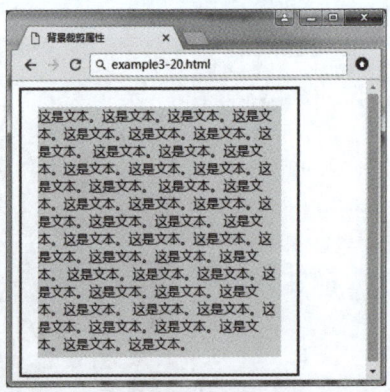

图 3-17 背景绘制区域

2. 背景渐变属性

CSS3的背景渐变属性可以使两个或多个指定的颜色之间显示平稳的过渡,以前这种显示效果必须使用图像来实现,现在可以通过使用CSS3渐变来完成,减少了下载的数据和宽带的使用。此外,渐变效果的元素在放大时看起来效果更好,因为渐变是由浏览器生成的。CSS3定义了两种类型的渐变:一种是线性渐变,即向下/向上/向左/向右/对角方向;另一种是径向渐变，即由中心定义。

(1) 线性渐变。为了创建一个线性渐变，必须至少定义两种颜色节点。颜色节点为要呈现平稳过渡的颜色。同时，也可以设置一个起点和一个方向（或一个角度）。其基本语法格式如下：

```
background:linear-gradient(direction,color-stop1,color-stop2,...);
```

其中，direction指明线性渐变的方向，默认是从上到下。下面的代码演示了从顶部开始的线性渐变，起点是红色，慢慢过渡到黄色。

```
background: linear-gradient(red, yellow);
```

从左到右的线性渐变：

```
background: linear-gradient(to right, red, yellow);
```

也可以通过指定水平方向和垂直方向的起始位置来制作一个对角渐变。下面的代码演示了从左上角开始到右下角的线性渐变，起点是红色，慢慢过渡到黄色。

```
background: linear-gradient(to bottom right, red , yellow);
```

如果要在渐变方向上进行更多的控制，可以定义一个角度，而不用预定义方向（to bottom、to top、to right、to left、to bottom right等）。角度是指水平线和渐变线之间的角度，按逆时针方向计算。换句话说，0deg将创建从下到上的渐变，90deg将创建从左到右的渐变。下面的代码演示45度的线性渐变，起点是红色，慢慢过渡到黄色。

```
background: linear-gradient(45deg, red 30%, yellow 70%);
```

以上渐变只有两种颜色，第1种颜色为红色且位置设置在$n\%$（$n=30$）处，第2种颜色为黄色且位置设置在$m\%$（$m=70$）处。浏览器会将$0\% \sim n\%$的范围设置为第1种颜色的纯色，即红色，将$n\% \sim m\%$的范围设置为第1种颜色到第2种颜色的过渡，将$m\% \sim 100\%$的范围设置为第2种颜色的纯色。

(2) 径向渐变。为了创建一个径向渐变，必须至少定义两种颜色节点，颜色节点既要呈现平稳过渡的颜色，又要指定渐变的中心、形状（圆形或椭圆形）、大小。默认情况下，渐变的中心是center（表示在中心点），渐变的形状是ellipse（表示椭圆形），渐变的大小是farthest-corner（表示到最远的角落）。其基本语法格式如下：

```
background:radial-gradient(shape,start-color,...,last-color);
```

shape参数定义形状，其值可以是circle或ellipse。其中，circle表示圆形，ellipse表示椭圆形，默认值是ellipse。例如：

```
background: radial-gradient(circle, red, yellow, green);
```

(3) 重复径向渐变。repeating-radial-gradient()函数用于重复径向渐变，该函数的所有参数及语法与径向渐变相同。

例3-21制作了两个div块，并把这两个div块的背景设置为线性渐变和重复径向渐变，其在浏览器中的显示结果如图3-18所示。

【例3-21】example3-21.html

```
<!doctype html>
<html>
  <head>
    <meta charset="utf-8">
    <title>背景</title>
    <style>
```

扫一扫，看视频

```
        #box1
        {
            width:100px;              /*设置div块的宽度为100px*/
            height:100px;             /*设置div块的高度为100px*/
            border-radius:50%;        /*设置div块的边框半径为50%,即圆*/
            /*div球背景色渐变从左下到右上,即45度,其中红色占30%,黄色占60%*/
            background-image:linear-gradient(45deg,#f00 30%,#ff0 60%);
        }
        #box2
        {
            width:100px;
            height:100px;
            border-radius:50%;
            /*背景重复径向渐变,圆形,且有红、黄、蓝三色*/
            background-image:repeating-radial-gradient(circle at 50% 50%,red,yellow 10%,blue 15%);
        }
    </style>
</head>
<body>
    <div id="box1"></div>
    <div id="box2"></div>
</body>
</html>
```

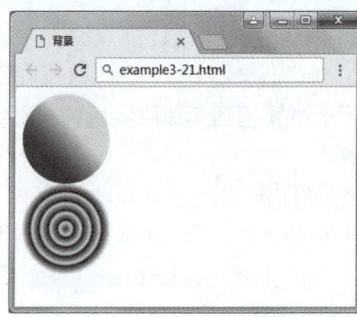

图 3-18　背景的渐变效果

3.3.4　边框属性

利用CSS边框属性可以设置对象边框的颜色、样式及宽度。使用对象的边框属性之前,必须先设定对象的高度及宽度。设置边框属性的语法格式如下:

border : 边框宽度　边框样式　边框颜色

需要说明的是,border-width属性可以单独设置边框宽度;border-style属性可以单独设置边框样式;border-color属性可以单独设置边框颜色。边框样式及其说明见表3-5。

表 3-5　边框样式及其说明

边框样式	说　　明	边框样式	说　　明
none	无边框,无论边框宽度设为多大	double	双线边框
hidden	隐藏边框	groove	3D 凹槽边框
dotted	点线边框	ridge	菱形边框
dashed	虚线边框	inset	3D 内嵌边框
solid	实线边框,默认值	outset	3D 凸边框

例3-22制作了多个样式的边框,以让读者理解不同样式边框呈现的状态,其在浏览器中的显示结果如图3-19所示。

【例3-22】example3-22.html

```html
<html>
  <head>
    <meta charset="utf-8">
    <title>边框样式</title>
    <style type="text/css">
      p.dotted {border-style: dotted;}
      p.dashed {border-style: dashed;}
      p.solid {border-style: solid;}
      p.double {border-style: double;}
      p.groove {border-style: groove;}
      p.ridge {border-style: ridge;}
      p.inset {border-style: inset;}
      p.outset {border-style: outset;}
    </style>
  </head>
  <body>
    <p class="dotted">A dotted border</p>
    <p class="dashed">A dashed border</p>
    <p class="solid">A solid border</p>
    <p class="double">A double border</p>
    <p class="groove">A groove border</p>
    <p class="ridge">A ridge border</p>
    <p class="inset">An inset border</p>
    <p class="outset">An outset border</p>
  </body>
</html>
```

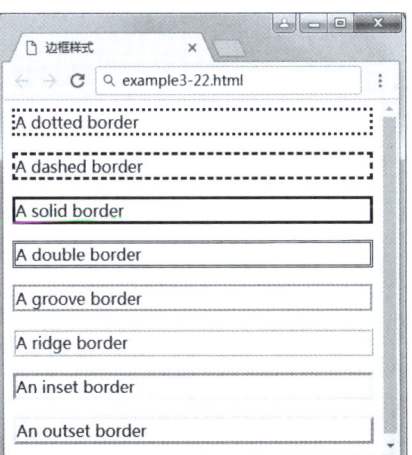

图 3-19　边框样式

在CSS3中可以通过border-radius属性为元素增加圆角边框,定义该属性的语法格式如下:

border-radius：像素值|百分比

例3-23将一个正方形元素设置其border-radius值为边长的一半,可以得到一个圆形,其在浏览器中的显示结果如图3-20所示。

【例3-23】example3-23.html

```html
<html>
  <head>
    <meta charset="utf-8">
    <title>边框样式</title>
    <style type="text/css">
      #circle{
        width:200px;           /*设置宽度为200px*/
        height:200px;          /*设置长度为200px*/
        border-radius:50%;     /*设置边框圆角值为边长的一半，即100px*/
        border:2px solid red;  /*设置边框为2px，实心线，红色*/
        background:blue;       /*设置背景色为蓝色*/
      }
    </style>
  </head>
  <body>
    <div id="circle"></div>
  </body>
</html>
```

图 3-20　圆角边框

3.3.5　列表属性

在CSS中，列表属性是设置无序列表标记（<ul></ul>）的呈现形式，常用的列表属性有list-style-type、list-style-image、list-style-position以及list-style。

list-style-type属性用于设置列表项标记的类型，主要有disp（实心圆）、circle（空心圆）、square（实心方块）、none（不使用项目符号）。list-style-image属性用于设置使用什么图像作为列表符号，为了使列表图像能清晰显示，不要选择过大的图片。list-style-position属性用于指定列表符号的显示位置，当值为outside时，表示将列表符号放在文本块之外，该值为默认值；当值为inside时，表示将列表符号放在文本块之内。

例3-24利用无符号列表制作了一个横向导航菜单，当将鼠标指针放到某个导航菜单按钮上时，通过hover伪类改变当前导航菜单按钮的样式，其在浏览器中的显示结果如图3-21和图3-22所示。

【例3-24】example3-24.html

```html
<html>
  <head>
    <meta charset="utf-8">
    <title>列表样式</title>
    <style type="text/css">
```

```css
#box{ background-color:#FC6;        /*设置背景色*/
    margin:0 auto;                  /*设置div块的标记自动水平居中*/
    height:40px;                    /*设置高度属性为40px*/
}
#box ul{
    list-style:none;                /*设置列表显示风格为无,即不显示列表标记*/
}
#box ul li{
    width:80px;                     /*设置列表元素的宽度为80px*/
    height:40px;                    /*设置列表元素的高度为40px*/
    text-align:center;              /*设置列表元素内的文字水平方向居中*/
    line-height:40px;               /*设置列表元素内的文字垂直方向居中*/
    float:left;                     /*设置列表元素浮动,目的是把列表元素水平排列*/
}
#box ul li.strong{
    font-weight:bold;               /*设置选中列表元素内的文字加粗显示*/
}
#box ul li:hover{                   /*将鼠标指针放到<li>标记时li所显示的样式*/
    background-color:black;         /*设置列表元素的背景色为黑色*/
    text-decoration:underline;      /*设置列表元素的文字有下划线*/
    cursor:pointer;                 /*设置鼠标指针为手形*/
}
#box ul li a{                       /*选中#box内的ul内的li内的所有<a>标记*/
    text-decoration:none;           /*超链接指针文字无下划线*/
    color:black;
}
#box ul li:hover a{                 /*选中鼠标所在的li元素上的<a>标记*/
    text-decoration:underline;      /*超链接指针文字有下划线*/
    color:#fc6;
}
    </style>
  </head>
  <body>
    <div id="box">
      <ul>
        <li class="strong">新闻</li>
        <li>军事</li>
        <li>社会</li>
        <li>国际</li>
      </ul>
    </div>
  </body>
</html>
```

图 3-21 列表样式

图 3-22 导航菜单按钮激活状态

3.3.6 鼠标属性

在CSS中可以通过鼠标指针的cursor属性设置鼠标指针的显示图形，其定义的语法格式如下：

cursor：鼠标指针样式；

cursor属性值及说明见表3-6。使用方法可以参考例3-24中关于"#box ul li:hover"样式的定义。

表 3-6 cursor 属性值及说明

属性值	说 明	属性值	说 明
crosshair	十字准线	s-resize	向下改变大小
pointer｜hand	手形	e-resize	向右改变大小
wait	表或沙漏	w-resize	向左改变大小
help	问号或气球	ne-resize	向上右改变大小
no-drop	无法释放	nw-resize	向上左改变大小
text	文字或编辑	se-resize	向下右改变大小
move	移动	sw-resize	向下左改变大小
n-resize	向上改变大小		

3.4 伪类和伪元素

伪类和伪元素的引入是因为在文档树内有些信息无法用选择器选中，如CSS没有"段落的第1行""文章首字母"之类的选择器，而这在一些网页中又是必需的，在这种情况下就引出了伪类和伪元素。CSS引入伪类和伪元素的概念是为了实现基于文档树之外的信息的格式化。伪类和伪元素的区别如下：

（1）伪类的操作对象是文档树中已有的元素，而伪元素创建了一个文档树之外的元素。

（2）CSS3规范中要求使用双冒号(::)表示伪元素，以此来区分伪元素和伪类。IE8及以下版本的一些浏览器不兼容双冒号(::)表示方法，所以除了部分伪元素，其余伪元素既可以使用单冒号(:)，又可以使用双冒号(::)。

3.4.1 伪类

伪类是一种特殊的类选择符，是能够被支持CSS的浏览器自动识别的特殊选择符，其最大的用途是为超链接定义不同状态下的样式效果。伪类的语法是在原有选择符后加一个伪类，其语法格式如下：

```
选择符:伪类{
    属性:属性值;
    属性:属性值;
    …
}
```

伪类是在CSS中已经定义好的，不能像类选择符那样使用其他名字，可以解释为对象在某个特殊状态下的样式。下面介绍一些常用的伪类。

（1）表示状态。

- :link：选择未访问的链接。

- :visited：选择已访问的链接。
- :hover：选择鼠标指针移入链接。
- :active：被激活的链接，即按下鼠标左键但未松开。
- :focus：选择获取焦点的输入字段。

(2) 结构化伪类。
- :not：否定伪类，用于匹配不符合参数选择符的元素。
- :first-child：匹配元素的第1个子元素。
- :last-child：匹配元素的最后一个子元素。
- :first-of-type：匹配属于其父元素的首个特定类型的子元素的每个元素。
- :last-of-type：匹配元素的最后一个子元素。
- :nth-child：根据元素的位置匹配一个或多个元素，并接收一个an+b形式的参数（an+b最大数为匹配元素的个数）。
- :nth-last-child：与:nth-child相似，不同之处在于是从最后一个子元素开始计数的。
- :nth-of-type：与nth-child相似，不同之处在于只匹配特定类型的元素。
- :nth-last-type：与nth-of-type相似，不同之处在于是从最后一个子元素开始计数的。
- :only-child：当元素是其父元素中的唯一一个子元素时，:only-child匹配该元素。
- :only-of-type：当元素是其父元素中的唯一一个特定类型的子元素时，:only-of-type匹配该元素。
- :target：当URL带有锚名称，指向文档内某个具体元素时，:target匹配该元素。

(3) 表单相关伪类。
- :checked：匹配被选中的input元素。这个input元素包括radio和checkbox。
- :default：匹配默认选中的元素。例如，提交按钮总是表单的默认按钮。
- :disabled：匹配禁用的表单元素。
- :empty：匹配没有子元素的元素。如果元素中含有文本节点、HTML元素或一个空格，则:empty不能匹配这个元素。
- :enabled：匹配没有设置disabled属性的表单元素。
- :valid：匹配条件验证正确的表单元素。
- :invalid：与:valid相反，匹配条件验证错误的表单元素。
- :optional：匹配具有optional属性的表单元素。当表单元素没有设置为required时，即为optional属性。
- :required：匹配设置了required属性的表单元素。

例3-25使用了上述3种伪类，目的是让读者理解和体会3种伪类的用法，其在浏览器中的显示结果如图3-23所示。

【例3-25】example3-25.html

```
<!doctype html>
<html>
  <head>
    <meta charset="utf-8">
    <title>伪类</title>
    <style>
      a:link {              /*未访问链接*/
        color:#000000;
      }
```

扫一扫，看视频

```
        a:visited {           /*已访问链接*/
          color:#00FF00;
        }
        a:hover {             /*将鼠标指针移动到链接上*/
          color:#FF00FF;
        }
        a:active {            /*单击时*/
          color:#0000FF;
        }
        input:focus           /*<input>标记获得焦点时*/
        {
          background-color:yellow;
        }
        p:last-child          /*<p>标记的最后一个标记*/
        {
          font-size:24px;
        }
    </style>
  </head>
  <body>
    <p><b><a href="/css/" target="_blank">这是一个链接</a></b></p>
    <p>
      <b>注意: </b>
      a:hover 必须在 a:link 和 a:visited 之后,需要严格按顺序才能看到效果。
    </p>
    <p><b>注意: </b> a:active 必须在 a:hover 之后。</p>
    <p>你可以使用 "first-letter" 伪元素向文本的首字母设置特殊样式: </p>
    First name: <input type="text" name="fname"/><br>
    <p>This is some text.</p>
    <p>This is some text.</p>
  </body>
</html>
```

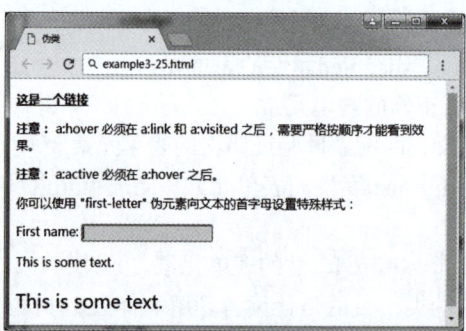

图 3-23 伪类

3.4.2 伪元素

CSS的伪元素之所以被称为伪元素,是因为其不是真正的页面元素,即没有对应的HTML元素,但是其所有用法和表现行为与真正的页面元素一样,可以对其使用如页面元素一样的CSS样式,表面看上去貌似用页面的某些元素来展现,实际上是CSS样式展现的行为,因此被称为伪元素。常用的伪元素如下。

- :before: 在某个元素之前插入一些内容。
- :after: 在某个元素之后插入一些内容。

- :first-letter：为某个元素中文字的首字母或第1个字使用样式。
- :first-line：为某个元素的第1行文字使用样式。
- :selection：匹配被用户选中或者处于高亮状态的部分。
- :placeholder：匹配占位符的文本，只有当为元素设置了placeholder属性时，该伪元素才能生效。

例3-26中使用了几种伪元素，目的是让读者理解和体会伪元素的用法，其在浏览器中的显示结果如图3-24所示。

【例3-26】example3-26.html

```html
<!doctype html>
<html>
  <head>
    <meta charset="utf-8">
    <title>伪元素</title>
    <style>
      p.fl:first-line
      {
        color:#ff00ff;
        font-size:24px;
      }
      p.myClass:first-letter{
        color:#ff0000;
        font-size:xx-large;
      }
      p.youClass:before{
        content: "您好，"
      }
      p.youClass:after{
        content: "您好帅!"
      }
    </style>
  </head>
  <body>
    <p class="fl">
      向文本的首行设置特殊样式<br/>可以使用 "first-line" 伪元素。
    </p>
    <p class="myClass">
      可以使用 "first-letter" 伪元素向文本的首字母设置特殊样式：
    </p>
    <p class="youClass"> 先生!</p>
  </body>
</html>
```

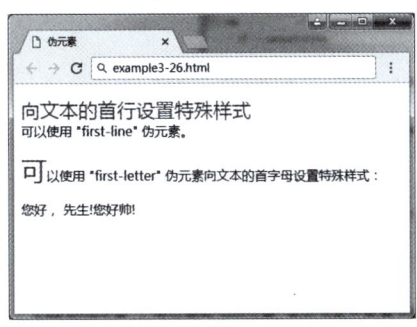

图 3-24　伪元素

3.5 本章小结

CSS是层叠样式表，是设计网页的布局和格式的有效手段。本章首先介绍了CSS的发展史，说明了CSS的样式规则，包括选择符、属性名及属性值；然后对CSS常用的选择器进行说明，主要包括HTML选择器、类选择器、ID选择器、组合选择器及包含选择器等，并对各种样式表的优先级进行梳理，从高到低依次为内嵌样式、内部样式、外部样式和浏览器的默认样式；再对CSS的属性进行讲解，包括字体属性、文本属性、背景属性、边框属性、列表属性和鼠标属性；最后介绍了CSS中的伪类和伪元素所提供的不同状态下的特殊样式。

通过本章的学习，读者应该对CSS有了一定的了解，能够充分理解CSS所实现的结构与表现的分离及CSS样式的优先级规则，可以熟练地使用CSS控制页面中的字体和文本外观样式。

3.6 习题3

扫描二维码，查看习题。

扫描二维码
查看习题

3.7 实验3　CSS基础

扫描二维码，查看实验内容。

扫描二维码
查看实验内容

扫一扫，看视频

扫描二维码
查看示例演示目录

CHAPTER

4

CSS网页布局

学习目标：

本章主要讲解利用CSS进行网页布局的方法。通过对本章的学习，读者应该掌握以下主要内容。

- 掌握HTML标记的定位，能够为HTML标记设置常见的定位方式。
- 理解HTML标记的浮动原理。
- 熟悉CSS文本样式属性，能够运用相应的属性定义文本样式。

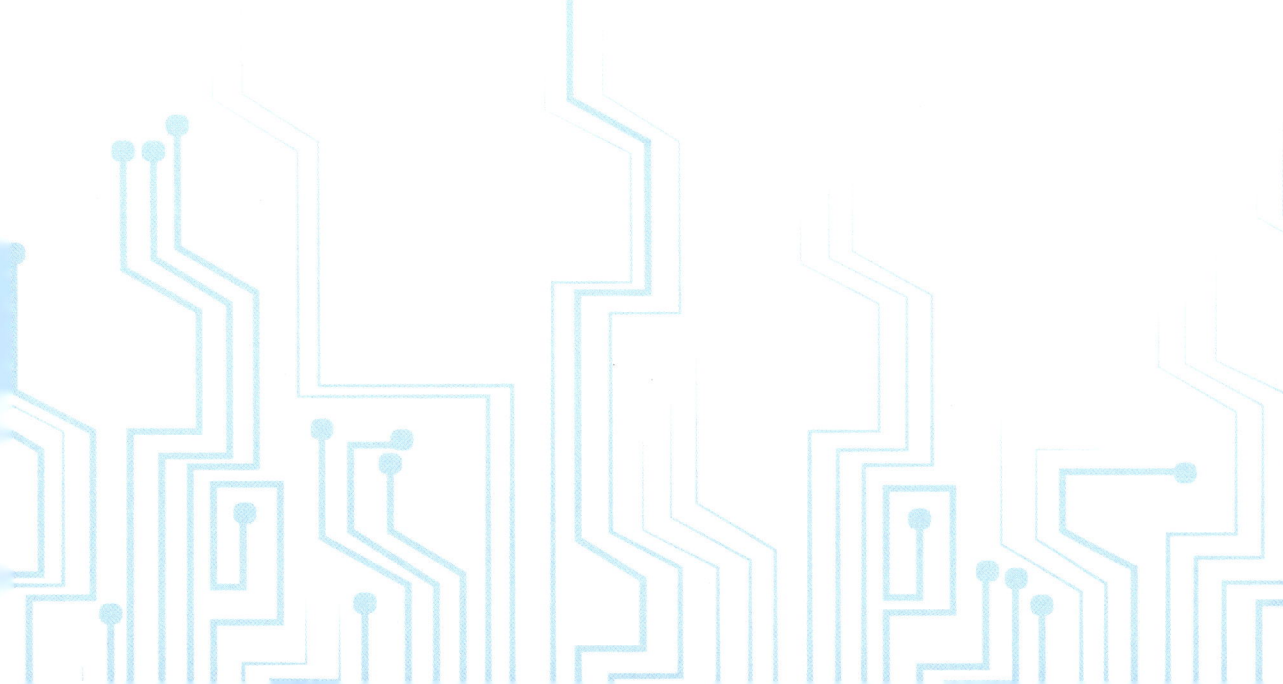

思维导图简图

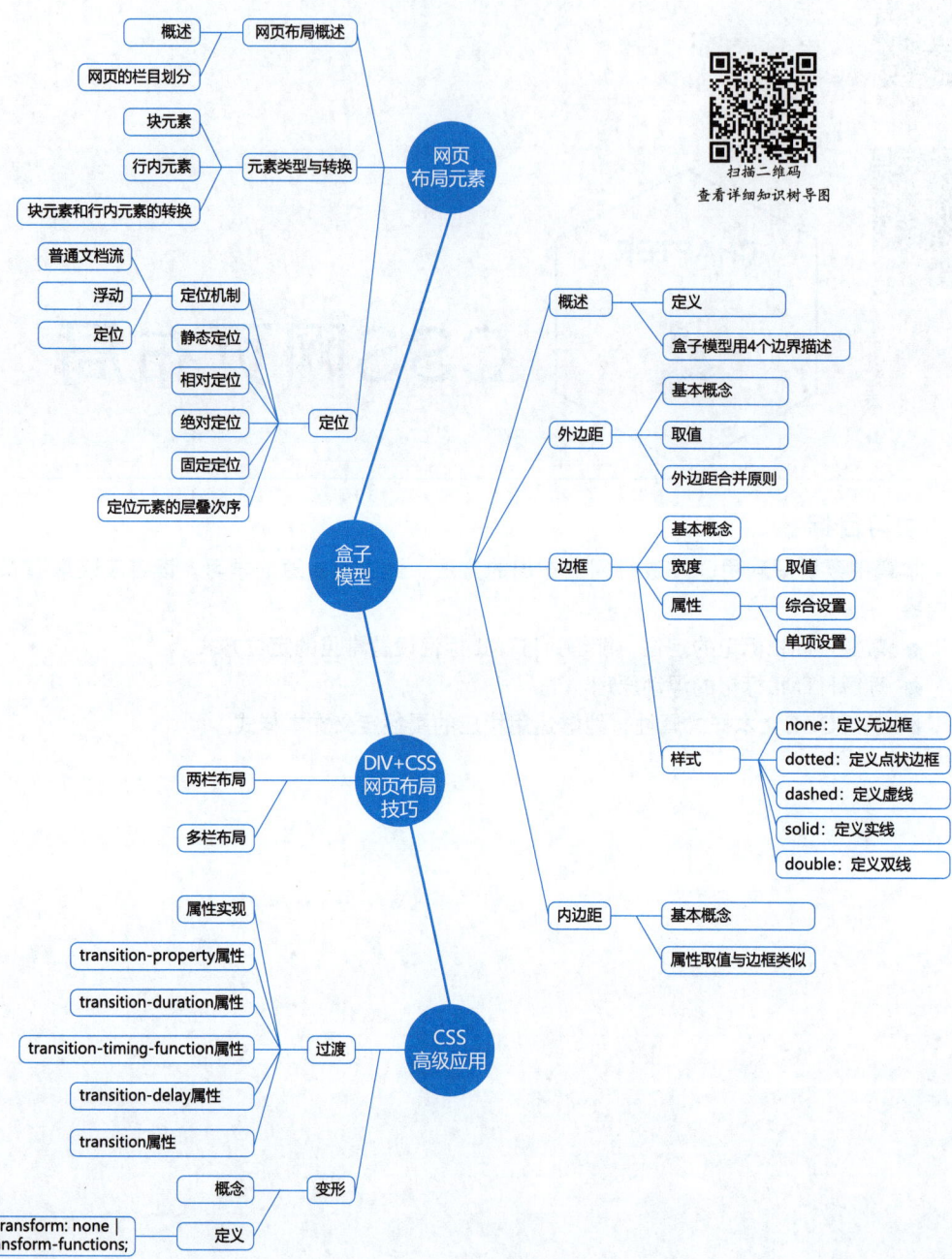

4.1 网页布局元素

4.1.1 网页布局概述

1. 概述

网页布局是网页设计中的一个基本概念,如何在一张空白的网页上把文字、图片等网页元素有规则地排列在网页的指定位置,就是网页布局要考虑的主要问题。好的网页布局能够让网页制作人员更好地把握网页的整体结构,提高代码的书写效率、复用性和后期维护速度。作为初学者,更应该重视页面布局,而不是简单地为了达到页面效果而不考虑页面布局,毕竟页面布局和代码的质量是紧密相关的。在进行网页布局时应该主要考虑以下几个方面。

(1) 要有整体意识。在布局页面时,应从整体出发,了解页面的大概内容,清楚应该把一个网页分成几个大的模块。

(2) 从外向内,层层递进。写清标记的嵌套关系,简单明了的层级关系不仅便于查找页面内容,方便在出现错误时能够快速地修改,而且在书写JavaScript代码时可以更快地找到需要的元素。后期其他开发人员在修改代码时更加便利,可以减少工作量,提高工作效率。

(3) 模块化。在把握页面大模块的同时,分析组成大模块的局部,把局部模块化,可以排除很多其他页面元素的干扰,降低页面在出现错误时可能的影响范围。

(4) 命名规则。在给页面元素命名时,尽量做到望名知意。因为代码写出来不仅仅是给网页设计者看,后期还需要大量的维护和更新。如果没有意义的名字太多,就会大大增加后面的维护成本。在命名时最好还要体现元素的嵌套关系,这样在书写CSS代码时就会便捷许多。

实现网页的页面布局一般有3种方法:表格布局、框架布局以及DIV+CSS页面布局。

(1) 表格布局的实现方式比较简单。各个元素可以位于表格独立的单元格中,相互影响较小,而且对浏览器的兼容性较高。但表格布局的缺陷也相当明显,主要表现在以下几个方面。

- 在某些浏览器下(如IE),表格只有在全部下载完成后才可以显示,数据量比较大时会影响网页的浏览速度。
- 搜索引擎难以分析较复杂的表格,而且网页样式的改版也比较麻烦。
- 在多重表格嵌套的情况下,代码可读性较差,页面的下载速度也会受到影响。

目前,除了规模较小的网站之外,一般不采用表格布局。

(2) 框架布局是指利用框架对页面空间进行有效的划分,每个区域可以显示不同的网页内容,各个区域之间互不影响。使用框架进行布局,可以使网页更整洁、更清晰,网页的下载速度较快。如果框架用得较多,也会影响网页的浏览速度。内容较多、较复杂的网站最好不要采用框架布局。另外,框架和浏览器的兼容性不高,保存比较麻烦,应用的范围有限,一般也只应用于较小规模的网站。

(3) 规模较大、比较复杂的网站大多数采用DIV+CSS方式进行布局。DIV+CSS布局方式具有较为明显的优势,主要表现为以下几点。

- 内容和表现相分离。
- 对搜索引擎的支持更加友好。
- 文件代码更加精简,执行速度更快。
- 易于维护。

2. 网页的栏目划分

网页布局是设计在网页上放什么内容，以及这些内容放在网页的什么位置。网页设计没有定论可言，只要设计得漂亮即可。一个良好的网页，尤其是网站的主页（即网站的第1个页面），都会包含以下几个主要区域：页头、Banner、导航区域、内容、页脚。

（1）页头。页头也称为网页的页眉，主要作用是定义页面的标题。通过网页的标题，用户可以立即知道该网页甚至是该网站的主题。页头通常会放置网站的Logo、Banner等图片或动画。

（2）Banner。Banner是指横幅广告，在很多网站的最上方都会放置一个Banner。不过Banner的位置不一定在页头，也有可能出现在网页的其他区域。Banner不一定放置的都是广告，也常放置一些网站的标题或介绍。也有一些网站没有放置任何Banner。

（3）导航区域。不是每个网站都会有Banner，但几乎所有网站都会有导航区域。导航区域用于链接网站的各个栏目，通过导航区域可以看出一个网站的定位。导航区域通常是以导航条的形式出现的，导航条大致可以分为横向导航条、纵向导航条和菜单导航条三大类，其中横向导航条将栏目横向平铺，纵向导航条将栏目纵向平铺，菜单导航条通常用于栏目比较多的情况下，尤其是栏目下又有子栏目的情况。

（4）内容。按照链接的深度，一个网站可以分为多级：一级页面通常是网站的主页，该页面的内容比较多，如各栏目的介绍、最新动态、最新更新、重要资讯等；二级页面通常是在主页内单击栏目链接后打开的页面，该页面的内容是某一个栏目下的所有内容（往往只显示标题），如单击新浪网首页导航条的"体育"栏目后打开的就是二级页面，在该页面内可以看到所有与体育相关的新闻标题；三级页面通常是在二级页面中单击标题后打开的页面，该页面内通常是一些具体内容，如某个新闻的具体内容。

（5）页脚。页脚通常是指建站系统最下面的一些信息。建站时通常使用页脚来展示网站的版权信息、法律声明信息、网站的备案信息、网页内容导航条、友情链接信息、网站的Logo图片、合作伙伴信息、网站的联系方式及其他的说明等。

4.1.2 元素类型与转换

HTML提供了丰富的标记，用于组织页面结构，使页面结构的组织更加轻松、合理。用于组织页面布局的HTML标记分为两种类型：块标记（块元素）和行内标记（行内元素）。了解这两种标记类型的特性可以为熟练掌握CSS布局设置打下良好的基础。

1. 块元素

块元素在页面中以区域块的形式出现，其特点是，每个块元素通常都会独自占据一整行或多个整行，可以对其设置宽度、高度、对齐等属性，常用于网页布局和网页结构的搭建。常见的块元素有\<h1\>～\<h6\>、\<p\>、\<div\>、\<ul\>、\<ol\>、\<li\>等，其中\<div\>是最典型的块元素。

2. 行内元素

行内元素也称为内联元素或内嵌元素，其特点是不必在新的一行开始，同时也不强迫其他元素在新的一行显示。一个行内元素通常会和其前后的其他行内元素显示在同一行中，不占有独立的区域，仅仅靠自身的字体大小和图像尺寸来支撑结构，一般不可以设置高度、对齐等属性，常用于控制页面中文本的样式。常见的行内元素有\<strong\>、\<b\>、\<em\>、\<i\>、\<del\>、\<s\>、\<ins\>、\<u\>、\<a\>、\<span\>等，其中\<span\>是最典型的行内元素。

下面通过例4-1来进一步认识块元素与行内元素的区别，其在浏览器中的显示结果如图4-1所示。

【例4-1】example4-1.html

```html
<!doctype html>
<html>
  <head>
    <meta charset="utf-8">
    <title>块元素与行内元素的区别</title>
    <style>
      p{
        background-color:pink;
      }
      span{
        background-color:yellow;
      }
      i{
        background-color:#CFF;
      }
      div{
        background-color:#FFC;
      }
    </style>
  </head>
  <body>
    <p>p标记——块元素</p>
    <span>span标记——行内元素</span>
    <i>i标记——行内元素</i>
    <div>div标记——块元素</div>
  </body>
</html>
```

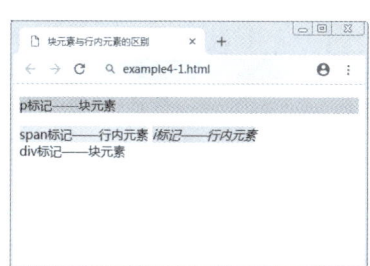

图 4-1　块元素与行内元素

从例4-1在浏览器中的显示结果可以看出，块元素<p>和<div>各占一行，而行内元素<span>和<i>在一行中显示。

3. 块元素和行内元素的转换

网页是由多个块元素和行内元素构成的盒子排列而成的。如果希望行内元素具有块元素的某些特性，如可以设置宽度和高度属性；或者需要块元素具有行内元素的某些特性，如不单独占一行排列，可以使用display属性对元素的类型进行转换。display属性常用的属性值及含义如下。

（1）inline：此元素将显示为行内元素（行内元素默认的display属性值）。

（2）block：此元素将显示为块元素（块元素默认的display属性值）。

（3）inline-block：此元素将显示为行内块元素，可以为其设置宽度、高度和对齐等属性，但是该元素不会独占一行。

（4）none：此元素将被隐藏，不显示，也不占用页面空间，相当于该元素不存在。

下面通过例4-2来说明块元素与行内元素如何通过display属性进行转换，其在浏览器中的显示结果如图4-2所示。

【例4-2】example4-2.html

```html
<!doctype html>
<html>
  <head>
    <meta charset="utf-8">
    <title>块元素与行内元素的转换</title>
    <style>
      p{
        background-color:pink;
      }
      span{
        background-color:yellow;
        display:block;
      }
      i{
        background-color:#CFF;
      }
      div{
        background-color:#FFC;
        display:inline;
      }
    </style>
  </head>
  <body>
    <span>span标记——行内元素转换为块元素</span>
    <div>div标记——块元素被转换为行内元素</div>
    <i>i标记——行内元素</i>
    <p>p标记——块元素</p>
  </body>
</html>
```

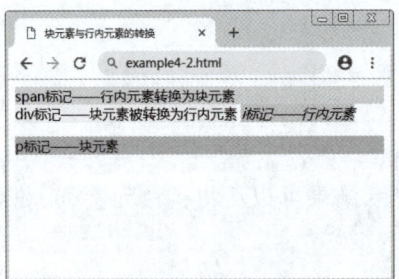

图4-2 元素转换

4.1.3 定位

CSS有3种基本的定位机制：普通文档流、浮动和定位。除非特殊说明，否则所有HTML元素都在普通文档流中定位。普通文档流中元素的位置由元素在HTML中的位置决定。块元素从上到下一个接一个地排列，块元素之间的垂直距离是由元素的垂直外边距计算出来的。

行内框在一行中水平布置。可以使用水平内边距、边框和外边距来调整各框之间的间距。

由一行形成的水平框称为行框,行框的高度总是足以容纳所包含的所有行内框。不过,设置行高可以增加这个框的高度。

定位的含义是允许定义某个元素脱离其原来在普通文档流应该出现的正常位置,而是设置其相对于父元素、某个特定元素或浏览器窗口本身的位置。利用定位属性,可以建立列式布局,将布局的一部分与另一部分重叠,这种方法可以完成原来需要使用多个表格才能完成的任务,这种使用CSS定位的好处是可以根据浏览器窗口的大小进行内容显示的自适应。

通过使用定位属性(position)可以选择4种不同类型的定位,这会影响元素的显示位置。定位属性的取值可以是static(静态定位)、relative(相对定位)、absolute(绝对定位)、fixed(固定定位)。

1. 静态定位

静态定位是元素默认的定位方式,是各个元素在HTML文档流中的默认位置。块元素生成一个矩形框,作为文档流的一部分,行内元素会创建一个或多个行框,置于其父元素中。在静态定位方式中,无法通过位置偏移属性(top、bottom、left或right)来改变元素的位置。

下面通过例4-3来说明静态定位中<p>标记按照其在文档中的位置进行显示,其在浏览器中的显示结果如图4-3所示。

【例4-3】example4-3.html

```html
<!doctype html>
<html>
  <head>
    <meta charset="utf-8">
    <title>静态定位</title>
    <style>
      p{
        text-align:center;          /*设定文本居中对齐*/
        border:5px solid blue;      /*设定边框线为5px,实心线,蓝色*/
        width:100px;                /*设定宽度为100px*/
        margin:15px;                /*设定外边距为15px*/
      }
    </style>
  </head>
  <body>
    <p>第一段文字</p>
    <p>第二段文字</p>
    <p>第三段文字</p>
  </body>
</html>
```

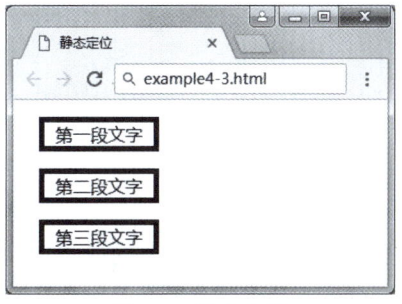

图4-3 静态定位

2. 相对定位

相对定位是普通文档流的一部分，相对于本元素在文档流原来出现位置的左上角进行定位，可以通过位置偏移属性改变元素的位置。虽然其移动到其他位置，但该元素仍占据原来未移动时的位置，该元素移动后会导致其覆盖其他的块元素。

下面通过例4-4来说明相对定位，将第2个<p>标记相对于其原来的位置向下移动10px，向右移动40px，其在浏览器中的显示结果如图4-4所示。

【例4-4】example4-4.html

```
<!doctype html>
<html>
  <head>
    <meta charset="utf-8">
    <title>相对定位</title>
    <style>
      p{
        text-align:center;          /*设定文本居中对齐*/
        border:5px solid blue;      /*设定边框线为5px，实心线，蓝色*/
        width:100px;                /*设定宽度为100px*/
        margin:15px;                /*设定外边距为15px*/
      }
      p.relative{
        position:relative;          /*选定元素为相对定位*/
        top:10px;                   /*移动选定元素离原位置左上角的顶端向下10px*/
        left:40px;                  /*移动选定元素离原位置左上角的左边向右40px*/
        background:black;           /*背景色设为黑色*/
        color:white;                /*前景色设为白色*/
      }
    </style>
  </head>
  <body>
    <p>第一段文字</p>
    <p>class="relative">第二段文字</p>
    <p>第三段文字</p>
  </body>
</html>
```

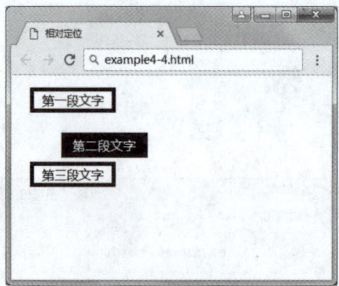

图4-4 相对定位

3. 绝对定位

绝对定位是脱离文档流的，不占据其原来未移动时的位置，其相对于父元素或更高的祖先元素中有相对定位并且离本元素层级关系上最近元素的左上角进行定位。如果在祖先元素中没有设置相对定位，就默认相对于body进行定位。

下面通过例4-5来说明绝对定位的使用方法。将第2个<p>标记相对于其父元素<div>标记的左上角位置向下移动10px，向右移动40px，该例中作为参考点的父元素<div>设置为相对定位，移动的元素<p>设置为绝对定位，移动的位置通过top、bottom、left、right属性进行相应设置。例4-5在浏览器中的显示结果如图4-5所示。

【例4-5】example4-5.html

```html
<!doctype html>
<html>
  <head>
    <meta charset="utf-8">
    <title>绝对定位</title>
    <style>
      #box{
        height:200px;          /*块元素高度为200px*/
        width:300px;           /*块元素宽度为300px*/
        margin:0 auto;         /*块元素自动居中*/
        background:grey;       /*块元素背景色为灰色*/
        position:relative;     /*块元素使用相对定位*/
      }
      #box p{
        text-align:center;            /*设定文本居中对齐*/
        border:5px solid blue;        /*设定边框线为5px、实心线，蓝色*/
        width:100px;                  /*设定宽度为100px*/
        margin:15px;                  /*设定外边距为15px*/
        background:pink;              /*背景色为粉色*/
      }
      #box p.absolute{
        background:yellow;     /*背景色为黄色*/
        position:absolute;     /*使用绝对定位方式*/
        top:10px;              /*距父元素的顶端10px*/
        left:40px;             /*距父元素的左边40px*/
      }
    </style>
  </head>
  <body>
    <div id="box">
        <p>第一段文字</p>
        <p class="absolute">第二段文字</p>
        <p>第三段文字</p>
    </div>
  </body>
</html>
```

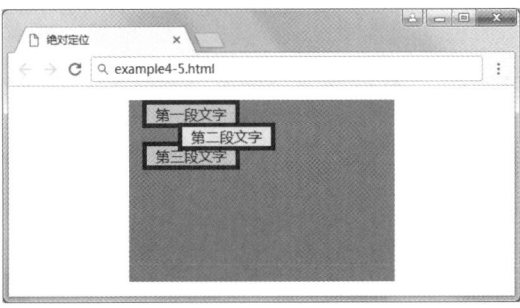

图 4-5　绝对定位

在example4-5.html中，由于父元素使用相对定位且被移动到浏览器的中间，而<p>标记使用绝对定位，其参考点为祖先元素，被设置相对定位最近元素的左上角，即其父元素<div>标记的左上角定为参考点。当把example4-5.html中的父元素<div>中的相对定位样式语句"position:relative;"删除后，其在浏览器中的显示结果如图4-6所示。原因是采用绝对定位的<p>标记没有在其祖先元素中找到相对定位的元素，即没有找到参考点，这时其使用浏览器窗口的左上角为参考点，所以第2个<p>标记出现在图4-6中的位置。

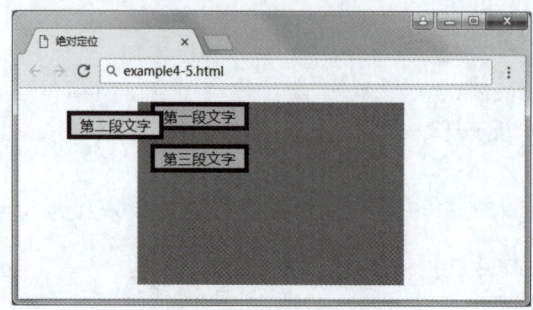

图 4-6　相对浏览器左上角的绝对定位

4. 固定定位

固定定位是绝对定位的一种特殊形式，其以浏览器窗口作为参照物来定义网页元素。当position属性的取值为fixed时，即可将元素的定位模式设置为固定定位。

当对元素设置固定定位后，该元素将脱离普通文档流的控制，始终依据浏览器窗口的左上角来定义自己的显示位置。不管浏览器滚动条如何滚动，也不管浏览器窗口的大小如何变化，该元素都会始终显示在浏览器窗口的固定位置。

5. 定位元素的层叠次序

当多个块元素脱离普通文档流后就形成了多个层。如果没有对这些层进行层叠设置，则一般在HTML源文件靠下面添加的层的位置越靠上，即显示在浏览器的最前面。如果需要改变这种层叠次序，就需要使用Z-index属性。

Z-index属性设置一个定位元素沿z轴的位置，z轴定义为垂直延伸到显示区的轴。如果为正数，则表示离用户更近；如果为负数，则表示离用户更远。即拥有Z-index属性值大的元素放置顺序总是会处于较低Z-index属性值的前面。

需要注意的是，元素可拥有负的Z-index属性值，而且Z-index仅能在绝对定位元素（如position:absolute;）上起作用。

下面通过例4-6来说明层叠次序定位的使用方法。定位3个<div>块元素，如果没有进行任何层叠次序设置，则按照在HTML中出现的先后顺序来显示其块元素，其在浏览器中的显示结果如图4-7所示。

【例4-6】example4-6.htm

```
<!doctype html>
<html>
  <head>
    <meta charset="utf-8">
    <title>层次定位</title>
    <style>
      div{
```

扫一扫，看视频

```
            height:100px;           /*高度为100px*/
            width:100px;            /*宽度为100px*/
            position:absolute;      /*使用绝对定位,z-index才起作用*/
            top:0px;                /*距顶端0px*/
            left:0px;               /*距左边界0px*/
            background:yellow;      /*背景色为黄色*/
         }
         #two {
            top:0px;                /*距顶端0px*/
            left:0px;               /*距左边界0px*/
            background:grey;        /*背景色为灰色*/
         }
         #three{
            top:0px;                /*距顶端0px*/
            left:0px;               /*距左边界0px*/
            background:pink;        /*背景色为粉色*/
         }
      </style>
   </head>
   <body>
      <div id="one">1</div>
      <div id="two">2</div>
      <div id="three">3</div>
   </body>
</html>
```

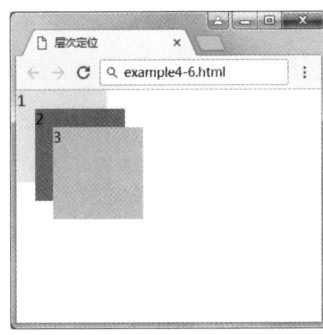

图 4-7 没有设置层叠次序

在例4-6中,如果想改变3个<div>块元素的层叠次序,可以通过以下样式设置替换example4-6.htm中<style>样式的设计内容,其在浏览器中的显示结果如图4-8所示。

```
<style>
   div{
      height:100px;           /*高度为100px*/
      width:100px;            /*宽度为100px*/
      position:absolute;      /*使用绝对定位,z-index才起作用*/
      top:0px;                /*距顶端0px*/
      left:0px;               /*距左边界0px*/
      background:yellow;      /*背景色为黄色*/
      Z-index:2;              /*层叠次序号为2*/
   }
   #two {
      top:0px;                /*距顶端0px*/
      left:0px;               /*距左边界0px*/
      background:grey;        /*背景色为灰色*/
      Z-index:1;              /*层叠次序号为1*/
```

```
    }
    #three{
       top:0px;              /*距顶端0px*/
       left:0px;             /*距左边界0px*/
       background:pink;      /*背景色为粉色*/
       Z-index:0;            /*层叠次序号为0*/
    }
</style>
```

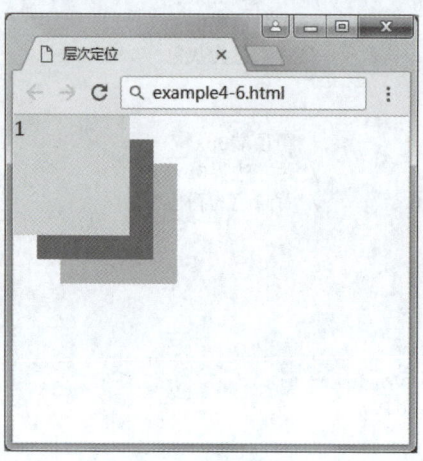

图 4-8　设置层叠次序

4.1.4　浮动

1. 概述

　　浮动的框可以向左或向右移动，直到其外边缘碰到包含框或另一个浮动框的边框为止。由于浮动框不在普通文档流中，所以普通文档流中的块元素表现得就像浮动框不存在一样。例如，把图4-9中不浮动的框1向右浮动时，该框脱离文档流并且向右移动，直到该框的右边缘碰到包含框的右边缘，如图4-10所示。

　　在图4-9中，如果让框1向左浮动，则框1会脱离文档流并且向左移动，直到其左边缘碰到包含框的左边缘。因为框1不再处于文档流中，所以不占据空间，实际上覆盖住了框2，导致框2从视图中消失，如图4-11所示。

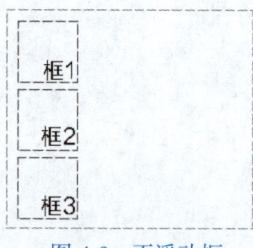
图 4-9　不浮动框

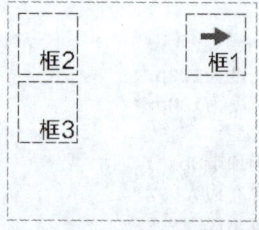
图 4-10　框 1 右浮动

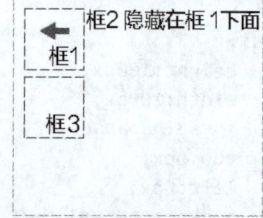
图 4-11　仅框 1 左浮动

　　如果把3个框都向左浮动，那么框1向左浮动直到碰到包含框，另外两个框向左浮动直到碰到前一个浮动框，如图4-12所示。

　　如果包含框太窄，无法容纳水平排列的3个浮动框，那么其他浮动框向下移动，直到有足够的空间，如图4-13所示；如果浮动元素的高度不同，那么当向下浮动时可能被其他浮动元素

"卡住"，如图 4-14 所示。

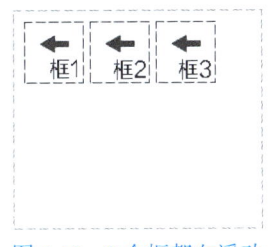
图 4-12　3 个框都左浮动

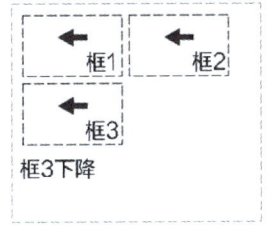
图 4-13　父框宽度不够

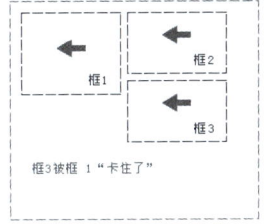
图 4-14　框向下浮动

2. 浮动属性

（1）float 属性。在 CSS 中，通过 float 属性可以实现元素的浮动，而且可以定义其浮动方向。在 CSS 中，任何元素都可以浮动，并且浮动元素会生成一个块级框，而不论其本身是何种元素。float 属性的属性值及说明见表 4-1。

表 4-1　float 属性的属性值及说明

属性值	说　　明
left	元素向左浮动
right	元素向右浮动
none	默认值。元素不浮动，并且会显示在其文本中出现的位置
inherit	规定应该从父元素继承 float 属性的值

（2）clear 属性。clear 属性规定元素的哪一侧不允许出现浮动元素。在 CSS 中是通过自动为清除元素（即设置了 clear 属性的元素）增加上外边距实现的。例如，图像的左侧和右侧均不允许出现浮动元素，其设置代码如下：

```
img
{
  float:left;         /*左浮动*/
  clear:both;         /*左右两侧都不允许出现浮动元素*/
}
```

例 4-7 中的代码说明 CSS 浮动在网页中的综合使用方法，完成的是一个主页的设计，其在浏览器中的显示结果如图 4-15 所示。

【例 4-7】example4-7.htm

```
<!doctype html>
<html>
  <head>
    <meta charset="utf-8">
    <title>浮动</title>
    <style>
      *{                     /*选中所有元素*/
        margin:0px;          /*外边距为0px*/
        padding:0px;         /*内边距为0px*/
      }
      html,body{             /*选中html、body元素*/
        width:100%;          /*宽度为100%*/
        height:100%;         /*高度为100%*/
        background:#FFC;     /*背景色为#FFC*/
```

```html
            div.container{                    /*选中整个主页盒子*/
                width:80%;                    /*宽度为80%*/
                height:100%;                  /*高度为100%*/
                background:#CF3;              /*背景色为#CF3*/
                margin:0 auto;                /*盒子居中*/
            }
            div.header,div.footer{            /*选中主页的页眉和页脚*/
                color:white;
                background-color:gray;        /*背景颜色#CF3*/
                clear:left;                   /*清除左浮动*/
                text-align:center;            /*文字居中对齐*/
                height:80px;                  /*高度为80px*/
                line-height:80px;             /*行高与height属性值相同,目的使文字垂直方向居中*/
            }
            div.middle{
                background-color:pink;        /*背景颜色为粉色*/
                height:502px;                 /*高度为502px*/
            }
            div.left,div.content,div.right{   /*选中主页内容中间的3个块元素*/
                float:left;                   /*左浮动,使3个块元素横向排列*/
                background:yellow;            /*背景色为黄色*/
                height:100%;                  /*高度为100%*/
                width:70%;                    /*宽度为70%*/
            }
            div.left,div.right{               /*选中主页内容左右的两个块元素*/
                background-color:#99F;        /*背景颜色#99F*/
                width:15%;                    /*宽度为15%*/
            }
        </style>
    </head>
    <body>
        <div class="container">
            <div class="header">
                <h1 class="header">数学与计算机学院</h1>
            </div>
            <div class="middle">
                <div class="left">
                    <p> Web程序设计基础——HTML、CSS、Javascript</p>
                </div>
                <div class="content">
                    <h2>CSS 样式表的作用</h2>
                    <p>http://www.whpu.edu.cn/div_css</p>
                    <p>希望认真学习CSS样式表,制作精彩的网页! </p>
                </div>
                <div class="right">
                    <p> Web程序设计课程实验显示</p>
                </div>
            </div>
            <div class="footer">
                版权: 2019 艺丹小组
            </div>
        </div>
    </body>
</html>
```

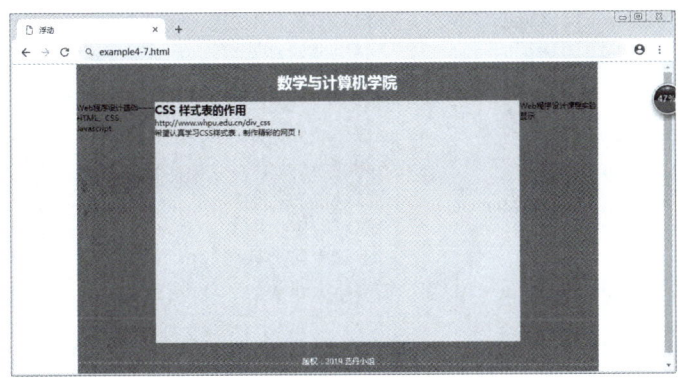

图 4-15 浮动

4.1.5 溢出与剪切

在盒子模型中代表块元素的矩形对象，可以通过CSS样式来定义内容区域的高度与宽度。当内容区域无法容纳子矩形对象时，必须决定这些子矩形对象怎么显示及显示什么，这样的处理规则称为溢出处理。浏览器在进行显示运算时，会依照溢出处理来计算内容区域无法容纳的子矩形对象在浏览器上的显示方式。

（1）visible：当开发人员将矩形对象的overflow属性设置为visible时，如果内容区域的大小能够容纳子矩形对象，浏览器会正常显示子矩形对象；如果内容区域无法容纳子矩形区域，则浏览器会在内容区域之外显示完整的子矩形对象。

（2）hidden：当开发人员将矩形对象的overflow属性设置为hidden时，如果内容区域的大小能够容纳子矩形对象，浏览器会正常显示子矩形对象；如果内容区域无法容纳子矩形区域，则浏览器会显示内容区域之内的子矩形对象，超出内容区域的则不显示。

（3）scroll：当开发人员将矩形对象的overflow属性设置为scroll时，如果内容区域的大小能够容纳子矩形对象，浏览器会正常显示子矩形对象，并且显示预设滚动条；如果内容区域无法容纳子矩形区域，则浏览器会在内容区域之内显示完整的子矩形对象，同时显示滚动条并启用滚动条功能，让用户能够通过滚动条浏览完整的子矩形对象。

（4）auto：当开发人员将矩形对象的overflow属性设置为auto时，如果内容区域的大小能够容纳子矩形对象，浏览器会正常显示子矩形对象；如果内容区域无法容纳子矩形区域，则浏览器会在内容区域之内显示完整的子矩形对象，同时显示滚动条并启用滚动条功能，让用户能够通过滚动条浏览完整的子矩形对象。

例4-8说明CSS溢出在网页中的使用方法，其在浏览器中的显示结果如图4-16所示。

【例4-8】example4-8.html

```
<!doctype html>
<html>
  <head>
    <meta charset="utf-8"
    <title>溢出</title>
    <style>
      .mainBox {
        width:100px;          /*宽度为100px*/
        height:100px;         /*高度为100px*/
        background:pink;      /*背景色为粉色*/
```

扫一扫，看视频

```
                position:relative;          /*相对定位，即主盒子设为移动参考点*/
                overflow:visible;           /*溢出部分可见*/
            }
            .subBox{
                width:200px;                /*宽度为200px*/
                height:50px;                /*高度为50px*/
                background:yellow;          /*背景色为黄色*/
                position:absolute;          /*绝对定位，即子盒子为移动元素*/
                top:20px;                   /*子盒子向下移动20px*/
                left:20px;                  /*子盒子向左移动20px*/
            }
        </style>
    </head>
    <body>
        <div class="mainBox">
            <div class="subBox"></div>
        </div>
    </body>
</html>
```

在程序代码example4-8.html中，如果将主盒子的"overflow:visible;"改成"overflow:hidden;"，表示主盒子的溢出部分不可见并被裁剪，如图4-17所示。

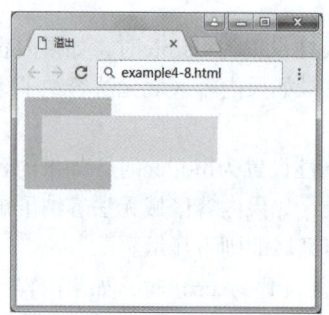

图 4-16　溢出可见

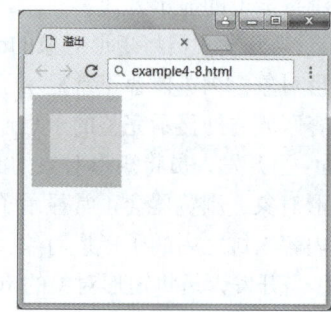

图 4-17　溢出不可见

这里需要特别强调的是，子盒子使用了绝对定位，表示脱离了普通文档流，如果不对主盒子使用相对定位，则通过"overflow:hidden;"将无法裁剪子盒子的溢出部分。

4.1.6　对象的显示与隐藏

对于块状对象而言，除了可以设置溢出与剪切之外，还可以对整个块设置显示或隐藏。显示与隐藏跟溢出与剪切不同，溢出与剪切影响的只是对象的局部（当然也可以将局部扩大到全部），而显示与隐藏影响的是整个对象。

在CSS中，display属性设置一个元素如何显示，visibility属性指定一个元素可见还是隐藏。隐藏一个元素可以通过把display属性设置为none或者把visibility属性设置为hidden来实现。这两种方法会产生不同的结果。

1. visibility属性

在CSS中可以使用visibility属性设置对象是否可见，该属性的语法格式如下：

```
visibility: visible | hidden;
```

以上代码中的属性值代表的含义如下。

- visible：对象可见。
- hidden：对象不可见。

visibility:hidden可以隐藏某个元素，但隐藏的元素仍需占用与未隐藏之前一样的空间。也就是说，该元素虽然被隐藏了，但仍然会影响布局。

例4-9中通过visibility属性设置横向菜单中的某一个对象隐藏，重点理解visibility属性隐藏对象的特性，即对象虽然隐藏，但是对象占据的位置并没有让出，其在浏览器中的显示结果如图4-18所示。

【例4-9】example4-9.html

```
<!doctype html>
<html>
  <head>
    <meta charset="utf-8">
    <title>对象的隐藏</title>
    <style>
      .c1 ul{
        list-style: none;                //列表样式为无
      }
      .c1 li{
        border:1px black solid;
        background-color:yellow;         //背景色为黄色
        font-size:24px;                  //文字大小为24px
        width:100px;                     //宽度为100px
        height:40px;                     //高度为40px
        line-height:40px;                //行高为40px，目的是文字垂直居中
        text-align: center;              //文字水平居中
        float:left;                      //左浮动，目的是菜单水平排列
      }
      .c1 ul li.setHidden{
        visibility:hidden;               //设置隐藏效果，但仍然占据所占位置
      }
    </style>
  </head>
  <body>
    <div class="c1">
      <ul>
        <li><a href="#">首页</a></li>
        <li class="setHiddin"><a href="#">新闻</a></li>
        <li><a href="#">娱乐</a></li>
        <li><a href="#">科技</a></li>
        <li><a href="#">财经</a></li>
      </ul>
    </div>
  </body>
</html>
```

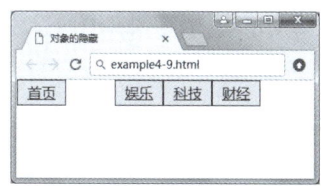

图 4-18　通过 visibility 属性设置元素隐藏

2. display属性

display:none同样可以隐藏某个元素，并且隐藏的元素不会占用任何空间。也就是说，该元素不但被隐藏了，而且该元素原本占用的空间也会从页面布局中消失。

把例4-9中的隐藏方式改成display:none，其在浏览器中的显示结果如图4-19所示。

```
.c1 ul li.setHidden{
  display:none;        //设置隐藏效果，但所占位置已释放
}
```

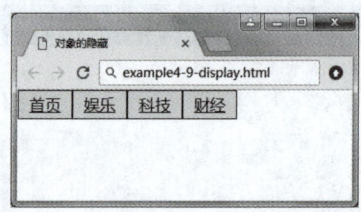

图 4-19 通过 display 属性设置元素隐藏

4.2 盒子模型

4.2.1 盒子模型概述

HTML文档中的每个元素都被描绘成矩形盒子，这些矩形盒子通过一个模型来描述其占用的空间，这个模型称为盒子模型。盒子模型用4个边界描述：margin（外边距）、border（边框）、padding（内边距）和content（内容区域），如图4-20所示。

盒子模型中最内部的部分是实际显示元素的内容，内容所占高度由height属性决定，内容所占宽度由width属性决定。直接包围内容的是内边距，内边距是指显示的内容与边框之间的间隔距离，并且会显示内容的背景色或背景图片；包围内边距的是边框；边框以外是外边距，外边距是指该盒子与其他盒子之间的间隔距离。如果设定背景色或背景图片，则会应用于由内容和内边距组成的区域。对于浏览器来说，网页其实是由多个盒子嵌套排列的结果。

浏览器默认会为某些HTML元素的外边距和内边距设置一定的初值，用户在进行网页内容布局时如果造成不可预计的错误，可以选中某个元素并设置其margin和padding的值为0来改变其样式，也可以使用通用选择器对所有元素进行设置，其代码如下：

```
* {                /*通用选择器，选中网页中的所有元素*/
  margin: 0;       /*外边距清0*/
  padding: 0;      /*内边距清0*/
}
```

在CSS中，增加内边距、边框和外边距不会影响内容区域的尺寸大小，但是会增加元素框的总尺寸。假设框的每个边上有10px的外边距和5px的内边距。如果希望这个元素框达到100px，就需要将内容的宽度设置为70px，框模型如图4-21所示，CSS样式的定义方法如下：

```
#box {
  width: 70px;       //内容的宽度为70px
  margin: 10px;      //外边距为10px
  padding: 5px;      //内边距为5px
}
```

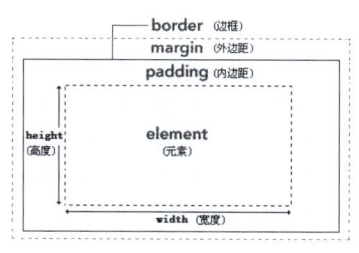

图 4-20　CSS 框模型

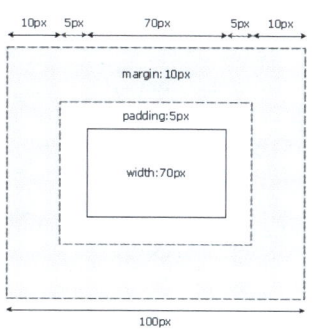

图 4-21　CSS 框模型实例

4.2.2　外边距

元素的外边距是指盒子模型的边框与其他盒子之间的距离，使用margin属性定义。margin的默认值为0。外边距没有继承性，即为父元素设置的margin值并不会自动传递到子元素中。margin属性是在一个声明中设置所有的外边距属性，该属性可以有1~4个值，表示的含义如下：

（1）margin: 10px;表示4个方向的外边距都是10px。

（2）margin: 10px 5px;表示上下外边距是10px，左右外边距是5px。

（3）margin: 10px 5px 15px;表示上外边距是10px，左右外边距是5px，下外边距是15px。

（4）margin: 10px 5px 15px 20px;表示上外边距是10px，右外边距是5px，下外边距是15px，右外边距是20px。

设置4个外边距的顺序从上开始，然后按照上、右、下、左的顺时针方向设置，也可以使用margin-top、margin-right、margin-bottom和margin-left 4个属性对上外边距、右外边距、下外边距和左外边距分别进行设置。

margin外边距合并有以下原则。

（1）块元素的垂直相邻外边距会合并，并且其垂直相邻外边距合并之后的值为上元素的下外边距和下元素的上外边距的较大值。

（2）行内元素实际上不占上下外边距，行内元素的左右外边距不会合并。

（3）浮动元素的外边距不会合并。

例4-10制作了一个左右固定、中间自适应的网页布局，即中间的区域会根据浏览器宽度的变化而变化。这种布局称为双飞翼，这种布局的好处如下：主要内容先加载优化；在浏览器上的兼容性非常好；其他的布局方式可以通过调整相关CSS属性实现。例4-10在浏览器中的显示结果如图4-22和图4-23所示。

【例4-10】example4-10.html

```
<!doctype html>
<html>
  <head>
    <meta charset="utf-8">
    <title>双飞翼布局</title>
    <style>
      * {                        //选中所有元素
        margin: 0;                //外边距清0
        padding: 0;               //内边距清0
      }
```

扫一扫，看视频

```
        div {                          //选中所有DIV元素
          color: #fff;                 //前景色为#fff
          height: 200px;               //高度为200px
        }
        .center {                      //center类
          float: left;                 //左浮动
          width: 100%;                 //宽度为100%
        }
        .center .content {    //center类中的content类
                              //外边距上为0，右为210px（让出显示右边内容占200px的距离）
                              //下为0，左为110px（让出显示左边内容占100px的距离）
          margin: 0 210px 0 110px;
          background: orange;          //背景色为orange
        }
        .left {                        //类left
          float: left;                 //左浮动
          width: 100px;                //宽度为100px
          margin-left: -100%;          //左外边距为-100%
          background: green;           //背景色为green
        }
        .right {                       //类right
          float: left;                 //左浮动
          margin-left: -200px;         //左外边距为-200px
          width: 200px;                //宽度为200px
          background: green;           //背景色为green
        }
    </style>
  </head>
  <body>
    <div class="center">
      <div class="content">center</div>
    </div>
    <div class="left">left</div>
    <div class="right">right</div>
  </body>
</html>
```

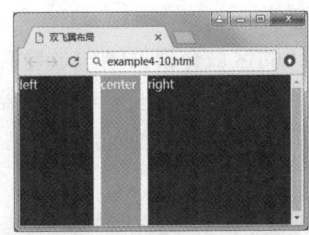
图 4-22 双飞翼布局

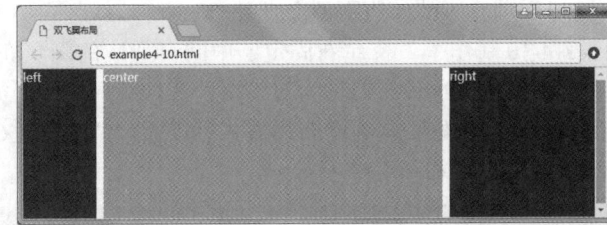
图 4-23 改变窗口大小后的双飞翼布局

例4-11是margin的另外一种应用，制作一个div块元素，让其在浏览器的正中间显示，首先让其左上角定位到浏览器窗口的正中间，然后把移动元素的中心点放在浏览器的正中间，其在浏览器中的显示结果如图4-24所示。

【例4-11】example4-11.html

```
<!doctype html>
<html>
  <head>
```

```
        <meta charset="utf-8">
        <title>水平垂直居中</title>
        <style>
          div {
            width: 100px;            //宽度为100px
            height: 100px;           //高度为100px
            position: absolute;      //绝对定位
            left: 50%;               //距浏览器左边框50%
            top: 50%;                //距浏览器顶端50%
            margin-left: -50px;      //盒子向左移50px
            margin-top: -50px;       //盒子向上移50px
            background: orange;      //背景色为橘色
          }
        </style>
    </head>
    <body>
        <div></div>
    </body>
</html>
```

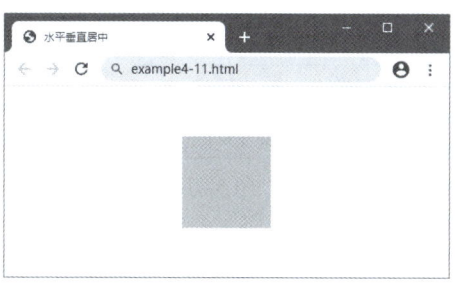

图 4-24　div 块水平垂直居中

4.2.3　CSS 边框

元素的边框是围绕元素内容和内边距的一条或多条线。CSS中使用border属性设置元素边框的样式、宽度和颜色。

CSS规范指出，边框线绘制在"元素的背景之上"。这样当有些边框是"间断的"（如点线边框或虚线框），元素的背景就出现在边框的可见部分之间。每个边框有3个方面的主要属性：宽度、样式、颜色，其简化定义方式如下：

border:宽度　样式　颜色;

在CSS边框的定义中，还可以分别定义边框的4条边的样式、宽度和颜色。CSS边框的属性及说明见表4-2。

表 4-2　CSS 边框的属性及说明

属　　性	说　　明
border	把针对4条边的属性设置在一个声明中
border-style	设置元素所有边框的样式，或者单独为各边设置边框样式
border-width	为元素的所有边框设置宽度，或者单独为各边框设置宽度
border-color	设置元素的所有边框中可见部分的颜色，或为4条边分别设置颜色
border-bottom	把下边框的所有属性设置到一个声明中
border-bottom-color	设置元素的下边框的颜色

续表

属　性	说　明
border-bottom-style	设置元素的下边框的样式
border-bottom-width	设置元素的下边框的宽度
border-left	简写属性，用于把左边框的所有属性设置到一个声明中
border-left-color	设置元素的左边框的颜色
border-left-style	设置元素的左边框的样式
border-left-width	设置元素的左边框的宽度
border-right	简写属性，用于把右边框的所有属性设置到一个声明中
border-right-color	设置元素的右边框的颜色
border-right-style	设置元素的右边框的样式
border-right-width	设置元素的右边框的宽度
border-top	简写属性，用于把上边框的所有属性设置到一个声明中
border-top-color	设置元素的上边框的颜色
border-top-style	设置元素的上边框的样式
border-top-width	设置元素的上边框的宽度

在CSS中使用border-style属性可以定义10种不同的边框样式，见表4-3。例如，可以把一张图片的边框定义为outset样式，代码如下：

```
a:link img {
    border-style: outset;
}
```

表4-3　边框样式

属性值	说　明
none	定义无边框
hidden	与none相同。但应用于表时除外，对于表，hidden用于解决边框冲突
dotted	定义点状边框。在大多数浏览器中呈现为实线
dashed	定义虚线。在大多数浏览器中呈现为实线
solid	定义实线
double	定义双线。双线的宽度等于border-width的值
groove	定义3D凹槽边框。其效果取决于border-color的值
ridge	定义3D垄状边框。其效果取决于border-color的值
inset	定义3D inset边框。其效果取决于border-color的值
outset	定义3D outset边框。其效果取决于border-color的值

边框的宽度可以通过border-width属性指定。为边框指定宽度有两种方法：指定长度值，如2px；或者使用3个关键字，分别是thin、medium（默认值）和thick。以下代码用于设置边框的宽度：

```
p {
```

```
    border-style: solid;
    border-width: 5px;
}
```

在CSS中使用border-color属性来设定边框的颜色,并且一次最多可以接收4个颜色值。该属性可以使用任何类型的颜色值,包括命名颜色(如red)、十六进制值(如#ff0000)和RGB值(如rgb(25%,35%,45%))。以下代码用于设定颜色值的样式定义:

```
p {
    border-style: solid;
    border-color: blue rgb(25%,35%,45%) #909090 red;
}
```

例4-12说明CSS边框属性在网页中的使用方法,其在浏览器中的显示结果如图4-25所示。

【例4-12】example4-12.html

```
<!doctype html>
<html>
  <head>
    <meta charset="utf-8">
    <title>边框样式</title>
    <style>
      p{
        border: medium double rgb(250,0,255)
      }
      p.soliddouble {
        border-width:10px;
        border-style: solid double;
        border-top-color:green;
      }
    </style>
  </head>
  <body>
    <p>文档中的一些文字</p>
    <p class="soliddouble">文档中的一些文字</p>
  </body>
</html>
```

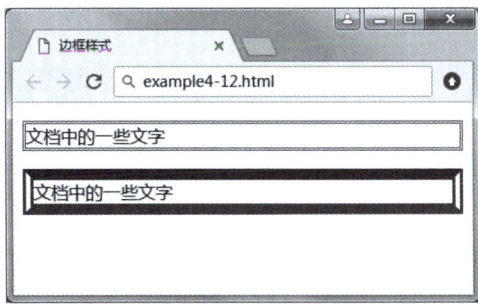

图 4-25　CSS 边框

由图4-25可以看出,上、下、左、右边框交界处会呈现平滑的斜线。利用这个特点,通过设置不同的上、下、左、右边框的宽度或颜色,可以得到三角形、梯形、圆形等。例4-13利用边框线的样式制作正方形、矩形、梯形、平行四边形、三角形和空心圆图形,注意CSS样式定义的方法,其在浏览器中的显示结果如图4-26所示。

【例4-13】example4-13.html

```html
<!doctype html>
<html>
  <head>
    <meta charset="utf-8">
    <title>边框样式</title>
    <style>
      #box{                                       //选中#box的div块元素
        width:600px;                              //宽度为600px，目的是一行显示3个图形
      }
      #box div{                                   //选中#box中的div块元素
        float:left;                               //左浮动，目的是让div块元素横向排列
        margin:10px;                              //div块元素之间拉开10px间隔
        background: #669;                         //背景色为#669

      }
      /*正方形*/
      .square {
        width:100px;                              //宽度为100px
        height:100px;                             //高度为100px
      }
      /*矩形*/
      .rectangle {
        width:200px;                              //宽度为200px
        height:100px;                             //高度为100px
      }
      /*梯形*/
      .trapezoid {
        border-bottom: 100px solid #669;          //下边框粗100px，实心线，颜色为#669
        border-left: 50px solid transparent;      //左边框粗50px，实心线，透明色
        border-right: 50px solid transparent;     //右边框粗50px，实心线，透明色
        height: 0;                                //高度为0px
        width: 100px;                             //宽度为100px
      }
      /*平行四边形*/
      .parallelogram {
        width:150px;                              //宽度为150px
        height:100px;                             //高度为100px
        transform: skew(-20deg);                  //倾斜-20度
        margin-left:20px;                         //左外边距为20px
      }
      /*三角形*/
      .triangle-up {
        width:0px;                                //宽度为0px
        height:0px;                               //高度为0px
        border-left: 50px solid transparent;      //左外框线粗50px，实心线，透明
        border-right: 50px solid transparent;     //左外框线粗50px，实心线，透明
        border-bottom: 100px solid #669;          //底外框线粗100px，实心线，颜色为#669
      }
      /*空心圆*/
      .circle-circle {
        width:100px;                              //宽度为100px
        height:100px;                             //高度为100px
        border:20px solid #669;                   //边框线粗20px，实心线，颜色为#669
        background: #fff;                         //背景色为#fff
```

```
            border-radius: 100px;          //边框圆角半径为100px
        }
    </style>
  </head>
  <body>
    <div id="box">
      <div class="Square"></div>
      <div class="rectangle"></div>
      <div class="trapezoid"></div>
      <div class="parallelogram"></div>
      <div class="triangle-up"></div>
      <div class="circle-circle"></div>
    </div>
  </body>
</html>
```

图 4-26　特殊边框样式

4.2.4　内边距

内边距是指盒子模型的边框与显示内容之间的距离，使用padding属性定义。例如，设置h1元素的各边都有10px的内边距，其代码如下：

```
h1 {padding: 10px;}
```

以上代码用于如果需要设置各内边距不同，可以按照上、右、下、左的顺序分别设置各边的内边距，各边均可以使用不同的单位或百分比值。例如：

```
h1 {padding: 5px 6px 7px 8px;}
```

以上代码中的4个值代表的含义是上内边距为5px、右内边距为6px、下内边距为7px、左内边距为8px。另外，可以通过padding-top、padding-right、padding-bottom和padding-left 4个单独的属性分别设置上、右、下、左内边距，即上面的代码可以使用下面的方式进行定义：

```
h1 {
    padding-top: 10px;
    padding-right: 10px;
    padding-bottom: 10px;
    padding-left: 10px;
}
```

例4-14说明CSS内边距属性在网页中的使用方法，其在浏览器中的显示结果如图4-27所示。

【例4-14】example4-14.html

```html
<!doctype html>
<html>
  <head>
    <meta charset="utf-8">
    <title>CSS内边距</title>
    <style>
      td.test1 {
        padding:20px;                //显示内容与边框4个边的距离都是20px
      }
      td.test2 {
        padding:50px,40px;           //显示内容距离上下边框50px,距离左右边框40px
      }
    </style>
  </head>
  <body>
    <table border="1">
      <tr>
        <td class="test1">
          这个表格单元的每个边拥有相等的内边距。
        </td>
      </tr>
    </table>
    <br/>
    <table border="1">
      <tr>
        <td class="test2">
          这个表格单元的上和下内边距是 50px，左和右内边距是40px。
        </td>
      </tr>
    </table>
  </body>
</html>
```

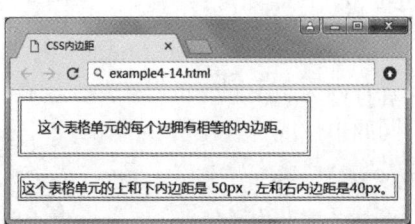

图 4-27　CSS 内边距

4.3　DIV+CSS网页布局技巧

使用CSS布局，虽然比使用表格布局简洁、方便，但是DIV与表格有很大的区别，尤其是对从表格布局转向CSS布局的开发者来说，CSS布局没有表格布局容易控制。使用表格布局时，只要将表格划分好就可以在单元格里填入内容；而使用CSS布局时，很多开发者觉得DIV层不知道要如何控制，总是无法将其摆放到想要放置的位置上。本节总结一些在网站上常用的网页布局方式，并介绍如何在CSS中处理这样的布局方式。

4.3.1 两栏布局

两栏布局是将网页分为左侧和右侧两列,这种布局方式在网络中用得比较多。两栏布局的实现方法如下:

(1)创建两个层,再设置两个层的宽度。

(2)设置两栏并列显示。

例4-15说明如何设置两栏布局的网页结构,其在浏览器中的显示结果如图4-28所示。

【例4-15】example4-15.html

```
<!doctype html>
<html>
  <head>
    <meta charset="utf-8">
    <title>CSS两栏布局</title>
  </head>
  <style>
    * {                                /*选中所有元素*/
      margin: 0;                       /*外边距置为0*/
      padding: 0;                      /*内边距置为0*/
    }
    .container{                        /*选中类container*/
      width: 410px;                    /*宽度为410px*/
      height: 200px;                   /*高度为200px*/
    }
    .left{                             /*选中left类*/
      background-color: yellow;        /*背景色为黄色*/
      float: left;                     /*左浮动*/
      height: 100%;                    /*高度为父元素的大小,即100%*/
      width:100px;                     /*宽度为100px*/
    }
    .right{                            /*选中right类*/
      background-color: red;           /*背景色为红色*/
      margin-left: 10px;               /*左外边距为10px*/
      float: left;                     /*左浮动*/
      height:100%;                     /*高度为父元素的大小,即100%*/
      width:300px;                     /*宽度为300px*/
    }
    .container::after{                 /*类container的after伪属性*/
      content: '';                     /*内容为空*/
      display: block;                  /*display属性设置为块属性*/
      visibility: hidden;              /*可见性为隐藏*/
      clear: both                      /*清除块两端的浮动*/
    }
  </style>
  <body>
    <div class=container>
      <div class=left>左分栏</div>
      <div class=right>右分栏</div>
    </div>
  </body>
</html>
```

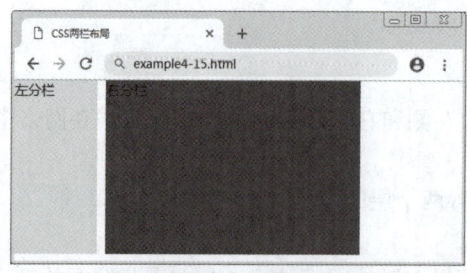

图 4-28 两栏布局

例 4-15 中为右分栏设置左边距为 10px，因此两列之间有间距，运行后从图 4-28 中可以看出。也可以为左分栏设置右边距来达到同样的效果，这些方面读者可以灵活运用。

4.3.2 多栏布局

将一个元素中的内容分为两栏或多栏显示，并且确保各栏中内容的底部对齐，称为多栏布局。多栏布局先把网页通过 div 块划分成多个区域，再在这些区域内添加相关内容，以达到网页制作的要求。

例 4-16 中首先把网页分成三行，分别是头部、内容和页脚；再把内容部分分成左、中、右三列；最后把内容部分的中间一列分成两行，通过该例让读者理解如何对网页进行多栏划分，其在浏览器中的显示结果如图 4-29 所示。

【例 4-16】 example4-16.html

```
<!doctype html>
<html>
  <head>
    <meta charset="UTF-8" />
    <title>多栏布局</title>
    <style type="text/css">
      /*将多个div块的共性单独抽出来然后列举，减少代码量*/
      .header,.footer{
        width:500px;
        height:100px;
        background:pink;
      }
      .main{
        width:500px;
        height:300px;
      }
      .left,.right{
        width:100px;
        height:300px;
      }
      .content-top,.content-bot{
        width:300px;
        height:150px;
      }
      /*开始修饰*/
      .left{
        background:#C9E143;
        float:left;
      }
```

```
            .content-top{
              background:#FF0000;
            }
            .content-bot{
              background:#FFA500;
            }
            .content{
              float:left;
            }
            .right{
              background:black;
              float:right;
            }
        </style>
    </head>
    <body>
        <div class="header"></div>
        <div class="main">
          <div class="left"></div>
          <div class="content">
            <div class="content-top"></div>
            <div class="content-bot"></div>
          </div>
          <div class="right"></div>
        </div>
        <div class="footer"></div>
    </body>
</html>
```

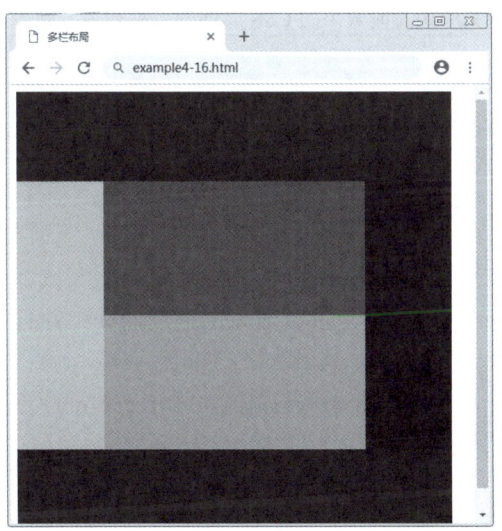

图 4-29　多栏布局

4.4　CSS高级应用

在传统的Web设计中，当网页中需要显示动画或特效时，需要使用JavaScript脚本或Flash动画来实现。CSS3提供了对动画的强大支持，可以实现旋转、缩放、移动和过渡等效果。

4.4.1 过渡

CSS3提供了强大的过渡属性，可以在不使用JavaScript或Flash动画脚本的情况下，当元素从一种样式转变为另一种样式时为其添加效果，如渐显、渐弱、动画快慢等。在CSS3中，过渡通过以下属性实现。

- transition-property属性：规定设置过渡效果的CSS属性的名称。
- transition-duration属性：规定完成过渡效果需要多少秒或毫秒。
- transition-timing-function属性：规定过渡效果的速度曲线。
- transition-delay属性：规定过渡效果何时开始。

1. transition-property属性

transition-property属性规定应用过渡效果的CSS属性的名称（当指定的CSS属性改变时，过渡效果将开始）。需要说明的是，过渡效果通常在用户将鼠标指针浮动到元素上时发生。其语法格式如下：

```
transition-property: none|all|property;
```

在上面的语法格式中，transition-property属性的取值包括none、all和property，具体说明见表4-4。

表4-4 transition-property 属性值及说明

属性值	说 明
none	没有属性会获得过渡效果
all	所有属性都将获得过渡效果
property	定义应用过渡效果的 CSS 属性的名称列表，列表以逗号分隔

2. transition-duration属性

transition-duration属性规定完成过渡效果所花的时间（以秒或毫秒计），默认值为0，表示没有过滤效果。其语法格式如下：

```
transition-duration: time;
```

3. transition-timing-function属性

transition-timing-function属性规定过渡效果的速度曲线，并且允许过渡效果随着时间来改变其速度，该属性的默认值是ease。其语法格式如下：

```
transition-timing-function:linear|ease|ease-in|ease-out
    |ease-in-out|cubic-bezier(n,n,n,n);
```

从上面的语法格式可以看出，transition-timing-function属性的取值很多，常见属性值及说明见表4-5。

表4-5 transition-timing-function 属性值及说明

属性值	说 明
linear	规定以相同速度开始至结束的过渡效果（等于 cubic-bezier(0,0,1,1)）
ease	规定慢速开始，然后变快，然后慢速结束的过渡效果（等于 cubic-bezier(0.25,0.1,0.25,1)）
ease-in	规定以慢速开始的过渡效果（等于 cubic-bezier(0.42,0,1,1)）
ease-out	规定以慢速结束的过渡效果（等于 cubic-bezier(0,0,0.58,1)）
ease-in-out	规定以慢速开始和结束的过渡效果（等于 cubic-bezier(0.42,0,0.58,1)）
cubic-bezier(n,n,n,n)	在 cubic-bezier 函数中定义自己的值。可能的值是 0～1 之间的数值

4. transition-delay属性

transition-delay属性规定过滤效果何时开始,默认值为0,其常用单位是秒或毫秒。transition-delay的属性值可以为正整数、负整数和0。当设置为负数时,过渡动作会从该时间点开始,之前的动作被截断;当设置为正数时,过渡动作会延迟触发。其基本语法格式如下:

```
transition-delay: time;
```

5. transition属性

transition属性是一个复合属性,用于在一个属性中设置transition-property、transition-duration、transition-function和transition-delay 4个过渡属性。其基本语法格式如下:

```
transition: property duration function delay;
```

在使用transition属性设置多个过渡效果时,各个参数值必须按照顺序定义,不能随意颠倒。

例4-17中定义了一个正方形div块,当鼠标指针移到该div块上时,这个正方形会慢慢过渡到矩形,并且颜色由红色慢慢过渡到蓝色,当鼠标指针从该div块移出时又重新过渡到正方形和红色。通过该例让读者理解过渡的设计方式,其在浏览器中的显示结果如图4-30和图4-31所示。

【例4-17】example4-17.html

```html
<!doctype html>
<html>
  <head>
    <meta charset="UTF-8" />
    <title>过渡属性</title>
    <style>
      .box {
        width: 200px;                       /*宽度为200px*/
        height: 200px;                      /*高度为200px*/
        border: 1px solid #000;             /*边框为1px、实心线、黑色*/
        margin: 100px auto;                 /*上下外边距为100px,左右外边距自适应*/
        background-color: red;              /*背景色为红色*/

        /*部分属性定义过渡(动画) */
        /*宽度用2s过渡,背景色用1s过渡,多个属性之间用","号隔开*/
        transition: width 2s,background-color 1s;
        transition: width 2s linear;        /*匀速变化(默认速度由快变慢)*/
        transition: width 2s linear 1s;     /*1s表示延迟变化*/
        transition: all 2s;                 /*所有属性都过渡,并且效果一样*/
        /*全部属性定义过渡*/
        transition-property: all;           /*all:表示所有属性*/
        transition-duration: 2s;            /*过渡持续时间*/
        transition-timing-function:ease-out;   /*动画变幻速度:减速*/
        transition-delay: 1s;               /*动画延迟*/
        /*过渡属性常用的简写方式,与上面4个属性设置完成的功能相同*/
        transition:all 2s ease-in-out 1s;
      }
      .box:hover {
        width: 600px;
        background-color: blue;
      }
    </style>
```

```
        </head>
        <body>
            <div class="box"></div>
        </body>
    </html>
```

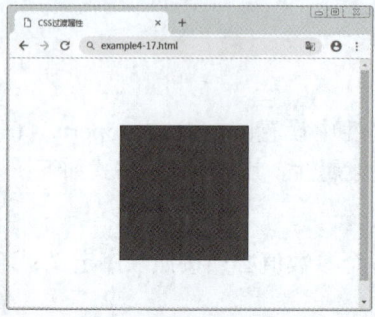

图 4-30　颜色过渡前的效果

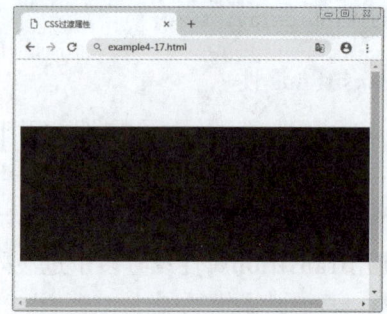

图 4-31　颜色过渡后的效果

4.4.2　变形

　　CSS3 变形是一系列效果的集合，如平移、旋转、缩放和倾斜，每个效果都称为变形函数（Transform Function），它们可以操控元素发生平移、旋转、缩放和倾斜等变化。这些效果在 CSS3 之前都需要依赖图片、Flash 或 JavaScript 才能完成。现在，使用 CSS3 就可以实现这些变形效果，而无须加载额外的文件，极大地提高了网页开发者的工作效率和页面执行速度。

　　通过 CSS3 中的变形操作，可以让元素生成静态视觉效果，也可以结合过渡和动画属性产生一些新的动画效果。

　　CSS3 的变形（transform）属性可以让元素在一个坐标系统中变形，这个属性包含一系列变形函数，可以进行元素的移动、旋转和缩放。transform 属性的基本语法格式如下：

```
transform: none | transform-functions;
```

　　在上面的语法格式中，transform 属性的默认值为 none，适用于内联元素和块元素，表示不进行变形。transform-function 用于设置变形函数，可以是一个或多个变形函数列表，变形的主要函数见表 4-6。

表 4-6　变形的主要函数

函　　数	说　　明
matrix(n,n,n,n,n,n)	使用 6 个值的矩阵
translate(x,y)	沿着 X 轴和 Y 轴移动元素
translateX(n)	沿着 X 轴移动元素
translateY(n)	沿着 Y 轴移动元素
scale(x,y)	缩放转换，改变元素的宽度和高度
scaleX(n)	缩放转换，改变元素的宽度
scaleY(n)	缩放转换，改变元素的高度
rotate(angle)	旋转，在参数中设置角度
skew(x-angle,y-angle)	倾斜转换，沿着 X 轴和 Y 轴
skewX(angle)	倾斜转换，沿着 X 轴
skewY(angle)	倾斜转换，沿着 Y 轴

例4-18中定义了4个正方形div块,并对这4个正方形进行相应的变形,其在浏览器中的显示结果如图4-32所示。通过该例帮助读者理解变形函数的使用方法,注意这些变形函数的参数书写方式及所代表的含义。

【例4-18】example4-18.html

```html
<!doctype html>
<html>
  <head>
    <meta charset="UTF-8" />
    <title>CSS变形</title>
    <style>
      div {
        width: 100px;
        height: 100px;
        border: 1px solid #000;
        background-color: red;
        float:left;
        margin:50px;
      }
      .box-one{
        transform: rotate(30deg);          /*旋转30度*/
      }
      .box-two{
        /*向右移动20px,向下移动20px*/
        transform: translate(20px,20px);
      }
      .box-three{
        /*宽度为原始大小的2倍,高度为原始大小的1.5倍*/
        transform: scale(2,1.5);
      }
      .box-four{
        transform: skew(30deg,20deg);      /*在X轴和Y轴上倾斜20度和30度*/
      }
    </style>
  </head>
  <body>
    <div class="box-one"></div>
    <div class="box-two"></div>
    <div class="box-three"></div>
    <div class="box-four"></div>
  </body>
</html>
```

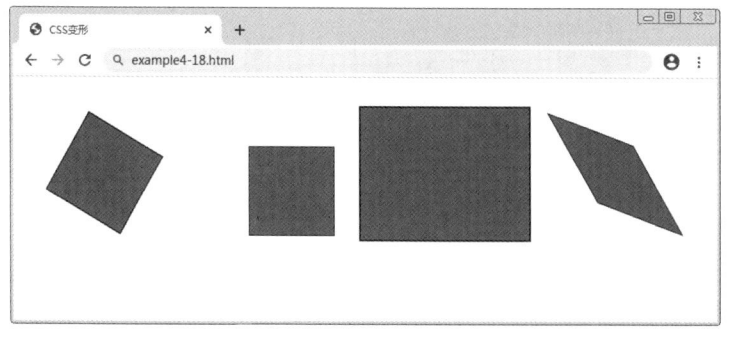

图 4-32 CSS 变形

4.5 本章小结

本章首先讲解了元素的定位属性及网页中常见的几种定位模式，说明元素的类型及相互间的转换，然后阐述了元素浮动、不同浮动方向呈现的效果、清除浮动的常用方法，再对CSS中的盒子模型进行了详细说明，并应用前面讲到的知识进行网页布局，最后对CSS3中某些最新的应用进行了简要说明。

需要强调的是，各个浏览器对CSS的解析存在差异，可能导致在不同浏览器上显示的页面不同。为了将各个浏览器的显示页面统一起来，需要针对不同的浏览器提供不同的CSS代码，这个过程称为CSS hack。

通过本章的学习，读者应该能够熟练地运用浮动和定位进行网页布局，掌握清除浮动的几种常用方法，理解元素的类型与转换。

4.6 习题4

扫描二维码，查看习题。

扫描二维码
查看习题

4.7 实验4　CSS页面布局

扫描二维码，查看实验内容。

扫描二维码
查看实验内容

扫一扫，看视频

扫描二维码
查看示例演示目录

CHAPTER

5 JavaScript语言

学习目标：

本章主要讲解JavaScript语言的基础知识，主要包括JavaScript的运算符、流程控制语句、内置函数和自定义函数、对象的定义和引用方法。通过本章的学习，读者应该掌握以下内容。

- JavaScript语言的运算符，包括算术运算符、比较运算符、逻辑运算符、位运算符及复合运算符等。
- JavaScript语言的流程控制语句，包括分支语句和循环语句。
- JavaScript语言的事件触发机制。

思维导图简图

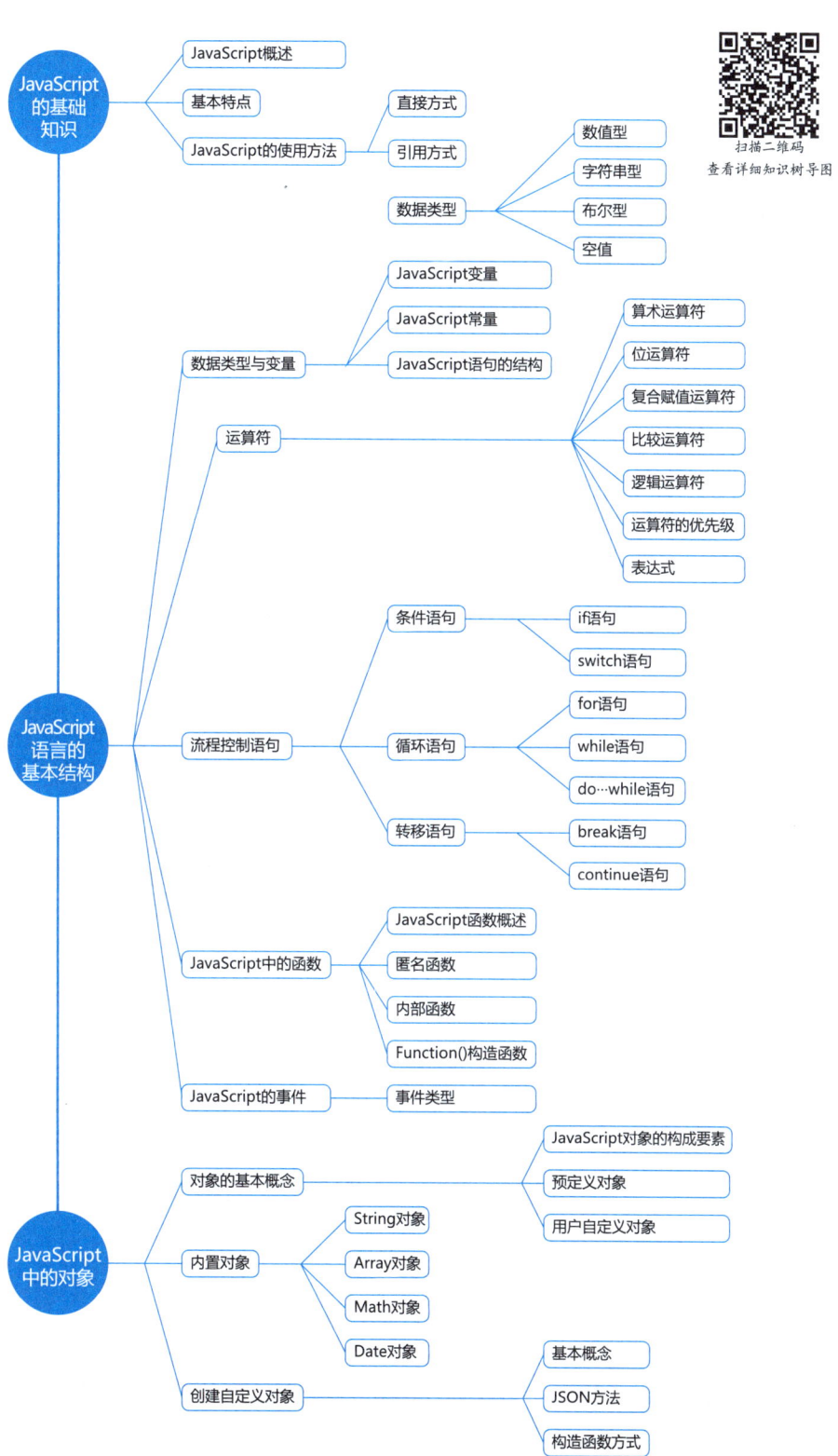

5.1 JavaScript的基础知识

在网页制作过程中，一般通过HTML设计网页内容，通过CSS样式控制网页显示的风格，通过脚本语言控制网页的行为，为了网页的重用性，通常将HTML、CSS样式和JavaScript语言分离。

5.1.1 JavaScript 概述

JavaScript是一种基于对象和事件驱动，具有相对安全性，并广泛用于客户端网页开发的脚本语言，主要用于为网页添加交互功能，如校验数据、响应用户操作等，是一种动态、弱类型、基于原型的语言，内置支持类型。

JavaScript最早是在HTML上使用的，用于给HTML网页添加动态功能，由Netscape的LiveScript发展而来，是基于对象的、动态类型的、可区分大小写的客户端脚本语言，主要目的是解决服务器端语言遗留的速度问题及响应用户的各种操作，为客户提供更流畅的浏览效果。因为当时服务端需要对数据进行验证，网络速度相当缓慢，数据验证浪费的时间太多，于是Netscape的浏览器Navigator加入了JavaScript，提供了数据验证的基本功能。

1. 基本特点

JavaScript嵌入在标准的HTML文档中，并且采用小程序段的方式进行编程。JavaScript的基本结构形式与C、C++、VB、Delphi类似，但又有不同，JavaScript不需要事先编译，只是在程序运行过程中被逐行解释，是一种解释性语言。

（1）基于对象。JavaScript是一种基于对象的语言，也是一种面向对象的语言。JavaScript中有些对象不必进行创建即可直接使用。例如，可以不必创建的"日期"对象，因为JavaScript语言中已经有了这个对象，所以可以直接使用。

（2）事件驱动。在网页中进行某种操作时就会产生相应事件。事件几乎可以是任何事情，如单击按钮、拖动鼠标、打开或关闭网页、提交一个表单等均可视为事件。JavaScript是事件驱动的，当事件发生时，可对事件作出响应。具体如何响应某个事件取决于事件处理程序代码。

（3）安全性。JavaScript是一种安全的语言，不允许访问本地硬盘，不能将数据存入到服务器上，不允许对网络文档进行修改和删除，只能通过浏览器实现信息浏览或动态网页交互，因此其具有一定的安全性。

（4）平台无关性。JavaScript是依赖于浏览器本身的，与操作环境无关，只要是能运行浏览器的设备（包括计算机、移动设备），并且浏览器支持JavaScript，即可正确执行JavaScript脚本程序。不论浏览器基于哪种版本下的操作系统，JavaScript都可以正常运行。

2. JavaScript组成

一个完整的JavaScript实现由以下3个部分组成。

（1）ECMAScript：描述了JavaScript语言的基本语法和基本对象。

（2）文档对象模型（Document Object Model，DOM）：描述了处理网页内容的方法和接口。

（3）浏览器对象模型（Browser Object Model，BOM）：描述了与浏览器进行交互的方法和接口。

5.1.2 JavaScript 的使用方法

在网页中使用JavaScript有两种方法：直接方式和引用方式。

1. 直接方式

直接方式是JavaScript最常用的方法，大部分含有JavaScript的网页都采用这种方法。例5-1中通过JavaScript进行一段文字的输出，其在浏览器中的显示结果如图5-1所示。

【例5-1】example5-1.html

```html
<!doctype html>
<html>
  <head>
    <meta charset="utf-8">
    <title>JavaScript直接方式</title>
  </head>
  <body>
    Hello World
    <script language="javascript">
      document.write("Hello World JavaScript直接方式！");
    </script>
  </body>
</html>
```

图5-1　直接方式

从例5-1中可以发现，JavaScript源代码被嵌套在一个HTML文档中，而且可以出现在文档头部（<head></head>）和文档主体（<body></body>）中。JavaScript标记的一般格式如下：

```
<script language="javascript">
<!--
   //JavaScript脚本语句
-->
</script>
```

为了使旧版本的浏览器（即Navigator 2.0版以前的浏览器）避开无法识别的"JavaScript语句串"，用JavaScript编写的源代码可以用注解括起来，即使用HTML的注解标记<!--……-->，而Navigator 2.x可以识别放在注解行中的JavaScript源代码。

🔔 说明：

<script>标记可声明一个脚本程序，language属性声明该脚本是一个用JavaScript语言编写的脚本。在<script>和</script>之间的任何内容都视为脚本语句，会被浏览器解释执行。在JavaScript脚本中，用"//"作为行的注释标注。

document是JavaScript的文档对象，document.write("JavaScript")语句用于在文档中输出字符串"JavaScript"。

2. 引用方式

如果已经存在一个JavaScript源文件（通常以js为扩展名），则可以采用引用方式进行JavaScript脚本库的调用，以提高程序代码的利用率。引用方式的语法格式如下：

```
<script src="URL" type="text/javascript"></script>
```

其中，URL是JavaScript源程序文件的地址，这个引用语句可以放在HTML文档头部或主体的任何部分。如果要实现例5-1的效果，可以首先创建一个JavaScript源代码文件myScript.js，其内容如下：

```
document.write("Hello World JavaScript引用方式！");
```

在例5-2中引用定义的myScript.js库文件，其在浏览器中的显示结果如图5-2所示。

【例5-2】example5-2.html

```html
<!doctype html>
<html>
  <head>
    <meta charset="utf-8">
    <title>引用方式</title>
  </head>
  <body>
    Hello World
    <script src="myScript.js"></script>
  </body>
</html>
```

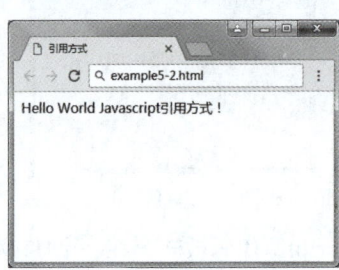

图 5-2　引用方式

5.2 JavaScript语言的基本结构

5.2.1 数据类型与变量

在JavaScript中有4种基本的数据类型：数值型（整数类型和实数类型）、字符串型（用一对双引号或单引号括起来的字符或数值）、布尔型（true或false）和空值。JavaScript的基本数据类型中的数据可以是常量，也可以是变量。JavaScript的变量（以及常量）采用弱类型，因此不需要先声明变量再使用变量，可以在使用或赋值时自动确定其数据类型。

1. 数据类型

在JavaScript中，数据类型十分宽松，程序员在声明变量时可以不指定该变量的数据类型，JavaScript会自动地按照用户给该变量所赋初值来确定适当的数据类型，这一点和Java或C++

是截然不同的。JavaScript有以下几种基本的数据类型。

（1）数值型。例如，34、3.14表示十进制数；034表示八进制数，用十进制表示其值为28；0x34表示十六进制数，用十进制表示其值为52。

（2）字符串型。使用双引号括起来的字母或数字，如"Hello!"。

（3）布尔型。取值仅可能是"真"或"假"，用true或false表示。

（4）空值。当定义一个变量并且没有赋初值时，则该变量为空值。例如：

```
var ch1;
```

此时ch1为空值，并且不属于任何一种数据类型。

2. JavaScript变量

JavaScript变量的定义要求与C语言相仿，如以字母或下划线开头，变量不能是保留字（如int、var等），不能使用数字作为变量名的第1个字母，等等。定义JavaScript变量的关键字是var，其定义的语法格式如下：

```
var 变量名；
```

或者

```
var 变量名=初始值；
```

JavaScript并不是在定义变量时说明变量的数据类型，而是在给变量赋初值时确定该变量的数据类型；JavaScript对字母的大小写是敏感的。如var my和var My，JavaScript认为这是定义了两个不同的变量。

🔔 说明：

在使用变量之前，最好对每个变量使用关键字var进行变量声明，防止发生变量有效区域的冲突问题。

3. JavaScript常量

JavaScript常量分为4类：整数、浮点数、布尔型和字符串。

（1）整数常量。在JavaScript中整数可以有以下3种表示方式。

- 十进制数：一般的十进制整数，前面不可以有前导0，如75。
- 八进制数：以0为前导，表示八进制数，如075。
- 十六进制数：以0x为前导，表示十六进制数，如0x0f。

（2）浮点数常量。浮点数可以用一般的小数格式表示，也可以使用科学计数法表示，如7.54343、3.0e9。

（3）布尔型常量。布尔型常量只有两个值：true和false。

（4）字符串常量。字符串常量是指用单引号或双引号括起来的0个或多个字符组成，如"Test String"或"12345"。

4. JavaScript语句的结构

在JavaScript的语法规则中，每一条语句的最后最好使用一个分号，但要求并不像C、C++那么严格。例如：

```
document.write("Hello");    //此语句的功能是在浏览器中输出Hello
```

在编写JavaScript程序时，一定要有一个良好的习惯，最好是一行写一条语句。如果使用复合语句块，则把复合语句块的前后用大括号括起来，并且根据每一句作用范围的不同，应有一定的缩进。好的程序编写习惯，对于程序的调试和阅读都是大有益处的。另外，好的程序编写习惯要求适当加一些注释。例5-3中使用JavaScript注释语句，对一些语句进行了必要的注释，其在浏览器中的显示结果如图5-3所示。

【例5-3】example5-3.html

```
<!doctype html>
<html>
  <head>
    <meta charset="utf-8">
    <title>JavaScript注释</title>
    <script>
      document.write("注释使用！");
      sum=0;                                          //初始化累加和，SUM清0
      for (i=1; i<10; i++){                           //循环10次
        sum+=i;                                       //求累加和
      }
      document.write("<br/>1到10的累加结果：",sum);    //输出累加和
    </script>
  </head>
  <body>
  </body>
</html>
```

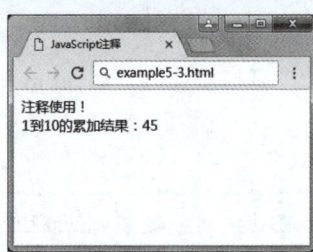

图 5-3　JavaScript 注释

需要说明的是，document.write的输出语句中可以直接输出HTML标记。

5.2.2　运算符

运算符可以指定变量和值的运算操作，是构成表达式的重要因素。JavaScript支持算术运算符、位运算符、复合赋值运算符、比较运算符、连接运算符等。本小节对这些运算符的使用方法进行简要说明。

1. 算术运算符

用于连接运算表达式的各种算术运算符见表5-1。

表 5-1　算术运算符

运算符	运算符定义	举　例	说　明
+	加法符号	x=a+b	
-	减法符号	x=a-b	
*	乘法符号	x=a*b	
/	除法符号	x=a/b	
%	取模符号	x=a%b	x 等于 a 除以 b 所得的余数
++	加 1	a++	a 的内容加 1
--	减 1	a--	a 的内容减 1

2. 位运算符

位运算符是对两个表达式相同位置上的位进行位对位运算。JavaScript支持的位运算符见表5-2。

表 5-2　位运算符

运算符	运算符定义	举　例	说　明
~	按位求反	x=~a	
<<	左移	x=b<<a	a 为移动次数，左边移入 0
>>	右移	x=b>>a	a 为移动次数，右边移入 0
>>>	无符号右移	x=b>>>a	a 为移动次数，右边移入符号位
&	位"与"	x=b & a	
^	位"异或"	x=b ^ a	
|	位"或"	x=b | a	

3. 复合赋值运算符

复合赋值运算符执行的是一个表达式的运算。在JavaScript中，合法的复合赋值运算符见表5-3。

表 5-3　复合赋值运算符

运算符	运算符定义	举　例	说　明
+=	加	x+=a	x=x+a
-=	减	x-=a	x=x-a
*=	乘	x*=a	x=x*a
/=	除	x/=a	x=x/a
%=	模运算	x%=a	x=x%a
<<=	左移	x<<=a	x=x<<a
>>=	右移	x>>=a	x=x>>a
>>>=	无符号右移	x>>>=a	x=x>>>a
&=	位"与"	x&=a	x=x&a
^=	位"异或"	x^= a	x=x^a
|=	位"或"	x|=a	x=x|a

4. 比较运算符

比较运算符用于比较两个对象之间的相互关系，返回值为true和false。各种比较运算符见表5-4。

表 5-4　比较运算符

运算符	运算符定义	举　例	说　明
==	等于	a==b	a 等于 b 时为真
>	大于	a>b	a 大于 b 时为真
<	小于	a<b	a 小于 b 时为真
!=	不等于	a!=b	a 不等于 b 时为真
>=	大于等于	a>=b	a 大于或等于 b 时为真
<=	小于等于	a<=b	a 小于或等于 b 时为真
?:	条件选择	E ? a:b	E 为真时选 a，否则选 b

5. 逻辑运算符

逻辑运算符返回true和false，其主要作用是连接条件表达式，表示各条件间的逻辑关系。各种逻辑运算符见表5-5。

表5-5 逻辑运算符

运算符	运算符定义	举 例	说 明
&&	逻辑"与"	a && b	a 与 b 同时为 true 时，结果为 true
!	逻辑"非"	!a	如 a 原值为 true，结果为 false
||	逻辑"或"	a || b	a 与 b 有一个取值为 true 时，结果为 true

6. 运算符的优先级

运算符的优先级（由高到低）见表5-6。

表5-6 运算符的优先级（由高到低）

运算符	说 明
. [] ()	字段访问、数组下标以及函数调用
++ -- ~ ! typeof new void delete	一元运算符、返回数据类型、对象创建、未定义值
* / %	乘法、除法、取模
+ - +	加法、减法、字符串连接
<< >> >>>	移位
< <= > >=	小于、小于等于、大于、大于等于
== != === !==	等于、不等于、恒等、不恒等
&	按位与
^	按位异或
|	按位或
&&	逻辑与
||	逻辑或
?:	条件选择
=	赋值

7. 表达式

JavaScript表达式可以用于计算数值，也可以用于连接字符串和进行逻辑比较。JavaScript表达式可以分为3类。

（1）算术表达式。算术表达式用于计算一个数值，如2*4.5/3。

（2）字符串表达式。字符串表达式可以连接两个字符串。进行连接字符串的运算符是加号。例如：

"Hello"+"World!" //该表达式的计算结果是Hello World!

（3）逻辑表达式。逻辑表达式的运算结果为一个布尔型常量（true或false）。例如：

12>24   //其返回值为false

5.2.3 流程控制语句

JavaScript脚本语言提供流程控制语句，这些语句分别是条件语句（if语句和switch语句）与循环语句（for、do和while语句）。

1. 条件语句

（1）if语句。if语句是条件判断语句，根据一定的条件执行相应的语句块，其定义的语法格式如下：

```
if (条件表达式){
    语句块1;
}
else {
    语句块2;
}
```

当条件表达式的结果是true时，执行语句块1，否则执行语句块2。

（2）switch语句。switch语句是测试表达式结果，并根据这个结果执行相应的语句块，其语法格式如下：

```
switch (表达式) {
    case 值1: 语句块1;
        break;
    case 值2: 语句块2;
        break;
    ...
    case 值n: 语句块n;
        break;
    default: 语句块n+1
}
```

switch语句首先计算表达式的值，然后根据表达式计算出的值选择与之匹配的case后面的值，并执行该case后面的语句块，直到遇到break语句为止；如果计算出的值与任何一个case后面的值都不相符，则执行default后的语句块。

例5-4中使用switch语句进行了一个多条件分支的判断，其在浏览器中的显示结果如图5-4所示。

【例5-4】example5-4.html

```
<!doctype html>
<html>
    <head>
        <meta charset="utf-8">
        <title>switch语句</title>
        <script>
            switch (14%3) {
                case 0: sth="您好";
                    break;
                case 1: sth="大家好";
                    break;
                default: sth="世界好";
                    break;
            }
            document.write(sth);
        </script>
    </head>
    <body>
    </body>
</html>
```

扫一扫，看视频

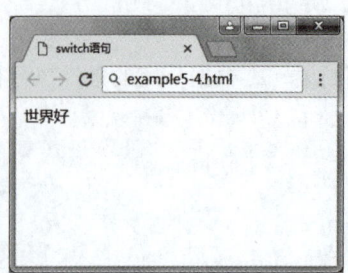

图 5-4 switch 语句

从图 5-4 可以看出，执行的是 default 后的语句，因为表达式（14%3）的运行结果是 2；如果表达式改为 15%3，则浏览器中的显示结果为"您好"。需要说明的是，在每一个 case 语句的值后都要加冒号。

2. 循环语句

当需要把一个语句块重复执行多次且每次执行仅改变部分参数的值时，可以使用循环语句，直到某一个条件不成立为止。

（1）for 语句。for 语句用于循环执行某一段语句块，其定义的语法格式如下：

```
for (表达式1; 表达式2; 表达式3){
    循环语句块;
}
```

其中，表达式 1 只执行一次，用于初始化循环变量；表达式 2 是条件表达式，该表达式每次循环后都要被重新计算一次，如果其值为"假"，则循环语句块立即中止并继续执行 for 语句之后的语句，否则重新执行循环语句块；表达式 3 是用于修改循环控制变量的表达式，每次循环都会重新计算。另外，可以使用 break 语句中止循环语句并退出循环。for 语句一般用在已知循环次数的场合，并且表达式 1、表达式 2、表达式 3 之间要用分号隔开。

例 5-3 是使用 for 循环语句的例子，该例用于计算从数字 1 到 10 的累加和，并显示在网页中。

（2）while 语句。while 语句是当循环次数未知且需要先判断条件后再执行循环语句块时使用的循环语句。定义 while 语句的语法格式如下：

```
while (条件表达式){
    循环语句块;
}
```

当条件表达式为 true 时，循环语句块被执行，执行完该循环语句块后，会再次执行条件表达式；如果运算结果是 false，将退出该循环；如果条件表达式开始时便为 false，则循环语句块将一次也不会执行。使用 break 语句可以从这个循环中退出。

例 5-5 说明了 while 语句的用法。该例实现从数字 1 到 n 之间的累加和，即每加一个数都输出到当前数为止的累加和运算结果，其在浏览器中的显示结果如图 5-5 所示。

【例 5-5】example5-5.html

```
<!doctype html>
<html>
    <head>
        <meta charset="utf-8">
        <title>while语句</title>
        <script>
```

扫一扫，看视频

```
      var i,sum;
      i=1;
      sum=0;
      while(i<=10){
        sum+=i;
        document.write(i,"   ",sum,"<br/>") ;
        i++;
      }
    </script>
  </head>
  <body>
  </body>
</html>
```

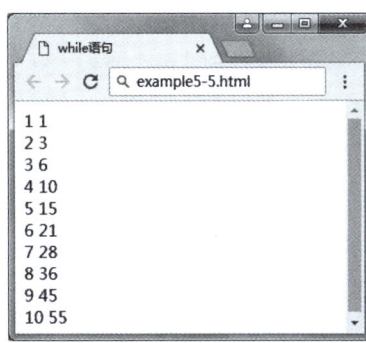

图 5-5　while 语句

（3）do…while 语句。do…while语句与while语句执行的功能完全一样，唯一的不同之处是，do…while语句先执行循环语句块，再进行条件判断，其循环语句块至少被执行一次。同样可以使用break语句从循环中退出。do…while语句的语法格式如下：

```
do{
   循环语句块;
}while(条件表达式);
```

无论表达式的值是否为"真"，循环语句块都会被至少执行一次。例5-6用于说明do…while条件表达式不成立，但其循环语句块却被执行一次的情况。例5-6在浏览器中的显示结果如图5-6所示。

【例5-6】example5-6.html

```
<!doctype html>
<html>
  <head>
    <meta charset="utf-8">
    <title>do while语句</title>
    <script>
      var i,sum;
      i=1;
      sum=0;
      do{
        sum += i;
        document.write (i,"   ",sum*100,"<br>") ;
        document.write ("i小于10条件不成立,但本循环体却执行一次!");
        i++;
      } while (i>10)
```

扫一扫，看视频

```
        </script>
    </head>
    <body>
    </body>
</html>
```

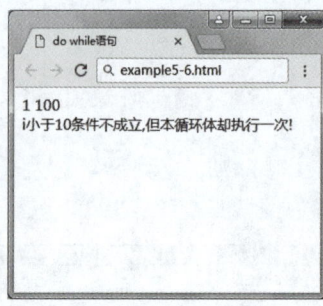

图 5-6 do…while 语句

3. 转移语句

（1）break 语句。break 语句的作用是使程序跳出各种循环程序，用于在异常情况下终止循环，或终止 switch 语句后续语句的执行。

（2）continue 语句。在循环体中，如果出现某些特定的条件，希望不再执行后面的循环体，但是又不想退出循环，这时就要使用 continue 语句。在 for 循环中，执行到 continue 语句后，程序立即跳转到迭代部分，然后到达循环条件表达式；而在 while 循环中，程序立即跳转到循环条件表达式。

例 5-7 用于说明 continue 语句的作用。该例实现把 1 ～ 100 中除了 2 的倍数和 3 的倍数之外的数显示在浏览器中，其在浏览器中的显示结果如图 5-7 所示。

【例 5-7】example5-7.html

```
<!doctype html>
<html>
    <head>
        <meta charset="utf-8">
        <title>continue语句</title>
        <script>
            i=0;                          //循环控制初值
            count=0;                      //控制每输出8个数据换行的计数器
            while (i<100){                //循环语句，循环条件变量i<100
                if(i%3==0 || i%2==0) {    //是2或3的倍数
                    i++;
                    continue;             //退出本次循环，进行下一次循环
                }
                count++;
                if(count>8) {             //每8次进行控制换行
                    document.write("<br>"); //输出换行
                    count=0;              //换行计数器清零
                }
                document.write(" ",i); //输出空格和相应的数据
                i++;
            }
        </script>
    </head>
```

```
    <body>
    </body>
</html>
```

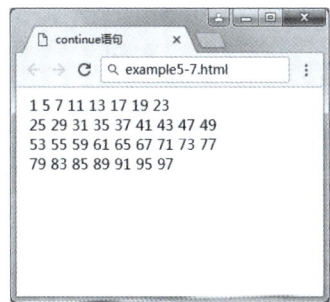

图 5-7　continue 语句

5.2.4　JavaScript 中的函数

1. JavaScript函数概述

函数是一个固定的程序段，或称其为一个子程序，在可以实现固定程序功能的同时还带有一个入口和一个出口。所谓入口，就是函数所带的各个参数，可以通过这个入口把函数的参数值代入子程序，供计算机处理；所谓出口，就是函数在计算机求得函数值之后，由此出口带回给调用它的程序，即当调用函数时，会执行函数内的代码。

函数可以在某事件发生时直接调用（如当用户单击按钮时），也可以在程序代码的任何位置使用函数调用语句进行调用。如果需要向函数中传递信息，可以采用入口参数的方法进行，有些函数不需要任何参数，有些函数可以带多个参数。定义函数的关键字是function，函数定义的语法格式如下：

```
function 函数名([参数][,参数]){
    函数语句块
}
```

例5-8是JavaScript函数的定义和调用方法，其在浏览器中的显示结果如图5-8所示。

【例5-8】example5-8.html

```
<!doctype html>
<html>
    <head>
        <meta charset="utf-8">
        <title>函数的定义和调用</title>
        <script>
            function total (i,j) {          //声明函数total，参数为i,j
                var sum;                    //定义变量sum
                sum=i+j;                    //i+j的值赋给sum
                return(sum);                //返回sum的值
            }
            document.write("函数total(100,20)结果为:", total(100,20) );
            document.write("<br/>")
            document.write("函数total(32,43)结果为:", total(32,43) )
        </script>
    </head>
```

```
    <body>
    </body>
</html>
```

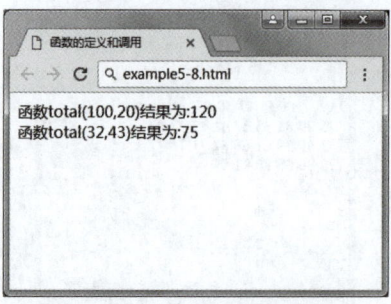

图 5-8　函数的定义与调用

例 5-8 中定义了函数 total(i,j)，其有两个入口参数（又称形参）i 和 j，当调用这个函数时，可以给函数中的形参 i 和 j 一个具体的值，如 total(100,20)，变量 i 的值为 100，变量 j 的值为 20。从该例可以看出，函数通过名称调用。函数可以有返回值，但不是必需的，如果需要函数返回值时，在函数体内要使用语句 return（表达式）。

2. 匿名函数

匿名函数就是没有实际名字的函数，匿名函数一般用于事件处理程序，这类函数一般在整个程序中只使用一次。定义方法是把普通函数定义中的名字去掉，其定义的语法格式如下：

```
function([参数][,参数]){
    函数语句块
}
```

例如，当网页加载完毕后执行某个功能时可以使用匿名函数。其程序代码语法格式如下：

```
window.onload=function( ){
    alert("网页加载完毕后，弹出！ ");
}
```

3. 内部函数

在面向对象编程语言中，函数一般是作为对象的方法定义的。而有些函数由于其应用的广泛性，可以作为独立的函数定义，还有一些函数根本无法归属于任何一个对象，这些函数是 JavaScript 脚本语言固有的，并且没有任何对象的相关性，这些函数称为内部函数。

例如，内部函数 isNaN 用于测试某个变量是否为数值型，如果变量的值不是数值型，则返回 true，否则返回 false。例 5-9 是在浏览器的输入对话框中输入一个值（图 5-9），如果输入的值不是数值型，则给用户一个提示；当用户输入的值是数值型时，也同样给出一个提示，其在浏览器中的显示结果如图 5-10 和图 5-11 所示。

【例 5-9】example5-9.html

```
<!doctype html>
<html>
    <head>
        <meta charset="utf-8">
        <title>内部函数</title>
        <script>
            window.onload=function(){
```

扫一扫，看视频

```
          str = prompt("请您输入一个数值,例如3.14","");
          if(isNaN(str)){
            document.write("您输入的数据类型不对!");
          } else {
            document.write("您输入的值类型正确!");
          }
        }
      </script>
    </head>
    <body>
    </body>
</html>
```

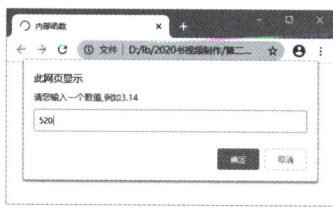
图 5-9　用户输入数据

图 5-10　内部函数（1）

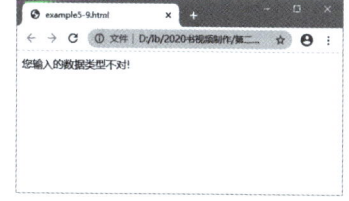
图 5-11　内部函数（2）

在上例的执行过程中，首先要求用户输入一个数值，见图5-9。然后对用户的输入值进行判断，如果输入的值是数值型，则在浏览器中显示的结果见图5-10；如果输入的值是其他类型，则在浏览器中的显示结果见图5-11。

4.Function()构造函数

在例5-9中，函数通过关键字function定义，函数同样也可以通过内置的JavaScript函数构造器（Function()）定义。Function类可以表示开发者定义的任何函数。用Function类直接创建函数的语法格式如下：

```
var 函数名= new Function(arg1, arg2, ..., argN, function_body)
```

在上面的形式中，每个arg都是一个形式参数，最后一个参数是函数主体（要执行的代码），这些参数必须是字符串。函数的调用方法如下：

```
函数名(arg1, arg2, ..., argN)
```

例5-10定义了Function()构造函数，重点是让读者理解Function()构造函数的定义及形参与实参、返回值等函数的一些使用方法。例5-10在浏览器中的显示结果如图5-12所示。

【例5-10】example5-10.html

```
<!doctype html>
<html>
  <head>
    <meta charset="utf-8">
    <title>Function()构造函数</title>
    <script>
      var myFunction = new Function("a", "b", "return a * b");
      document.write("Function() 构造函数4*3的值："+myFunction(4, 3));
    </script>
  </head>
  <body>
  </body>
</html>
```

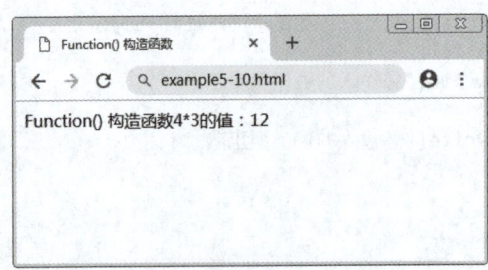

图 5-12　Function() 构造函数

从图 5-12 中可以看出，一个函数在定义时并不发生作用，只有在引用时才被激活。

5.2.5　JavaScript 的事件

1. JavaScript的事件类型

JavaScript语言是一种事件驱动的编程语言。事件是脚本处理响应用户动作的方法，其利用浏览器对用户输入的判断能力，通过建立事件与脚本的一一对应关系，把用户输入状态的改变准确地传递给脚本并予以处理，然后把结果反馈给用户，这样就实现了一个周期的交互过程。

JavaScript对事件的处理分为定义事件和编写事件脚本两个阶段，几乎每个HTML元素都可以进行事件定义，如浏览器窗口、窗体文档、图形、链接等。JavaScript的事件名称及其说明表 5-7。

表 5-7　JavaScript 的事件名称及其说明

事件名称	说　　明
onabort	图像加载被中断
onblur	元素失去焦点
onchange	用户改变域的内容
onclick	单击某个对象
ondblclick	双击某个对象
onerror	当加载文档或图像时发生某个错误
onfocus	元素获得焦点
onkeydown	某个按键被按下
onkeypress	某个按键被按下或按住
onkeyup	某个按键被松开
onload	某个页面或图像完成加载
onmousedown	某个鼠标按键被按下
onmousemove	鼠标指针被移动
onmouseout	鼠标指针从某元素移开
onmouseover	鼠标指针被移到某元素上
onmouseup	某个鼠标按键被松开
onreset	重置按钮被单击
onresize	窗口或框架被调整尺寸
onselect	文本被选定
onsubmit	提交按钮被单击
onunload	用户退出页面

要使JavaScript的事件生效,必须在对应的元素标记中指明将要发生在这个元素上的事件。例如,<input type=text onclick="myClick()">,在<input>标记中定义了单击事件(onclick),当用户在文本框中单击后,就触发myClick()脚本函数。

2. 为事件编写脚本函数

要为事件编写处理函数,这些函数就是脚本函数。这些脚本函数包含在<script>和</script>标记之间。例5-11定义单击事件的脚本函数,读者应该仔细体会其定义方法。该例的功能是当用户单击按钮后弹出一个对话框,对话框中显示"××,久仰大名,请多多关照"。

【例5-11(1)】example5-11.html

```
<!doctype html>
<html>
  <head>
    <meta charset="utf-8">
    <title>事件函数</title>
    <script>
      function myClick(){
        do{                                              //使用循环语句,直到用户输入不为空
          username=prompt("请问您是何方神圣,报上名来","");
        }while (username=="")
        alert(username+",久仰大名,请多多关照.");  //弹出对话框
      }
      //-->
    </script>
  </head>
  <body>
    <input type="button" value="测试按钮" onclick="myClick()">
  </body>
</html>
```

这个HTML页的初始界面如图5-13所示,上面仅有一个元素,即一个按钮。如果不设置任何事件,单击该按钮后不会产生任何响应。现在定义单击按钮的onclick事件,并把事件的处理权交给脚本程序myClick()。

接着,用户单击按钮后,浏览器中将弹出如图5-14所示的JavaScript对话框,提示用户输入姓名。这时,只要输入名称并单击"确定"按钮,即可看到浏览器的显示结果,如图5-15所示。

图 5-13 事件函数定义

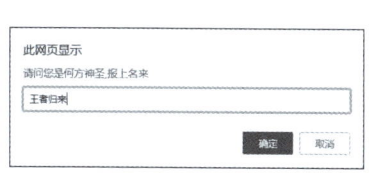

图 5-14 JavaScript 对话框

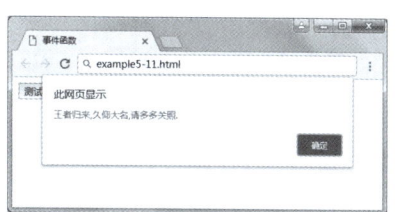

图 5-15 确认对话框后的输出

在实际网页制作中并不建议使用例5-11中对于事件函数的定义方法,原因是HTML所写的网页内容和JavaScript所进行的行为控制代码没有分离开,造成的问题是JavaScript的共享性较差。example5-11-change.html对源代码进行了改进,使HTML和JavaScript代码完全分开。

【例5-11（2）】example5-11-change.html

```html
<!doctype html>
<html>
    <head>
        <meta charset="utf-8">
        <title>事件函数</title>
        <script>
            window.onload=function(){                    //网页加载完毕执行该匿名函数
                var myBt=document.getElementById("btn"); //获取按钮对象
                myBt.onclick=function(){                 //给按钮对象增加单击事件函数
                    do{
                        username=prompt("请问您是何方神圣,报上名来","");
                    }while (username=="")
                    alert(username+",久仰大名,请多多关照.");
                }
            }
        </script>
    </head>
    <body>
        <input type="button" value="测试按钮" id="btn">
    </body>
</html>
```

example5-11-change.html源代码中使用了匿名函数,并且所有的JavaScript源代码都被封闭在<script></script>中,显示结果见图5-13～图5-15。

5.3 JavaScript中的对象

5.3.1 对象的基本概念

对象是现实世界中客观存在的事物,如人、手机、汽车等,即任何实物都可以称为对象。JavaScript对象是由属性和方法两个基本要素构成的,其中,属性主要用于描述一个对象的特征,如人的姓名、年龄等属性;方法用于表示对象的行为,如人有吃饭、睡觉等行为。

通过访问或者设置对象的属性,并且调用对象的方法,就可以完成各种任务。使用对象其实就是调用其属性和方法,调用对象的属性和方法的语法格式如下:

```
对象的变量名.属性名
对象的变量名.方法名（可选参数）
```

下面对一个字符串对象的属性进行访问,并对方法进行调用。

```
gamma = new String("This is a string");    //定义一个字符串对象gamma
document.write (gamma.substr(5,2));         //调用对象的取子串方法
document.write (gamma.length);              //获取子字符串对象的长度的属性
```

事实上,在JavaScript中,所有的对象都可以分为预定义对象和自定义对象。

1. 预定义对象

预定义对象是JavaScript语言本身或浏览器提供的已经定义好的对象,用户可以直接使用而不需要进行定义。预定义对象包括JavaScript的内置对象和浏览器对象。

（1）内置对象。JavaScript将一些常用的功能预先定义成对象，用户可以直接使用，这种对象就是内置对象。这些内置对象可以帮助用户在设计脚本时实现一些最常用、最基本的功能。例如，用户可以使用math对象的PI属性得到圆周率，即math.PI；使用math对象的sin()方法求一个数的正弦值，即math.sin()；使用date()对象来获取系统的当前日期和时间等。

（2）浏览器对象。浏览器对象是浏览器提供的对象。现在大部分浏览器可以根据系统当前的配置和所装载的页面为JavaScript提供一些可使用的对象，如document对象就是一个十分常用的浏览器对象。在JavaScript程序中可以通过访问这些浏览器对象来获得一些相应的服务。

2. 用户自定义对象

虽然可以在JavaScript中通过使用预定义对象完成某些功能，但有特殊需求的用户可能需要按照某些特定的需求创建自定义对象，JavaScript提供对这种自定义对象的支持。

在JavaScript中，对象类型是一个用于创建对象的模板，这个模板中定义了对象的属性和方法。在JavaScript中一个新对象的定义方法如下：

对象的变量名 = new 对象类型（可选择的参数）

例如：

```
gamma = new String("This is a string");
```

5.3.2 内置对象

1. String对象

String对象是JavaScript的内置对象，是一个封装字符串的对象，该对象的唯一属性是length属性，提供许多字符串的操作方法。String对象的常用方法及说明见表5-8。

表5-8 String 对象的常用方法及说明

方　法	说　明
charAt(n)	返回字符串的第 n 个字符
indexOf(srchStr[,index])	返回第 1 次出现子字符串 srchStr 的位置，index 从某一指定处开始，而不是从头开始。如果没有该子字符串，则返回 –1
lastIndexOf(srchStr[,index])	返回最后一次出现子字符串 srchStr 的位置，index 从某一指定处开始，而不是从头开始
link(href)	显示 href 参数指定的 URL 的超链接
match()	返回一组与正则表达式相匹配的子字符串的信息
replace()	替换与正则表达式匹配的子字符串
search()	检索与正则表达式相匹配的值
slice()	提取字符串的片段，并在新的字符串中返回被提取的部分
split(分隔符)	把字符串分割为字符串数组
subString(n1,n2)	返回第 n1 和第 n2 个字符之间的子字符串
toLowerCase()	将字符转换成小写格式显示
toUpperCase()	将字符转换成大写格式显示

例5-12说明了String对象的属性及常用方法,其在浏览器中的显示结果如图5-16所示。

【例5-12】example5-12.html

```html
<!doctype html>
<html>
  <head>
    <meta charset="utf-8">
    <title>String对象</title>
    <script>
      window.onload=function(){
        sth=new String("这是一个字符串对象");       //定义字符串对象
        document.write ("sth='这是一个字符串对象'","<br>");
        document.writeln ("sth字符串的长度为:",sth.length, "<br>");
        document.writeln ("sth字符串的第4个字符为:'",sth.charAt (4),"'<br>");
        document.writeln ("从第2到第5个字符为:'",sth.substring (2,5),"'<br>");
        document.writeln (sth.link("http://www.whpu.edu.cn"),"<br>");
      }
    </script>
  </head>
  <body>
  </body>
</html>
```

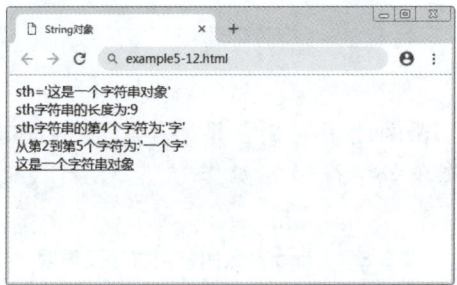

图 5-16　String 对象的使用

2. Array对象

数组是一个有序数据项的数据集合。JavaScript中的Array对象允许用户创建和操作一个数组,并支持多种构造函数。数组下标从0开始,所建的元素拥有从0到size-1的索引。在数组被创建之后,数组的各个元素都可以使用 "[ ]" 标识符进行访问。Array对象的常用方法及说明见表5-9。

表 5-9　Array 对象的常用方法及说明

方　法	说　明
concat(array2)	返回包含当前引用数组和 array2 数组级联的 Array 对象
reverse( )	把一个 Array 对象中的元素在适当位置进行倒序
pop()	从一个数组中删除最后一个元素并返回这个元素
push()	添加一个或多个元素到某个数组的后面并返回添加的最后一个元素
shift()	从一个数组中删除第 1 个元素并返回这个元素
slice(start,end)	返回数组的一部分。从 index 到最后一个元素来创建一个新数组
sort()	排序数组元素,将没有定义的元素排在最后
unshift()	添加一个或多个元素到某个数组的前面并返回数组的新长度

例5-13说明了数组对象方法的应用，其在浏览器中的显示结果如图5-17所示。

【例5-13】example5-13.htm

```html
<!doctype html>
<html>
  <head>
    <meta charset="utf-8">
    <title>数组对象</title>
    <script>
      window.onload=function(){
        var mycars = new Array()         //定义数组对象
        mycars[0] = "Audi"               //给数组对象的第1个元素赋值
        mycars[1] = "Volvo"
        mycars[2] = "BMW"
        for (x in mycars.sort()){        //按字母大小对数组进行排序
          document.write(mycars[x] + "<br />")
        }
      }
    </script>
  </head>
  <body>
  </body>
</html>
```

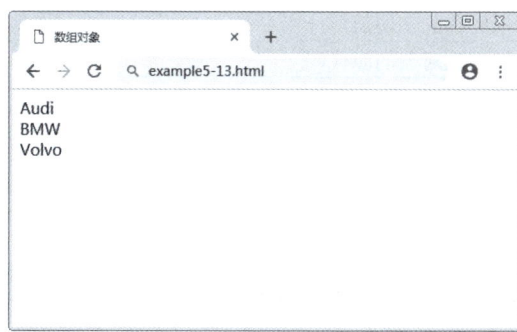

图 5-17　Array 对象的应用

3. Math对象

Math对象用于执行数学任务。Math对象的常用属性及说明见表5-10。

表 5-10　Math 对象的常用属性及说明

属　　性	说　　明
E	返回算术常量 e，即自然对数的底数（约等于 2.718）
LN2	返回 2 的自然对数（约等于 0.693）
LN10	返回 10 的自然对数（约等于 2.302）
LOG2E	返回以 2 为底的 e 的对数（约等于 1.414）
LOG10E	返回以 10 为底的 e 的对数（约等于 0.434）
PI	返回圆周率（约等于 3.14159）
SQRT1_2	返回 2 的平方根的倒数（约等于 0.707）
SQRT2	返回 2 的平方根（约等于 1.414）

Math对象的常用方法及说明见表5-11。

表 5-11　Math 对象的常用方法及说明

方　法	说　明
abs(x)	返回数的绝对值
acos(x)	返回数的反余弦值
asin(x)	返回数的反正弦值
atan(x)	以介于 –PI/2 与 PI/2 弧度之间的数值来返回 x 的反正切值
atan2(y,x)	返回从 x 轴到点 (x,y) 的角度（介于 –PI/2 与 PI/2 弧度之间）
ceil(x)	对数进行上舍入
cos(x)	返回数的余弦值
exp(x)	返回 e 的指数
floor(x)	对数进行下舍入
log(x)	返回数的自然对数（底为 e）
max(x,y)	返回 x 和 y 中的最高值
min(x,y)	返回 x 和 y 中的最低值
pow(x,y)	返回 x 的 y 次幂
random()	返回 0 ~ 1 之间的随机数
round(x)	把数四舍五入为最接近的整数
sin(x)	返回数的正弦值
sqrt(x)	返回数的平方根
tan(x)	返回角的正切值
toSource()	返回该对象的源代码

例5-14用于说明Math方法的应用。该例实现网页上进行的猜数游戏，先使用Math.round()生成一个0~100之间的随机数，让用户来猜，当用户所猜数据大于生成的随机数时，提示用户所输入的"数据大了！"；当小于正确值时，提示"数据小了！"；相等时则提示用户"恭喜您，猜对了！"，其在浏览器中的显示结果如图5-18所示。

【例5-14】example5-14.html

```html
<!doctype html>
<html>
  <head>
  <meta charset="utf-8">
  <title>Math对象</title>
  <script>
    window.onload=function(){
      var myrandom=Math.floor(Math.random()*100);        //生成0~100的随机数
      var myBtn=document.getElementById("btn");          //通过ID获取按钮对象
      var myInput=document.getElementById("myIn");       //通过ID获取输入框对象
      var myDisplay=document.getElementById("display");  //获取显示对象
      myBtn.onclick=function(){                          //按钮增加单击事件函数
        myValue=myInput.value;                           //获取用户输入的数据
        //判断用户输入的不是数字数据，提示用户
        if(isNaN(myValue)) myDisplay.innerHTML="请0~100输入数字";
        else{
          //输入的数据大了，给用户提示
          if(myValue>myrandom) myDisplay.innerHTML="数据大了！";
          //输入的数据小了，给用户提示
          else if(myValue<myrandom) myDisplay.innerHTML="数据小了！";
          else myDisplay.innerHTML="恭喜您，猜对了！";
```

```
        }
      }
    }
   </script>
   <style>
     #display{background-color:red;
        color:white;
        font-size:16px;
        font-weight:bold;}
   </style>
  </head>
  <body>
    <input type="text" id="myIn">
    <input type="button" value="猜数" id="btn" />
    <label id="display"></label>
  </body>
</html>
```

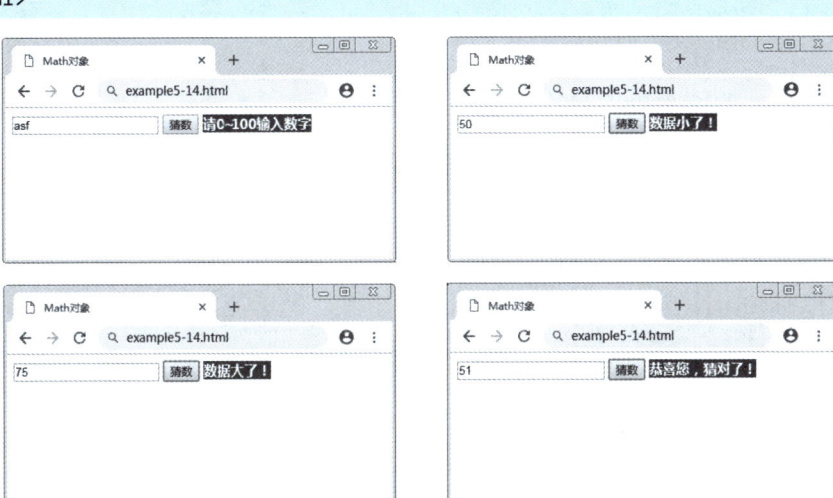

图 5-18　Math 对象的应用

4. Date对象

在JavaScript中，使用Date对象进行设置或获取当前系统的日期和时间。定义Date对象的方法如下：

var 变量名= new Date();

Date对象提供了很多方法，利用这些方法可以在网页中制作出很多漂亮的效果，如倒计时时钟，在网页上显示今天的年月日，计算用户在本网页上的逗留时间，在网页上显示一个电子表，网络考试的计时器等。Date对象的常用方法及说明见表5-12。

表 5-12　Date 对象的常用方法及说明

方　　法	说　　明
getDate()	返回在一个月中的哪一天（1～31）
getDay()	返回在一个星期中的哪一天（0～6），其中星期日为0
getHours()	返回在一天中的哪一个小时（0～23）
getMinutes()	返回在一小时中的哪一分钟（0～59）
getSeconds()	返回在一分钟中的哪一秒（0～59）
getYear()	返回年号

方　法	说　明
setDate(day)	设置日期
setHours(hours)	设置小时
setMinutes(mins)	设置分钟
setSeconds(secs)	设置秒
setYear(year)	设置年

例5-15是用于在浏览器中显示当前日期和时间的实例，其在浏览器中的显示结果如图5-19所示。

【例5-15】example5-15.html

```
<!doctype html>
<html>
  <head>
    <meta charset="utf-8">
    <title>Date对象</title>
    <script>
      window.onload=function(){
        Stamp = new Date();
        document.write('<font size="2"><B>' + Stamp.getFullYear()+"年"
          +(Stamp.getMonth() + 1) +"月"
          + Stamp.getDate()+ "日"
          +'</B></font><BR>');
        Hours = Stamp.getHours();
        if (Hours >= 12){
          Time = " 下午"; }
        else{
          Time = " 上午"; }
        if (Hours > 12) {
          Hours -= 12;}
        if (Hours == 0) {
          Hours = 12;}
        Mins = Stamp.getMinutes();
        if (Mins < 10) {
          Mins = "0" + Mins; }
        document.write('<font size="2"><B>' + Time + Hours
          + ":"+ Mins + '</B></font>');
      }
    </script>
  </head>
  <body>
  </body>
</html>
```

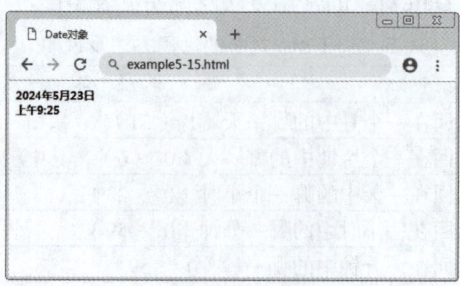

图 5-19　Date 对象的应用

5.3.3 创建自定义对象

1. 基本概念

JavaScript中存在一些标准的类,如Date、Array、RegExp、String、Math、Number等。另外,用户可以根据实际需要定义自己的类,如定义User类、Hashtable类等。

2. JSON方法

对象表示法(JavaScript Object Notation,JSON)是一种轻量级的数据交换格式,其采用完全独立于语言的文本格式,是理想的数据交换格式,特别适用于JavaScript与服务器的数据交互。利用JSON格式创建对象的方法如下:

```
var jsonobject={
  propertyName:value,                //对象内的属性
  functionName:function(){statements;}   //对象内的方法
};
```

其中,propertyName是对象的属性;value是对象的值,值可以是字符串、数字或对象;functionName是对象的方法;function(){statements;}用于定义匿名函数。例如:

```
var user={name:"user1",age:18};
var user={name:"user1",job:{salary:3000,title:"programmer"}}
```

以这种方式也可以初始化对象的方法。例如:

```
var user={
  name:"user1",          //定义属性
  age:18,
  getName:function(){    //定义方法
    return this.name;
  }
}
```

例5-16定义了一个JSON对象,通过该例让读者体会JSON对象的使用方法,其在浏览器中的显示结果如图5-20所示。

【例5-16】example5-16.html

```
<!doctype html>
<html>
  <head>
    <meta charset="utf-8">
    <title>JSON对象</title>
    <script>
      window.onload=function(){
        var student={       //定义JSON对象
          studentId:"20190501001",
          username:"刘艺丹",
          tel:{home:81234567,mobile:13712345678},
          address:
          [
            {city:"武汉",postcode:"420023"},
            {city:"宜昌",postcode:"443008"}
          ],
          show:function(){
```

```
                document.write("学号:"+this.studentId+"<br/>");
                document.write("姓名:"+this.username+"<br/>");
                document.write("宅电:"+this.tel.home+"<br/>");
                document.write("手机:"+this.tel.mobile+"<br/>");
                document.write("工作城市:"+this.address[0].city+",邮编:")
                document.write(this.address[0].postcode+"<br/>");
                document.write("家庭城市:"+this.address[1].city)
                document.write(",邮编:"+this.address[1].postcode+"<br/>");
            }
        };
        student.show();      //调用对象的方法
    }
    </script>
  </head>
  <body>
  </body>
</html>
```

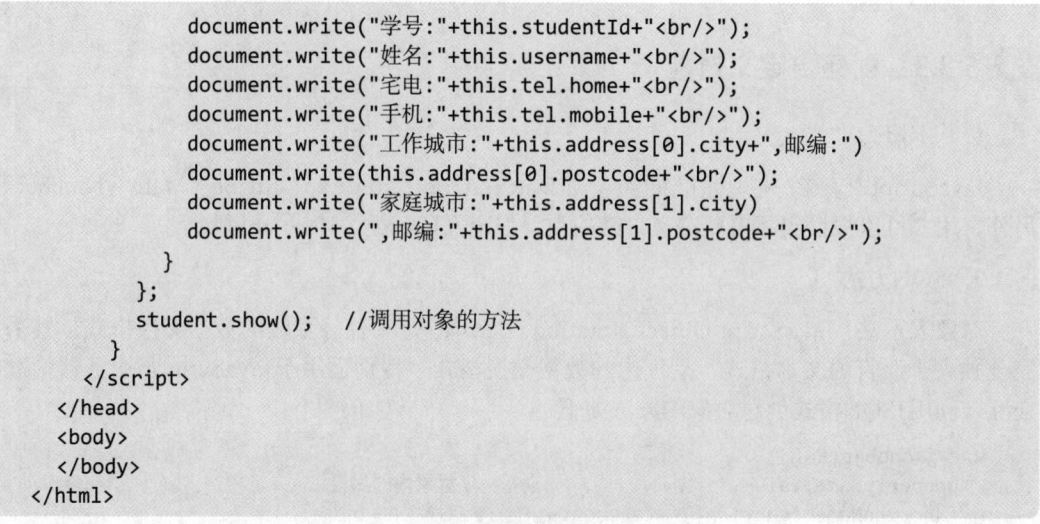

图 5-20　JSON 对象的应用

3. 构造函数方式

可以设计一个构造函数，然后通过调用构造函数来创建对象。构造函数可以带有参数，也可以不带参数。其语法格式如下：

```
function funcName([param]){
  this.property1=value1|param1;
  ...
  this.methodName=function(){};
  ...
};
```

上面编写的构造函数可以通过new方式来创建对象，构造函数本身可以带有构造参数。例5-17通过构造函数方式定义对象，并通过调用对象的方法来获取相关数据，其在浏览器中的显示结果如图5-21所示。

【例5-17】example5-17.html

```
<!doctype html>
<html>
  <head>
    <meta charset="utf-8">
    <title>构造方法定义对象</title>
    <script>
      window.onload=function(){
        function Student(name, age) {          //定义构造方法
          this.name = name;                    //定义类属性
          th1s.age = age;
```

```
            this.alertName = alertName;              //指定方法函数
        }
        function alertName() {                       //定义类方法
          document.write("姓名: "+this.name)
          document.write(",年龄: "+this.age+"<br/>");
        }
        var stu1 = new Student("刘艺丹", 20);        //创建对象
        stu1.alertName();                            //调用对象方法
        var stu2 = new Student("张文普", 18);
        stu2.alertName();
      }
    </script>
  </head>
  <body>
  </body>
</html>
```

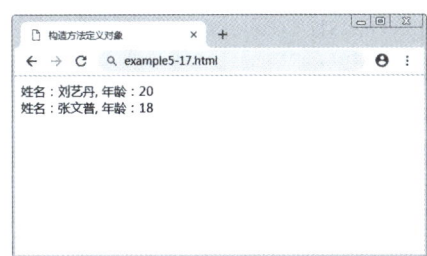

图 5-21　通过构造函数定义对象

JavaScript中可以为对象定义3种类型的属性：私有属性、实例属性和类属性。与Java类似，私有属性只能在对象内部使用，实例属性必须通过对象的实例进行引用，而类属性可以直接通过类名进行引用。

（1）私有属性只能在构造函数内部定义与使用，定义私有属性的语法格式如下：

```
var propertyName=value;
```

例如：

```
function User(age){
  this.age=age;
  var isChild=age<12;
  this.isLittleChild=isChild;
}
var user=new User(15);
alert(user.isLittleChild);      //正确的方式
alert(user.isChild);            //报错：对象不支持此属性或方法
```

（2）实例属性的定义有两种方式。

1）prototype方式，语法格式如下：

```
functionName.prototype.propertyName=value
```

2）this方式，语法格式如下：

```
this.propertyName=value
```

需要说明的是，以上语法格式中的value可以是字符、数字和对象。

（3）原型方法。使用原型方法也可以创建对象，即通过原型向对象添加必要的属性和方法。使用这种方法添加的属性和方法属于对象，每个对象实例的属性值和方法都是相同的，可以再

通过赋值的方式修改属性或方法。

在JavaScript中，可以通过prototype属性为对象添加新的属性和方法。例5-18对String对象添加了3个新的方法，即trimstr()、ltrim()、rtrim()，其在浏览器中的显示结果如图5-22所示。

【例5-18】example5-18.html

```html
<!doctype html>
<html>
  <head>
    <meta charset="utf-8">
    <title>原型法定义对象</title>
    <script>
      window.onload=function(){
        var str1=new String("  hello  ")
        //定义在字符串对象中添加trimStr方法，功能是删除字符串两端的空格
        String.prototype.trimStr= function() {
          return this.replace(/(^\s*)|(\s*$)/g, "");     //这里使用正则表达式
        };
        //定义在字符串对象中添加ltrim方法，删除字符串左空格
        String.prototype.ltrim = function() {
          return this.replace(/(^\s*)/g, "");
        };
        //定义在字符串对象中添加rtrim方法，删除字符串右空格
        String.prototype.rtrim = function() {
          return this.replace(/(\s*$)/g, "");
        };
        var eg1 = str1.trimStr();
        document.write("源串长度："+str1.length);
        document.write("<br/>目的串长度："+eg1.length);
      }
    </script>
  </head>
  <body>
  </body>
</html>
```

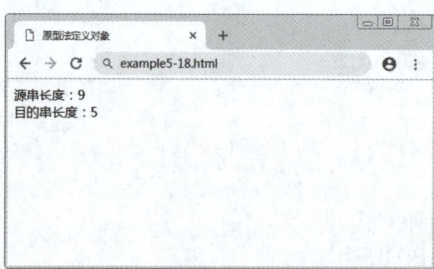

图 5-22　原型方法定义对象

（4）混合方法。使用构造函数可以让对象的实例指定不同的属性值，每创建一个对象时，都会调用一次内部方法。对于原型方法，因为构造函数没有参数，所有被创建对象的属性值都相同，要想创建属性值不同的对象，只能通过赋值的方式覆盖原有的值。

在实际应用中，一般采用构造方法和原型方法相混合的方式。对于对象共有的属性和方法可以使用原型方法，对于对象的实例的所有属性可以使用构造方法。例5-19使用混合方法构建对象，其在浏览器中的显示结果如图5-23所示。

【例5-19】example5-19.html

```html
<!doctype html>
<html>
  <head>
    <meta charset="utf-8">
    <title>混合法定义对象</title>
    <script>
      window.onload=function(){
        //使用构造方法声明属性
        function User(name, age, address, mobile, email) {
          this.name = name;
          this.age = age;
          this.address = address;
          this.mobile = mobile;
          this.email = email;
        };
        //使用原型方法声明方法
        User.prototype.show = function() {
          document.write("name:" + this.name + "<br/>");
          document.write("age:" + this.age + "<br/>");
          document.write("address:" + this.address + "<br/>");
          document.write("mobile:" + this.mobile + "<br/>");
          document.write("email:" + this.email + "<br/>");
        }
        var u1 = new User("刘红",20,"辽宁", "13612345678", "lh1688@163.com");
        var u2 = new User("张普",18, "河南", "13812345678", "lina@163.com");
        u1.show();
        u2.show();
      }
    </script>
  </head>
  <body>
  </body>
</html>
```

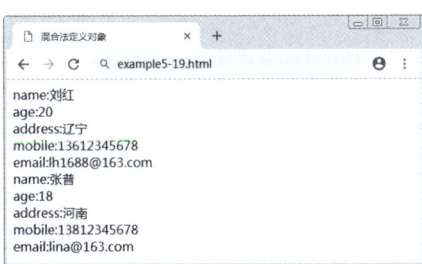

图 5-23　混合法定义对象

5.4　本章小结

本章主要讲解JavaScript基础知识，重点理解JavaScript变量的使用、JavaScript中常见的数据类型、JavaScript的条件语句和循环语句、函数的定义与调用。在学习过程中主要注意以下几个方面。

（1）JavaScript对大小写敏感。

(2)使用关键字var声明变量,JavaScript是弱类型语言,声明变量时不需要指定变量。

(3) JavaScript常用的数据类型主要包括string(字符串类型)、number(数值类型)、boolean(布尔类型)、undefined(未定义类型)、null(空类型)和object(对象类型)。

(4)条件语句有if语句和switch语句。

(5)循环语句有for语句、while语句、do…while语句,跳出循环的语句有break语句和continue语句,break是跳出整个循环,continue是跳出单次循环。

(6)函数分为系统函数和自定义函数,自定义函数需要先创建再调用。自定义函数分为有参函数和无参函数。

(7) JavaScript语言的事件触发机制,并能掌握几种常见的事件定义方法。

通过本章的学习,应该熟练掌握JavaScript语言的基础知识,为后续章节的学习打下良好基础。

5.5 习题5

扫描二维码,查看习题。

扫描二维码
查看习题

5.6 实验5 猜数游戏

扫描二维码,查看实验内容。

扫描二维码
查看实验内容

扫一扫，看视频

扫描二维码
查看示例演示目录

CHAPTER

6 DOM编程

学习目标：

本章主要讲解BOM对象模型和DOM对象模型，重点讲解几种主要对象的重要属性和方法，主要包括Window对象、Document对象、Form对象、Location对象和History对象。通过本章的学习，读者应该掌握以下内容。

- BOM模型和DOM模型的基本概念。
- Window对象的重要属性和方法。
- Document对象的重要属性和方法。
- 使用getElement系列方法实现DOM元素的查找和定位。
- 使用DOM标准操作实现节点的增、删、改、查。
- 使用HTML DOM特有操作实现HTML元素内容的修改。

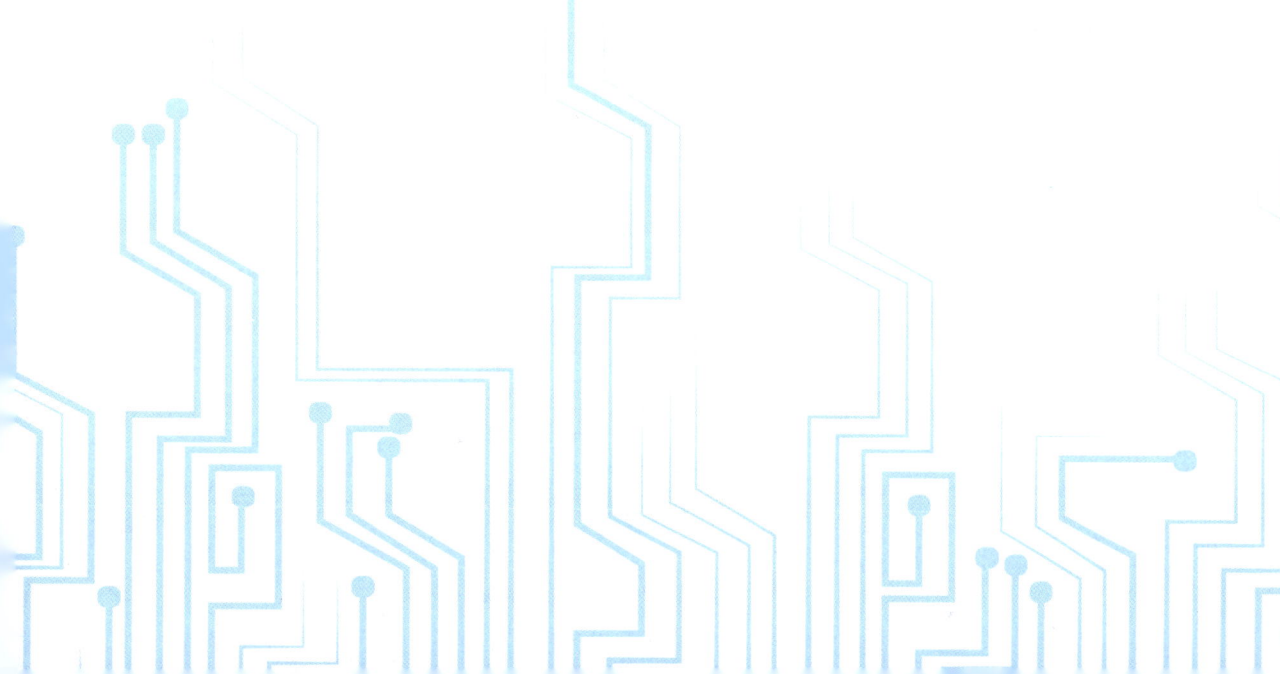

思维导图简图

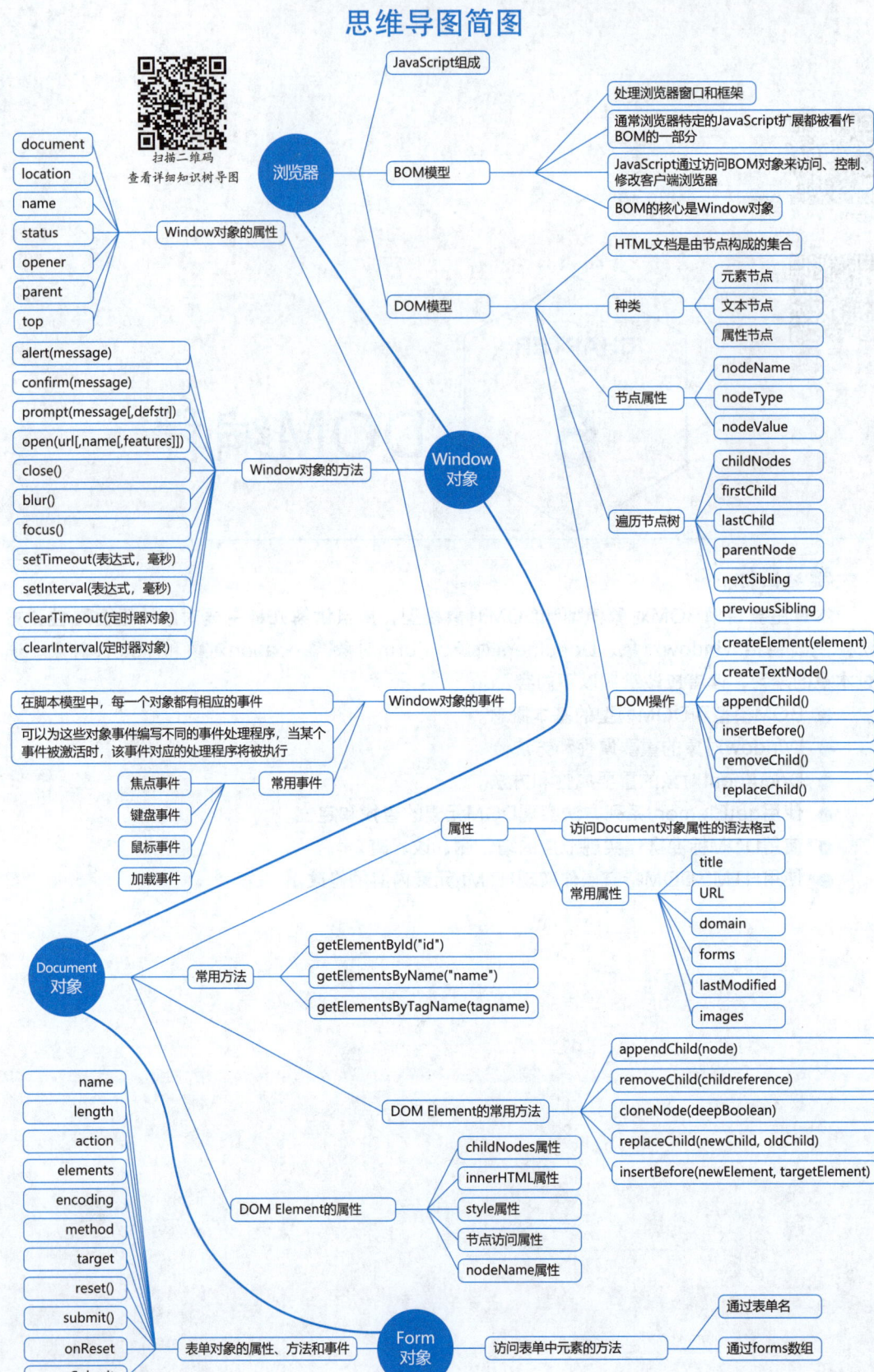

6.1　浏览器

JavaScript由以下3部分组成。

（1）核心（ECMAScript）：描述了JavaScript的语法和基本对象。

（2）文档对象模型（Document Object Model，DOM）：是W3C的标准，是所有浏览器共同遵守的标准，是处理网页内容的方法和接口，是HTML和XML的应用程序接口（Application Programming Interface，API）。

（3）浏览器对象模型（Browser Object Model，BOM）：是各个浏览器厂商根据DOM在各自浏览器上的实现，由于在不同浏览器中的定义有差别，所以实现方式也略有不同，是与浏览器交互的方法和接口。

这3部分根据浏览器的不同，具体的表现形式也不尽相同，其中IE浏览器和其他的浏览器风格差异较大。DOM是为了操作文档出现的API，Document是其中的一个对象；而BOM是为了操作浏览器出现的API，Window是其中的一个对象。

1. BOM模型

BOM主要处理浏览器窗口和框架，但通常浏览器特定的JavaScript扩展都被看作BOM的一部分。这些扩展包括：

- 弹出新的浏览器窗口。
- 移动、关闭浏览器窗口以及调整窗口大小。
- 提供Web浏览器详细信息的定位对象。
- 提供用户屏幕分辨率详细信息的屏幕对象。

JavaScript通过访问BOM对象来访问、控制、修改客户端浏览器，由于BOM的Window对象包含Document对象，Window对象的属性和方法可以直接使用而且被感知，因此可以直接使用Window对象的Document属性，通过Document属性可以访问、检索、修改XHTML文档的内容与结构。可以说，BOM对象包含DOM对象，浏览器提供出来给予访问的是BOM对象，从BOM对象再访问到DOM对象，从而JavaScript可以操作浏览器以及浏览器读取到的文档。BOM对象模型如图6-1所示。

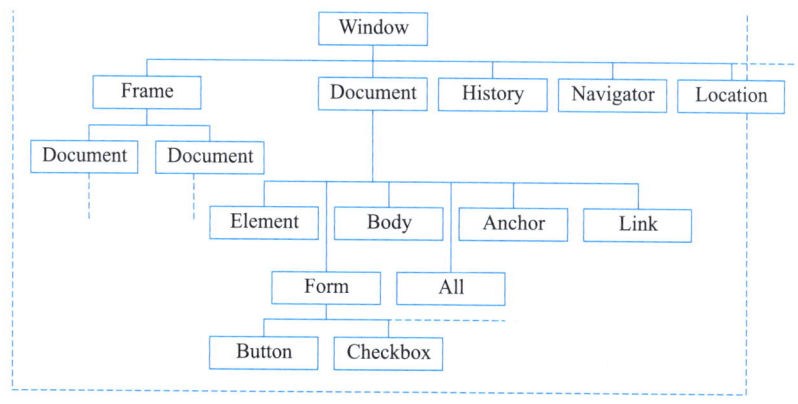

图6-1　BOM对象模型

从图6-1可以看出，Window对象是所有对象的顶级对象，前面章节用到的document.write()实际是window.document.write()。创建的所有全局变量和全局函数都是存储到Window

对象中的，BOM的核心是Window对象，而Window对象又具有双重角色，既是通过JavaScript访问浏览器窗口的一个接口，又是一个Global（全局）对象。这意味着在网页中定义的任何对象、变量和函数，都以Window作为其全局对象。Window对象包括对Document、History、Location、Navigator、Screen和Event这6个对象的引用。

第2层对象中有框架结构（Frame），在框架结构的每一个Frame对象中都包含一个Document对象；Document对象表示当前显示的文档；History对象表示文档的历史记录（曾经访问过该文档的URL地址记录清单）；Location对象表示当前文档所在的位置（URL地址、文件名以及与当前文档位置有关的其他属性）；Navigator对象表示返回浏览器被使用的信息。

2. DOM模型

在理解DOM模型之前，先来看看以下代码。

```
<!doctype html>
<html>
  <head>
    <meta charset="utf-8">
    <title>DOM</title>
  </head>
  <body>
    <h2><a href="http://www.baidu.com">javascript DOM</a></h2>
    <p>对HTML元素进行操作，可添加、改变或移除CSS样式等</p>
    <ul>
      <li>JavaScript</li>
      <li>DOM</li>
      <li>CSS</li>
    </ul>
  </body>
</html>
```

将HTML代码分解为DOM节点层次图，如图6-2所示。

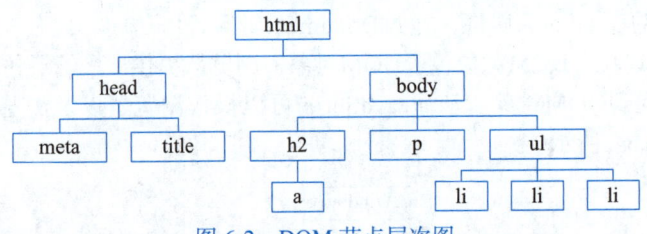

图6-2　DOM节点层次图

由图6-2可以看出，HTML文档是由节点构成的集合，DOM节点包括以下几类。

（1）元素节点：图6-2中的<html>、<body>、<p>等都是元素节点，即标记或标签。

（2）文本节点：向用户展示的内容，如<li>…</li>中的JavaScript、DOM、CSS等文本。

（3）属性节点：元素属性，如<a>标签的链接属性href="http://www.baidu.com"。

节点属性nodeName返回一个字符串，其内容是节点的名称；节点属性nodeType返回一个整数，这个整数代表给定节点的类型；节点属性nodeValue返回给定节点的当前值。

遍历节点树childNodes返回一个数组，这个数组由给定元素的子节点构成，firstChild返回第1个子节点；lastChild返回最后一个子节点；parentNode返回一个给定节点的父节点；nextSibling返回给定节点的下一个子节点；previousSibling返回给定节点的上一个子节点。

DOM操作createElement(element)创建一个新的元素节点；createTextNode()创建一个包含给定文本的新文本节点；appendChild()指定在节点的最后一个节点列表后添加一个新的子节点；

insertBefore()将一个给定节点插入到一个给定元素节点的给定子节点的前面;removeChild()从一个给定元素中删除子节点;replaceChild()把一个给定父元素中的子节点替换为另外一个节点。

DOM通过创建树来表示文档,描述了处理网页内容的方法和接口,从而使开发者对文档的内容和结构具有很强的控制力,用DOM API可以轻松地删除、添加和替换节点。

6.2 Window对象

Window对象封装了当前浏览器的环境信息。一个Window对象中可以包含几个Frame(框架)对象。每个Frame对象在所在的框架区域内作为一个根基,相当于整个窗口的Window对象。下面详细介绍Window对象的属性、方法和事件。

6.2.1 Window 对象的属性

广义的Window对象包括浏览器的每一个窗口、每一个框架或者活动框架(iFrame)。Window对象的属性及说明见表6-1。

表 6-1　Window 对象的属性及说明

属　　性	说　　明
frames	当前窗口中所有 Frame 对象的数组
status	浏览器的状态行信息,该属性可以返回或设置在浏览器状态中显示的内容
defaultstatus	浏览器默认的状态行信息,该属性可以返回或设置状态栏显示的默认内容
history	当前窗口的历史记录,这可以引用在网页导航中
closed	当前窗口是否关闭的逻辑值
document	当前窗口中显示的当前文档对象
location	当前窗口中显示的当前 URL 的信息
name	当前窗口对象的名字
opener	打开当前窗口的父窗口
parent	包含当前窗口的父窗口
top	一系列嵌套的浏览器中的最顶层的窗口,即代表最顶层窗口的一个对象
self	返回当前窗口的一个对象,可以通过这个对象访问当前窗口的属性和方法
length	当前窗口中帧的个数

6.2.2 Window 对象的方法

Window对象的方法及说明见表6-2。

表 6-2　Window 对象的方法及说明

方　　法	说　　明
alert(message)	弹出一个具有 OK 按钮的系统消息框,显示指定的文本
confirm(message)	弹出一个具有 OK 和 Cancel 按钮的询问对话框,返回一个布尔值。如果单击 OK 按钮,返回 true,否则返回 false
prompt(message[,defstr])	提示用户输入信息,接收两个参数,即要显示给用户的文本 message 和文本框中的默认值 defstr,将文本框中的值作为函数值返回

续表

方法	说明
open(url[,name[,features]])	打开新窗口
close()	关闭窗口
blur()	失去焦点
focus()	获得焦点
print()	输出
moveBy(x,y)	相对移动
moveTo(x,y)	绝对移动
resizeBy(x,y)	相对改变窗口尺寸
resizeTo(x,y)	绝对改变窗口尺寸
scrollBy(x,y)	相对滚动
scrollTo(x,y)	绝对滚动
setTimeout(表达式,毫秒)	设置定时器。设置在指定的毫秒数后执行指定的代码，该方法有两个参数：要执行的代码和等待的毫秒数，并且仅执行一次指定的代码
setInterval(表达式,毫秒)	设置定时器。无限次地每隔指定的时间段重复一次指定的代码，参数同setTimeout()一样
clearTimeout(定时器对象)	清除setTimeout设定的定时器。还未执行的代码暂停，将暂停定时对象ID传递给该方法
clearInterval(定时器对象)	清除setInterval设定的定时器。还未执行的代码暂停，将暂停定时对象ID传递给该方法

例6-1是在浏览器中使用setTimeout()方法设计一个电子钟。setTimeout()方法用于设置一个计时器，该计时器以毫秒为单位，当到达设定时间时会自动地调用一个函数。该方法的第1个参数用于指定到达设定时间后所调用函数的名称；第2个参数用于设定计时器的时间间隔。例6-1在浏览器中的显示结果如图6-3所示。

【例6-1】example6-1.html

```
<!doctype html>
<html>
  <head>
    <meta charset="utf-8">
    <title>setTimeout方法</title>
    <script>
      window.onload=function(){
        dispTime=document.getElementById("dispTime")
        dispTime.value="hello";
        interval=1000;                                      //设定时间1s
        function change(){
          var today = new Date();                           //获取当前时间
          dispTime.innerHTML = two(today.getHours()) + ":"   //小时
          dispTime.innerHTML+= two(today.getMinutes()) + ":"//分钟
          dispTime.innerHTML+= two(today.getSeconds());     //秒
          timerID=window.setTimeout(change,interval);
```

```
                //设置定时1s执行一次change()函数
            }
            function two(x){
                return(x>=10?x:"0"+x); //如果是一位数字前面加0, 变成两位
            }
            change()
        }
    </script>
</head>
<body>
    <label id="dispTime"></label>
</body>
</html>
```

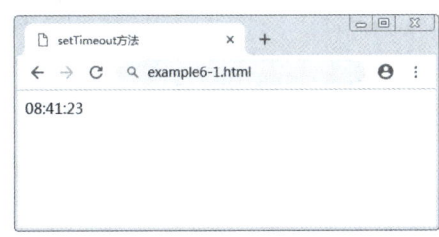

图6-3 用setTimeout()方法设置脚本计时器

timerID=window.setTimeout(change,interval)用于创建一个计时器,每隔1s调用change()子函数一次,该语句存放在change()函数内部,这种调用方法称为递归调用。在设置计时器的同时,创建了一个计时器对象,其句柄是timerID,以后可以对这个对象进行操作,如可以通过clearTimeout()方法清除这个计时器,语句如下:

```
window.clearTimeout(timerID)
```

例6-2是对HTML、CSS、JavaScript综合运用的实例。该例中使用5张图片,使用setInterval()方法进行定时,到达定时后,则通过JavaScript程序改变<img>标记中的src属性,并同时改变数字的显示样式,也可以通过单击图片的导航数字来改变当前显示的图片,即实现轮播图效果。例6-2在浏览器中的显示结果如图6-4所示。

【例6-2】example6-2.html

```
<!doctype html>
<html>
    <head>
        <meta charset="utf-8">
        <title>setInterval方法</title>
        <script>
            window.onload=function(){
                imgCount=0;                                        //当前图片计数器
                myImg=document.getElementById("myImg");            //获取图片标记对象
                myBox=document.getElementById("box");              //获取div块对象
                myNumberBox=document.getElementById("number");     //获取列表对象
                //获取列表元素标记对象
                myNumberLi=myNumberBox.getElementsByTagName("li");
                for(i=0;i<myNumberLi.length;i++){                  //访问每一个列表元素
                    myNumberLi[i].index=i;                         //记录当前标记索引
                    myNumberLi[i].onclick=function(){              //给当前元素添加单击事件
                        for(i=0;i<myNumberLi.length;i++){          //清除列表元素的类样式
                            myNumberLi[i].classList.remove("active");
```

```
            }
            this.classList.add("active");      //给当前列表元素添加active类样式
            imgCount=this.innerHTML-1;          //调整显示图片索引值
            //改变<img>标记中显示的图片
            myImg.src="images/"+imgCount+".jpg";
          }
       myBox.onmouseover=function(){            //当鼠标指针移入div块
           clearInterval(timeOUT);              //清除定时,让图片不动
       }
       myBox.onmouseout=function(){             //当鼠标指针移出div块
           timeOUT=setInterval(changeImg,1000); //启动定时器
       }
       function changeImg(){
           imgCount++;                          //图片索引值自动加1
           imgCount=imgCount%5;                 //超过5,从0开始,目的是循环播放
           myImg.src="images/"+imgCount+".jpg"; //拼接图片显示文件名
           for(i=0;i<myNumberLi.length;i++){    //清除列表元素类样式
              myNumberLi[i].classList.remove("active");
           }
           this.classList.add("active");        //给当前列表元素添加active类样式
       }
       timeOUT=setInterval(changeImg,1000);     //启动定时器
    }
</script>
<style>
   *{                                           //选中所有元素
      margin:0px;                               //外边距清0
      padding:0px;                              //内边距清0
   }
   #box{                                        //选中ID为box的div块
      width:520px;                              //宽度为520px
      height:280px;                             //高度为520px
      border:1px solid red;                     //边框线为1px,实心线,红色
      margin:100px auto;                        //外边距:上下为100px,左右居中
      position:relative;                        //定位:相对定位,设定为移动参考点
   }
   #box ul{
      list-style:none;                          //清除列表风格,目的是削除列表前的符号
   }
   #number{
      position:absolute;                        //设为绝对定位,按照参考点进行移动
      right:10px;                               //移动后,离右边10px
      bottom:10px;                              //移动后,离底端10px
   }
   #number li{
      width:20px;                               //宽度为20px
      height:20px;                              //高度为20px
      border-radius:50%;                        //边框倒角为50%
      text-align:center;                        //文本对齐方式为居中
      line-height:20px;                         //行高为20px
      float:left;                               //左浮动,列表元素横向排列
      margin:5px;                               //外边距为5px,列表元素间隔拉开
      background:white;                         //背景颜色设为白色
   }
   #number li:hover{                            //鼠标指针移入样式
      color:white;                              //字体为白色
      background:red;                           //背景为红色
```

```
      }
      #box ul li.active{
        background:#F30;                              //背景色为#F30
      }
    </style>
  </head>
  <body>
    <div id="box">
      <ul>
        <li><img src="images/0.jpg" id="myImg"></li>
      </ul>
      <ul id="number">
        <li class="active">1</li>
        <li>2</li>
        <li>3</li>
        <li>4</li>
        <li>5</li>
      </ul>
    </div>
  </body>
</html>
```

图 6-4　用 setInterval() 方法设置轮播图

　　setTimeout()方法与setInterval()方法都用于设置定时时钟，当到达定时后都会调用一个函数来完成某个特定的任务。但两者有本质的区别，setTimeout()方法是当到达定时后仅调用一次指定的函数；而setInterval()方法是如果不使用clearInterval()方法，则到达定时就不限次数地调用指定的函数。

6.2.3　Window 对象的事件

　　在脚本模型中，每一个对象都有相应的事件。常用的事件主要包括onblur、ondblclick、onfocus、onkeydown、onkeyup、onmousemove、onmouseover、onselectstart、onclick、ondragstart、onhelp、onkeypress、onmousedown、onmouseout、onmouseup等，可以为这些对象事件编写不同的事件处理程序，当某个事件被激活时，该事件对应的处理程序将被执行。

　　Window对象包含上面讲到的大多数对象的事件，这里不再一一详细介绍，仅介绍两个Window对象特有的事件：onload（加载）事件和onunload（关闭）事件。

　　onload事件是当浏览器把网页的所有内容全部加载完毕后执行的事件，一般可以通过这个事件在网页加载完毕后打开一些广告窗口，或在线人数在此事件中加1等。现在网页设计把所有的JavaScript脚本内容都放在这个事件中去进行相应的定义或使用。例6-3利用onload事件在网页被加载后弹出一个广告页。

【例6-3】example6-3.html

```html
<!doctype html>
<html>
  <head>
    <meta charset="utf-8">
    <title>onLoad事件</title>
    <script>
      window.onload=function(){
        /*open()方法的第1个参数是打开网页的地址*/
        /*第2个参数是打开位置*/
        /*第3个参数是浏览器窗口样式的设定*/
        /*本例中，打开网页地址是http://www.whpu.edu.cn*/
        /*打开的浏览器窗口中无工具条，无菜单条*/
        window.open("http://www.whpu.edu.cn", " ",
            "toolbar=no,menubar=no")
      }
    </script>
  </head>
  <body>
    Hello World!
  </body>
</html>
```

onunload事件是当浏览器窗口被关闭时，即当用户离开当前浏览窗口时被触发，一般在该事件中是对一些用户输入的数据进行保存、关闭某些与服务器的连接、在线人数减1等应用。例6-4利用onunload事件在网页被关闭时弹出一个对话框。

【例6-4】example6-4.html

```html
<!doctype html>
<html>
  <head>
    <meta charset="utf-8">
    <title>onUnload事件</title>
    <script>
      window.onunload=function(){
        alert("欢迎下次光临，再见！");
      }
    </script>
  </head>
  <body>
    Hello World!
  </body>
</html>
```

6.3 Document对象

6.3.1 Document 对象的属性

Document对象包含页面的实际内容，其属性和方法通常会影响文档在窗口中的外观与内容。所有符合W3C标准的浏览器都允许脚本在文档加载后访问页面的文本内容，还允许脚本在页面加载后动态创建内容。Document对象的许多属性都是文档中其他对象的数组。访问Document对象属性的语法格式如下：

```
document.propertyName
```

其中，propertyName表示属性。Document对象的常用属性及说明见表6-3。

表6-3　Document对象的常用属性及说明

属　　性	说　　明
title	文档的标题
URL	文档对应的URL
domain	当前文档的域名
lastModified	最后修改文档的时间
cookie	与文档相关的cookie
all	文档中所有HTML标记的数组。当前窗口中文档对象的第1个HTML标记是Document.all(0)。可以使用all属性对象的属性和方法，如Document.all.length将返回文档中HTML标记的个数
applets	文档中所有applets的信息，每一个applet都是这个数组中的一个元素
anchors	文档中所有带NAME属性的超链接（锚）的数组
forms	文档中所有的表单信息，每一个表单都是这个数组的一个元素
images	文档中所有的图像信息，每一个图像都是这个数组的一个元素
links	文档中所有的超链接信息，每一个超链接都是这个数组的一个元素
referrer	链接到当前文档的URL
embeds	文档中所有的嵌入对象的信息，每一个嵌入对象都是这个数组的一个元素

例6-5中对Document对象的部分属性的使用方法进行演示，其在浏览器中的运行结果如图6-5所示。

【例6-5】example6-5.html

扫一扫，看视频

```
<!doctype html>
<html>
  <head>
    <meta charset="utf-8">
    <title>document对象属性</title>
    <style>
      body{
        background-color:#CF9;
      }
    </style>
    <script>
      window.onload=function(){
        myDisp=document.getElementById("disp");
        myDisp.innerHTML="当前文档的标题："+document.title+"<br>";
        myDisp.innerHTML+="当前文档的最后修改日期："
          +document.lastModified+"<br>";
        myDisp.innerHTML+="当前文档中包含"+document.links.length
          +"个超级链接"+"<br>";
        myDisp.innerHTML+="当前文档中包含"+document.images.length
          +"个图像"+"<br>";
        myDisp.innerHTML+="当前文档中包含"+document.forms.length
          +"个表单"+"<br>";
```

```
        }
      </script>
    </head>
    <body>
      <a href="http://www.whpu.edu.cn">超级链接1</A>
      <a href="http://www.baidu.com">超级链接2</A>
      <img src="images/0.jpg" height="100" width="120" />
      <img src="images/1.jpg" height="100" width="120" />
      <img src="images/2.jpg" height="100" width="120" />
      <form action ="login.php">
        <input type="text" id="username" />
      </form>
      <div id="disp"></div>
    </body>
</html>
```

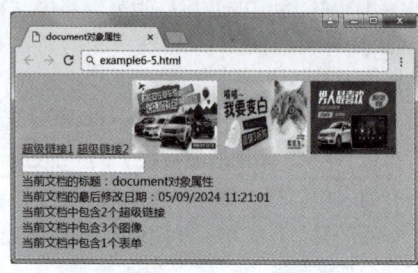

图 6-5　Document 对象的属性

6.3.2　Document 对象的常用方法

1. getElementById("id")方法

通过HTML元素的id属性访问元素，这是DOM一个基础的访问页面元素的方法。例如，在HTML中定义一个标记元素，代码如下：

```
<div id="box"></box>
```

getElementById方法返回一个值，通常将该值保存在一个变量中，供后面的脚本语句使用。如果需要获取上面定义的id="box"的div元素，并把其内容改为"Hello"，则使用以下语句。

```
var myBox=document.getElementById("box");
myBox.innerHTML="Hello";
```

通过getElementById()方法可以快速访问某个HTML元素，而不必通过DOM层层遍历。另外，使用getElementById()方法时如果元素的ID不是唯一的，会获得第1个符合条件的元素。例6-6中定义了两个相同的ID元素，用于说明通过getElementById()方法获取的是哪一个HTML元素，其在浏览器中的显示结果如图6-6所示。

【例6-6】example6-6.html

```
<!doctype html>
<html>
  <head>
    <meta charset="utf-8">
    <title>getElementById方法</title>
    <script>
```

扫一扫，看视频

```
      window.onload=function(){
        var myId=document.getElementById("myId");      //获取元素对象
        alert("获得的元素标记是"+myId.nodeName);         //弹出获取元素的标记名
      }
    </script>
  </head>
  <body>
    <input id="myId" name="myId" type="text"/>
    <div id="myId">
      getElementById方法测试
    </div>
  </body>
</html>
```

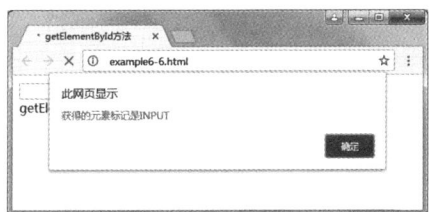

图 6-6　getElementById() 方法的应用

2. getElementsByName("name")方法

getElementsByName()方法用于返回HTML元素中指定name属性的元素数组，而且getElementsByName()方法仅用于Input、Radio、Checkbox等元素对象。例6-7中定义了多个input元素，通过getElementsByName("abc")方法选中name="abc"的input元素，返回的是一个对象数组，可以通过下标访问这个数组，其在浏览器中的显示结果如图6-7所示。

【例6-7】example6-7.html

```
<!doctype html>
<html>
  <head>
    <meta charset="utf-8">
    <title>getElementsByName方法</title>
    <script>
      window.onload=function(){
        var myName=document.getElementsByName("abc");
        var myDisp=document.getElementById("disp");
        myDisp.innerHTML="选中的复选个数是: "+myName.length+"<br>";
        myDisp.innerHTML+="第2个复选框的提交的值是:"
            +myName[1].value+"<br>";
        myDisp.innerHTML+="第3个复选框的选中状态是:"
            +myName[2].checked+"<br>";
      }
    </script>
  </head>
  <body>
    <form action="reg.php" method="post">
      用户名: <input type="text" name="username"><br>
      爱好:
        <input type="checkbox" name="abc" value="music">音乐
        <input type="checkbox" name="abc" value="football">足球
```

```
            <input type="checkbox" name="abc" value="badminton" checked>羽毛球
            <input type="checkbox" name="abc" value="basketball">篮球
        </form>
        <div id="disp"></div>
    </body>
</html>
```

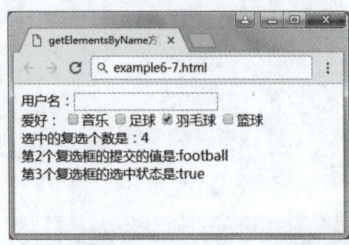

图 6-7 getElementsByName() 方法的应用

3. getElementsByTagName(tagname)方法

getElementsByTagName()方法返回指定HTML标记名的元素数组，通过遍历这个数组获得每一个单独的子元素。当处理很多级别元素的DOM结构时，使用这种方法可以减少程序代码的工作量。

例6-8中定义了多个p元素，通过getElementsByTagName("p")方法选中HTML标记是<p>的元素，返回的是一个对象数组，可以通过下标访问这个数组，其在浏览器中的显示结果如图6-8所示。

【例6-8】example6-8.html

```
<!doctype html>
<html>
    <head>
        <meta charset="utf-8">
        <title>getElementsByTagName方法</title>
        <script>
            window.onload=function(){
                //获得所有tagName是body的元素（当然每个页面只有一个）
                var myDocumentElements=document.getElementsByTagName("body");
                var myBody=myDocumentElements.item(0);
                //获得body子元素中的所有p元素
                var myBodyElements=myBody.getElementsByTagName("p");
                //获得第2个p元素，第1个元素的下标是0，第2个元素的下标是1
                var myP=myBodyElements.item(1);
                var myDisp=document.getElementById("disp");
                //显示这个元素的文本
                myDisp.innerHTML="显示第二个P元素的内容是："
                    +myP.firstChild.nodeValue;
            }
        </script>
    </head>
    <body>
        <p>hello</p>
        <p>world</p>
        <div id="disp"></div>
    </body>
</html>
```

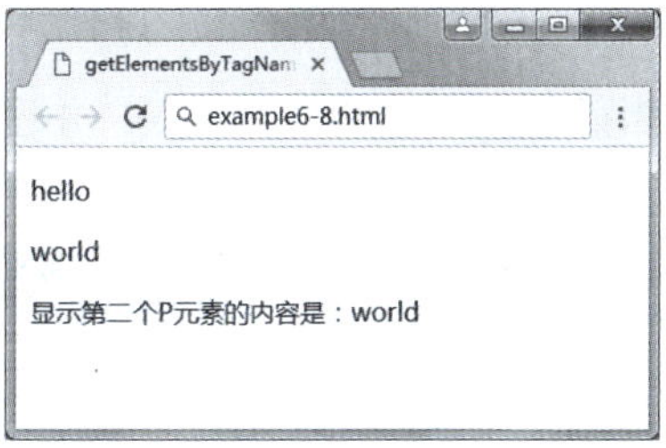

图 6-8　getElementsByTagName() 方法的应用

6.3.3　DOM Element 的常用方法

1. appendChild(node)方法

appendChild()方法是向当前节点对象追加节点，经常用于给页面动态地添加内容。例6-9给<ul>添加一个<li>子节点，其在浏览器中的显示结果如图6-9所示。

【例6-9】example6-9.html

```
<!doctype html>
<html>
  <head>
    <meta charset="utf-8">
    <title>appendChild方法</title>
    <script>
      window.onload=function(){
        var newNode=document.createElement("li")      //创建<li>节点
        var newText=document.createTextNode("羽毛球")   //创建节点文字
        newNode.appendChild(newText)                   //<li>节点内容添加文字
        //给<ul>添加<li>子节点
        document.getElementById("myNode").appendChild(newNode);
      }
    </script>
  </head>
  <body>
    <ul id="myNode">
      <li>音乐</li>
      <li>足球</li>
      <li>篮球</li>
    </ul>
  </body>
</html>
```

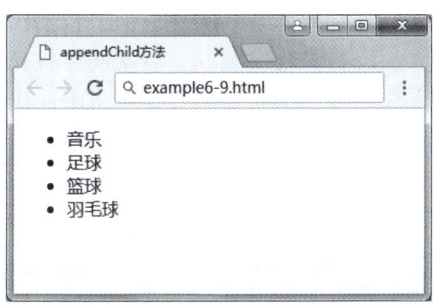

图 6-9　appendChild() 方法的应用

2. removeChild(childreference)方法

removeChild()方法是删除当前节点下的某个子节点，并返回被删除的节点。例6-10删除<ul>下的一个<li>节点，其在浏览器中的显示结果如图6-10所示。

【例6-10】example6-10.html

```html
<!doctype html>
<html>
  <head>
    <meta charset="utf-8">
    <title>removeChild方法</title>
    <script>
      window.onload=function(){
        var myUlNode=document.getElementById("myNode");    //获取<ul>节点
        //获取<ul>节点下的所有<li>节点
        var myLiNode=myUlNode.getElementsByTagName("li");
        //文字"足球"的<li>节点
        var childNode=myLiNode[1];
        //删除<ul>下指定的<li>节点
        var removedNode=myUlNode.removeChild(childNode)}
    </script>
  </head>
  <body>
    <ul id="myNode">
      <li>音乐</li>
      <li>足球</li>
      <li>篮球</li>
    </ul>
  </body>
</html>
```

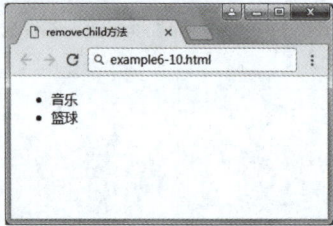

图6-10　removeChild() 方法的应用

3. cloneNode(deepBoolean)方法

cloneNode()方法用于复制并返回当前节点的复制节点，复制得到的节点是一个孤立的节点，不在document树中。该方法复制原来节点的属性值，包括ID属性，所以在把这个节点当作新节点加到document之前，一定要修改ID属性，以便使ID保持唯一性。如果ID的唯一性不重要，可以不进行处理。该方法支持一个布尔参数，当将deepBoolean设置为true时，复制当前节点的所有子节点，包括该节点内的文本。例6-11复制某个<ul>下的最后一个<li>节点到指定的<ul>下，本例是把id="youNode"的<ul>下的最后一个文本为"羽毛球"的<li>节点复制到id="myNode"的<ul>下，其在浏览器中的显示结果如图6-11所示。

【例6-11】example6-11.html

```html
<!doctype html>
```

```
<html>
  <head>
    <meta charset="utf-8">
    <title>coloneNode方法</title>
    <script>
      window.onload=function(){
        //获取<ul>节点
        var youUlNode=document.getElementById("youNode");
        //获取<ul>节点
        var myUlNode=document.getElementById("myNode");
        //获取<ul>节点下的所有<li>节点
        var youLiNode=youUlNode.getElementsByTagName("li");
        //复制某一个<li>节点
        var newNode=youLiNode[2].cloneNode(true);
        //添加<li>节点到指定的<ul>节点中
        myUlNode.appendChild(newNode);
      }
    </script>
  </head>
  <body>
    <ul id="youNode">你的爱好：
      <li>音乐</li>
      <li>足球</li>
      <li>羽毛球</li>
    </ul>
    <ul id="myNode">我的爱好：
      <li>篮球</li>
      <li>游泳</li>
    </ul>
  </body>
</html>
```

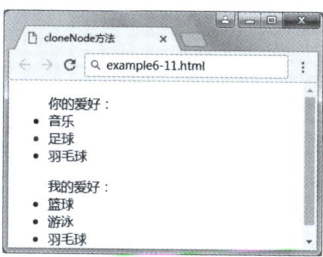

图 6-11　cloneNode() 方法的应用

4. replaceChild(newChild, oldChild)方法

replaceChild()方法是把当前节点的一个子节点替换成另一个节点。例6-12是创建一个新的<li>节点，并把该节点替换成原有<ul>下的最后一个<li>节点，其在浏览器中的显示结果如图6-12所示。

【例6-12】example6-12.html

```
<!doctype html>
<html>
  <head>
    <meta charset="utf-8">
    <title>replaceChild方法</title>
    <script>
```

```
            window.onload=function(){
                //获取<ul>节点
                var myUlNode=document.getElementById("myNode");
                //获取<ul>节点下的所有<li>节点
                var myLiNode=myUlNode.getElementsByTagName("li");
                //设定指向最后一个<li>节点的下标
                var lastNodeNumber=myLiNode.length-1;
                //获取最后一个<li>节点
                var oldNode=myLiNode[lastNodeNumber];
                //创建一个新的<li>节点
                var newNode=document.createElement("li");
                //创建节点文本
                var text=document.createTextNode("羽毛球");
                //添加节点文本到新的<li>节点
                newNode.appendChild(text);
                //用新的<li>节点替换<ul>中指定的节点
                myUlNode.replaceChild(newNode,oldNode);
            }
        </script>
    </head>
    <body>
        <ul id="myNode">我的爱好：
            <li>音乐</li>
            <li>足球</li>
            <li>游泳</li>
        </ul>
    </body>
</html>
```

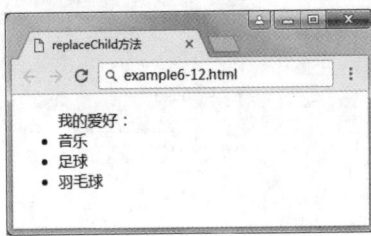

图 6-12 replaceChild() 方法的应用

5. insertBefore(newElement, targetElement)方法

insertBefore()方法是在当前节点中插入一个新节点。如果targetElement被设置为null，那么新节点被当作最后一个子节点进行插入，否则新节点应该被插入到targetElement之前的最近位置。例6-13创建了一个新的<li>节点，并把该节点插入到<ul>的指定位置，本例是插入到<ul>下的最后一个<li>节点之前，其在浏览器中的显示结果如图6-13所示。

【例6-13】example6-13.html

```
<!doctype html>
<html>
    <head>
        <meta charset="utf-8">
        <title>insertBefore方法</title>
        <script>
            window.onload=function(){
                //获取<ul>节点
```

```
            var myUlNode=document.getElementById("myNode");
            //获取<ul>节点下的所有<li>节点
            var myLiNode=myUlNode.getElementsByTagName("li");
            //设定指向最后一个<li>节点的下标
            var lastNodeNumber=myLiNode.length-1;
            //获取最后一个<li>节点
            var oldNode=myLiNode[lastNodeNumber];
            //创建一个新的<li>节点
            var newNode=document.createElement("li");
            //创建节点文本
            var text=document.createTextNode("羽毛球");
            //添加节点文本到新的<li>节点
            newNode.appendChild(text);
            //新的<li>节点插入<ul>中的指定位置
            myUlNode.insertBefore(newNode,oldNode);
        }
    </script>
</head>
<body>
    <ul id="myNode">我的爱好：
        <li>音乐</li>
        <li>足球</li>
        <li>游泳</li>
    </ul>
</body>
</html>
```

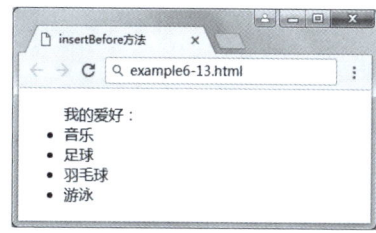

图 6-13　insertBefore() 方法的应用

6.3.4　DOM Element 的属性

1. childNodes 属性

childNodes属性用于返回所有子节点对象，子节点的对象类型主要包括元素（值为1）、属性（值为2）、文本（值为3）、注释（值为8）、文档（值为9）。例如，<ul>标记的默认定义如下：

```
<ul>
    文本节点
    <li>元素节点</li>
    文本节点
    <li>元素节点</li>
    文本节点
</ul>
```

ul元素的返回值会把空的文本节点也当成节点。例6-14中的childNodes.length的值是5，该例是通过childNodes属性获取<ul>标记的子元素对象，并对子元素的类型及个数进行统计，其在浏览器中的显示结果如图6-14所示。

【例6-14】example6-14.html

```html
<!doctype html>
<html>
  <head>
    <meta charset="utf-8">
    <title>childNodes属性</title>
    <script type="text/javascript">
      window.onload=function(){
        elementSum=0;                              //元素节点计数器
        textSum=0;                                 //文本节点计数器
        var oUl=document.getElementById("ul");
        var span1=document.getElementById("span1");
        var span2=document.getElementById("span2");
        var span3=document.getElementById("span3");
        //把子元素个数作为循环的执行次数
        for(var i=0;i<oUl.childNodes.length;i++){
        //返回子元素节点类型
          span2.innerHTML+=oUl.childNodes[i].nodeType+" - ";
          switch(oUl.childNodes[i].nodeType){
            case 1:elementSum++;                   //子元素类型是元素
              break;
            case 3: textSum++;                     //子元素类型是文本
          }
        }
        span1.innerHTML=oUl.childNodes.length;     //子元素个数
        span2.innerHTML=elementSum;
        span3.innerHTML=textSum;
      }
    </script>
  </head>
  <body>
    <ul id="ul">
      <li>音乐</li>
      <li>足球</li>
      羽毛球
    </ul>
    childNodes显示的节点数：<span id="span1"></span><br>
    其中：<br>
      元素类型的节点数是：<span id="span2"></span><br>
      文本类型的节点数是：<span id="span3"></span>
    <br/>
  </body>
</html>
```

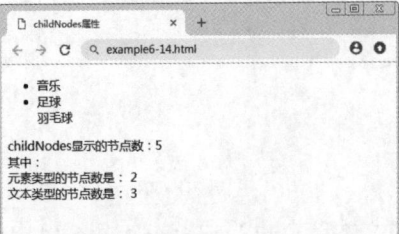

图 6-14 childNodes 属性的应用

2. innerHTML属性

innerHTML属性符合W3C标准，几乎所有支持DOM的浏览器都支持这个属性。通过这个属性可以修改一个元素的HTML内容。例如，对example6-14.html中的<span>标记的内容进行修改的语句如下：

```
span1.innerHTML=oUl.childNodes.length;
```

3. style属性

style属性返回一个元素的CSS样式风格引用，通过该属性可以获得并修改每个单独的样式。例如，修改一个id="test"元素的背景色，语句如下：

```
document.getElementById("test").style.backgroundColor="yellow"
```

4. 节点访问属性

对节点的访问还有以下主要属性：firstChild（返回第1个子节点）、lastChild（返回最后一个子节点）、parentNode（返回父节点的对象）、nextSibling（返回下一个兄弟节点的对象）、previousSibling（返回前一个兄弟节点的对象）。例6-15是关于这几个节点访问属性综合应用的实例，其在浏览器中的显示结果如图6-15所示。

【例6-15】example6-15.html

```html
<!doctype html>
<html>
  <head>
    <meta charset="utf-8">
    <title>节点访问属性</title>
    <script type="text/javascript">
      window.onload=function(){
        var oUl=document.getElementById("action");
        var display=document.getElementById("display");
        display.innerHTML="UL的第一个子元素节点内容："
          +oUl.firstChild.innerHTML;
        display.innerHTML+="<br>UL的最后一个子元素节点内容："
          +oUl.lastChild.innerHTML;
        display.innerHTML+="<br>UL的第一个子元素的兄弟元素节点内容："
          +oUl.firstChild.nextSibling.innerHTML;
        display.innerHTML+="<br>UL的最后一个子元素的前一个兄弟元素节点内容：
          "+oUl.lastChild.previousSibling.innerHTML;
        display.innerHTML+="<br>UL的父元素标记是："
          +oUl.parentNode.nodeName;
      }
    </script>
  </head>
  <body>
    <div id="main">
      <ul id="action">
        <li>音乐</li>
        <li>足球</li>
        <li>羽毛球</li>
        <li>游泳</li>
      </ul>
      <div id="display"></div>
    </div>
```

```
    </body>
</html>
```

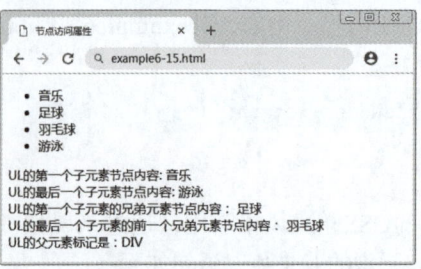

图 6-15　节点访问属性的应用

5. nodeName属性

nodeName属性用于返回节点的HTML标记名称，返回值使用英文的大写字母表示，如P、DIV。例6-16读取一个元素的标记名并显示在浏览器中，如图6-16所示。

【例6-16】example6-16.html

```
<!doctype html>
<html>
  <head>
    <meta charset="utf-8">
    <title>nodeName属性</title>
    <script type="text/javascript">
      window.onload=function(){
        var myDiv=document.getElementById("main");
        var display=document.getElementById("display");
        display.innerHTML="ID属性值是Box的标记名为："+myDiv.nodeName;
      }
    </script>
  </head>
  <body>
    <div id="main"></div>
    <span id="display"></span>
  </body>
</html>
```

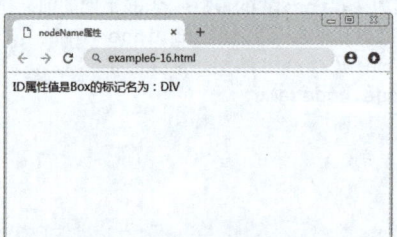

图 6-16　nodeName 属性

例6-17使用JavaScript动态地创建一个HTML表格。该例中首先创建一个TABLE元素，然后创建一个TBODY元素，该元素应该是TABLE元素的子元素，在没有进行关联操作之前，这两个元素之间没有任何关系，再使用一个循环语句创建TR元素，TR元素是TBODY元素的子元素。使用一个循环语句创建TD元素，TD元素是TR元素的子元素。对于每一个TD元素，再创建一个文本元素。最后把创建好的TABLE、TBODY、TR、TD及文本元素进行层级关系级联，其在浏览器中的显示结果如图6-17所示。

【例6-17】example6-17.html

```html
<!doctype html>
<html>
  <head>
    <meta charset="utf-8">
    <title>元素创建</title>
    <script type="text/javascript">
      window.onload=function(){
        //获得body的引用
        var mybody=document.getElementsByTagName("body").item(0);
        //创建一个TABLE元素
        mytable = document.createElement("TABLE");
        //创建一个TBODY元素
        mytablebody = document.createElement("TBODY");
        //创建行列
        for(j=0;j<3;j++) {
          //创建TR元素
          mycurrent_row=document.createElement("TR");
          for(i=0;i<3;i++) {
            //创建TD元素
            mycurrent_cell=document.createElement("TD");
            //创建一个文本元素
            currenttext=document.createTextNode("本单元格行是："+j+", 列是"+i);
            //把新的文本元素添加到单元格TD上
            mycurrent_cell.appendChild(currenttext);
            //把单元格TD添加到行TR上
            mycurrent_row.appendChild(mycurrent_cell);
          }
          //把行TR添加到TBODY上
          mytablebody.appendChild(mycurrent_row);
        }
        //把TBODY添加到TABLE上
        mytable.appendChild(mytablebody);
        //把TABLE添加到body上
        mybody.appendChild(mytable);
        //把mytable的border属性设置为2
        mytable.setAttribute("border","2");
      }
    </script>
  </head>
  <body>
    <div id="main"></div>
    <span id="display"></span>
  </body>
</html>
```

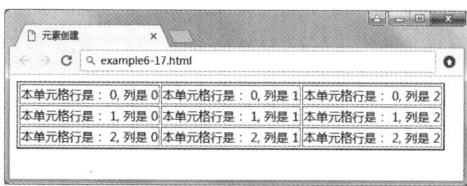

图 6-17　元素创建

例6-17中建立元素各层级关系时以相反的顺序把每个对象添加到其父节点上，关键语句的说明如下：

```
//把文本元素对象添加到单元格对象
mycurrent_cell.appendChild(currenttext);
//把单元格对象添加到行对象
mycurrent_row.appendChild(mycurrent_cell);
//把行对象添加到表格的体元素对象
mytablebody.appendChild(mycurrent_row);
//把表格的体元素对象添加到表格对象
mytable.appendChild(mytablebody);
```

6.4 Form对象

如果要在HTML文档中放入表单元素，可以把表单元素插入<form>标记，当在HTML中加入表单后，浏览器在运行这个HTML文件时会产生与这个表单对应的表单对象，<form>和</form>之间的内容是表单中含有的各个表单子对象。

产生表单对象后，用户就可以通过表单对象访问各个元素的信息。访问表单中的元素主要有两种方法。

（1）通过表单名。表单隶属于页面文档，表单对象隶属于当前的Document对象，所以可以用"document.表单名"的形式访问表单对象。例如，有表单名为myform1，就可以使用document.myform1来访问该表单对象。

（2）通过forms数组。除了通过表单名访问表单对象之外，浏览器还提供了一个数组（forms数组）来存储产生的表单对象，可以利用这个数组来访问表单对象。方法如下：

```
document.forms[下标]
```

其中，下标既可以使用0、1等数字指定（0代表在HTML文档中加入的第1个表单元素，1代表第2个表单元素，以此类推），也可以使用要访问的表单名指定。例如，使用这种方法访问上面例子中的myform1的语句如下：

```
document.forms['myform1']
```

用户是通过表单对象中的各个表单元素提供信息的，对这些表单元素的访问有以下两种方法。

（1）通过表单元素的名称。可以通过表单元素的名称直接进行访问，其格式如下：

```
document.表单名.表单元素名
```

例如，表单名myform1，其中有两个表单元素，名字分别为t1、r1，访问方法如下：

```
document.myform1.t1    或者    document.forms[0].t1
document.myform1.r1    或者    document.forms[0].r1
```

（2）通过elements数组。浏览器还为每一个表单对象分配了一个名为elements的数组来保存该表单中嵌入的元素对象。数组下标从0开始，0代表该表单对象中嵌入的第1个元素对象，1代表第2个元素对象，以此类推，可以使用这个数组访问表单对象中的元素。格式如下：

```
document.myform1.elements[0], document.forms[0].elements[0]
document.myform1.elements[1], document.forms[0].elements[1]
```

表单对象的属性、方法和事件见表6-4。

表 6-4　表单对象的属性、方法和事件

属性、方法和事件	说　　明
name 属性	表单的名称
length 属性	表单中元素的数目
action 属性	表单提交时执行的动作,通常是一个服务器端脚本程序的 URL
elements 属性	表单中所有控件元素的数组,数组的下标就是控件元素在 HTML 源文件中的序号
encoding 属性	表单数据的编码类型
method 属性	发送表单的 HTTP 方法,取值为 get 或 post
target 属性	用于显示表单结果的目标窗口或框架,取值可以是 _self、_parent、_top 或 _blank
reset() 方法	将所有表单控件元素的值重新设置为其默认值,相当于单击表单中的"重置"按钮
submit() 方法	提交表单,相当于单击表单中的"提交"按钮
onReset 事件	单击"重置"按钮时触发
onSubmit 事件	单击"提交"按钮时触发

例6-18说明Form表单对象的属性、方法和事件及其使用方法,其在浏览器中的显示结果如图6-18和图6-19所示。

【例6-18】example6-18.html

```
<!doctype html>
<html>
  <head>
    <meta charset="utf-8">
    <title>form对象属性、事件、方法</title>
    <script type="text/javascript">
      window.onload=function(){
        var myBtn=document.getElementById("btn");
        myBtn.onclick=function(){
          newWin=window.open("","","height=300,width=350")
          //通过表单的length属性,输出表单form1内嵌的表单元素的个数
          newWin.document.write("文档中共包含"+document.form1.length
            +"个元素,分别是: <P>");
          newWin.document.write("<UL>")
          //通过length属性控制循环输出各个元素的名称
          for(i=0;i<document.form1.length;i++){
            newWin.document.write("<LI>"+document.form1.elements[i].name +"</LI>");
          }
          newWin.document.write("<UL>")
        }
      }
    </script>
  </head>
  <body>
    <form name="form1" action ="login.aspx">
      文本框1:<input name ="lbCurrent"/><P>
      文本框2:<input name ="lbNext"/><P>
      <H3>单击按钮显示表单中的元素信息:</H3>
      请单击按钮<input type="button"id="btn" name="lyd"
      value="显示表单中的元素名称"/>
    </form>
```

```
        </body>
</html>
```

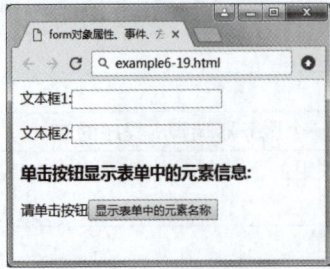

图 6-18　Form 对象（1）

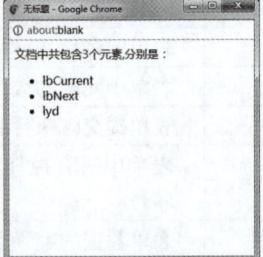

图 6-19　Form 对象（2）

6.5　本章小结

　　本章主要讲解了 DOM 编程中主要对象的属性和方法。首先讲解了浏览器中的两种基本模型（BOM 模型和 DOM 模型），然后对 Window 对象和 Document 对象的属性、方法和事件进行了详细阐述，并通过一系列实例说明 Window 对象和 Document 对象在编程过程中应当注意的地方，最后简要地对 Form 对象进行说明。通过本章的学习，重点掌握在 DOM 中网页元素是组织成树形的节点结构，能通过所学对象的相应方法动态地操作页面中的节点，熟练掌握各种对象相关的事件处理方法。

6.6　习题6

扫描二维码，查看习题。

扫描二维码
查看习题

6.7　实验6　BOM与DOM编程

扫描二维码，查看实验内容。

扫描二维码
查看实验内容

CHAPTER 7 数据验证

学习目标：

本章主要讲解网页中数据的验证方式，其重点是对正则表达式的理解。通过本章的学习，读者应该掌握以下内容。

- 正则表达式的组成及定义的基本语法。
- JavaScript语言中应用正则表达式的方法。
- 正则表达式在网页设计中的具体应用。

思维导图简图

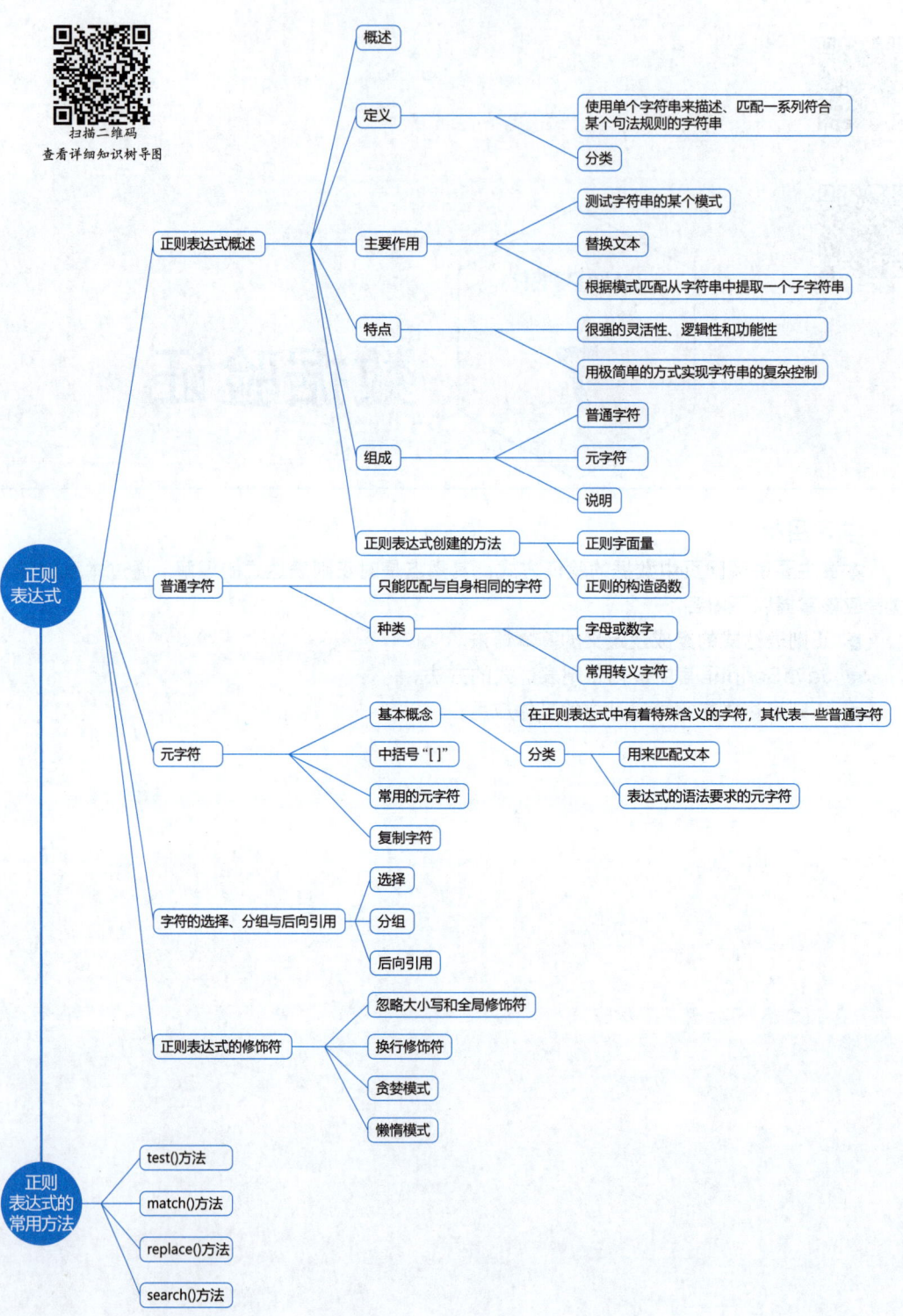

7.1 正则表达式

7.1.1 正则表达式概述

1. 概述

当需要将用户填写的信息提交到服务器时,有两种方法可以验证用户填写的信息是否符合要求。一种方法是客户端直接把信息提交给服务器,由服务器验证信息的正确性,如果验证出错,则需要把出错信息发送给客户端,让客户重新输入并再次把输入的信息提交给服务器重新进行验证,如果验证输入的数据错误较多,这种方法会增加服务器和网络的开销。为了减轻服务器的负担,一般采用第2种方法,即在用户将输入的数据提交到服务器之前利用JavaScript脚本语言在客户端完成表单验证。如果验证出现问题,直接给用户相应的提示;如果验证通过,表单数据提交给服务器处理。客户端的表单验证可以确保提交到服务器的内容都是符合要求的。常见的表单验证主要分为以下几种类型。

(1)必填项验证。表单中的必填项在提交到服务器之前是不允许为空的,如注册表单的用户名和密码等选项。通过验证表单控件的value值是否为空可以验证必填项。

(2)长度验证。表单中某些控件可输入内容的长度有时必须在一个范围内,如电话号码、手机号码等。通过验证表单控件value值的length属性可以验证长度。

(3)特殊内容格式验证。表单中某些控件的数据输入格式是有要求的,如有的控件只能输入数字,有的只能输入字符,有的只能输入数字和字符的混合,而且必须要符合一定的格式(如日期时间类的输入)。一般可以通过正则表达式来验证特殊内容的格式。

(4)验证两个表单控件的值是否相等。表单中某些控件输入数据的值必须是相同的,如密码和确认密码。为了使用户对密码确认无误,一般要求两次输入的密码相同,可以通过验证表单控件的value值是否相等来实现。

(5)电子邮箱的格式验证。电子邮箱的格式属于特殊内容的验证,但电子邮箱的格式比较常用。大多数注册的用户信息中都包括电子邮箱地址,如果用户忘记密码,可以通过电子邮件找回密码。一般可以通过正则表达式验证电子邮箱的格式。

表单验证是对一个字符串是否符合一种特定格式进行判断,这种特殊规则表达式也称为正则表达式(Regular Expression,在代码中常简写为regex),正则表达式通常用于检索、替换那些符合某个模式(规则)的文本。

2. 正则表达式的定义

正则表达式是使用单个字符串来描述、匹配一系列符合某个句法规则的字符串,可以分为普通正则表达式、扩展正则表达式和高级正则表达式。正则表达式的主要作用如下:

(1)测试字符串的某个模式。例如,可以对一个输入字符串进行测试,看该字符串是否为电话号码或信用卡号码,从而进行数据有效性验证。

(2)替换文本。可以在文档中使用一个正则表达式来标识特定文字,然后可以将其全部删除,或者替换为其他文字。

(3)根据模式匹配从字符串中提取一个子字符串。可以使用正则表达式在文本或输入字段中查找特定文字。

正则表达式的特点是具有很强的灵活性、逻辑性和功能性,同时可以用极简单的方式实现字符串的复杂控制。

3. 正则表达式的组成

正则表达式由两种基本字符类型组成：普通字符和元字符。大多数字符只能描述其本身，这些字符称为普通字符，如所有的字母和数字，即普通字符只能匹配字符串中与它们相同的字符；元字符是指那些在正则表达式中具有特殊意义的专用字符，可以用于规定其前导字符（即位于元字符前面的字符）在目标对象中的出现模式。例如，字符^ $. * + ? = ! : | \ / ( ) [ ] { }，在正则表达式中都具有特殊含义。如果要匹配这些具有特殊含义的字符直接量，需要在这些字符前面加反斜杠（\）进行转义。例如，匹配"以ab开头，后面紧跟数字字符串"的正则表达式是"ab\d+"，其中ab就是普通字符，\d代表可以是0~9之间的数字，+代表前面的字符可以出现一次或一次以上。

4. 正则表达式实例

例7-1中定义了一串包含数字和字符的字符串，利用正则表达式把其中的数字挑选出来，其在浏览器中的显示结果如图7-1所示。

【例7-1】example7-1.html

```
<!doctype html>
<html>
  <head>
    <meta charset="utf-8">
    <title>正则表达式</title>
    <script>
      window.onload=function(){
        var pattern=/\d+/g;                //定义正则表达式
        var str="hello122i45ehe9876";      //定义包含字符和数字的字符串
        var strArr=str.match(pattern);     //进行正则匹配，返回数组将保存到strArr变量中
        for(i=0;i<strArr.length;i++){      //对返回数组strArr进行遍历
          document.write("匹配的第"+i+"个数字是： "+strArr[i]+"<br>");
        }
      }
    </script>
  </head>
  <body>
  </body>
<html>
```

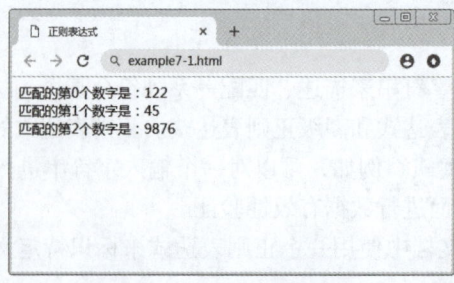

图7-1 正则表达式实例

在例7-1中，正则表达式"/ \d+/g"的含义如下：\d表示数字；+表示一个或多个字符；前后的斜杠表示正则表达式的开始和结束；斜杠后的字母g表示进行多次查找。

7.1.2 普通字符

普通字符只能匹配与自身相同的字符，正则表达式中的普通字符见表7-1。

表7-1 正则表达式中的普通字符

字 符	匹配内容	字 符	匹配内容
字母或数字	自身对应的字母或数字	\?	一个？直接量
\f	换页符	|	一个 | 直接量
\n	换行符	\(	一个 (直接量
\r	回车	\)	一个) 直接量
\t	制表符	\[	一个 [直接量
\v	垂直制表符	\]	一个] 直接量
\/	一个 / 直接量	\{	一个 { 直接量
\\	一个 \ 直接量	\}	一个 } 直接量
\.	一个 . 直接量	\XXX	由十进制数 XXX 指定的 ASCII 码字符
*	一个 * 直接量	\Xnn	由十六进制数 nn 指定的 ASCII 码字符
\+	一个 + 直接量	\cX	控制字符 ^X

例7-2中定义了一串包含数字和字符的字符串，利用正则表达式把其中带有is的单词挑选出来，其在浏览器中的显示结果如图7-2所示。

【例7-2】example7-2.html

```
<!doctype html>
<html>
  <head>
    <meta charset="utf-8">
    <title>正则表达式</title>
    <script>
      window.onload=function(){
        var pattern=/[A-Za-z]*is+/g;          //定义正则表达式
        var str="This is test regex.";        //定义包含字符和数字的字符串
        var strArr=str.match(pattern);        //进行正则匹配，返回数组将保存到strArr变量中
        for(i=0;i<strArr.length;i++){         //对返回数组strArr进行遍历
          document.write("匹配的第"+i+"个单词是: "+strArr[i]+"<br>");
        }
      }
    </script>
  </head>
  <body>
  </body>
<html>
```

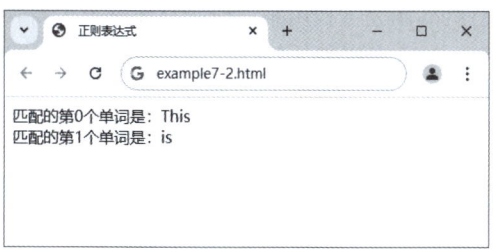

图7-2 查找字符串

7.1.3 元字符

元字符是指在正则表达式中有着特殊含义的字符，其代表一些普通字符。元字符大致可以分为两种：一种用于匹配文本，另一种是正则表达式的语法要求的元字符。

1. 中括号"[]"

正则表达式中的元字符"[ ]"用于匹配所包含字符集合中的任意一个字符，如正则表达式"r[aou]t"中的"[aou]"表示由3个字母组成的集合，该集合中的任意一个字符和普通字符组成一个匹配查询，本例中将匹配rat、rot和rut。

正则表达式还可以在括号中使用连字符"-"来指定字符的区间，如正则表达式[0-9]可以匹配任何数字字符，正则表达式[a-z]可以匹配任何小写字母。

还可以在中括号中指定多个区间，如正则表达式[0-9A-Za-z]可以匹配任意大小写字母以及数字字符。

要想匹配除了指定区间之外的字符，也就是所谓的补集，则在左边的括号和第1个字符之间使用"^"字符，如正则表达式[^A-Z]将匹配除了所有大写字母之外的任何字符。

2. 常用的元字符

正则表达式中的每一个元字符都有特殊含义。常用的元字符及说明见表7-2。

表7-2 常用的元字符及说明

元字符	说明
.	匹配除换行符以外的任意一个字符
\w	匹配任意一个字母、数字或下划线，等价于 [0-9a-zA-Z_]
\W	匹配除了字母、数字、下划线或汉字以外的任意一个字符，等价于 [^0-9a-zA-Z_]
\s	匹配任意一个空白符，等价于 [\f\n\r\t\v]
\S	匹配任意一个非空白符，等价于 [^\f\n\r\t\v]
\d	匹配一个数字字符，等价于 [0-9] 或 [0123456789]
\D	匹配一个非数字字符，等价于 [^0-9] 或 [^0123456789]
\b	匹配单词的开始或结束
^	匹配字符串的开始
$	匹配字符串的结束

3. 特殊元字符

因为元字符在正则表达式中有特殊含义，所以这些字符无法用来代表其本身。在元字符前面加上一个反斜杠可以对其进行转义，这样得到的转义序列将匹配字符本身，而不是其所代表的特殊元字符的含义。

另外，在进行正则表达式搜索时，经常会遇到需要对原始文本中的非打印空白字符进行匹配的情况。例如，需要把所有的制表符找出来，或者需要把换行符找出来，这类字符很难被直接输入到一个正则表达式中，这时可以使用特殊元字符进行输入，见表7-3。

表7-3 特殊元字符

元字符	说明	元字符	说明
\b	回退（并删除）一个字符（Backspace键）	\r	回车符
\f	换页符	\t	制表符（Tab键）
\n	换行符	\v	垂直制表符

4. 复制字符

除了可以使用直接字符或元字符来描述正则表达式之外，还可以使用复制字符来表达字符的重复模式。正则表达式的复制字符及说明见表7-4。

表7-4 正则表达式的复制字符及说明

字　符	说　　明	字　符	说　　明
*	重复0次或更多次	{n}	重复n次
+	重复一次或更多次	{n,}	重复n次或更多次
?	重复0次或一次	{n,m}	重复n到m次

在定义正则表达式时，首先要从分析匹配字符串的特点开始，然后逐步补充其他元字符、普通字符，匹配顺序从左到右。例7-3中具有匹配一个电信手机号码的正则表达式。首先电信手机号码都是11位数字，其次电信号码段前3个数字是133、153、180、181、189，后面都是0～9之间的数字，具体如下：

（1）分析字符串特点，电信手机号码是11位数字，并且以1开头，后面两位是33、53、80、81、89。

（2）电信手机号码开头的3位数字可以写成1[35]3或者18[019]。

（3）电信手机号码的数字长度是11位，可以继续补充8位数字，正则表达式为1[35]3\d{8}或者18[019]\d{8}，其中\d表示数字，{8}表示它左边字符（一个数字）可以重复出现8次。

（4）所有字符必须是11位，因此头尾必须满足条件，因此可以是^1[35]3\d{8}|18[019]\d{8}$，其中"|"表示或者的意思。

例7-3在浏览器中的显示结果如图7-3所示。

【例7-3】example7-3.html

```html
<!doctype html>
<html>
  <head>
    <meta charset="utf-8">
    <title>正则表达式</title>
    <script>
      window.onload=function(){
        var mobileArr=new Array("13312345678","13712345678","18012345678",
                    "189123456789","1531234567","181123456789");
        var pattern=/^1[35]3\d{8}|18[019]\d{8}$/;
        document.write("手机号列表如下：<br>");
        for(i=0;i<mobileArr.length;i++){
          document.write(mobileArr[i]+"<br>");
        }
        document.write("<br>符合电信手机号规则的列表如下：<br>");
        for(i=0;i<mobileArr.length;i++){
          if(pattern.test(mobileArr[i]))
            document.write(mobileArr[i]+"<br>");
        }
      }
    </script>
  </head>
  <body>
  </body>
<html>
```

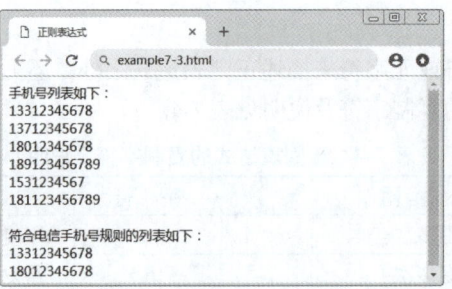

图 7-3 复制字符的应用

7.1.4 字符的选择、分组与后向引用

1. 选择

在正则表达式中，可以使用分隔符指定待选择的字符，如正则表达式"/xy | ab | mn/"可以匹配字符串xy，或者字符串ab，或者字符串mn；又如正则表达式"/ \d{4} | [a-z]{3} /"可以匹配4位数字或者3位小写字母。例7-3就是利用分隔符进行两类手机号的指定的。

2. 分组

前面说明了单个字符后加上重复复制的限定符可以在正则表达式中规定多个字符的范围，但如果需要重复的是一个字符串，则可以用小括号来指定子表达式（也称为分组），然后指定这个子表达式的重复次数。

例7-4是IPv4地址的正则表达式，目的是让读者理解正则表达式中分组的概念。IPv4地址是32位的，采用点分十进制方法表示，即32位地址以8位为一个单元，每个单元用十进制表示，单元与单元之间用小数点隔开。(\d{1,3}\.){3}\d{1,3}是一个简单的IP地址匹配表达式，要理解这个表达式，请按下列顺序进行分析：\d{1,3}表示匹配1~3位数字，(\d{1,3}\.){3}匹配3位数字加上一个英文句号（这个整体也就是这个分组）并重复3次，最后加上一个1～3位的数字(\d{1,3})。这个正则表达式的严谨性不太高，有一些不符合规则的IP地址也认为是合法的IP地址，如256.300.888.999（错误原因是IP地址中每个数字都不能大于255）。如果能使用算术比较，可以较容易地解决这个问题，但是正则表达式中并不提供关于数学的任何功能，所以只能使用分组或选择字符类来描述一个正确的IP地址。具体分析如下：

（1）IPv4地址中一个单元十进制数的范围是0～255，可以分解成1位数时是0～9，2位数时是10～99，3位数时是100～199、200～249或者250～255。

（2）由此得到一个单元的正则表达式为

[0-9]|[1-9][0-9]|1[0-9]{2}|2[0-4][0-9]|25[0-5]

其中，"|"表示或者，计算优先级最低，左右两边可以是多个元字符、普通字符、组合字符串为一个整体。

（3）这样的一个单元字符需要重复3次，每个单元中间需要用点隔开，所以正则表达式为

(([0-9]|[1-9][0-9]|1[0-9]{2}|2[0-4][0-9]|25[0-5])\.){3}

其中，点字符是元字符，需要转义。

（4）最后还有一段0~255匹配，所以最终的IP地址正则表达式为

^(([0-9]|[1-9][0-9]|1[0-9]{2}|2[0-4][0-9]|25[0-5])\.){3}([0-9]|[1-9][0-9]|1[0-9]{2}|2[0-4][0-9]|25[0-5])$

例7-4在浏览器中的显示结果如图7-4所示。

【例7-4】example7-4.html

```html
<!doctype html>
<html>
  <head>
    <meta charset="utf-8">
    <title>分组正则表达式</title>
    <script>
      window.onload=function(){
        var ipArr=new Array("98.a.3.3","192.168.1.1","172.268.3.4","10-1-2-1");
        var pattern=/^(([0-9]|[1-9][0-9]|1[0-9]{2}|2[0-4][0-9]|25[0-5])\.){3}
              ([0-9]|[1-9][0-9]|1[0-9]{2}|2[0-4][0-9]|25[0-5])$/;
        document.write("地址列表如下：<br>");
        for(i=0;i<ipArr.length;i++){
          document.write(ipArr[i]+"<br>");
        }
        document.write("<br>其中的IP地址列表如下：<br>");
        for(i=0;i<ipArr.length;i++){
          if(pattern.test(ipArr[i]))
            document.write(ipArr[i]+"<br>");
        }
      }
    </script>
  </head>
  <body>
  </body>
<html>
```

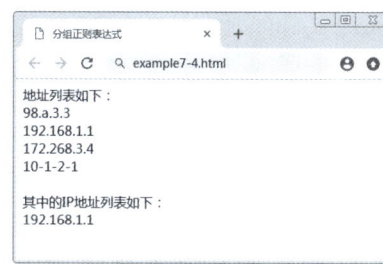

图 7-4 分组正则表达式

3. 后向引用

使用小括号指定一个子表达式后，匹配这个子表达式的文本可以在表达式或其他程序中进行进一步处理。默认情况下，每个分组会自动拥有一个组号，规则如下：从左向右，以分组的左括号为标志，第1个出现的分组的组号为1，第2个为2，以此类推。

后向引用用于重复搜索前面某个分组匹配的文本。例如，\1代表分组1匹配的文本。正则表达式"/ \b(\w+)\b\s+\1\b /"可以用于匹配重复的单词，如Hi Hi、Go Go。首先用正则表达式"\b(\w+)\b"匹配一个单词，即单词开始处和结束处之间的字母或数字，然后是一个或几个空白符（\s+），最后是前面匹配的那个单词（\1）。

例7-5中的正则表达式表示从一个字符串数组中找到符合abba或者abab的数字，其在浏览器中的显示结果如图7-5所示。

【例7-5】example7-5.html

```
<!doctype html>
```

```html
<html>
  <head>
    <meta charset="utf-8">
    <title>后向引用正则表达式</title>
    <script>
      window.onload=function(){
        var numberArr=new Array("1212","1234","1221","1231");
        var pattern=/(\d)(\d)\2\1|(\d)(\d)\3\4/;
        document.write("数字列表如下：<br>");
        for(i=0;i<numberArr.length;i++){
          document.write(numberArr[i]+"<br>");
        }
        document.write("<br>其中符合abba或abab的列表如下：<br>");
        for(i=0;i<numberArr.length;i++){
          if(pattern.test(numberArr[i]))
            document.write(numberArr[i]+"<br>");
        }
      }
    </script>
  </head>
  <body>
  </body>
<html>
```

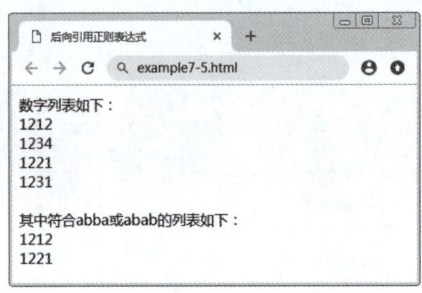

图 7-5　后向引用正则表达式

除了这种默认的分组编号之外，还可以指定子表达式的组名。指定子表达式的组名的语法格式如下：

```
(?<Word>\w+)    或者    (?'Word'\w+)
```

这样就把"\w+"的组名指定为Word。要反向引用这个分组捕获的内容，可以使用"\k<Word>"，所以例7-5的正则表达式也可以写成：

```
/(?<n1>\d)(?<n2>\d)\k<n2>\k<n1>|(?<m1>\d)(?<m2>\d)\k<m1>\k<m2>/
```

7.1.5　正则表达式的修饰符

修饰符是影响整个正则规则的特殊符号，会对匹配结果和部分内置函数行为产生不同的效果。

1. 忽略大小写和全局修饰符

修饰符i（intensity）表示匹配结果忽略大小写；修饰符g（global）表示全局查找，对于一些特定的函数，将查找整个字符串，获得所有的匹配结果，而不仅仅在得到第1个匹配结果后停止。

例7-6中定义了一个字符串，把这个字符串中的所有linux子字符串查找出来，并且忽略子字符串匹配的大小写，其在浏览器中的显示结果如图7-6所示。

【例7-6】example7-6.html

```
<!doctype html>
<html>
  <head>
    <meta charset="utf-8">
    <title>忽略大小写修饰符</title>
    <script>
      window.onload=function(){
        var str="LiNuxand php,aaaLINUXaa and linux and lamp";
        var pattern=/linux/ig;
        document.write("源串如下：<br>"+str);
        strArr=str.match(pattern);
        document.write("<br>找到的linux子串如下：<br>");
        for(i=0;i<strArr.length;i++){
          document.write(strArr[i]+"<br>");
        }
      }
    </script>
  </head>
  <body>
  </body>
<html>
```

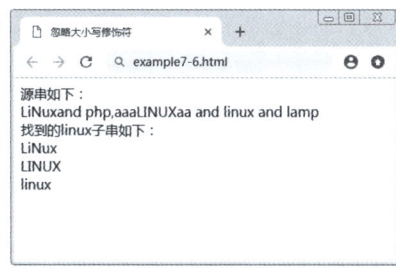

图 7-6　正则表达式的修饰符

例7-6的正则表达式"/linux/ig"中，如果没有i，那么匹配的结果只有linux；如果没有g，那么匹配的结果只有第1个符合规则的字符串LiNux。

2. 换行修饰符

修饰符m（multiple）用于检测字符串中的换行符，主要是影响字符串开始标识符(^)和结束标识符($)的使用。

例7-7中定义了一个字符串，这个字符串包含换行符"\n"，把这个字符串中所有以linux开头的子字符串查找出来，并且忽略子字符串匹配的大小写，其在浏览器中的显示结果如图7-7所示。

【例7-7】example7-7.html

```
<!doctype html>
<html>
  <head>
    <meta charset="utf-8">
    <title>换行修饰符</title>
    <script>
      window.onload=function(){
        var str="Linuxand php,\nLINUXaa and linux and lamp";
        var pattern=/^linux/igm;         //把每一行中以linux开头的子字符串匹配出来
```

```
        document.write("源串如下: <br>"+str);
        strArr=str.match(pattern);
        document.write("<br>找到的linux子串如下: <br>");
        for(i=0;i<strArr.length;i++){
          document.write(strArr[i]+"<br>");
        }
      }
    </script>
  </head>
  <body>
  </body>
<html>
```

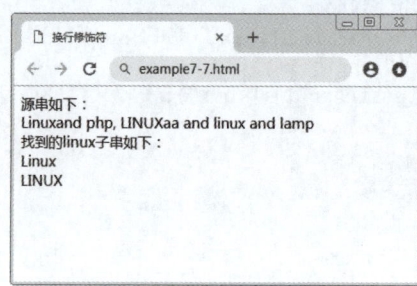

图 7-7 换行修饰符

3. 贪婪模式

贪婪模式的特性是一次性地读入整个字符串，如果不匹配就删除最右边的一个字符再匹配，直到找到匹配的字符串或字符串的长度是 0 为止，其宗旨是读尽可能多的字符，所以读到第 1 个匹配字符串时立刻返回。

例 7-8 中定义字符串 "<b>Linux</b> an <b>php</b> linux abc"，现在需要完成的任务是把标记对<b></b>之间的内容捕获出来，即 Linux 和 php。正则表达式的构建过程如下：

（1）以标记 b 开头与结尾，需要把 "<b>待添加</b>" 转换成正则表达式，其中<b></b>当作普通字符。

（2）标记对<b></b>之间可以出现任意字符，个数可以是 0 个或者多个，正则表达式可以表示为 "<b>.*</b>"，其中 "." 代表任意字符，默认模式不匹配换行，"*" 表示重复前面字符 0 个或者多个。

例 7-8 在浏览器中的显示结果如图 7-8 所示。

【例 7-8】 example7-8.html

```
<!doctype html>
<html>
  <head>
    <meta charset="utf-8">
    <title>贪婪模式</title>
    <script>
      window.onload=function(){
        var str="<b>Linux</b> an <b>php</b> linux abc";
        var pattern=/<b>.*<\/b>/g;
        document.write("源串如下: <br>"+str);
        strArr=str.match(pattern);
        document.write("<br>找到的匹配的子串如下: <br>");
        for(i=0;i<strArr.length;i++){
```

```
            document.write(strArr[i]+"<br>");
          }
        }
    </script>
  </head>
  <body>
  </body>
<html>
```

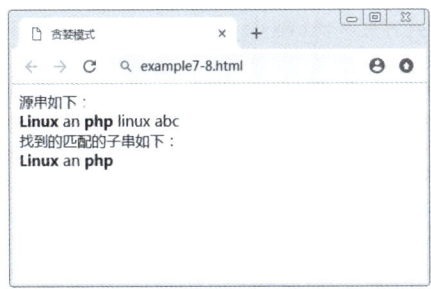

图7-8 贪婪模式

由例7-8的显示结果来看,JavaScript脚本是按照贪婪模式进行字符串匹配的,该返回结果针对"<b>Linux</b> an <b>php</b>",而不是需求中要求的两个子字符串"<b>Linux</b>"和"<b>php</b>"。

4. 懒惰模式

懒惰模式的特性是从字符串的左边开始,试图不读入字符串中的字符进行匹配,失败则多读一个字符,再匹配,如此循环,当找到一个匹配字符串时会返回该匹配的字符串,再次进行匹配,直到字符串结束。

在正则表达式中把贪婪模式转换成懒惰模式的方法是在表示重复字符的元字符后面多加一个"?"字符。将例7-8的源程序中的正则表达式"var pattern=/<b>.*<\/b>/g;"修改成"var pattern=/<b>.*?<\/b>/g;",返回的结果将是Linux和php。

7.2 正则表达式的常用方法

7.2.1 test() 方法

test()方法的返回值是布尔值,通过该方法可以测试字符串中是否存在与正则表达式匹配的结果,如果有匹配的结果,返回true,否则返回false。该方法常用于判断用户输入数据的合法性,如检验电子邮箱的合法性。该方法的语法格式如下:

`rgExp.test(objStr)`

其中,rgExp表示正则表达式,objStr表示需要通过正则表达式进行验证的字符串。

例7-9定义一个电子邮箱的正则表达式是"^\w+@(\w+[.])*\w+$",其中@字符前的"\w+"表示至少有一个字母、数字或下划线,@字符后的"(\w+[.])*\w+"中的小括号内是一个分组,可以由多个字母、数字或下划线并加上小数点组成,小括号后的"*"号表示前面的分组至少有一个,"*"后面的"\w+"表示字母、数字或下划线,如lbmm2009@sina.com.cn。该程序界面由一个文本框和一个按钮组成,用户在文本框中输入了一个电子邮箱地址,单击"检测合法性"按钮,程序将会根据正则表达式判断电子邮箱地址的合法性,并弹出相应结果,其在浏览器中的显示结果如图7-9所示。

【例7-9】example7-9.html

```html
<!doctype html>
<html>
  <head>
    <meta charset="utf-8">
    <title>正则表达式test方法</title>
    <script>
      window.onload=function(){
        var myBtn=document.getElementById("btn");
        myBtn.onclick=function(){
          //获取文本框中用户输入的Email的信息
          var objStr=document.getElementById("email").value;
          //设置匹配Email的正则表达式
          var rgExp=/^\w+@(\w+[.])*\w+$/;
          //判断字符串中是否存在匹配内容,如果存在则提示正确信息,否则返回错误
          if(rgExp.test(objStr)){
            alert("该Email地址是合法的!");
          }else{
            alert("该Email地址是非法的!");
          }
        }
      }
    </script>
  </head>
  <body>
    <br><br><br><br><br><br><br>
    请输入Email地址:
    <input type="text" id="email">
    <input type="button" value="检测合法性" id="btn">
  </body>
<html>
```

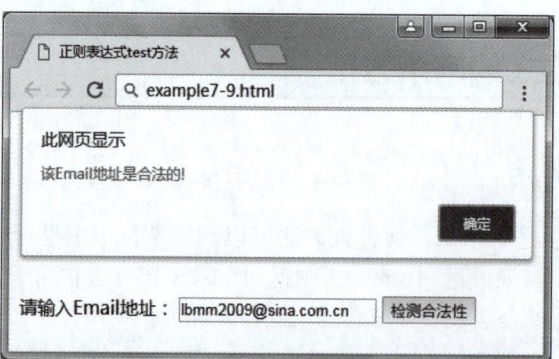

图 7-9　test() 方法

7.2.2　match() 方法

match()方法用于检索字符串,以找到一个或多个与正则表达式匹配的文本。match()方法的语法格式如下:

```
stringObj.match(rgExp)
```

其中，stringObj为需要进行匹配的字符串，rgExp为正则表达式。这个方法的行为在很大程度上依赖于正则表达式是否具有标志g，即全局匹配模式。

如果正则表达式中没有全局匹配模式标志g，match()方法就只能在stringObject中执行一次匹配，如果没有找到任何匹配的文本，match()方法将返回null；如果有全局匹配模式标志g，则将匹配结果返回到一个数组，该数组存放与找到的匹配文本相关的信息。该数组的第0个元素存放的是匹配文本，而其余元素存放的是与正则表达式的子表达式匹配的文本。除了这些常规的数组元素之外，返回的数组还含有两个对象属性。index属性声明的是匹配文本的起始字符在stringObject中的位置，input属性声明的是对stringObject的引用。

如果regExp具有标志g，则match()方法将执行全局检索，找到stringObject中所有的匹配子字符串。若没有找到任何匹配的了字符串，则返回null。如果找到了一个或多个匹配的子字符串，则返回一个数组。不过全局匹配返回的数组内容与前者大不相同，其数组元素中存放的是stringObject中所有匹配的子字符串，而且没有index属性或input属性。

例7-10定义了一个不进行全局匹配的正则表达式"/([^?&=]+)=([^?&=])*/"，其中前后的斜杠是正则表达式的分隔符，小括号表示子表达式分组，"^"表示集合内字符类取反，定义的"[^?&=]"表示匹配不是"^?="的单个字符，字符类后面的"+"和"*"表示量词，这个正则表达式其实就是要找到一个字符串，其等号两边分别只有一个字符且这个字符不能是"? & ="这3个字符之一。该例中应重点关注匹配后的返回值，其在浏览器中的显示结果如图7-10所示。

【例7-10】example7-10.html

```
<!doctype html>
<html>
  <head>
    <meta charset="utf-8">
    <title>正则表达式match方法</title>
    <script>
      window.onload=function(){
        var url = 'http://www.baidu.com?a=1&b=2&c=3';
        var reg = /([^?&=]+)=([^?&=])*/;
        var result = url.match(reg);
        document.write(result+"<br>");              //输出 a=1, a, 1
          document.write(result.index+"<br>");      //输出查找到的位置值：21
            //输出源串http://www.baidu.com?a=1&b=2&c=3
        document.write(result.input+"<br>");
      }
    </script>
  </head>
  <body>
  </body>
<html>
```

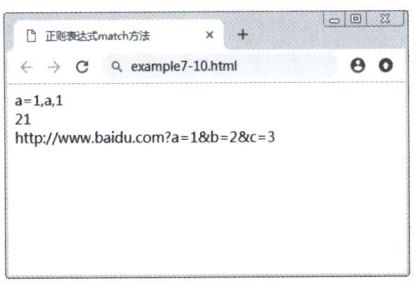

图 7-10 match() 方法的应用

从图7-10的显示结果来看，正则匹配后的返回值：第1个是匹配结果，后面两个是正则表达式中小括号内子表达式的匹配结果。

7.2.3 replace() 方法

字符串的replace()方法执行的是查找并替换的操作，其语法格式如下：

```
stringObject.replace(rgExp,replacement)
```

其中，stringObject是定义的源串，即该串中有些子字符串需要被替换；rgExp是正则表达式；replacement定义的是替换子字符串。该方法的作用是用replacement子字符串替换rgExp的第1次匹配或所有匹配的字符串，返回值是替换后的结果字符串，源串并没有发生改变。

如果rgExp具有全局模式标志g，replace()方法将替换所有匹配的子字符串，否则只替换第1个匹配的子字符串。

例7-11是敏感词过滤的实例。在该例中定义了一个正则表达式"/is|es|ag/g"，目的是用"**"代替源串中含有的is、es或ag的这些子字符串。例7-11在浏览器中的显示结果如图7-11所示。

【例7-11】example7-11.html

```html
<!doctype html>
<html>
  <head>
    <meta charset="utf-8">
    <title>正则表达式</title>
    <script>
      window.onload=function(){
        var strObj="This is test page!"
        var reg=/is|es|ag/g;
        strResult=strObj.replace(reg,"**");
        document.write("源串是："+strObj+"<br>");
        document.write("目的串是："+strResult);
      }
    </script>
  </head>
  <body>
  </body>
</html>
```

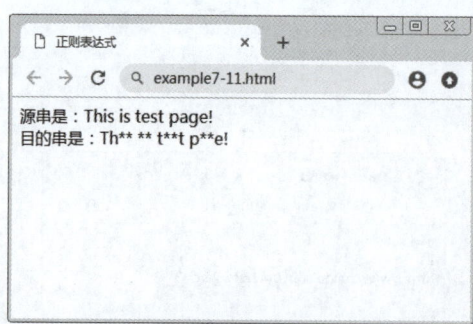

图 7-11 replace() 方法的应用

7.2.4 search() 方法

search()方法用于指明是否存在相应的匹配,一般用该方法判断源串中是否有值匹配,如果有,则用match()方法获取匹配的子字符串。如果找到一个匹配,search()方法将返回一个整数值,指明这个匹配距离字符串开始的偏移位置;如果没有找到匹配,则返回-1。该方法的格式语法如下:

```
stringObj.search(rgExp)
```

其中,stringObj是源串,rgExp是正则表达式。例7-12是search()方法的应用实例,实现找到类似abcba的数字,其正则表达式为"/(\d)(\d)\d\2\1/",在浏览器中的显示结果如图7-12所示。

【例7-12】example7-12.html

```
<!doctype html>
<html>
  <head>
    <meta charset="utf-8">
    <title>正则表达式</title>
    <script>
      window.onload=function(){
        var re=/(\d)(\d)\d\2\1/;          //设置正则表达式
        var ostr="253212328";              //要匹配的字符串,字符串第1个位置从0开始
        var pos=ostr.search(re);           //进行字符串匹配
        f(pos==-1){
          document.write("没有找到任何匹配");
        }
        else{
          arr=ostr.match(re);              //进行match找出匹配的内容
          document.write("在位置"+pos+",找到第一个匹配,匹配内容为:");
          document.write(arr[0]);          //输出匹配的内容
        }
      }
    </script>
  </head>
  <body>
  </body>
</html>
```

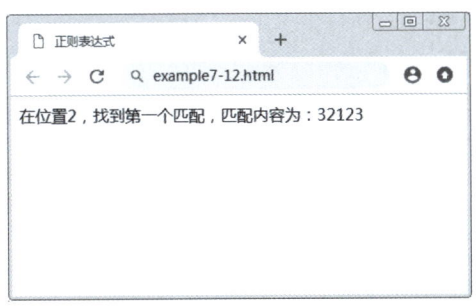

图 7-12 search() 方法的应用

7.3 网页特效

7.3.1 表单验证

前面讲解了正则表达式的规则和使用正则表达式的方法，但都是单独的某一项的应用。下面通过例7-13来实现一个注册表单，该表单会进行多项验证，包括用户名、密码、确认密码、手机号、电子邮箱。每一项验证首先会进行是否为空的验证，然后根据正则表达式进行验证，其在浏览器中的显示结果如图7-13所示。

【例7-13】example7-13.html

```
<!doctype html>
<html>
  <head>
    <meta charset="utf-8">
    <title>表单验证</title>
    <style>
      span{color:red; font-weight:bold; display:none;}
    </style>
    <script>
      window.onload=function(){
        var myTestBtn=document.getElementById("sub");        //获取按钮对象
        //通过regex类名，获取需要进行验证的输入框对象数组
        var myTestRegex=document.getElementsByClassName("regex");
        //通过error类名，获取验证出错需要对用户进行提示的对象数组
        var myError=document.getElementsByClassName("error");
        for(i=0;i<myTestRegex.length;i++){                   //对每个验证对象进行循环
          myTestRegex[i].index=i;                            //给每个验证对象加索引值
          myTestRegex[i].onblur=function(){                  //给每个验证对象加失去焦点事件
            switch(this.index){                              //根据不同索引值，加入不同的验证方法
              case 0:var reg=/^\w{6,15}$/;                   //定义用户名的正则表达式
                spaceError="用户名不能为空！";                //用户名为空时的提示
                regError="用户名在6~15位之间";                //用户验证错误时，给出提示字符串
                testResult(this,reg,this.index,spaceError,regError)
                break;
              case 1:var reg=/^\w{6,15}$/;                   //定义密码验证对象的正则表达式
                spaceError="密码不能为空！";
                regError="密码6~15字母、数字、下划线";
                testResult(this,reg,this.index,spaceError,regError)
                break;
              case 2:
                if(myTestRegex[2].value==""){                //确认密码不能为空
                  myError[2].style.display="inline";         //为空则显示提示字符串
                  myError[2].innerHTML="确认密码不能为空！";  //定义提示字符串的内容
                  myTestRegex[2].data=1;                     //设置验证数据为1，表示验证没通过
                }
                //进行密码与确认密码是否相同的验证
                if(myTestRegex[1].value!=myTestRegex[2].value){
                  myError[2].style.display="inline";
                  myError[2].innerHTML="密码与确认密码不相同！";
                  myTestRegex[2].data=1;
                }
```

```
                break;
          case 3:var reg=/^1[3578]\d{9}$/;        //手机号验证的正则表达式
            spaceError="手机号必须输入不能为空! ";
            regError="手机号必须是以13、15、17、18开头的11位数字";
            testResult(this,reg,this.index,spaceError,regError)
            break;
          case 4:var reg=/^\w+@(\w+[.])*\w+$/;   //邮箱验证的正则表达式
            spaceError="邮箱不能为空! ";
            regError="邮箱不符合规则";
            testResult(this,reg,this.index,spaceError,regError)
            break;
        }
      }
    }
    //验证函数,实参为:1.当前验证对象,2.正则表达式,3.索引值,
    //               4.输入值为空,提示字符串,5.验证错误,提示字符串
    function testResult(object,reg,index,spaceError,regError){
      var value=object.value;              //获取用户输入的值
      var result=reg.test(value);          //进行正则表达式验证
      if(value==""){                       //用户输入是否为空
        myError[index].style.display="inline";  //为空则显示提示
        myError[index].innerHTML=spaceError;    //定义提示内容
        object.data=1;                          //设置验证数据为1,表示验证没通过
      } else if(result){                   //不为空,进行正则验证
        myError[index].style.display="none";    //验证通过,隐藏错误提示
        object.data=0;                          //设置验证数据为0,表示验证通过
      }else{                               //正则验证没通过
        myError[index].style.display="inline";  //显示错误提示
        myError[index].innerHTML=regError;      //设置错误提示内容
        object.data=1;                          //设置验证数据为1,表示验证没通过
      }
    }
    myTestBtn.onclick=function(){         //单击注册按钮,进行所有输入数据验证
      total=0;                            //验证错误计数器
      for(i=0;i<myTestRegex.length;i++){
        myTestRegex[i].onblur();          //激活表单中每一个失去焦点事件
        total+=myTestRegex[i].data;       //累加验证错误计数器,都为0表示验证通过
      }
      if(total>0) return false;           //计数器大于0,表示有数据没通过验证,不提交
      else return true;                   //否则验证通过,提交用户输入的数据
    }
  }
  </script>
</head>
<body>
  <form action="reg.php" method="get">
    用  户  名:
    <input type="text" id="username" name="username" class="regex">
    <span class="error">用户名在6~15位之间</span>
    <br>
    密       码:
    <input type="password" id="pwd" name="pwd"  class="regex">
    <span class="error"></span>
    <br>
    确认密码:
    <input type="password" id="c_pwd" name="c_pwd" class="regex">
    <span class="error"></span>
```

```html
        <br>
        手  机  号:
        <input type="text" id="mobile" name="mobile" class="regex">
        <span class="error"></span>
        <br>
        邮       箱:
        <input type="text" id="email" name="email" class="regex">
        <span class="error"></span>
        <br>
        <input type="submit" id="sub" value="注册">
    </form>
  </body>
</html>
```

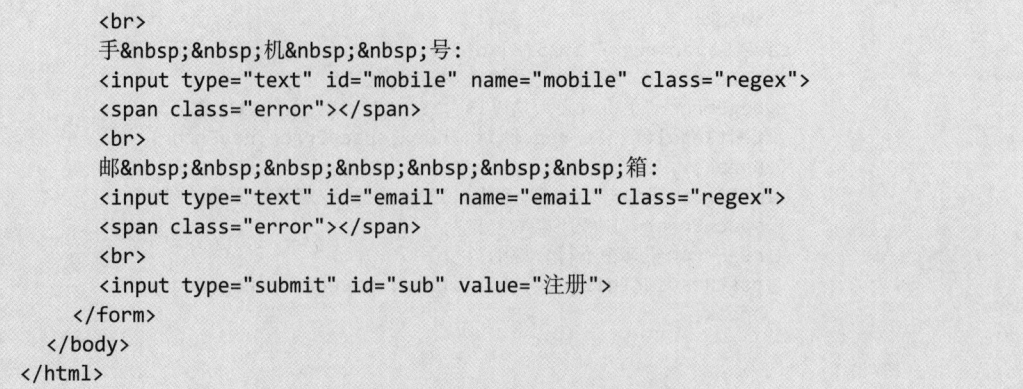

图 7-13 表单验证

7.3.2 级联下拉列表

当需要用户进行一些下拉列表数据的选择时，有些需要根据用户从下拉列表中选择的结果来更新某些表单元素的内容。例7-14就是实现此例功能的网页，其在浏览器中的显示结果如图7-14所示。

【例7-14】example7-14.html

```html
<html>
  <head>
    <meta charset="UTF-8">
    <title>省市二级联动</title>
    <script>
      window.onload=function(){
        var selectPro=""
        var proArr=new Array("河南","湖北","湖南");
        var arr = new Array();
        arr[0]="郑州,开封,洛阳,安阳,鹤壁,新乡,焦作,濮阳,许昌,漯河"
        arr[1]="武汉,宜昌,荆州,襄樊,黄石,荆门,黄冈,十堰,恩施,潜江"
        arr[2]="长沙,常德,株洲,湘潭,衡阳,岳阳,邵阳,益阳,娄底,怀化"
        var city = document.getElementById("city");
        var province=document.getElementById("province");
        var result=document.getElementById("result");
        var cityArr = arr[0].split(",");
        initCity(0);
        function initCity(index){
          var cityArr = arr[index].split(",");
          for(var i=0;i<cityArr.length;i++)
          {
            city[i]=new Option(cityArr[i],cityArr[i]);
```

```
            }
            selectPro=proArr[province.value];
            result.innerHTML=selectPro+"省"+cityArr[0]+"市";
          }
          province.onchange=function(){
            var index = province.selectedIndex;
            //将城市数组中的值填充到城市下拉列表中
            initCity(index);
          }
          city.onchange=function(){
            result.innerHTML=selectPro+"省"+city.value+"市";
          }
        }
      </script>
  </head>
  <body>
    请您选择省份：
    <select id="province" size="1">
      <option value="0">河南</option>
      <option value="1">湖北</option>
      <option value="2">湖南</option>
    </select><br>
    请您选择城市：
    <select id="city" style="width:60px">
    </select> <br>
    您选择的结果是：<span id="result" style="color:red"></span>
  </body>
</html>
```

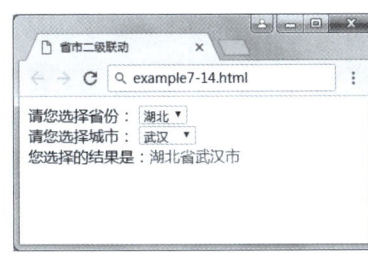

图 7-14　级联下拉列表

7.3.3　评分

网页设计中，有很多地方需要对某项事件评分，如电影评分、教师授课情况评分、某个网店工作人员的服务质量评分等。例7-15就是通过5颗星星对某项事件打分，将鼠标指针放到某颗星星上，该星星之前的所有星星都会以另一种样式显示，选择某个分值对应的星星之后，单击该星星，程序将会显示评分的分值以及相应的评语，其在浏览器中的显示结果如图7-15所示。

【例7-15】example7-15.html

```
<!doctype html>
<html>
  <head>
    <meta charset="utf-8">
    <title>评分</title>
    <style>
```

扫一扫，看视频

```
    *{
      margin:0px;
      padding:0px;
    }
    ...
  </body>
</html>
```

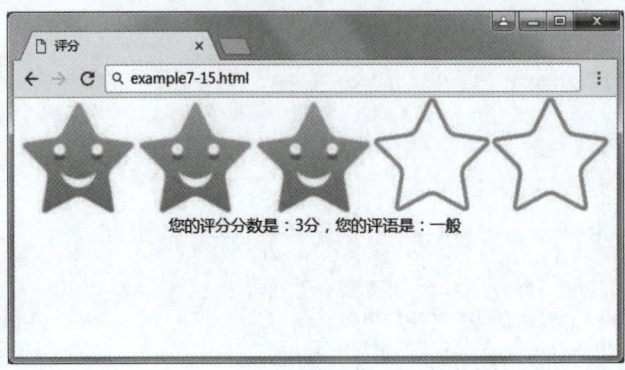

图 7-15　评分

7.4　本章小结

本章主要讲解正则表达式的组成、定义方法及具体应用。首先说明正则表达式中普通字符与元字符的区别，再对元字符代表的含义进行详细阐述，并通过一些与实际紧密相关的实例进行描述，帮助读者对正则表达式最基础的知识有一定的掌握；然后讲解在JavaScript中应用正则表达式的3种不同方法，分别是测试、匹配和替换，通过这3种方法能够完成正则表达式相关的所有操作；最后通过3个具体的网页实例，对前述的正则表达式的相关知识进行总结，并让读者仔细体会复杂的正则表达式在实际网页设计中的工作方式，为今后制作功能完备的网页打下良好基础。

7.5　习题7

扫描二维码，查看习题。

扫描二维码
查看习题

7.6　实验7　数据验证

扫描二维码，查看实验内容。

扫描二维码
查看实验内容

第4部分
巧用框架技术实现快捷开发

第8章 jQuery
第9章 Ajax
第10章 JavaScript进阶
第11章 Vue.js
第12章 计算属性与侦听属性
第13章 组件与路由
第14章 第三方插件

扫一扫，看视频

扫描二维码
查看示例演示目录

CHAPTER

8 jQuery

学习目标：

本章主要讲解jQuery框架结构的基本使用方法。通过对jQuery框架的学习，降低JavaScript脚本程序设计在网页中的应用难度。通过本章的学习，读者应该掌握以下内容。

- jQuery的引用方式。
- jQuery各种不同的选择器。
- jQuery的DOM操作。
- jQuery事件处理。

思维导图简图

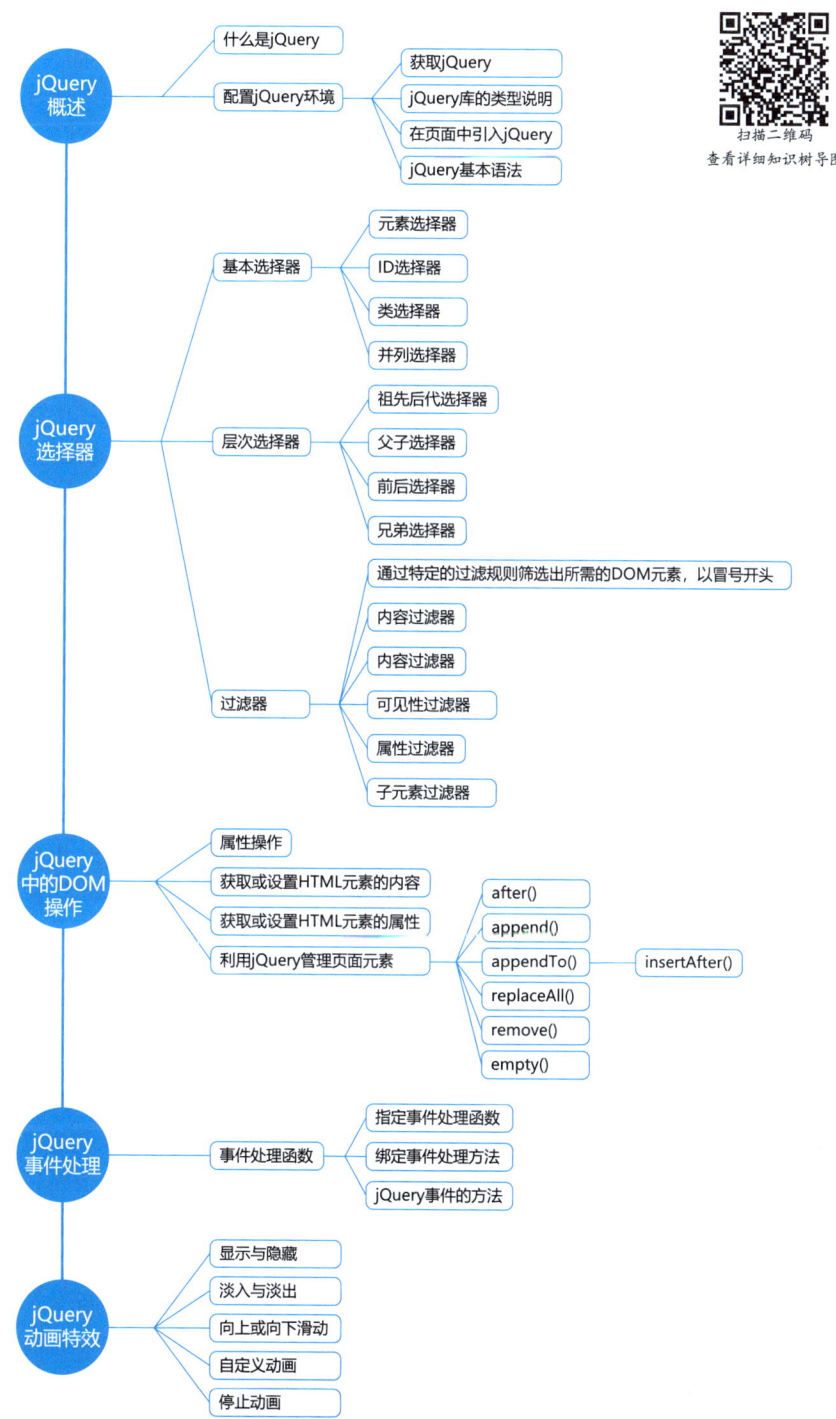

8.1 jQuery概述

8.1.1 什么是jQuery

jQuery是一个快速、简洁的JavaScript框架，是继Prototype之后又一个优秀的JavaScript代码库。jQuery的设计宗旨是Write Less, Do More，即倡导写更少的代码，做更多的事情。jQuery封装了JavaScript常用的功能代码，提供了一种简便的JavaScript设计模式，优化了HTML文档操作、事件处理、动画设计和Ajax交互。

jQuery的核心特性可以总结为：具有独特的链式语法和短小清晰的多功能接口；具有高效灵活的CSS选择器，并且可以对CSS选择器进行扩展；拥有便捷的插件扩展机制和丰富的插件。jQuery兼容目前各种主流浏览器，其语言特点包括以下几个方面。

（1）快速获取文档元素。jQuery的选择机制构建于CSS的选择器，提供了快速查询DOM文档中元素的能力，而且大大强化了JavaScript中获取页面元素的方式。

（2）提供漂亮的页面动态效果。jQuery中内置了一系列的动画效果，可以开发出非常漂亮的网页，许多网站都使用jQuery的内置效果，如淡入淡出、元素移除等动态特效。

（3）创建Ajax无刷新网页。使用Ajax可以开发出非常灵敏无刷新的网页，特别是开发服务器端网页时，需要客户端与服务器进行通信。如果不使用Ajax，每次数据更新后必须重新刷新整个网页；而使用Ajax特效后，可以对页面进行局部刷新，提供动态的效果。

（4）jQuery对基本JavaScript结构进行了增强，如元素迭代和数组处理等操作。

（5）增强的事件处理。jQuery提供了各种页面事件，可以避免程序员在HTML中添加太多的事件处理代码，最重要的是，其事件处理器消除了各种浏览器的兼容性问题。

（6）更改网页内容。jQuery可以修改网页中的内容，如更改网页的文本、插入或者翻转网页图像，jQuery简化了原本使用JavaScript代码处理的方式。

JavaScript与jQuery有本质的区别。JavaScript是一种语言，而jQuery是建立在JavaScript脚本语言上的一个基本库，把JavaScript进行了封装，利用jQuery可以更简单地使用JavaScript。jQuery是当前最流行的JavaScript库，封装了很多预定义的对象和实用函数，jQuery是一个轻量级的JavaScript库，压缩之后很小，与CSS、浏览器兼容。

8.1.2 配置jQuery环境

1. 获取jQuery

在jQuery的官方网站中可以直接下载jQuery的最新库，如图8-1所示。目前jQuery有3个版本。

（1）1.x：兼容IE6，该版本的使用最为广泛，官方只进行漏洞维护，功能不再新增。因此对一般项目来说，使用1.x版本就可以了，最终版本为1.12.4。

（2）2.x：不兼容IE6，很少有人使用，官方只进行漏洞维护，功能不再新增。如果不考虑兼容低版本的浏览器，可以使用2.x版本，最终版本为2.2.4。

（3）3.x：不兼容IE8以下的版本，只支持最新的浏览器，很多旧的jQuery插件不支持这个版本。目前该版本是官方主要更新维护的版本，最新版本为3.7.1。

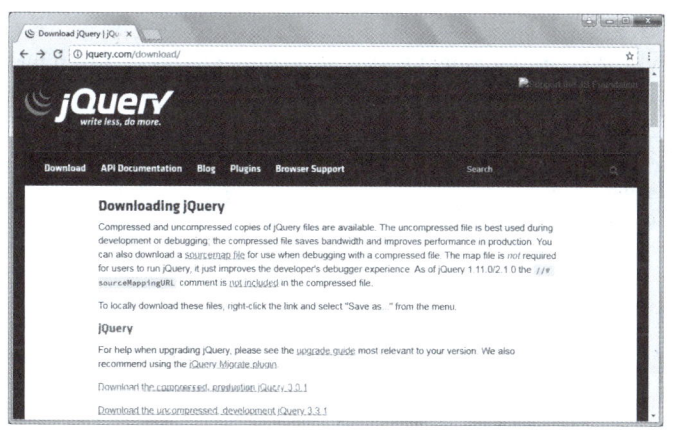

图 8-1　jQuery 官方网站

2. jQuery库的类型说明

jQuery库分为两：一种后缀是.min.js，是经过工具压缩后的版本，一般文件尺寸比较小，主要应用于产品和项目开发；另一种后缀是.js，是没有经过压缩的版本，主要用于测试、学习和开发。为实现本书的实例，建议选择下载jQuery-1.11.2.js。

另外，jQuery不需要安装，把下载的jQuery-1.11.2.js放到网站上的一个公共位置，想在某个页面上使用jQuery时，只需在相关的HTML文档中引入该文件库即可。

3. 在页面中引入jQuery

本书将jQuery-1.11.2.js放在目录js下。为了方便调试，在所提供的jQuery例子中使用相对路径。在实际项目中，应该根据实际需要调整jQuery库的路径。

要想使用jQuery库，使用以下语句先引入jQuery库。

```
<script src="js/jquery-1.11.2.js"> </script>
```

例8-1是本书的第1个jQuery程序，主要让读者理解网页如何引入jQuery库。该例的显示结果是在网页中弹出一个对话框，提示"Hello jQuery World!"。

【例8-1】example8-1.html

```html
<!doctype html>
<html>
  <head>
    <meta charset="utf-8">
    <title>jQuery</title>
    <script src="js/jquery-1.11.2.js"></script> <!--引入jQuery库-->
    <script>
      $(document).ready(function(e) {      //网页加载完毕后执行
        alert("Hello jQuery World!");       //弹出一个对话框
      })
    </script>
  </head>
  <body>
  </body>
</html>
```

例8-1中的代码说明如下：

（1）$( )是jQuery的缩写，可以在DOM中搜索与指定的选择器匹配的元素，并创建一个引用该元素的jQuery对象。

（2）通过jQuery对象$选择document元素，将document元素封装成jQuery对象，然后调用jQuery对象的ready()方法，将自定义匿名函数添加到document元素上，该函数将在DOM结构加载完毕之后执行。实现的功能与如下JavaScript的网页加载事件类似。

```javascript
window.onload=function(){
  alert("Hello jQuery World!");
}
```

4. jQuery基本语法

jQuery语法是针对网页中的HTML元素选择编制的，可以对选中的HTML元素执行某些操作，最基本的jQuery语法格式如下：

```
$(selector).action()
```

其中，$()是jQuery的缩写；selector是选择器，表示选中网页文档中的哪些HTML元素；action()表示对选中的元素进行什么操作。

例8-2让读者体验jQuery基本语法，该例是在网页的<p>标记中包含一段文字，单击这段文字时，文字自动消失。

【例8-2】example8-2.html

```html
<!doctype html>
<html>
  <head>
    <meta charset="utf-8">
    <title>jQuery</title>
    <script src="js/jquery-1.11.2.js"></script>
    <script>
      $(document).ready(function(e) {
        $("p").click(function(){
          $(this).hide();
        });
      });
    </script>
  </head>
  <body>
    <p>单击我，我会自动消失</p>
  </body>
</html>
```

在例8-2中，$("p")是jQuery的一个选择器，用于选择网页中所有的p元素；$("p").click()方法指定选中的p元素的click事件处理函数，click事件在用户单击元素对象时被触发。

$(this)是一个jQuery对象，表示当前引用的HTML元素对象（此处指p元素）。$(this).hide()表示选中当前的HTML元素，并将其隐藏。

8.2 jQuery选择器

在CSS中，选择器（或选择符）的作用是选择页面中的某些HTML元素或某一个HTML元素。jQuery中的选择器使用"$"，其方式更全面，而且不存在浏览器的兼容问题。

jQuery选择器允许通过标签名、属性名或内容对HTML元素进行选择或者修改HTML元素的样式属性。jQuery的选择器有很多，可以分为基本选择器、层次选择器和过滤器。

8.2.1 基本选择器

基本选择器主要包括元素选择器、ID选择器、类选择器和并列选择器等，选择方法与CSS选择器的方法相同。

1. 元素选择器

元素选择器可以选中HTML文档中所有的某个元素。如例8-2中的$("p")表示选中本网页中所有的p元素，又如$("input")表示选中本网页中所有的input元素。

2. ID选择器

ID选择器可以根据指定ID值返回一个唯一的元素。例8-3中定义一个id为myId的<p id="myId">Hello</p>，单击该id标记内的文字时，把其中的文字内容由Hello改为World，使用ID选择器选中该p元素的方法是$("#my")。

【例8-3】example8-3.html

```
<!doctype html>
<html>
  <head>
    <meta charset="utf-8">
    <title>jQuery</title>
    <script src="js/jquery-1.11.2.js"></script>
    <script>
      $(document).ready(function(e) {
        $("#myId").click(function(){
          $("#myId").html("World");
        });
      });
    </script>
  </head>
  <body>
    <p id="myId">Hello</p>
  </body>
</html>
```

3. 类选择器

类选择器可以根据元素的CSS类选择一组元素。例如，$(".left")表示选择页面中所有class属性为left的元素；$("p.left")表示选择页面中所有class属性为left的p元素。

例8-4是在HTML中定义myClass类的li元素，在jQuery中使用类选择器选中这些元素，然后遍历li元素，并修改其HTML的显示内容，其在浏览器中的显示结果如图8-2所示，单击相应按钮后在浏览器中的显示结果如图8-3所示。

【例8-4】example8-4.html

```
<!doctype html>
<html>
  <head>
    <meta charset="utf-8">
```

```
    <title>jQuery类选择器</title>
    <script src="js/jquery-1.11.2.js"></script>
    <script>
      $(document).ready(function(){
        $("button").click(function(){
          $(".myClass").each(function (index,element){    //遍历每一个选中的类元素
            $(this).html(index+"-"+$(this).text())        //修改其元素的文字内容
          });
        });
      });
    </script>
  </head>
  <body>
    <button>增加每个列表项的索引值</button>
    <ul>
      <li class="myClass">足球</li>
      <li class="myClass">羽毛球</li>
      <li class="myClass">篮球</li>
    </ul>
  </body>
</html>
```

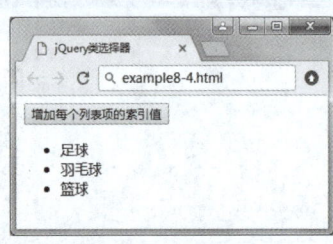

图 8-2　jQuery 类选择器

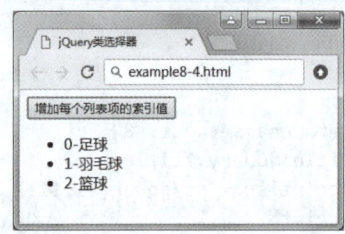

图 8-3　jQuery 类选择器元素遍历

4. 并列选择器

并列选择器是指使用逗号隔开的选择器，彼此之间是并列关系。例如，$("p, div")表示选择页面中所有的p元素和div元素；$("#my, p, .left")表示选择页面中id为my的第1个元素、所有的p元素以及所有class属性为left的元素。

8.2.2　层次选择器

层次选择器可以根据页面中HTML元素之间的嵌套关系选择元素，主要包括祖先后代选择器、父子选择器、前后选择器和兄弟选择器。

1. 祖先后代选择器

祖先后代选择器中祖先选择器和后代选择器之间使用空格隔开，不限制嵌套的层次数。例如：

$(".left p")　　或　　$("form input")

前面一个选择器表示选择所有class属性为left的元素中的所有p元素；后面一个选择器表示选择所有form元素中的input元素。

例8-5是在HTML中定义祖先元素div，其id属性为box，后代元素li，在jQuery中使用祖先后代选择器选中这些li元素，选择方法是$("#box li")，然后通过增加CSS类的方法改变其显示风格，其在浏览器中的显示结果如图8-4所示，单击相应按钮后在浏览器中的显示结果如图8-5所示。

【例8-5】example8-5.html

```html
<!doctype html>
<html>
  <head>
    <meta charset="utf-8">
    <title>jQuery祖先后代选择器</title>
    <script src="js/jquery-1.11.2.js"></script>
    <script>
      $(document).ready(function(){
        $("button").click(function(){
          $("#box li").addClass("myClass")
        });
      });
    </script>
    <style>
      .myClass{ist-style:none; background:#C9C; width:200px; text-align:center;margin:5px;}
    </style>
  </head>
  <body>
    <button>改变列表显示样式</button>
    <div id="box">
      <ul>
        <li>足球</li>
        <li>羽毛球</li>
        <li>篮球</li>
      </ul>
    </div>
  </body>
</html>
```

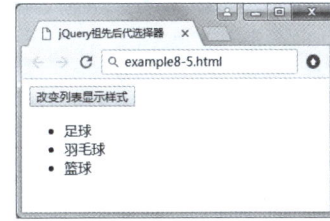

图8-4　祖先后代选择器

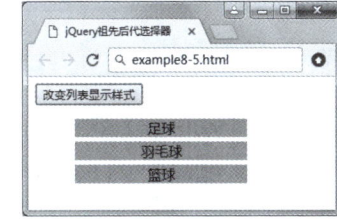

图8-5　改变列表显示样式

2. 父子选择器

在HTML中，元素之间存在包含关系。在例8-5中，div元素的子元素是ul元素，ul元素的子元素是li元素，而div元素的父元素是body元素。父子选择器的父元素和子元素之间使用">"隔开，前后元素的嵌套关系只能是一层。例如，$("div > ul")表示选择div元素内直接嵌套的ul元素。

例8-6中利用父子选择器以及jQuery中的css()方法，完成与例8-5相同的功能。

【例8-6】example8-6.html

```html
<!doctype html>
<html>
  <head>
    <meta charset="utf-8">
    <title>jQuery父子选择器</title>
```

```
<script src="js/jquery-1.11.2.js"></script>
<script>
  $(document).ready(function(){
    $("button").click(function(){
      $("#myUl>li").css({"list-style":"none","background":"#C9C",
      "width":"200px","text-align":"center","margin":"5px"})
    });
  });
</script>
</head>
<body>
  <button>改变列表显示样式</button>
  <div>
    <ul id="myUl">
      <li>足球</li>
      <li>羽毛球</li>
      <li>篮球</li>
    </ul>
  </div>
</body>
</html>
```

3. 前后选择器

前后选择器可以选择某元素的下一个同级兄弟元素，前后选择器对两个同级别的元素起作用，前后元素中间使用"+"分隔，选择在某元素后面的next元素，相当于next()方法。例如，$("#my+img")是选择id为my的元素后第1个同级别的img元素，相当于$("#my").next("img")。

例8-7是一个验证用户输入数据是否为空的页面，如果为空，则给出相应的错误提示，其在浏览器中的显示结果如图8-6所示。

【例8-7】example8-7.html

```
<!doctype html>
<html>
  <head>
    <meta charset="utf-8">
    <title>jQuery前后选择器</title>
    <script src="js/jquery-1.11.2.js"></script>
    <script>
      $(document).ready(function(){
        $("button").click(function(){
          if($("#username").val()==""){
            $("#username+span").html("用户名不能为空！")
            $("#username+span").css("display","inline")
          }
          else{
            $("#username+span").css("display","none")
          }
        });
      });
    </script>
    <style>
      div span{display:none; background:red; color:white;}
    </style>
  </head>
```

```
    <body>
        <div>
            <label>用户名</label>
            <input type="text" id="username">
            <span></span>
        </div>
        <button>测试</button>
    </body>
</html>
```

图 8-6　前后选择器

4. 兄弟选择器

兄弟选择器用于选择某元素的所有兄弟元素，相当于nextAll()方法，可以选择出现在某元素之后和其为同一级别的所有元素。例如，$("#my~img")是选择id为my的元素后的所有同级别的img元素，相当于$("#my").nextAll("img")。

8.2.3　过滤器

过滤器主要用于通过特定的过滤规则筛选出所需的DOM元素，过滤器以冒号开头。按照不同的过滤规则，过滤器又可分为基本过滤器、内容过滤器、可见性过滤器、属性过滤器、子元素过滤器和表单对象属性过滤器。

1. 基本过滤器

基本过滤器可以根据元素的特点和索引选择元素。基本过滤器及其说明见表8-1。

表 8-1　基本过滤器及其说明

过滤器	说　　明
:first	匹配找到的第1个元素
:last	匹配找到的最后一个元素
:not(selector)	去除所有与给定选择器匹配的元素
:even	匹配所有索引值为偶数的元素，如 $("tr:even")
:odd	匹配所有索引值为奇数的元素，如 $("tr:odd")
:eq(index)	匹配一个给定索引值的元素
:gt(index)	匹配所有大于给定索引值的元素
:lt(index)	匹配所有小于给定索引值的元素
:header	匹配所有标题
:animated	匹配所有正在执行动画效果的元素

例如：
（1）改变class不为one的所有div的背景颜色。

```
$("div:not(.one) ").css("background","red");
```

（2）改变索引为奇数的div的背景颜色。

```
$("div:odd").css("background","red");
```

（3）改变索引为偶数的div的背景颜色。

```
$("div:even").css("background","red");
```

（4）改变索引为大于某数的div的背景颜色。

```
$("div:gt(3)").css("background","red");
```

（5）改变索引为等于某数的div的背景颜色。

```
$("div:eq(3)").css("background","red");
```

（6）改变索引为小于某数的div的背景颜色。

```
$("div:lt(3)").css("background","red");
```

2. 内容过滤器

内容过滤器可以根据元素包含的文字内容选择元素。内容过滤器及其说明见表8-2。

表8-2 内容过滤器及其说明

过滤器	说 明
:contains(text)	匹配包含给定文本的元素
:empty()	匹配所有不包含子元素或文本的空元素
:has(selector)	匹配含有选择器所匹配的元素的元素
:parent()	匹配含有子元素或文本的元素，与 :empty() 相反

在例8-8中放置4个div块，分别根据每个div块的不同特点改变其背景颜色，其在浏览器中的显示结果如图8-7所示，单击"显示效果"按钮后，在浏览器中的显示结果如图8-8所示。

【例8-8】example8-8.html

```html
<!doctype html>
<html>
  <head>
    <meta charset="utf-8">
    <title>jQuery内容过滤器</title>
    <script src="js/jquery-1.11.2.js"></script>
    <script>
      $(function() {
        $('button').click(function() {
          //包含内容为ha的div块
          $('div:contains(ha)').css('backgroundColor', 'green');
          //不包含任何内容的div块
          $('div:empty').css('backgroundColor', 'yellow');
          //包含有<a>标记的div块
          $('div:has(a)').css('backgroundColor', 'pink');
        })
      })
    </script>
    <style>
      div{
        width:300px;
        height:50px;
```

```
      border:1px solid red;
      margin:5px;
    }
    </style>
  </head>
  <body>
    <button>显示效果</button>
    <div> hahha </div>
    <div> heihei </div>
    <div></div>
    <div> <a href="http://www.baidu.com">content</a> </div>
  </body>
</html>
```

图8-7 内容过滤器

图8-8 内容过滤器改变属性

3. 可见性过滤器

可见性过滤器可以根据元素的可见性进行选择，可见性过滤器包括": hidden"和":visible"。其中可见性过滤器":hidden"不仅包含样式属性display为none的元素，也包含文本隐藏域（<input type="hidden">）和visible:hidden之类的元素；可见性过滤器":visible"可以匹配所有可见的元素。

例8-9制作的页面上有两个按钮，一个按钮是改变可见性元素的背景颜色的属性，另一个按钮是利用jQuery的show()方法让不可见元素显示出来。

【例8-9】example8-9.html

```
<!doctype html>
<html>
  <head>
    <meta charset="utf-8">
    <title>jQuery可见性过滤器</title>
    <script src="js/jquery-1.11.2.js"></script>
    <script type="text/javascript">
      $(document).ready(function(){
        $("#b1").click(function(){
          $("div:visible").css("background","red");
        });
        $("#b2").click(function(){
          $("div:hidden").show(1000);
        });
      });
    </script>
```

```html
    </head>
    <body>
        <h3>可见性过滤器.</h3>
        <input type="button" value="改变可见div元素属性" id="b1"/>
        <input type="button" value="显示不可见元素属性" id="b2"/>
        <br/><br/>
        <div id="one">
            Hello World!
        </div>
        <div style="display:none;">
            style的display为"none"的div
        </div>
    </body>
</html>
```

4. 属性过滤器

属性过滤器的过滤规则是通过元素的属性来获取相应的元素。属性过滤器及其说明见表8-3。

表8-3 属性过滤器及其说明

过滤器	说 明
[attribute]	匹配包含给定属性的元素
[attribute=value]	匹配给定属性为特定值的元素
[attribute!=value]	匹配给定属性不等于特定值的元素
[attribute^=value]	匹配给定属性是以特定值开头的元素
[attribute$=value]	匹配给定属性是以特定值结尾的元素
[attribute*=value]	匹配给定属性包含特定值的元素
[attributeFilter1][attributeFilter2][…]	复合属性过滤器，匹配属性同时满足多个条件的元素

例8-10在制作的页面上选择超链接中带有title属性的元素，修改这些元素的背景颜色、字体大小、下划线等属性。

【例8-10】example8-10.html

```html
<!doctype html>
<html>
    <head>
        <meta charset="utf-8">
        <title>jQuery属性过滤器</title>
        <script src="js/jquery-1.11.2.js"></script>
        <script>
            $(document).ready(function(){
                $("a[title]").css({ "color":"#FF9600",
                    "font-size":"12px",
                    "text-decoration":"none"});
            });
        </script>
    </head>
    <body>
        <a href="#" title="first">第1个包含title属性的a元素</a><br/>
        <a href="#">第1个不包含title属性的a元素</a><br/>
        <a href="#" title="second">第2个包含title属性的a元素</a><br/>
        <a href="#">第2个不包含title属性的a元素</a><br/>
        <a href="#" title="third">第3个包含title属性的a元素</a>
    </body>
</html>
```

5. 子元素过滤器

使用子元素过滤器可以根据某个元素的子元素对该元素进行过滤。子元素过滤器及其说明见表 8-4。

表 8-4　子元素过滤器及其说明

过滤器	说　明
:first-child	获取第 1 个子元素
:last-child	获取最后一个子元素
:nth-child(index|even|eq|odd)	通过相关指数获取子元素
:only-child	获取子元素唯一的元素

nth-child()过滤器的说明如下。

（1）:nth-child(even/odd)：选取每个父元素下的索引值为偶（奇）数的元素。

（2）:nth-child(2)：选取每个父元素下的索引值为 2 的元素。

（3）:nth-child(3n)：选取每个父元素下的索引值是 3 的倍数的元素。

（4）:nth-child(3n + 1)：选取每个父元素下的索引值是 3n+1 的元素。

在例 8-11 制作的页面上选择偶数列表元素，让其背景色发生改变，其在浏览器中的显示结果如图 8-9 所示。

【例 8-11】example8-11.html

```
<!doctype html>
<html>
  <head>
    <meta charset="utf-8">
    <title>jQuery子元素过滤器</title>
    <script src="js/jquery-1.11.2.js"></script>
    <script>
      $(document).ready(function(){
        $("ul li:nth-child(even)").css("background-color","#FF9600");
      });
    </script>
  </head>
  <body>
    <ul>
      <li>音乐</li>
      <li>羽毛球</li>
      <li>足球</li>
      <li>篮球</li>
    </ul>
  </body>
</html>
```

图 8-9　子元素过滤器

8.3 jQuery中的DOM操作

DOM是一种与浏览器平台、语言无关的接口，使用该接口可以轻松地访问页面中所有的标准组件。

8.3.1 属性操作

每个HTML元素都可以转换为一个DOM对象，而每个DOM对象都有一组属性，通过这些属性可以设置HTML元素的外观和特性。在标准JavaScript中，可以使用document.getElementsById("对象ID")方法获取对应的DOM对象。在jQuery中，可以通过选择器选中多个HTML元素，再使用get()方法获取其中某个HTML元素对应的对象，其语法格式如下：

```
var 对象名 = $("选择器").get(索引值);
```

索引值是从0开始的整数，如果要得到第1个HTML元素，则索引值使用0；如果要得到第2个HTML元素，则索引值使用1；依次类推。

另外，可以使用each()方法遍历jQuery选择器匹配的所有元素，并对每个元素执行指定的回调函数，这个回调函数有一个可选的整数参数表示遍历元素的索引值。

例8-12定义了一个数组，数组的内容是颜色字符串的定义。网页中在显示列表<li>时，会根据列表<li>的位置值作为数组下标值，取出相应的颜色数组数据，并把<li>内的文字显示成相对应的颜色，其在浏览器中的显示结果如图8-10所示。

【例8-12】example8-12.html

```html
<!doctype html>
<html>
  <head>
    <meta charset="utf-8">
    <title>jQuery遍历元素</title>
    <script src="js/jquery-1.11.2.js"></script>
    <script>
      $(document).ready(function(){
        var colorArr=new Array("blue","red","pink","green");
        $("li").each(function(index){             //遍历本网页中的所有li元素
          this.style.color=colorArr[index];       //改变当前li元素的前景色
        });
      });
    </script>
  </head>
  <body>
    <ul>
      <li>音乐</li>
      <li>羽毛球</li>
      <li>足球</li>
      <li>篮球</li>
    </ul>
  </body>
</html>
```

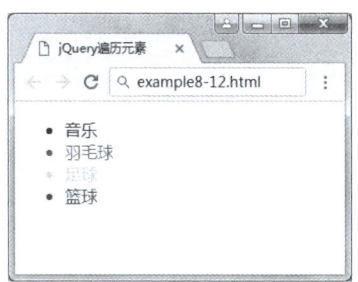

图 8-10　遍历元素

8.3.2　获取或设置 HTML 元素的内容

在jQuery中可以使用方法返回或设置元素的内容，通过这些方法可以动态修改网页显示的内容。获取或设置HTML元素的内容的方法及说明见表8-5。

表 8-5　获取或设置 HTML 元素的内容的方法及说明

方　　法	说　　明
$(selector).text()	用于返回或设置元素的文本内容
$(selector).html()	用于返回或设置元素的内容（包括 HTML 标记在内）
$(selector).val()	用于返回或设置表单字段的值

以html()方法为例，如果要获取HTML元素的内容，其语法格式如下：

```
var htmlStr= $(selector).html();
```

如果要设置HTML元素的内容，其语法格式如下：

```
$(selector).html("修改字符串");
```

例8-13中根据用户在文本框中输入的数据修改<li>列表的第1个元素和最后1个元素的内容。在浏览器的文本框中输入"乒乓球"，并单击"修改HTML元素内容"按钮，其在浏览器中的显示结果如图8-11所示。

【例 8-13】example8-13.html

```
<!doctype html>
<html>
  <head>
    <meta charset="utf-8">
    <title>jQuery修改元素内容</title>
    <script src="js/jquery-1.11.2.js"></script>
    <script>
      $(document).ready(function(){
        $("button").click(function(){
          var newContent=$("#userInput").val();     //val()获取表单元素的内容
          $("ul li:first").html(newContent);         //html()设置选中元素的内容
          $("ul li:last").text(newContent);          //text()设置选中元素的内容
        });
      });
    </script>
  </head>
  <body>
    <input type="text" id="userInput">
    <button>修改HTML元素内容</button>
```

```
    <ul>
        <li>音乐</li>
        <li>羽毛球</li>
        <li>足球</li>
        <li>篮球</li>
    </ul>
  </body>
</html>
```

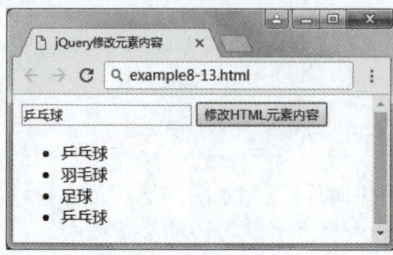

图 8-11　获取并设置元素内容

8.3.3　获取或设置 HTML 元素的属性

在jQuery中使用attr()方法获取或设置HTML元素的属性，使用removeAttr()方法删除元素的某个指定属性。当attr()方法传递一个参数时，即为获取某元素的指定属性；当为该方法传递两个参数时，即为设置某元素指定属性的值。

例8-14在div块中显示一张图片，当将鼠标指针移入这个div块时，改变图片元素的src属性，将其属性值进行字符串拼接，在0.jpg～3.jpg中选取一张，从而达到改变显示不同图片的目的。该例还使用setInterval()函数实现定时改变图片的效果。

【例8-14】example8-14.html

```
<!doctype html>
<html>
  <head>
    <meta charset="utf-8">
    <title>jQuery获取元素属性</title>
    <script src="js/jquery-1.11.2.js"></script>
    <script>
      $(document).ready(function(){
        var index=0;
        setInterval(imgChange,1000);         //定时1s调用imgChange()函数，改变一次图片
        function imgChange(){
          index=(index+1)%4;                 //让索引值在0~3之间变化
          $("#box img").attr("src","images/"+index+".jpg");  //修改img元素的src属性
        }
      });
    </script>
  </head>
  <body>
    <div id="box">
      <img src="images/0.jpg">
    </div>
  </body>
</html>
```

8.3.4 利用 jQuery 管理页面元素

利用jQuery可以方便地在页面中添加新元素或者删除页面中已有的元素。利用jQuery管理页面元素的常用方法及其说明见表8-6。

表8-6 jQuery 管理页面元素的常用方法及其说明

方　法	说　明
after()	在选择的元素之后插入内容
append()	在选择的元素集合中的元素结尾插入内容
appendTo()	向目标结尾插入选择的元素集合中的元素
before()	在选择的元素之前插入内容
insertAfter()	把选择的元素插入到另一个指定元素集合的后面
insertBefore()	把选择的元素插入到另一个指定元素集合的前面
prepend()	向选择的元素集合中的元素的开头插入内容
prependTo()	向目标开头插入选择的元素集合
replaceAll()	用匹配的元素替换所有匹配到的元素
replaceWith()	用新内容替换匹配的内容
wrap()	把选择的元素用指定的内容包裹起来
wrapAll()	把所有的匹配元素用指定的内容包裹起来
wrapInner()	把每一个匹配元素的子元素使用指定的内容包裹起来
remove()	删除匹配元素及其子元素
empty()	删除匹配元素的子元素

例8-15是管理页面元素的几个方法的示例。初始页面上有两个段落，单击"DOM操作测试"按钮后，使用after()方法在第1个\<p\>标记后增加一个段落；然后使用before()方法在原始的第2个段落前插入一个段落；使用replaceWith()方法对原始的第2个段落的内容进行修改；最后使用empty()方法删除原始的第3个段落。例8-15在浏览器初始页面中的显示结果如图8-12所示，单击按钮后在浏览器中的显示结果如图8-13所示。

【例8-15】example8-15.html

```
<!doctype html>
<html>
  <head>
    <meta charset="utf-8">
    <title>DOM操作</title>
    <script src="js/jquery-1.11.2.min.js"></script>
    <script>
      $(document).ready(function(){
        $("button").click(function(){
          $("p").eq(0).after("<p>原始第一段落后插入元素</p>");
          $("p").eq(2).before("<p>原始第二段落前插入元素</p>");
          $("p").eq(3).replaceWith("<p>原始第二段内容修改</p>");
          $("p").eq(4).empty();//删除原始的第3个段落
        });
```

扫一扫，看视频

```
        });
      </script>
    </head>
    <body>
      <button>DOM操作测试</button>
      <p>这是原始第一个段落。</p>
      <p>这是原始第二个段落。</p>
      <p>这是原始第三个段落。</p></body>
</html>
```

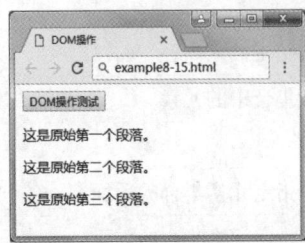
图 8-12　DOM 操作初始页面

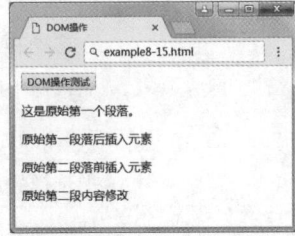
图 8-13　DOM 操作单击按钮之后的页面

例 8-15 中的 eq() 方法是在选中元素集合内选择第几个元素。下面通过一个综合实例让读者理解 remove() 方法。在例 8-16 中显示一个邮件列表，在该列表的每一封邮件前面都有一个复选框，并在列表的最后有 4 个按钮，分别用于全选、取消、反选、删除邮件。用户选择了某些需要删除的邮件之后，单击"删除"按钮，通过 remove() 方法能把表格中的选中行进行删除。单击"删除"按钮前后在浏览器中的不同显示结果如图 8-14 和图 8-15 所示。

【例 8-16】example8-16.html

```
<!doctype html>
<html>
  <head>
    <meta charset="utf-8">
    <title>邮件列表管理</title>
    <style>
      *{margin:0px; padding:0px;}
      #box{width:400px;margin:0px auto;}
    </style>
    <script src="js/jquery-3.2.0.min.js"></script>
    <script>
      $(function(){
        $("#selectBtn").click(function(){           //全选
          $("input[name=select]").prop("checked",true)
        });
        $("#selectCancle").click(function(){        //取消选择
          $("input[name=select]").prop("checked",false)
        });
        $("#notSelect").click(function(){           //反选
          $("input[name=select]").each(function(index, element) {
            $(this).prop("checked",!$(this).prop("checked"))
          })
        });
        $("#delBtn").click(function(){              //删除选中邮件项
          $("input[name=select]").each(function(index, element) {
            //判断当前元素是否被选中，如果当前元素被选中，
            //则删除当前元素的父元素的父元素的所有子元素，即<tr>的所有子元素
            if($(this).prop("checked"))
```

```
                    $(this).parent().parent().remove();
                });
            })
        })
        </script>
    </head>
    <body>
        <div id="box">
            <p>收件箱</p>
            <table width="400" border="1" >
                <tr>
                    <td>状态</td>
                    <td>发件人</td>
                    <td>主题</td>
                </tr>
                <tr>
                    <td><input name="select" type="checkbox" value="select"></td>
                    <td>王者归来</td>
                    <td>羽毛球服装</td>
                </tr>
                <tr>
                    <td><input name="select" type="checkbox" value="select"></td>
                    <td>天下</td>
                    <td>明天会下雨吗？</td>
                </tr>
                <tr>
                    <td><input name="select" type="checkbox" value="select"></td>
                    <td>沧海</td>
                    <td>轮椅什么时候还您？</td>
                </tr>
                <tr>
                    <td><input name="select" type="checkbox" value="select"></td>
                    <td>王者归来</td>
                    <td>明天约了场比赛</td>
                </tr>
            </table>
            <button id="selectBtn">全选</button>
            <button id="selectCancle">取消</button>
            <button id="notSelect">反选</button>
            <button id="delBtn">删除</button>
        </div>
    </body>
</html>
```

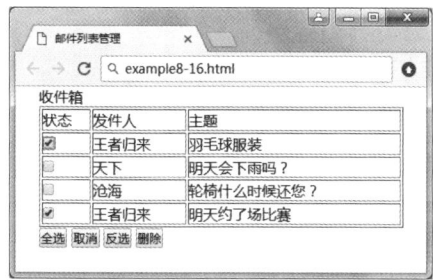

图 8-14　邮件列表管理

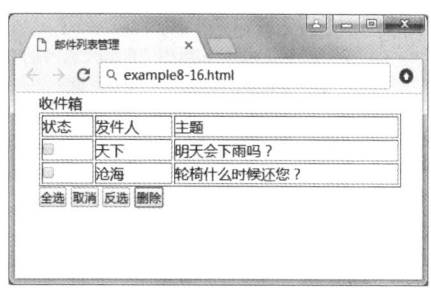

图 8-15　删除部分邮件后的列表

8.4 jQuery事件处理

jQuery可以很方便地使用事件对象对触发事件进行处理。jQuery支持的事件包括键盘事件、鼠标事件、表单事件、文档加载事件和浏览器事件等。

1. 指定事件处理函数

事件处理函数指事件触发时调用的函数。可以通过下面的方法指定事件处理函数。

```
$("选择器").事件名(function(形参){
    //函数体
})
```

例如，前面多次使用

```
$(document).ready(function(e) {
});
```

指定文档对象的ready事件处理函数，ready事件表示当文档对象就绪时被触发。

2. 绑定事件处理方法

（1）bind()方法。使用bind()方法可以为每一个匹配元素的特定事件（如单击事件）绑定一个事件处理函数，事件处理函数会接收到一个事件对象。bind()方法的语法格式如下：

```
bind(type, [data,] function)
```

其中，type表示事件类型；data是可选参数，作为event.data属性值传递给事件对象的额外数据对象；function表示绑定到指定事件的事件处理函数。如果function函数返回false，则会取消事件的默认行为并阻止冒泡。

例8-17是通过bind()方法为一个按钮绑定一个单击事件，单击按钮后，网页中的一段文字将自动消失，如果再次单击这个按钮，消失的文字又会显示出来。本例重点理解事件的绑定过程。

【例8-17】example8-17.html

扫一扫，看视频

```html
<!doctype html>
<html>
  <head>
    <meta charset="utf-8">
    <title>bind方法</title>
    <script src="js/jquery-1.11.2.min.js"></script>
    <script type="text/javascript">
      $(document).ready(function(){
        $("button").bind("click",function(){
          $("p").slideToggle();
        });
      });
    </script>
  </head>
  <body>
    <p>这是一段文字</p>
    <button>请单击这里</button>
  </body>
</html>
```

例8-18中通过bind()方法指定contextmenu（右击）事件的处理函数，在该函数中返回false，从而取消事件的默认行为。

【例8-18】example8-18.html

扫一扫，看视频

```
<!doctype html>
<html>
  <head>
    <meta charset="utf-8">
    <title>bind方法</title>
    <script src="js/jquery-1.11.2.min.js"></script>
    <script type="text/javascript">
      $(document).ready(function(){
        $(document).bind("contextmenu",function(){
          return(false);
        });
      });
    </script>
  </head>
  <body>
    <p>您右击网页，将不会弹出右键快捷菜单！</p>
  </body>
</html>
```

（2）delegate()方法。delegate()方法是对指定元素的特定子元素增加一个或多个事件处理程序，并规定当这些事件发生时运行的函数。使用delegate()方法的事件处理程序适用于当前或以后由脚本创建的新元素。其绑定事件的语法格式如下：

$(选择器).delegate(childSelector,eventType,function)

其中，childSelector表示指定事件的子元素选择器；eventType表示事件的类型；function表示事件处理函数。

例8-19将文档中ul元素下的li子元素的click事件绑定到指定的事件处理函数，单击li元素时，将在所有li元素的最后添加一个li元素，并且新添加li元素的内容是一个定义好的数组。

【例8-19】example8-19.html

扫一扫，看视频

```
<!doctype html>
<html>
  <head>
    <meta charset="utf-8">
    <title>delegate方法</title>
    <script src="js/jquery-1.11.2.min.js"></script>
    <script type="text/javascript">
      $(document).ready(function(){
        listArr=new Array("音乐","排球","羽毛球","篮球","游泳");
        index=0;
        $("ul").delegate("li","click",function(){
          $(this).append("<li>"+listArr[index]+"</li>")
          index++;
          index%=5;
        })
      });
    </script>
  </head>
  <body>
```

```
    <ul>
        <li>足球</li>
    </ul>
  </body>
</html>
```

3. jQuery事件的方法

jQuery提供了一组与事件相关的方法，用于处理各种HTML事件。jQuery常用事件的方法及说明见表8-7。

表 8-7　jQuery 常用事件的方法及说明

事件的方法	说　　明
$(" 选择器 ").click()	单击时触发事件，参数可选（data、function）
$(" 选择器 ").dblclick()	双击时触发事件，参数可选（data、function）
$(" 选择器 ").mousedown()/mouseup()	鼠标按下 / 松开时触发事件
$(" 选择器 ").mousemove()	鼠标移动时触发事件
$(" 选择器 ").mouseover()/mouseout()	鼠标移入 / 移出时触发事件
$(" 选择器 ").mouseenter()/mouseleave()	鼠标进入 / 离开时触发事件
$(" 选择器 ").hover(func1,func2)	鼠标移入调用 func1 函数，移出调用 func2 函数
$(" 选择器 ").focusin()	鼠标聚焦到该元素时触发事件
$(" 选择器 ").focusout()	鼠标失去焦点时触发事件
$(" 选择器 "). focus()/blur()	鼠标聚焦 / 失去焦点时触发事件（不支持冒泡）
$(" 选择器 ").change()	表单元素发生改变时触发事件
$(" 选择器 ").select()	文本元素被选中时触发事件
$(" 选择器 ").submit()	表单提交动作时触发事件
$(" 选择器 ").keydown()/keyup()	键盘按键按下 / 松开时触发事件
$(" 选择器 ").keypress()	键盘按下过程中触发事件

例8-20是单击按钮后，在一个div块上按住鼠标左键不放进行拖动，这个div块会跟随鼠标移动，松开鼠标左键之后，div块会停止跟随。

【例8-20】example8-20.html

```
<!doctype html>
<html>
  <head>
    <meta charset="utf-8">
    <title>事件举例</title>
    <style>
      #mydiv{background:#00BFFF;position:absolute;width:100px;height:100px;}
    </style>
    <script src="js/jquery-1.11.2.min.js"></script>
    <script type="text/javascript">
      $(function(){
        $("#btn").click(function(){                         //按钮的单击事件
          $("#mydiv").mousedown(function(event) {           //div块的鼠标左键按下事件
            var offset = $("#mydiv").offset();              //获取div块的位置
            x1 = event.clientX - offset.left;
            y1 = event.clientY - offset.top;
              $("#mydiv").mousemove(function(event) {       //鼠标移动事件
```

```
                    //设置div块移动后的新位置
                    $("#mydiv").css("left", (event.clientX - x1) + "px");
                    $("#mydiv").css("top", (event.clientY - y1) + "px");
                });
                $("#mydiv").mouseup(function(event) {    //鼠标左键抬起事件
                    $("#mydiv").unbind("mousemove");     //删除鼠标移动事件
                });
            });
        })
    })
    </script>
  </head>
  <body>
    <button id="btn">鼠标拖动</button>
    <div id="mydiv"></div>
  </body>
</html>
```

8.5 jQuery动画特效

8.5.1 显示与隐藏

在JavaScript中，如果需要显示或隐藏网页上的一个元素，可以设置该元素的display属性值为inline或none。如果在jQuery中完成类似功能，可以使用jQuery提供的show()方法显示，使用hide()方法进行隐藏。其语法格式如下：

```
$("选择器").hide(speed,callback)
$("选择器").show(speed,callback)
```

其中，speed参数是可选项，用于表示完成显示或隐藏所用的时间（单位是毫秒），该参数也可取slow或者fast；callback参数也是可选项，用于表示回调函数，当在规定的时间内完成显示或隐藏后所执行的函数。

例8-21在网页中显示一个段落，单击"隐藏"按钮后，这个段落会在2s内消失，再次单击"显示"按钮，这个段落会在2s内显示出来。该例在浏览器中的显示结果如图8-16所示，单击"隐藏"按钮后，显示结果如图8-17所示。

【例8-21】example8-21.html

```
<!doctype html>
<html>
  <head>
    <meta charset="utf-8">
    <title>jQuery显示与隐藏</title>
    <style>
      p{width:200px;
        height:200px;
        background-color:pink;
        text-align:center;
        line-height:200px;
      }
    </style>
```

扫一扫，看视频

```
    <script src="js/jquery-1.11.2.min.js"></script>
    <script type="text/javascript">
      $(document).ready(function(){
        $(".btn1").click(function(){
          $("p").hide(2000);
        });
        $(".btn2").click(function(){
          $("p").show(2000);
        });
      });
    </script>
  </head>
  <body>
    <p>这是一个测试段落！</p>
    <button class="btn1">隐藏</button>
    <button class="btn2">显示</button>
  </body>
</html>
```

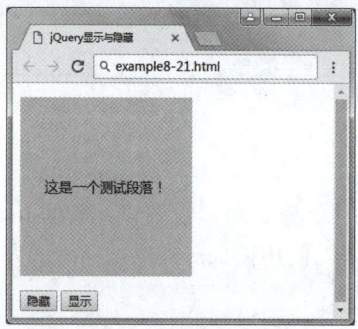

图 8-16　显示的结果

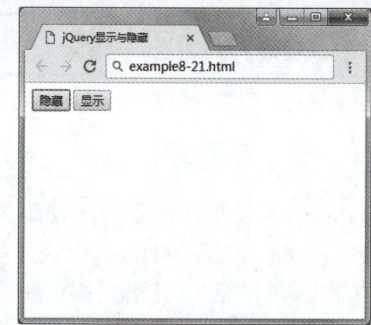

图 8-17　隐藏的结果

例8-21使用show()和hide()两个方法进行显示与隐藏的切换。在jQuery中还可以使用toggle()方法进行这种切换，即如果指定元素是显示，则将其隐藏；如果是隐藏，就将其显示。该方法所带参数与show()方法相同。另外，还可以将源代码中的两个按钮单击事件换成一个按钮单击事件，代码如下：

```
$(".btn1").click(function(){
   $("p").toggle(2000);    //显示与隐藏切换的方法
});
```

8.5.2　淡入与淡出

jQuery拥有4种淡入或淡出的方法：fadeIn()用于淡入已隐藏的元素。fadeOut()用于淡出可见元素。fadeToggle()可以在fadeIn()与fadeOut()方法之间切换，如果元素已淡出，则fadeToggle()会向元素添加淡入效果；如果元素已淡入，则fadeToggle()会向元素添加淡出效果。fadeTo()允许渐变到指定的不透明度。淡入与淡出方法的语法格式如下：

```
$(selector).fadeIn(speed,callback);
$(selector).fadeOut(speed,callback);
$(selector).fadeToggle(speed,callback);
$(selector).fadeTo(speed,opacity,callback);
```

其中，speed和callback参数的含义与8.5.1小节中的show()方法相同；opacity参数表示渐变的不透明度，取值范围是0～1之间的小数，0是完全透明，1是不透明。

例8-22在网页中显示一个div块，并有4个按钮，分别是显示、隐藏、合成和半透明。单击某个按钮，这个div块将显示成指定的样式。

【例8-22】example8-22.html

```html
<!doctype html>
<html>
  <head>
    <meta charset="utf-8">
    <title>jQuery淡入淡出</title>
    <style>
      #div1{
        width:200px;
        height:200px;
        background-color:pink;
        text-align:center;
        line-height:200px;
      }
    </style>
    <script src="js/jquery-1.11.2.min.js"></script>
    <script type="text/javascript">
      $(document).ready(function(){
        $('#btnFadeIn').click(function(){    //渐变显示按钮单击事件
          $('#div1').fadeIn(1000);           //1000ms，表示动画渐变过程的时间
        });
        $('#btnFadeOut').click(function(){   //渐变隐藏按钮
          $('#div1').fadeOut(1000);
        });
        $('#btnTotal').click(function(){     //合成按钮
          $('#div1').fadeToggle(1000);
        });
        $('#btnBan').click(function(){       //半透明显示按钮
          $('#div1').fadeTo(1000,0.5);       //透明度指定为0.5，改变CSS中的opacity属性
        });
      });
    </script>
  </head>
  <body>
    <input type="button" id="btnFadeIn" value="显示"/>
    <input type="button" id="btnFadeOut" value="隐藏"/>
    <input type="button" id="btnTotal" value="合成"/>
    <input type="button" id="btnBan" value="半透明"/>
    <div id="div1"></div>
  </body>
</html>
```

8.5.3 向上或向下滑动

可以使用slideUp()和slideDown()方法在页面中滑动元素，前者用于向上滑动元素，后者用于向下滑动元素，其调用方法的语法格式如下：

```
$(selector).slideUp(speed,[callback])
$(selector).slideDown(speed,[callback])
```

其中，speed参数为滑动时的速度，单位是毫秒，可选项参数callback为滑动成功后执行的回调

函数名。需要强调的是，slideDown()仅适用于被隐藏的元素，对于已经被显示在网页中的元素是没有任何效果的；slideUp()则相反。

另外，slideToggle()可以在slideUp()与slideDown()方法之间进行切换。如果元素已经向上滑动并隐藏，则进行向下滑动操作；如果元素已经显示出来，则进行向上滑动操作，使元素隐藏起来。调用该方法的语法格式如下：

```
$(selector).slideToggle(speed,[callback])
```

例8-23实现仿QQ好友分类列表的功能。单击好友分类后，会把该分类的好友全部展现出来，再次单击该好友分类时，则把该好友分类折叠起来，在浏览器中折叠与展开好友分类的页面如图8-18和图8-19所示。

【例8-23】example8-23.html

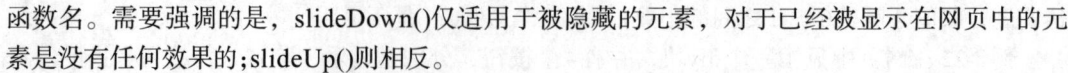
扫一扫，看视频

```html
<!doctype html>
<html>
  <head>
    <meta charset="utf-8">
    <title>jQuery仿QQ好友列表</title>
    <script src="js/jquery-1.11.2.min.js"></script>
    <script>
      $(function(){
        $(".subMenuItem").eq(0).show();
        $(".subMenuTitle").click(function(){
          $(".subMenuItem").slideUp();
          $(".MenuItem b").text("▶");
          if($(this).next().is(":hidden")){
            $(this).next().slideDown();
            $(this).find("b").text("▼");
          }
        });
      })
    </script>
    <style>
      *{margin:0px; padding:0px;}
      #box{width:100px; height:500px; background:#FCF;}
      #box ul{list-style:none;}
      #box ul li.MenuItem{width:100%; background:#F9C;}
      #box ul li a{text-decoration:none;}
      #box ul li a{margin-left:5px;}
      #box ul li ul{display:none;}
      #box ul li ul li{width:100%; height:25px; background:#9CF; margin-bottom:2px;
         text-align:center; line-height:25px;}
    </style>
  </head>
  <body>
    <div id="box">
      <ul class="menu">
        <li class="MenuItem">
          <a href="#" class="subMenuTitle">
            <b>▼</b> 好友
          </a>
          <ul class="subMenuItem">
            <li><a href="#">好友1</a></li>
```

```html
        <li><a href="#">好友2</a></li>
        <li><a href="#">好友3</a></li>
      </ul>
    </li>
    <li class="MenuItem">
      <a href="#" class="subMenuTitle">
        <b> ▶ </b> 朋友
      </a>
      <ul class="subMenuItem">
        <li><a href="#">朋友1</a></li>
        <li><a href="#">朋友2</a></li>
        <li><a href="#">朋友3</a></li>
        <li><a href="#">朋友4</a></li>
      </ul>
    </li>
    <li class="MenuItem">
      <a href="#" class="subMenuTitle">
        <b> ▶ </b> 同学
      </a>
      <ul class="subMenuItem">
        <li><a href="#">同学1</a></li>
        <li><a href="#">同学2</a></li>
      </ul>
    </li>
    <li class="MenuItem">
      <a href="#" class="subMenuTitle">
        <b> ▶ </b> 家人
      </a>
      <ul class="subMenuItem">
        <li><a href="#">家人1</a></li>
        <li><a href="#">家人2</a></li>
        <li><a href="#">家人3</a></li>
      </ul>
    </li>
  </ul>
 </div>
 </body>
</html>
```

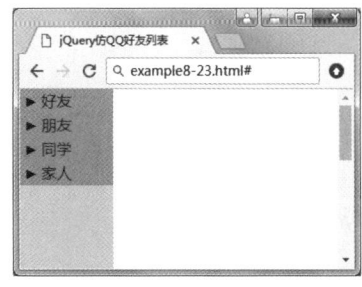
图 8-18　折叠好友

图 8-19　展开好友

8.5.4　自定义动画

有些复杂的动画通过之前学到的几个动画函数是无法实现的，需要引进自定义动画的

animate()方法，该方法执行CSS属性集的自定义动画，通过CSS样式将元素从一个状态改变为另一个状态。CSS属性值是逐渐改变的，这样就可以创建动画效果。自定义动画的语法格式如下：

```
animate(params,speed,callback)
```

其中，params是一个包含样式属性及值的映射，如{键1:值1 [,键2:值2]}；speed和callback参数与前面几个动画函数定义中的参数含义相同，speed是速度定义参数，callback是回调函数。

1. 简单动画

例8-24在页面中显示一个红色div块，单击该div块后其在页面上横向移动。需要说明的是，为了使元素动起来，可以改变left属性使元素在水平方向移动；改变top属性可以使元素在垂直方向移动。为了能使元素的top、right、bottom、left属性值起作用，还必须声明元素的position属性。

【例8-24】example8-24.html

```
<!doctype html>
<html>
  <head>
    <meta charset="utf-8">
    <title>animate方法自定义动画</title>
    <script src="js/jquery-1.11.2.min.js"></script>
    <script>
      $(function(){
        //div块的单击事件处理函数
        $("#box").click(function(){
          //执行动画，向左移动100px，使用时间为1s
          $(this).animate({left:"100px"},1000);   //1s内将left属性改变成100px
        })
      })
    </script>
    <style>
      #box{
        position:relative;          /*设置为相对定位，如果没有这句，元素不能移动*/
        width:200px;                /*div块的宽度为200px*/
        height:200px;               /*div块的高度为200px*/
        background:red;             /*div块的背景颜色为红色*/
        cursor:pointer;             /*设定鼠标指针的样式*/
      }
    </style></head>
  <body>
    <div>
      <div id="box"></div>
    </div>
  </body>
</html>
```

2. 累加或累减动画

例8-24中当div块移动到距离左边100px的位置之后，再次单击div块，div块将不会移动。虽然再次单击div块仍然会触发执行div单击事件匿名函数，但因为div块已经在距离左边100px的位置，所以位置不会再发生变化。如果再次单击div块时想让div块往右移动100px，即left值变为200px，第3次单击div块时，div块再往右移动100px，即left属性值变为300px，以此类推，即每次div块的left属性值都在前次动画结束时left属性值的基础上增加100px，可通过以下

jQuery代码实现。

```
$("#box").click(function(){
  $(this).animate({left:"+=100px"},1000)
})
```

同理，如果要实现累减动画，只需把"+="修改成"-="即可。

3. 多重动画

例8-24通过控制left属性值改变div块的位置，这是很单一的动画。如果需要同时执行多个动画，如在div块向右滑动的同时改变其高度和透明度，根据animate()方法的语法结构，可以通过以下jQuery代码实现。

```
$("#box").click(function(){
  $(this).animate({left:'+=100px',
    height:'400px',
    opacity:'0.5'
  },1000)
})
```

4. 动画队列

上例中的3个动画效果是同时发生的，如果想顺序执行这3个动画，如先向左滑动100px，然后把高度放大到400px，最后把透明度改为0.5，实现以上内容可以采用链式写法，可以通过以下jQuery代码实现。

```
$("#box").click(function(){
  $(this).animate({left:"+=25px"},500)
    .animate({height:"+=20px"},500)
    .animate({opacity:"-=0.1"},500)
})
```

5. 动画回调函数

在上例中，如果想在最后一步切换CSS样式（background:blue），而不是淡出，按照前面的链式处理，其jQuery代码实现如下：

```
$("#box").click(function(){
  $(this).animate({left:"+=25px"},500)
    .animate({height:"+=20px"},500)
    .animate({opacity:"-=0.1"},500)
    .css('background','blue')
})
```

其中，css()方法并不会在动画队列中排队，即不是等div块向右移动、高度变大、透明度改变完成之后才改变背景颜色。出现这个问题的原因是css()方法并不是动画方法，不会被加入动画队列中排队，而是插队立即执行。如果要实现预期的效果，必须使用回调函数让非动画方法实现排队。其jQuery实现代码如下：

```
$("#box").click(function(){
  $(this).animate({left:"+=25px"},500)
    .animate({height:"+=20px"},500)
    .animate({opacity:"-=0.1"},500,function(){
      $(this).css('background','blue')
    })
})
```

8.5.5 停止动画

1. 停止元素的动画

网页中有时需要停止匹配元素正在进行的动画，这时要使用停止元素的动画方法stop()，其语法格式如下：

```
stop([clearQueue],[gotoEnd])
```

其中，clearQueue和gotoEnd都是可选参数，为布尔值，即true或false，默认值都是false。clearQueue代表是否要清空未执行完的动画队列，gotoEnd代表是否直接将正在执行的动画跳转到末状态，注意不是动画队列中最后一个动画的末状态。由于clearQueue和gotoEnd都为可选参数，stop()方法有以下几种应用方法。

（1）两个参数都为false的情况，即stop(false,false)，由于false是默认值，因此也可简写为stop()，表示不将正在执行的动画跳转到末状态，不清空动画队列。也就是说，停止当前动画，并从目前的动画状态开始动画队列中的下一个动画。

（2）第1个参数为true的情况，即stop(true,false)，由于false是默认值，因此也可简写为stop(true)，表示不将正在执行的动画跳转到末状态，但清空动画队列。也就是说，停止所有动画，保持当前状态，瞬间停止。

（3）第2个参数为true的情况，即stop(false,true)，表示不清空动画队列，将正在执行的动画跳转到末状态。也就是说，停止当前动画，跳转到当前动画的末状态，然后进入队列中的下一个动画。

（4）两个参数都为true的情况，即stop(true,true)，表示既清空动画队列，又将正在执行的动画跳转到末状态。也就是说，停止所有动画，跳转到当前动画的末状态。

例8-25是对stop()方法的4种情况的实例演示，应重点理解这4种情况的使用环境。

【例8-25】example8-25.html

```html
<!doctype html>
<html>
  <head>
    <meta charset="utf-8">
    <title>animate方法自定义动画</title>
    <script src="js/jquery-1.11.2.min.js"></script>
    <script>
      $(function(){
        $("button:eq(0)").click(function(){
          $("#panel").animate({height:"150"}, 1000)
                    .animate({width:"300"},1000).hide(2000)
                    .animate({height:"show",width:"show",opacity:"show"},1000)
                    .animate({height:"500"},1000);
        });
        $("button:eq(1)").click(function(){
          $("#panel").stop();              //停止当前动画，继续下一个动画
        });
        $("button:eq(2)").click(function(){
          $("#panel").stop(true);          //清除元素的所有动画
        });
        $("button:eq(3)").click(function(){
          $("#panel").stop(false, true);   //让当前动画直接到达末状态，继续下一个动画
```

```
                });
                $("button:eq(4)").click(function(){
                    $("#panel").stop(true, true);      //清除元素的所有动画,让当前动画到达末状态
                });
            })
        </script>
    </head>
    <body>
        <button>开始一连串动画</button>
        <button>stop()</button>
        <button>stop(true)</button>
        <button>stop(false,true)</button>
        <button>stop(true,true)</button>
        <div id="panel">
            <h5 class="head">什么是jQuery?</h5>
            <div class="content">
                jQuery。
            </div>
        </div>
    </body>
</html>
```

例8-25的说明如下：

(1)单击按钮(stop())，由于两个参数都是false，所以单击事件发生时，animate没有跳到当前动画(动画1)的最终效果，而直接进入动画2，然后进入动画3～5，直至完成整个动画。

(2)单击按钮(stop(true))，由于第1个参数是true，第2个参数是false，所以animate立刻全部停止了。

(3)单击按钮(stop(false,true))，由于第1个参数是false，第2个参数是true，所以单击事件发生时，animate身处的当前动画(动画1)停止，并且animate直接跳到当前动画(动画1)的最终末尾效果的位置，接着正常执行下面的动画(动画2～5)，直至完成整个动画。

(4)单击按钮(stop(true,true))，由于两个参数都是true，所以单击事件发生时，animate跳到当前动画(动画1)的最终末尾效果的位置，然后全部动画停止。

jQuery中的stop()方法有许多非常有效的用法。例如一个下拉菜单，当鼠标指针移上去时显示菜单，当鼠标指针离开时隐藏菜单，如果快速不断地将鼠标指针移入/移出菜单(即菜单下拉动画未完成时，鼠标指针又移出了菜单)就会产生"动画积累"，当鼠标指针停止移动后，积累的动画还会持续执行，直到动画序列执行完毕。遇到这种情况时，在写动画效果的代码前加入stop(true,true)，这样每次快速地移入/移出菜单就正常了，当移入一个菜单时，停止所有加入队列的动画，完成当前的动画(跳至当前动画的最终效果位置)。

2. 判断元素是否处于动画状态

在使用animate()方法时，要避免动画积累而导致的动画与用户行为不一致现象，用户快速地在某个元素上执行animate动画时就会出现动画积累，即前一个动画还没结束，后一个动画已开始。解决办法是判断元素是否正处于动画状态，如果元素不处于动画状态，才为元素添加新的动画，否则不添加。其jQuery实现代码如下：

```
if(!$(element).is(":animated")){    //判断元素是否处于动画状态
    //如果当前没有进行动画，则添加新动画
}
```

3. 延迟动画

jQuery中delay()方法的功能是设置一个延时值来推迟动画效果的执行，调用格式如下：

$(selector).delay(duration)

其中，duration参数为延时值，单位是毫秒，当超过延时值时，动画继续执行。delay()与setTimeout()函数是有区别的，delay()更适合将队列中等待执行的下一个动画延迟指定的时间后才执行，常用在队列中的两个jQuery效果函数之间，从而在上一个动画效果执行后延迟下一个动画效果的执行时间。

例如，可以在< div id="box">的slideUp()和fadeIn()动画之间添加800ms的延时，jQuery实现的代码如下：

s('#box').slideUp(300).delay(800).fadeIn(400);

这条语句执行后，元素会有300ms的卷起动画，接着暂停800ms，再实现400ms的淡入动画。

8.6 本章小结

在Web应用程序中，大多数网页是由HTML语言设计的，在HTML语言中可以嵌入JavaScript语言，为HTML网页添加动态功能，如响应用户的各种操作等。本章介绍的jQuery是JavaScript的一个轻量级脚本库，jQuery的语法很简单，核心理念是write less,do more(事半功倍)，相比而言，实现同样的功能时需要编写的代码更少。jQuery还可以实现很多动画特效，从而使页面动感十足。

本章首先介绍了jQuery的基本概念和常用选择器，帮助读者理解如何能够准确且快速地选中网页的指定元素或标记；然后详细讲解了jQuery的DOM操作，相比JavaScript操作要简单很多；再对jQuery的事件处理方法进行了细致的阐述，让用户能根据不同的事件定义不同的事件处理程序；最后对jQuery的动画处理方法进行了讲解。本章配有大量与实际网页制作紧密相关的实例以帮助读者理解所学内容，为今后的网页前端开发打下良好的基础。

8.7 习题8

扫描二维码，查看习题。

扫描二维码
查看习题

8.8 实验8　jQuery

扫描二维码，查看实验内容。

扫描二维码
查看实验内容

CHAPTER 9 Ajax

学习目标：

本章主要讲解Ajax的基本概念，并对Ajax的传统实现方式和Ajax的jQuery实现方式进行说明。通过本章的学习，读者应该掌握以下主要内容。

- Ajax的基本概念。
- Ajax的传统实现方式。
- Ajax的jQuery实现方式。
- JSON的数据格式。

思维导图简图

扫描二维码
查看详细知识树导图

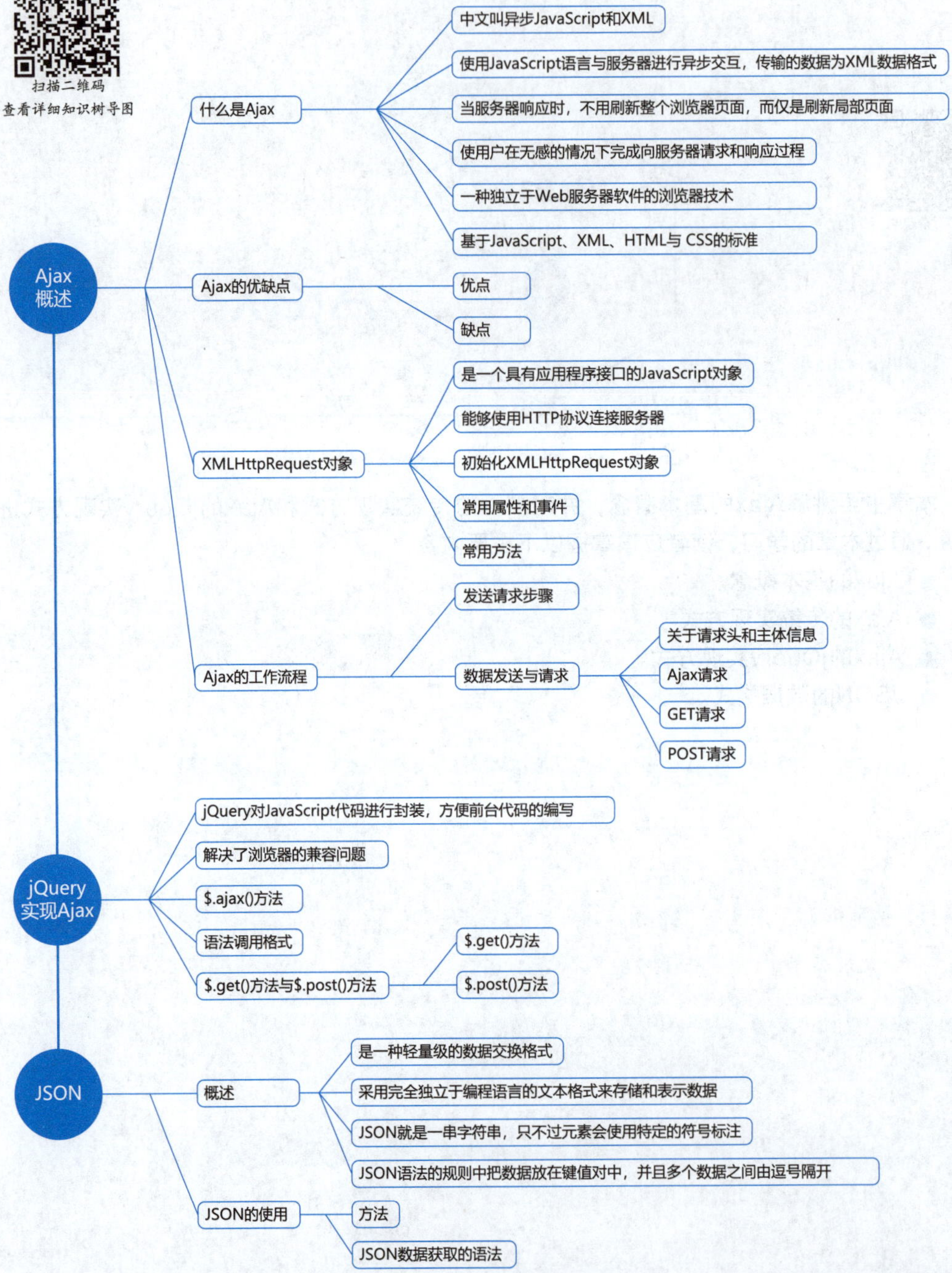

- **Ajax 概述**
  - 什么是Ajax
    - 中文叫异步JavaScript和XML
    - 使用JavaScript语言与服务器进行异步交互，传输的数据为XML数据格式
    - 当服务器响应时，不用刷新整个浏览器页面，而仅是刷新局部页面
    - 使用户在无感的情况下完成向服务器请求和响应过程
    - 一种独立于Web服务器软件的浏览器技术
    - 基于JavaScript、XML、HTML与CSS的标准
  - Ajax的优缺点
    - 优点
    - 缺点
  - XMLHttpRequest对象
    - 是一个具有应用程序接口的JavaScript对象
    - 能够使用HTTP协议连接服务器
    - 初始化XMLHttpRequest对象
    - 常用属性和事件
    - 常用方法
  - Ajax的工作流程
    - 发送请求步骤
    - 数据发送与请求
      - 关于请求头和主体信息
      - Ajax请求
      - GET请求
      - POST请求

- **jQuery 实现Ajax**
  - jQuery对JavaScript代码进行封装，方便前台代码的编写
  - 解决了浏览器的兼容问题
  - $.ajax()方法
  - 语法调用格式
  - $.get()方法与$.post()方法
    - $.get()方法
    - $.post()方法

- **JSON**
  - 概述
    - 是一种轻量级的数据交换格式
    - 采用完全独立于编程语言的文本格式来存储和表示数据
    - JSON就是一串字符串，只不过元素会使用特定的符号标注
    - JSON语法的规则中把数据放在键值对中，并且多个数据之间由逗号隔开
  - JSON的使用
    - 方法
    - JSON数据获取的语法

9.1 Ajax概述

9.1.1 Ajax的基本概念

1. 什么是Ajax

Ajax（Asynchronous JavaScript and XML，异步JavaScript和XML）使用JavaScript语言与服务器进行异步交互，传输的数据为XML数据格式。

Ajax的最大特点是当服务器响应时，不用刷新整个浏览器页面，而仅是刷新局部页面，这一特点使用户在无感的情况下完成向服务器请求和响应的过程。

Ajax这个术语源自描述从基于Web的应用到基于数据的应用。Ajax不是一种新的编程语言，而是一种用于创建更好、更快以及交互性更强的Web应用程序的技术。

Ajax在浏览器与Web服务器之间使用异步数据传输（HTTP请求），这样就可以使网页向服务器请求少量的信息，而不是整个页面。Ajax可以使Internet应用程序更小、更快、更友好。

例如，在百度搜索栏中输入关键字时，下方弹出的提示信息就是Ajax应用的体现。在这个过程中页面没有刷新，只是刷新页面中的局部位置信息而已，当请求发出后，浏览器还可以进行其他操作，无须等待服务器的响应。

Ajax是一种独立于Web服务器软件的浏览器技术，是基于JavaScript、XML、HTML与CSS的标准。在Ajax中使用的Web标准已被良好定义，并被所有的主流浏览器支持。Ajax应用程序独立于浏览器和平台。

2. Ajax与传统的Web应用比较

传统的Web应用交互由用户触发一个HTTP请求到服务器，服务器对其进行处理后再返回一个新的HTML页面到客户端，每当服务器处理客户端提交的请求时，客户都只能空闲等待，并且哪怕只是一次很小的交互，例如只需从服务器端得到很简单的一个数据，都要返回一个完整的HTML页面，用户每次都要浪费时间和带宽去重新读取整个页面。这种做法浪费了许多带宽，由于每次的应用交互都需要向服务器发送请求，应用的响应时间就依赖于服务器的响应时间，这导致了用户界面的响应比本地应用慢得多。

与此不同，Ajax应用仅向服务器发送并取回必需的数据，其使用SOAP（Simple Object Access Protocol，简单对象访问协议）或其他一些基于XML的Web Service接口，并在客户端采用JavaScript处理来自服务器的响应。因为在服务器和浏览器之间交换的数据大量减少，所以能看到响应更快的应用。同时很多的处理工作可以在发出请求的客户端机器上完成，所以Web服务器的处理时间也减少了。

3. Ajax的优点

Ajax的优点如下：

（1）**无刷新更新数据**。Ajax的最大优点就是能在不刷新整个页面的前提下与服务器通信来维护数据。这使Web应用程序可以更为迅速地响应用户交互，并避免了在网络上发送那些没有改变的信息，减少用户等待时间，带来了非常好的用户体验。

（2）**异步与服务器通信**。Ajax使用异步方式与服务器通信，不需要中断用户的操作，具有更加迅速的响应能力，优化了浏览器和服务器之间的沟通，减少了不必要的数据传输、时间，降低了网络上的数据流量。

（3）前端和后端负载平衡。Ajax可以把以前一些服务器负担的工作转移到客户端，利用客户端闲置的能力来处理，减轻服务器和带宽的负担，节约空间和宽带租用成本。Ajax的原则是"按需取数据"，可以最大限度地减少冗余请求和响应对服务器造成的负担，提升站点性能。

（4）基于标准被广泛支持。Ajax基于标准化的并被广泛支持的技术，不需要下载浏览器插件或者小程序，但需要客户允许JavaScript在浏览器上执行。随着Ajax的成熟，一些简化Ajax使用方法的程序库也相继问世。同样，也出现了另一种辅助程序设计的技术，为那些不支持JavaScript的用户提供替代功能。

（5）界面与应用分离。Ajax使Web中的界面与应用分离（也可以说是数据与呈现分离），有利于分工合作，减少非技术人员对页面的修改造成的Web应用程序错误并提高效率。

4. Ajax的缺点

Ajax的缺点如下：

（1）Ajax对浏览器机制有一些破坏。在动态更新页面的情况下，用户无法回退到前一个页面状态，因为浏览器仅能记忆历史记录中的静态页面，用户通常会希望通过单击后退按钮取消前一次操作，但是在Ajax应用程序中将无法实现。

（2）Ajax的安全问题。Ajax技术给用户带来很好的用户体验的同时，也给IT企业带来了新的安全威胁。Ajax技术就如同对企业数据建立了一个直接通道，使得开发者在不经意间会暴露比以前更多的数据和服务器逻辑。

（3）对搜索引擎的支持较弱。如果使用不当，Ajax会增大网络数据的流量，从而降低整个系统的性能。

（4）违背URL和资源定位的初衷。如果采用了Ajax技术，用户在URL地址下看到的内容与实际从该URL地址加载的内容可能存在差异，这与资源定位的初衷是相背离的。

（5）肥客户端。客户端代码的编写复杂，容易出错，冗余代码比较多，破坏了Web的原有标准。

需要特别说明的是，在进行Ajax开发时，需要考虑网络延迟。不给予用户明确的回应，没有恰当的预读数据，或者对XMLHttpRequest的不恰当处理，都会使用户感到延迟，这是用户不希望看到的，也是用户无法理解的。通常的解决方案是，使用一个可视化的组件来告诉用户，系统正在进行后台操作并且正在读取数据和内容。

9.1.2 XMLHttpRequest 对象

Ajax的原理是通过XMLHttpRequest对象向服务器发出异步请求，从服务器获得所需要的数据，然后用JavaScript来操作DOM而更新页面。这其中最关键的一步就是从服务器获得请求数据。

XMLHttpRequest对象是一个具有应用程序接口的JavaScript对象，能够使用HTTP协议连接服务器，这是微软公司为了满足开发者的需要而设的。

通过XMLHttpRequest对象，Ajax可以像桌面应用程序一样只同服务器进行数据层面的交换，而不用每次都刷新页面，也不用每次都将数据处理的工作交给服务器来完成，这样既减轻了服务器负担，又加快了响应速度，缩短了用户的等待时间。

1. 初始化XMLHttpRequest对象

所有现代浏览器（如IE、Firefox、Chrome、Safari和Opera）都有内置的XMLHttpRequest对

象。创建 XMLHttpRequest 对象的语法格式如下：

```
xmlhttp=new XMLHttpRequest();
```

旧版本的Internet Explorer中，Ajax使用ActiveX对象进行创建，语法格式如下：

```
xmlhttp=new ActiveXObject("Microsoft.XMLHTTP");
```

为了提高程序的兼容性，可以创建一个跨浏览器的XMLHttpRequest对象。创建一个跨浏览器的XMLHttpRequest对象只需判断不同浏览器，如果浏览器提供了XMLHttpRequest类，则直接创建一个实例，否则实例化一个ActiveX对象。具体代码如下：

```
if (window.XMLHttpRequest){
  //IE7+、Firefox、Chrome、Opera、Safari浏览器执行代码
  xmlhttp=new XMLHttpRequest();
}
else
{
  //IE6、IE5浏览器执行代码
  xmlhttp=new ActiveXObject("Microsoft.XMLHTTP");
}
```

2. XMLHttpRequest对象的常用属性和事件

（1）readyState属性。当一个XMLHttpRequest对象被创建后，readyState属性表示当前对象处于什么状态，可以通过对该属性的访问来判断此次请求的状态，然后进行相应的操作。具体属性值的含义如下。

- 属性值为0：未初始化状态。此时已经创建了一个XMLHttpRequest对象，但是还没有初始化。
- 属性值为1：准备发送状态。此时已经调用了XMLHttpRequest对象的open()方法，并且XMLHttpRequest对象已经准备好将一个请求发送到服务器。
- 属性值为2：已发送状态。此时已经通过send()方法把一个请求发送到服务器，等待响应。
- 属性值为3：正在接收状态。此时已经接收到HTTP响应的头部信息，但是消息体部分还没有完全接收到。
- 属性值为4：完成响应状态。此时已经完成了HttpResponse响应的接收。

（2）responseText属性。responseText属性包含客户端接收到的HTTP响应的文本内容。当readyState属性为0、1或2时，responseText属性包含一个空字符串；当readyState属性值为3时，响应中包含客户端还没完成的响应信息；当readyState属性值为4时，responseText属性包含完整的响应信息。

（3）responseXML属性。只有当readyState属性为4且响应头部的Content-Type的MIME类型被指定为XML（text/xml或application/xml）时，该属性才会有值且被解析成一个XML文档，否则该属性为null；如果该回传的XML文档结构未完成响应回传，该属性也会为null。responseXML属性用于描述被XMLHttpRequest解析后的XML文档的属性。

（4）status属性。status属性描述了HTTP状态的代码。注意，仅当readyState属性值为3（正在接收中）或者4（已加载）时，才能对此属性进行访问。如果在readyState属性值小于3时试图去读取status属性值，将会引发一个异常。

（5）statusText属性。statusText属性描述了HTTP状态的代码文本，并且仅当readyState属性值为3或4才可用。当readyState属性为其他值时试图存取statusText属性，将会引发一个异常。

（6）**onreadystatechange事件**。当readyState属性发生改变时，XMLHttpRequest对象调用onreadystatechange事件。在处理该响应之前，事件处理器应该首先检查readyState的值和HTTP状态。当请求完成加载（readyState值为4）并且响应已经完成（HTTP状态为"OK"）时，就可以调用一个JavaScript函数来处理该响应内容。下面是进行onreadystatechange事件调用的处理语句。

```
xmlhttp.onreadystatechange = function() {
    //判断和服务器端的交互是否完成，判断服务器端是否正确返回了数据
    if (xmlhttp.readyState == 4) {            //readyState=4表示交互完成
      if (xmlhttp.status == 200) {            //status=200表示正确返回了数据
        var message = xmlhttp.responseText;   //responseText是从服务器返回的数据
        //此处是对从服务器端返回数据的处理语句
      }
    }
}
```

3. XMLHttpRequest对象的常用方法

（1）**open()方法**。open()方法用于设置异步请求目标的URL、请求方法以及其他参数信息，其语法格式如下：

```
open("method","URL"[,asyncFlag[,"userName"[, "password"]]])
```

open()方法的参数及说明见表9-1。

表9-1 open() 方法的参数及说明

参　数	说　明
method	用于指定请求类型，一般为 GET 或 POST
URL	用于指定请求地址，可以使用绝对地址或相对地址，并且可以传递查询字符串
asyncFlag	可选参数，用于指定请求方式，异步请求为 true（默认值），同步请求为 false
userName	可选参数，用于指定请求用户名，没有时可省略
password	可选参数，用于指定请求密码，没有时可省略

例如，设置请求的服务器端程序名为ajaxServer.jsp，请求方法为GET，请求方式为异步，语句代码如下：

```
xmlhttp.open("GET","ajaxServer.jsp",true);
```

（2）**send()方法**。调用send()方法后，就可以按照open()方法设定的参数发送请求。当open()方法中的async属性设置为true时，send()方法调用后立即返回，否则将会中断，直到请求返回。需要注意的是，send()方法必须在readyState属性值为1时才能调用；在调用send()方法以后到接收响应信息之间的时间内，readyState属性值将被设为2；一旦接收到响应信息，readyState属性值将被设为3；当响应接收完成时，readyState属性值才会被设为4。如果send(data)方法中data参数的类型为DOMString，数据将被编码成UTF-8；如果是Document类型，将使用由data.xmlEncoding指定的编码来串行化该数据。

（3）**abort()方法**。该方法可以暂停一个HttpRequest的发送或者HttpResponse的接收，并且将XMLHttpRequest对象设置为初始化状态。

（4）**setRequestHeader()方法**。在调用send()方法之前，应该先使用setRequestHeader()方法设置请求的Content-Type头部信息。当readyState属性值为1时，在调用open()方法后再调用这个方法，否则将得到一个异常。setRequestHeader(header,value)方法包含两个参数，第1个参数是header键名，第2个参数是键值。

（5）getResponseHeader()方法。该方法用于检索响应的头部值。仅当readyState属性值为3或4（即响应头部可用以后）时才可以调用该方法，否则返回一个空字符串。此外，还可以通过getAllResponseHeader()方法获取所有的HttpResponse的头部信息。

9.1.3 传统 Ajax 的工作流程

1. 发送请求

Ajax可以通过XMLHttpRequest对象实现用异步方式在后台发送请求。通常情况下，Ajax的发送请求有两种：一种是发送GET请求，另一种是发送POST请求。无论发送哪种请求，都需要经过以下4个步骤。

（1）初始化XMLHttpRequest对象。为了提高程序的兼容性，需要创建一个跨浏览器的XMLHttpRequest对象，并且判断XMLHttpRequest对象的实例是否成功，如果不成功，则给出提示。

（2）为XMLHttpRequest对象指定一个返回结果处理函数（即回调函数），用于对返回结果进行处理。

（3）创建与服务器的连接。在创建时，需要指定发送请求的方式（即GET或POST），以及设置是否采用异步方式发送请求。

（4）向服务器发送请求。XMLHttpRequest对象的send()方法可以实现向服务器发送请求，该方法需要传递一个参数，如果发送的是GET请求，可以将该参数设置为null。

2. Ajax核心代码

例9-1是一个网页上有一个文本框，当该文本框失去焦点时，在网页上指定位置显示"Ajax请求从服务器响应内容"，其在浏览器上的显示结果如图9-1和图9-2所示。

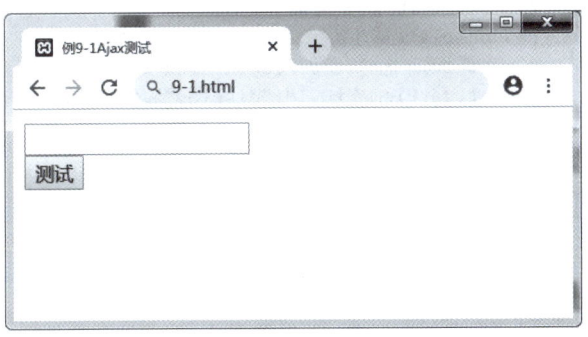

图 9-1　原始页面

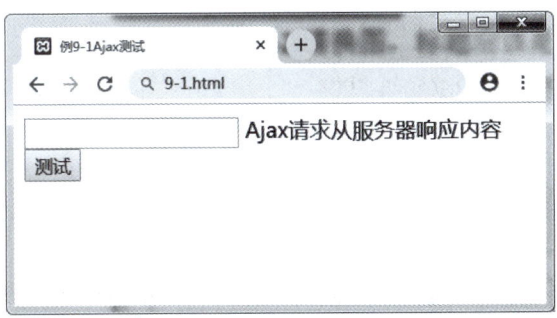

图 9-2　服务器端返回数据

【例9-1】example9-1.html

```html
<!DOCTYPE html>
<html>
  <head>
    <title>例9-1 Ajax测试</title>
    <meta http-equiv="keywords" content="keyword1,keyword2,keyword3">
    <meta http-equiv="description" content="this is my page">
    <meta http-equiv="content-type" content="text/html; charset=UTF-8">
    <script type="text/javascript">
      window.onload=function(){
        //获取文本框对象变量myUser
        var myUser=document.getElementById("username");
        //onblur是myUser对象失去焦点时触发的事件
        myUser.onblur=function()
        {
          var xmlhttp;
          if (window.XMLHttpRequest)
          {
            //IE7+、Firefox、Chrome、Opera、Safari浏览器执行代码
            xmlhttp=new XMLHttpRequest();
          }
          else
          {
            //IE6、IE5浏览器执行代码
            xmlhttp=new ActiveXObject("Microsoft.XMLHTTP");
          }
          xmlhttp.onreadystatechange = function() {
            //readyState=4表示交互完成
            if (xmlhttp.readyState == 4) {
              //status=200表示正确返回了数据
              if (xmlhttp.status == 200) {
                //responseText属性值是从服务器端返回数据
                var message = xmlhttp.responseText;
                document.getElementById("display").innerHTML=message
              }
            }
          }
          xmlhttp.open("GET","ajaxServer.jsp",true);
          xmlhttp.send();
        }
      }
    </script>
  </head>
  <body>
    <form action="" method="get">
      <input type="text" id="username" name="username">
      <span id="display"></span><br>
      <input type="submit" value="测试">
    </form>
  </body>
</html>
```

例9-1调用的服务器端网页ajaxServer.jsp的源代码如下：

```
<%@ page language="java" import="java.util.*" pageEncoding="utf-8"%>
<!DOCTYPE HTML PUBLIC "-//W3C//DTD HTML 4.01 Transitional//EN">
```

```
<html>
  <head>
    <title>例9-1调用的服务器端网页</title>
  </head>
  <body>
    Ajax请求从服务器响应内容
  </body>
</html>
```

3. Ajax数据的发送与请求

（1）请求头和主体信息。HTTP协议中规定客户端向服务器端发送的信息分为两部分：请求的头部信息和请求的主体信息。其中，主体信息通常是发送给服务器端的处理程序处理的数据，这是请求的核心数据部分；请求的头部信息用于传递一些对服务器及处理程序有用的附加信息，如请求的字符集、客户端的类型等，这有助于服务器及处理程序更好地处理主体数据。

在Ajax应用中，使用 XMLHttpRequest对象可以发送请求的头部信息及请求的主体信息。头部信息使用setRequestHeader(name,value)方法发送；主体信息通过URL的附加参数或通过XMLHttpRequest对象的send()方法发送。

（2）Ajax请求。Ajax使用XMLHttpRequest对象发送的请求，与浏览器发送的请求相比，并没有本质上的区别，都是基于HTTP协议的请求。在HTTP协议中规定了多种请求类型，从应用的角度来讲比较常用的包括GET请求和POST请求。

（3）GET请求。GET请求的主要用途是从指定的服务器中获取资源。在GET请求中，通常只需指定资源的路径。如果请求的是一个动态的资源，如JSP、PHP、CGI等，可以在请求的路径后面附加查询的参数信息，以便程序可以根据该参数查询更具体的信息。附加参数的方法如下：

```
请求的路径?名称1=值1&名称2=值2&名称3=值3…
```

JSP在服务器端可以使用 request.getQueryString()方法返回"?"后面的整个字符串，也可以使用 request. getParameter("名称")返回某个值。

（4）POST请求。POST请求的主要用途是向服务器发送信息。在POST请求中，参数信息并不是通过URL来传递的，而是在请求的主体中，这部分信息用户无法看见，并且没有长度的限制。请求主体的参数格式如下：

```
名称1=值1&名称2=值2&名称3=值3…
```

需要注意的是，为了通知服务器端请求的主体内容为表单中的参数信息，需要调用XMLHttpRequest的setRequestHeader()方法来设置请求头，否则将无法获取参数，该方法的语法格式如下：

```
setRequestHeader("Content-Type","application/x-www-form-urlencoded;charset=UTF-8");
```

JSP在服务器端可以使用 request.getReader()方法以流的形式得到这些信息，也可以使用request. getParameter("名称")返回某个值。

例9-2检测用户输入的用户名在服务器中是否已被其他用户使用，如果没有被使用，将用绿底白字显示"用户名可用"，否则将用红底白字显示"用户名被占用"，其在浏览器中的显示结果如图9-3和图9-4所示。

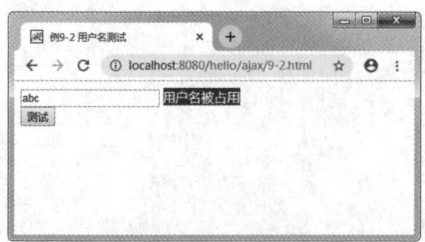

图 9-3　用户名被占用　　　　　　　　图 9-4　用户名可用

【例9-2】example9-2.html

```html
<!DOCTYPE html>
<html>
  <head>
    <title>例9-2 用户名测试</title>
    <meta http-equiv="keywords" content="keyword1,keyword2,keyword3">
    <meta http-equiv="description" content="this is my page">
    <meta http-equiv="content-type" content="text/html; charset=UTF-8">
    <script type="text/javascript">
      window.onload=function(){
        var myUser=document.getElementById("username");
        myUser.onblur=loadXMLDoc;
        function loadXMLDoc()
        {
          var xmlhttp;
          if (window.XMLHttpRequest)
          {
            //IE7+、Firefox、Chrome、Opera、Safari浏览器执行代码
            xmlhttp=new XMLHttpRequest();
          }
          else
          {
            //IE6、IE5浏览器执行代码
            xmlhttp=new ActiveXObject("Microsoft.XMLHTTP");
          }
          xmlhttp.onreadystatechange = function() {
            //判断和服务器端的交互是否完成，判断服务器端是否正确返回了数据
            if (xmlhttp.readyState == 4) {            //readyState=4表示交互完成
              if (xmlhttp.status == 200) {            //status=200表示正确返回了数据
                var message =xmlhttp.responseText;    //读取服务器返回的数据
                var flag = message.replace(/\s*/g,"");//使用正则表达式删除空格
                var disp=document.getElementById("display");
                if(flag=="true"){
                  disp.innerHTML="用户名被占用";
                  disp.style.color="white";
                  disp.style.background="red";
                }
                else
                {
                  disp.innerHTML="用户名可用";
                  disp.style.color="white";
                  disp.style.background="green";
                }
              }
            }
```

```
            }
            xmlhttp.setRequestHeader("Content-Type","application/x-www-form-urlencoded;charset=UTF-8");
            xmlhttp.open("POST","/hello/AjaxServlet",true);   //设置post方法
            xmlhttp.send('name='+myUser.value);                //向服务器传送输入的用户名
          }
        }
      </script>
    </head>
    <body>
      <form action="" method="get">
        <input type="text" id="username" name="username">
        <span id="display"></span><br>
        <input type="submit" value="测试" >
      </form>
    </body>
</html>
```

在例9-2中,当触发"失去焦点"的事件时,将调用以POST方式提交到服务器的Servlet,由Servlet进行简单的验证,即当用户名是abc时,向客户端返回true,其他任何用户名都返回false。这里调用的服务器端Servlet程序的源代码名称是AjaxServlet.java,代码如下:

```java
package com.lb.servlet;
import java.io.IOException;
import java.io.PrintWriter;
import javax.servlet.ServletException;
import javax.servlet.http.HttpServlet;
import javax.servlet.http.HttpServletRequest;
import javax.servlet.http.HttpServletResponse;
public class AjaxServlet extends HttpServlet {
    private static final long serialVersionUID = 1L;
    public AjaxServlet() {
        super();
    }
    public void destroy() {
        super.destroy();
        //Put your code here
    }
    public void doGet(HttpServletRequest request, HttpServletResponse response)throws ServletException, IOException {
        String username=(String)request.getParameter("name");
        response.setContentType("text/html");
        PrintWriter out = response.getWriter();
        if(username.equals("abc")){     //用户名等于abc,返回true,否则返回false
            out.println(true);
        }
        else
        {
            out.println(false);
        }
    }
    public void doPost(HttpServletRequest request, HttpServletResponse response)throws ServletException, IOException {
        this.doGet(request, response);
    }
    public void init() throws ServletException {
        //初始化Servlet
    }
```

}

在例9-2中，如果使用GET方法向服务器端发送数据，可以把例9-2程序源代码中斜体的两行换成以下两句。

```
xmlhttp.open("GET","9-2-server.jsp?username="+myUser.value,true);
xmlhttp.send();
```

9.2 jQuery实现Ajax

jQuery对JavaScript代码进行封装，以方便前台代码的编写，其最大优势是解决了浏览器的兼容问题，这也是使用jQuery非常重要的原因。

Ajax的核心是XMLHttpRequest对象，而jQuery对Ajax异步操作进行了封装。本节将讲解jQuery实现Ajax的几种常用方法，包括$.ajax()、$.post()、$.get()。

9.2.1 $.ajax() 方法

$.ajax()方法通过 HTTP 请求加载远程数据，该方法是jQuery底层的Ajax实现。$.ajax()方法返回其创建的XMLHttpRequest对象，大多数情况下无须直接操作，除非需要操作不常用的选项，以获得更多的灵活性。$.ajax()方法的调用格式如下：

```
$.ajax({
  url:'请求地址',
  type:'POST/GET',
  data:{         //从客户端发送到服务器的值
    数据1:值1,
    数据2:值2,
    ...
  },
  dataType:'设置从服务器端返回数据的数据类型',
  async:'true|false',
  success:function(str){
    //Ajax请求成功回调函数的相关操作语句
  },
  error:function (err){
    //Ajax请求失败回调函数
  }
});
```

$.ajax()方法的常用参数说明如下。

（1）url: 用于请求数据的地址，默认值是当前网页地址。

（2）type: 说明当前Ajax向服务器端发送数据时采用GET方法还是POST方法。GET方法会将前端上传的数据直接与地址连接起来，能传输的数据最大为1024 B，一般用于查询操作（不会威胁数据库数据）。GET方法有缓存问题，会被浏览器缓存起来。POST方法比较安全，一般用于新增、删除、修改等操作，传输数据的大小为2 MB。

（3）data: 发送到服务器的数据。该数据将会自动转换为请求字符串格式。GET 请求中数据将附加在URL后。如果为数组，jQuery将自动为不同值对应同一个名称。例如，{foo:["bar1", "bar2"]} 转换为 'foo=bar1&foo=bar2'。

（4）dataType: 设置服务器返回数据的数据类型。如果不指定，jQuery 将自动根据 HTTP 包的MIME信息来智能判断，随后服务器端返回的数据会根据这个值解析后传递给回调函数。该属性的可用值包括以下几种。

- "xml"：返回XML文档，可用jQuery处理。
- "html"：返回纯文本HTML信息，包含的<script>标签会在插入DOM时执行。
- "script"：返回纯文本JavaScript代码。
- "json"：返回JSON数据。
- "jsonp"：返回JSONP格式的数据。
- "text"：返回纯文本字符串。

（5）async：同步与异步标志，默认值是true（异步）。同步时会阻塞程序的运行，请求完成后才能继续运行脚本代码，异步时请求的过程不会阻塞代码运行。

（6）success：请求成功后所调用的回调函数。该回调函数所带参数主要包括服务器返回数据和返回状态。

（7）error：请求失败后所调用的回调函数。该回调函数所带参数主要包括XMLHttpRequest对象错误信息、（可能）捕获的错误对象。

例9-3中的jQuery使用$.ajax()方法调用服务器端的文本文件，其在浏览器中的显示结果如图9-5所示。

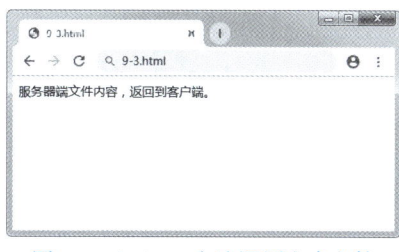

图9-5 $.ajax()方法调用文本文件

【例9-3】example9-3.html

```
<!DOCTYPE html>
<html>
  <head>
    <title>9-3.html</title>
    <script type="text/javascript" src="../js/jquery-1.11.2.min.js"></script>
    <script>
      $(function(){
        $.ajax({
          url:"9-3-server.txt",
          success:function(result){
            $("#resultDiv").html(result);
          }
        });
      });
    </script>
  </head>
  <body>
    <div id="resultDiv"></div>
  </body>
</html>
```

服务器端文本文件9-3-server.txt的源代码如下：

服务器端文件内容，返回到客户端。

例9-4使用$.ajax()方法实现例9-2中原生JavaScript的用户名验证的功能。读者应该重点理解$.ajax()方法的数据发送方式与服务器端返回数据的处理方法，并对$.ajax()方法的使用方法着重分析。服务器端程序仍使用例9-2的服务器端servlet程序AjaxServlet.java。

【例9-4】example9-4.html

```html
<!DOCTYPE html>
<html>
  <head>
    <title>$.ajax()用户名验证</title>
    <meta http-equiv="content-type" content="text/html; charset=UTF-8">
    <script type="text/javascript" src="../js/jquery-1.11.2.min.js"></script>
    <script type="text/javascript">
      $(function(){
        $("#username").blur(function(){
          $.ajax({
            url:"/hello/AjaxServlet",            //调用服务器端程序
            dataType:"text",                     //设置返回数据为test类型
            data:{"name":$("#username").val()},  //设置发送数据"name:值"
            type:"post",                         //数据提交方式为post
            success:function(result){            //数据返回成功，result返回数据
              if($.trim(result)=="true"){        //$.trim()用于删除空格
                $("#display").html("用户名被占用");
                $("#display").css({color:"white",background:"red"});
              }
              else
              {
                $("#display").html("用户名可用");
                $("#display").css({color:"green",background:"white"});
              }
            }
          });
        });
      });
    </script>
  </head>
  <body>
    <form action="" method="get">
      用户名：
      <input type="text" id="username" name="username">
      <span id="display"></span><br>
      <input type="submit" value="test">
    </form>
  </body>
</html>
```

9.2.2 $.get() 方法与 $.post() 方法

浏览器的客户端有两种向服务器端进行请求的方法，分别是GET 和 POST。其中，GET方法是从指定的资源请求数据，基本上用于从服务器获得（取回）数据；POST方法向指定的资源提交要处理的数据，也可用于从服务器获取数据。POST方法不会缓存数据，并且常用于连同请求一起发送数据。

1. $.get()方法

$.get()方法是使用HTTP GET请求从服务器加载数据，其语法格式如下：

```
$.get(url,callback);
```

其中，url是设置资源请求的路径；callback是资源请求成功后执行的函数名。

例如请求 test.php 网页，忽略返回值，调用语句如下：

```
$.get("test.php");
```

例如请求test.php网页，显示返回值，调用语句如下：

```
$.get(
   "test.php",
   function(data){
      alert("返回值是: " + data);
   }
);
```

2. $.post()方法

$.post()方法通过HTTP POST请求从服务器载入数据，其语法格式如下：

```
$.post(url,data,callback);
```

其中，url是设置资源请求的路径；data是在进行资源请求的同时向服务器端发送的数据；callback是资源请求成功后所执行的函数名。

例9-5在页面上仅显示一个按钮，单击该按钮之后，使用$.post()方法请求服务器网页，并把返回的数据显示到指定的<div>中，其在浏览器中的显示结果如图9-6和图9-7所示。

图 9-6　$.post() 方法请求前

图 9-7　$.post() 方法请求后

【例9-5】example9-5.html

```
<!DOCTYPE html>
<html>
  <head>
    <title>example9-5.html</title>
    <meta http-equiv="content-type" content="text/html; charset=UTF-8">
    <script type="text/javascript" src="../js/jquery-1.11.2.min.js"></script>
    <script type="text/javascript">
      $(function(){
        $("button").click(function(){
          $.post("example9-5-server.jsp",{
            name:"Web编程基础",
            url:"http://www.whpu.edu.cn"
          },
          function(data,status){
            $("#display").html("数据:<br>" + data + "<br>状态:<br>   " + status);
          });
        });
      });
    </script>
```

```
    </head>
    <body>
        <div id="display"></div>
        <button>AjaxPOST请求</button>
    </body>
</html>
```

例9-5中$.post()的第1个参数是请求的URL地址，本例是example9-5-server.jsp；第2个参数设置向服务器端发送的数据（name 和 url），example9-5-server.jsp中的JSP脚本读取这些参数，并对其进行处理，最后返回结果；第3个参数是回调函数，回调参数的第1个参数存有被请求页面的内容，第2个参数存有请求的状态。

例9-5中服务器端example9-5-server.jsp的源代码如下：

```
<%@ page language="java" import="java.util.*" pageEncoding="utf-8"%>
<%
    String webName=(String)request.getParameter("name");
    String url=(String)request.getParameter("url");
    out.print("   网站名：" +webName);
    out.print("<br>   网址：" +url);
%>
```

9.3 JSON

9.3.1 JSON 概述

JSON（JavaScript Object Notation，JavaScript 对象表示方法）是一种轻量级的数据交换格式，是基于 ECMAScript（欧洲计算机协会制定的JS规范）的一个子集，采用完全独立于编程语言的文本格式来存储和表示数据。简洁和清晰的层次结构使JSON成为理想的数据交换语言，易于人们阅读和编写，同时易于机器解析和生成，可以有效地提升网络传输效率。

JSON就是一串字符串，只不过元素会使用特定的符号标注。主要符号表示的含义说明如下。

- {}（花括号）：对象。
- []（中括号）：数组。
- ""（双引号）：其中的值是属性或值。
- :（冒号）：后者是前者的值（这个值可以是字符串、数字，也可以是另一个数组或对象）。

JSON的语法规则中把数据放在键值对中，并且多个数据之间用逗号隔开。其中，对象由花括号括起来并且用逗号分隔的成员构成，成员是字符串键和上文所述的值由冒号分隔的键值对组成。例如，定义一个学生对象student：

```
{"name": "Wang Qiong", "age": 18, "address": {"country" : "China", "zip-code": "430022"}}
```

数组由中括号括起来的一组值构成。例如：

```
[3, 1, 4, 1, 5, 9, 2, 6]
```

JSON是JavaScript对象的字符串表示法，使用文本表示一个 JavaScript对象的信息。例如：

```
var obj = {a: 'Hello', b: 'World'};        //这是一个对象,注意键名也可以使用引号包裹
var json = '{"a": "Hello", "b": "World"}'; //这是JSON字符串,本质是一个字符串
```

9.3.2 JSON 的使用

JSON 可以将 JavaScript 对象中表示的一组数据转换为字符串,然后在网络或程序之间轻松地传递这个字符串,并在需要的时候再将其还原为各编程语言所支持的数据格式。例如,在 Ajax 中使用时,如果需要用到数组传值,就需要用JSON将数组转换为字符串。JSON数据获取的语法格式如下:

```
JSON对象.键名
JSON对象["键名"]
数组对象[索引]
```

JSON使用JavaScript语法,所以在JavaScript 中可以直接处理JSON数据。例如,可以直接访问9.3.1小节中定义的student对象:

```
student.name              //返回字符串"Wang Qiong"
student.address.country   //返回字符串"China"
```

也可以直接修改数据:

```
student.name="Liu Bing"
```

另外,要实现从JSON字符串转换为JavaScript对象,可以使用 JSON.parse()方法,示例代码如下:

```
var obj = JSON.parse('{"a": "Hello", "b": "World"}');  //结果是{a: 'Hello', b:
                                                        //'World'}
```

要实现从JavaScript 对象转换为JSON字符串,可以使用 JSON.stringify()方法:

```
var json = JSON.stringify({a: 'Hello', b: 'World'});  //结果是'{"a": "Hello",
                                                       //"b": "World"}'
```

例9-6对JSON对象和JSON数组进行遍历,其在浏览器中的显示结果如图9-8所示。

【例9-6】example9-6.html

```
<!DOCTYPE html>
<html>
  <head>
    <meta charset="utf-8">
    <title>JSON</title>
    <script>
      //定义JSON对象
      var myJson = { 'name' : '刘兵' , 'age' : 18 };
      //遍历JSON对象
      for( var key in myJson ){
        document.write( key+' : '+myJson[key]+"<br>" );
      }
      //定义JSON数组,其成员是JSON对象
      var wqJson = [ {'name':'张三','age':19},
        {'name':'李四','age':20},
        {'name':'王五','age':21},
      ]
      //遍历JSON数组
      for(var i =0;i<wqJson.length;i++){
```

```
        for(var j in wqJson[i]){
          document.write(j+":"+wqJson[i][j]+"<br>")
        }
      }
    </script>
  </head>
  <body>
  </body>
</html>
```

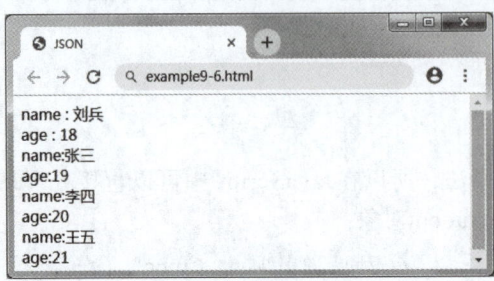

图 9-8　JSON 数据遍历

9.4　本章小结

传统的网页如果需要更新内容，必须重新加载整个页面，即当服务器响应处理客户端请求时，客户端只能空闲等待，哪怕只需从服务器端得到一个数据，都要返回一个完整的页面，这样浪费了大量的时间和带宽，交互体验感差。如果使用Ajax的局部刷新和异步加载，可以有效地解决这些问题。本章主要讲述了Ajax的基本概念，对Ajax的适用场合以及优缺点进行了详细说明，并对Ajax传统的实现方式进行了阐述，说明这种工作方式的工作流程、编程步骤、核心代码、数据发送和请求机制；然后说明了通过jQuery库实现Ajax的方法，主要包括$.ajax()方法、$.get()方法和$.post()方法，jQuery的Ajax实现方法更简便；最后说明了在Ajax的实现过程中与服务器端进行数据传递的JSON数据格式，并通过一个实例来说明JSON数据的遍历方式。

9.5　习题9

扫描二维码，查看习题。

扫描二维码
查看习题

9.6　实验9　Ajax的聊天室应用

扫描二维码，查看实验内容。

扫描二维码
查看实验内容

CHAPTER 10 JavaScript进阶

学习目标：

本章主要讲解JavaScript在Vue框架中所用到的语法知识。通过本章的学习，读者应该掌握以下主要内容。

- JavaScript的赋值语句。
- JavaScript的解构赋值，特别是箭头函数。
- JavaScript的数组与字符串扩展。
- JavaScript的Module语法。
- JSON的数据定义。

思维导图简图

扫描二维码
查看详细知识树导图

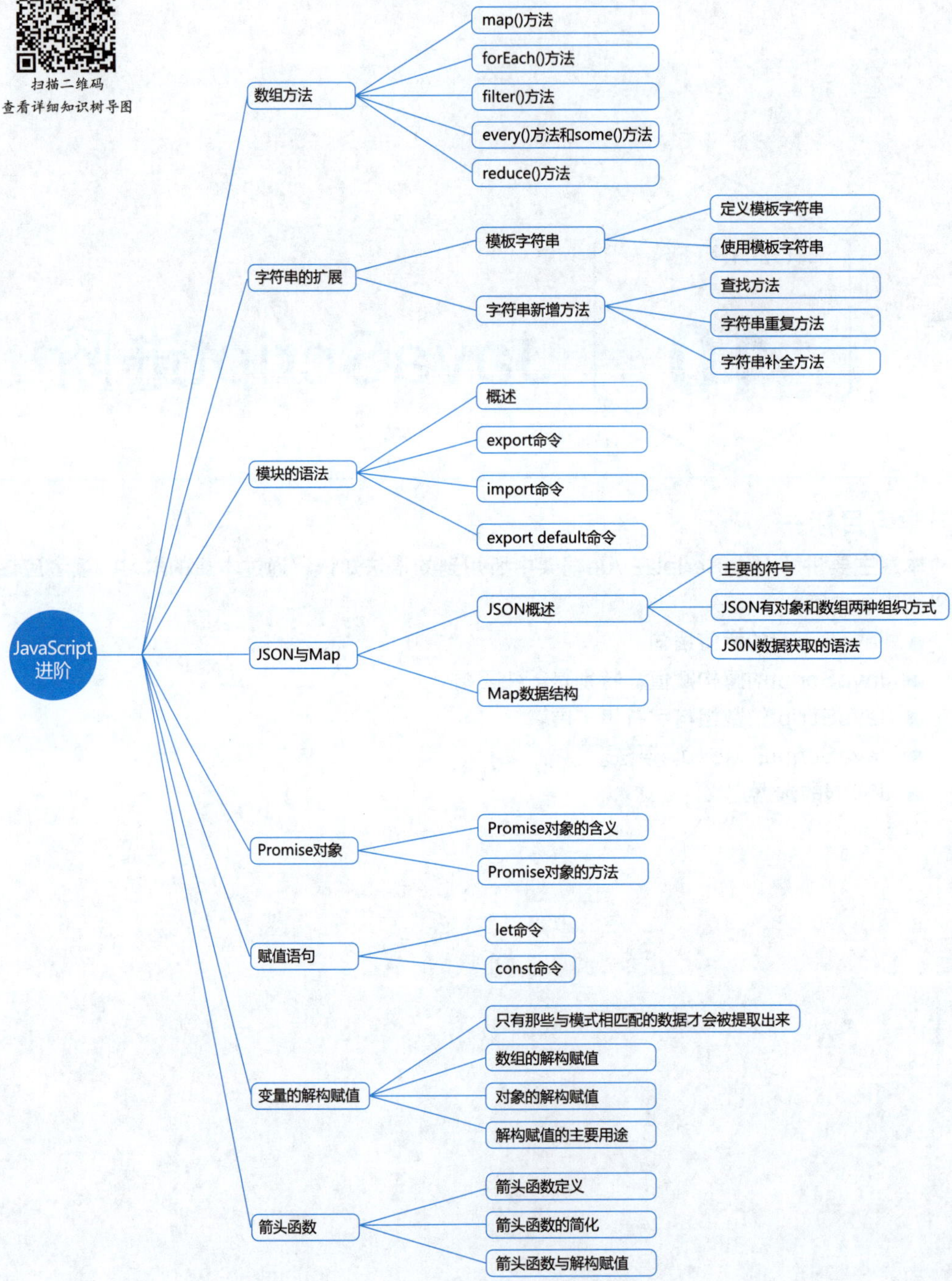

- JavaScript 进阶
  - 数组方法
    - map()方法
    - forEach()方法
    - filter()方法
    - every()方法和some()方法
    - reduce()方法
  - 字符串的扩展
    - 模板字符串
      - 定义模板字符串
      - 使用模板字符串
    - 字符串新增方法
      - 查找方法
      - 字符串重复方法
      - 字符串补全方法
  - 模块的语法
    - 概述
    - export命令
    - import命令
    - export default命令
  - JSON与Map
    - JSON概述
      - 主要的符号
      - JSON有对象和数组两种组织方式
      - JSON数据获取的语法
    - Map数据结构
  - Promise对象
    - Promise对象的含义
    - Promise对象的方法
  - 赋值语句
    - let命令
    - const命令
  - 变量的解构赋值
    - 只有那些与模式相匹配的数据才会被提取出来
    - 数组的解构赋值
    - 对象的解构赋值
    - 解构赋值的主要用途
  - 箭头函数
    - 箭头函数定义
    - 箭头函数的简化
    - 箭头函数与解构赋值

10.1 赋值语句

10.1.1 let 命令

JavaScript中的let命令用于声明变量，用法类似于var，但是所声明的变量只在let命令所在的代码块内有效。

1. let命令作用域仅局限于当前代码块

例10-1在代码块中分别用var命令和let命令定义了两个变量，然后在代码块外进行输出，其在浏览器中的显示结果如图10-1所示。

【例10-1】let命令作用域

```
//文件: example10-1.html
<!DOCTYPE html>
<html>
  <head>
    <meta charset="utf-8">
    <title>let命令作用域</title>
  </head>
  <script>
    {
      var name= 'lb';
      let age = 25;
    }
    console.log(name);     //输出: lb
    console.log(age);      //输出: age is not defined
  </script>
  <body>
  </body>
</html>
```

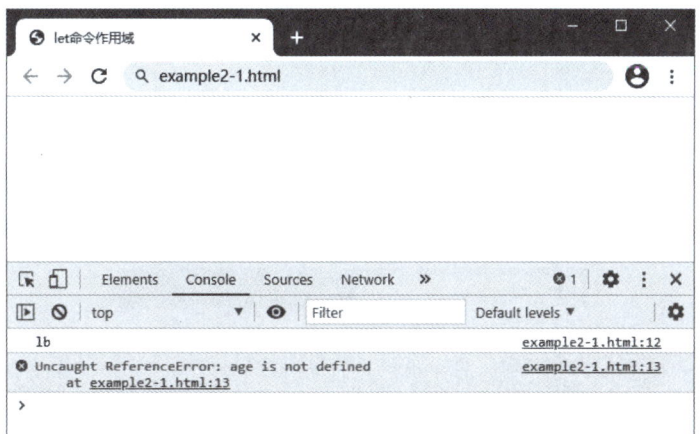

图 10-1 块作用域

从图10-1中可以看出，当在代码块外使用在代码块内定义的var变量时能够正常输出，而let变量无法正常输出，这表明用let声明变量只在所定义的代码块内有效。

2. let变量使用

let变量对var所定义变量的方式进行了一些修订，改善了原来使用var变量让人难于理解的地方。

（1）变量提升。var命令会发生"变量提升"现象，即变量可以在声明之前使用，值为undefined。这种现象有些奇怪，按照一般的逻辑，变量应该在声明之后使用。

为了纠正这种现象，let命令改变了语法行为，所声明的变量一定要在声明后使用，否则报错。

```
//var的情况
console.log(foo);  //输出undefined
var foo = 2;

//let的情况
console.log(bar);  //报错ReferenceError
let bar = 2;
```

（2）变量不允许重复声明。let命令不允许在相同作用域内重复声明同一个变量参数。

```
//报错
function func() {
  let a = 10;
  var a = 1;
}
//报错
function func() {
  let a = 10;
  let a = 1;
}
```

声明的参数也不能与形参同名，如果声明的参数是在另外一个作用域下，则可以进行重复声明。

```
function func(arg) {
  let arg;              //报错，两个arg参数在同一个作用域内
}
function func(arg) {
  {
    let arg;            //不报错，因为两个arg参数不在同一个作用域内
  }
}
```

（3）for 循环中 let 的父子作用域。

【例10-2】var变量和let变量的父子作用域对比

程序运行后在浏览器中的显示结果如图10-2所示。

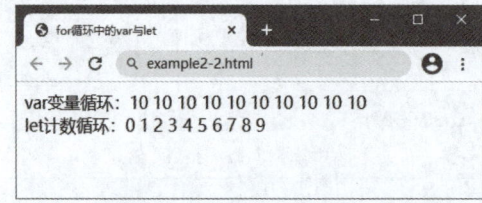

图 10-2　for 循环中的 var 与 let

程序代码如下：

```
//example10-2.html
```

```html
<!DOCTYPE html>
<html>
  <head>
    <meta charset="utf-8">
    <title>for循环中的var与let</title>
    <script>
      window.onload=function(){
      var myVar=document.getElementById('varCount')
        var myLet=document.getElementById('letCount')
        //输出10个10
        for (var i = 0; i < 10; i++) {
          setTimeout(function(){
            myVar.innerHTML+=i+' ';
          })
        }
        //输出0123456789
        for (let j = 0; j < 10; j++) {
          setTimeout(function(){
            myLet.innerHTML+=j+' ';
          })
        }
      }
    </script>
  </head>
  <body>
    <div id="varCount">var变量循环：</div>
    <div id="letCount">let计数循环：</div>
  </body>
</html>
```

在例10-2的代码中，变量i是用var声明的，在全局范围内都有效，所以全局只有一个变量i。每一次循环，变量i的值都会发生改变，而循环内向<div id="varCount">标签内所写入的内容i就是全局的i。使用的变量i指向的都是同一个i，导致每次运行时都输出最后一轮i的值，即输出10。

使用let命令声明的变量仅在块级作用域内有效，最后输出的是0～9。因为用let命令声明的j只在本轮循环内有效，每一次循环的j其实都是一个新的变量，所以最后输出的是0～9。

如果每一次循环的变量j都是重新声明的，那如何知道上一轮循环的值呢？因为ECMAScript引擎内部会记住上一次循环的值并初始化本轮的变量j，即在上一次循环的基础上进行计算。

10.1.2 const 命令

const声明的是只读常量，其值一旦声明就不能改变。这也意味着const一旦声明常量就必须立即初始化，只声明不赋值会报错。例如：

```
const PI = 3.14;         //正确
PI = 3.1415926;          //报错，因为已经给PI赋值为3.14，所以不允许再对PI进行改动
const foo;               //报错，因为没有给foo赋值
```

const的作用域与let相同，只在声明所在的块级作用域内有效且不可重复声明。另外，const常量也必须先定义后使用。

const实际上保证的并不是变量的值不能改动，而是变量指向的内存地址不能改动。对于简单类型的数据（如数字、字符串、布尔值）而言，值就保存在变量指向的内存地址中，因此

等同于常量，但对于复合类型的数据（如对象或数组）而言，变量指向的内存地址保存的只是一个指针，const只能保证这个指针是固定的，至于指向的数据结构是否可变则完全不能控制。因此，将一个数组或对象声明为常量时必须多加注意。

```
const obj = {};              //定义const对象
obj.name = 'lb';             //向对象中输入属性值
obj.age = 25;
console.log(obj);            //上述代码都没有问题，可以给对象进行属性的添加操作
obj={};                      //报错，因为不能将obj指向另外一个对象
```

下面定义一个常量数组arr，数组本身是可以写入数据的，但是不允许将另一个数组赋值给该常量数组。

```
const names = [];                //定义const数组
names.push('lb');                //把lb压入数组
console.log(names.length);       //上述代码都没有问题，因为数组是可读写的，可以添加新元素
arr = ['jisoo'];                 //报错，因为不能将此数组赋值给另外一个数组
```

10.2 变量的解构赋值

解构与构造数据截然相反，不是构造一个新的对象或数组，而是逐个拆分现有的对象或数组来提取所需要的数据。

JavaScript允许按照一定模式从数组和对象中提取值再对变量赋值，这称为解构。这种新模式会映射出正在解构的数据结构，只有那些与模式相匹配的数据才会被提取出来。

10.2.1 数组的解构赋值

ECMAScript语法规范中的数组解构赋值基本是按照等号左侧与等号右侧的匹配来进行的，其语法结构如下：

```
let [var1, var2, ...varN] = array    //varN表示一个变量，array表示一个数组
```

数组解构时其元素是按次序排列的，变量的取值由其位置决定。下面来说明几种数组解构赋值的基本方式。

（1）模式匹配。这种方式的数组解构是等号两边的模式相同，左侧的变量就会被赋予对应的值。例如：

```
let [a, b, c] = [1, 2, 3];           //解构后：a=1,b=2,c=3
```

（2）嵌套方式。除了正常的模式匹配外，还可以使用嵌套数组进行解构，这种数组解构赋值的方式支持任意深度的嵌套。例如：

```
let [foo, [[bar], baz]] = [1, [[2], 3]]   //解构后：foo=1,bar=2,baz=3
```

（3）不完全解构。当等号左侧的模式只匹配等号右侧的一部分数组，这种情况称为不完全解构。在这种情况下，解构依然可以成功。例如：

```
let [x, , y] = [1, 2, 3];            //解构后：x=1,y=3
```

（4）使用省略号解构。在 ECMAScript 语法规范中，还可以使用省略号的方式进行相应的匹配操作，但这种解构方式有格式要求，即带有省略号修饰符的变量必须放到最后，否则是无效的解构方式。例如：

```
let [head, ...tail] = [1, 2, 3, 4];         //解构后：head=1,tail=[2, 3, 4]
```

如果解构不成功，变量的值就等于undefined。如果变量y属于解构不成功，则y的值就等于undefined。例如：

```
let [x, y] = ['a'];                         //解构后：x='a',y为undefined
```

（5）含有默认值解构。在ECMAScript语法规范中，左侧可以设置默认值。当右侧是undefined或没有左侧对应的值时，左侧就会用默认值给变量进行赋值。例如：

```
let [a=0,b=1,c=2]=[1,undefined];            //解构后：a=1,b=1,c=2。b和c使用默认值
```

（6）字符串解构的处理。在ECMAScript语法规范中，右侧还可以是字符串，把字符串的每一个字符解构到等号左侧相对应的变量中。例如：

```
var [a,b,c] = 'hello';                      //解构后：a='h',b='e',c='o'
```

【例10-3】数组的几种解构赋值

程序运行后在浏览器中的显示结果如图10-3所示。

图10-3 数组的解构赋值

程序代码如下：

```html
//文件：example10-3.html
<!DOCTYPE html>
<html>
  <head>
    <meta charset="utf-8">
    <title>数组的解构赋值</title>
    <script>
      window.onload=function(){
        let [a, b, c] = [1, 2, 3];
```

```
            console.log('a='+a);
            console.log('b='+b);
            console.log('c='+c);
            let [foo, [[bar], baz]] = [1, [[2], 3]];
            console.log('foo='+foo);
            console.log('bar='+bar);
            console.log('baz='+baz);
            let [x1, , y1] = [1, 2, 3];
            console.log('x1='+x1);
            console.log('y='+y1);
            let [head, ...tail] = [1, 2, 3, 4];
            console.log('head='+head);
            console.log('tail='+tail);
            let [x2, y2] = ['a'];
            console.log('x2='+x2);
            console.log('y2='+y2);
            let [d=0,e=1,f=2]=[1,undefined];
            console.log('d='+d);
            console.log('e='+e);
            console.log('f='+f);
            let [g,h,i] = 'hello';
            console.log('g='+g);
            console.log('h='+h);
            console.log('i='+i);
        }
    </script>
</head>
<body>
</body>
</html>
```

10.2.2 对象的解构赋值

ECMAScript语法规范中的对象解构赋值同样是按照等号左侧与等号右侧的匹配来进行的。对象解构赋值与数组解构赋值的区别如下：数组是按照位置次序进行匹配的，而对象是按照属性的名称进行匹配的，其不一定按照属性出现的先后次序。

（1）基本形式。在左侧的变量中，键（key）和值（value）是相同的，因此采用了简写的形式，仅展示了键。例如：

```
let { foo, bar } = { foo: 'aaa', bar: 'bbb' };    //解构后：foo= 'aaa',bar: 'bbb'
```

需要注意的是，数组是有次序的，数组中变量的次序决定着它的值，但是对象是没有次序的，例如把以上语句对象的属性交换一下位置：

```
let { bar, foo} = { foo: 'aaa', bar: 'bbb' };     //解构后：foo= 'aaa', bar: 'bbb'
```

输出的结果也是一样的，因为左侧的变量必须与右侧对象中的属性同名才会得到对象的值。和数组一样，对象的解构失败时也输出undefined。

```
let {foo} = {bar: 'baz'};                         //解构后：foo的值是undefined
```

（2）左边变量为 key:value 的形式。

```
let { foo: baz } = { foo: 'aaa', bar: 'bbb' };    //解构后：baz的值是'aaa'
let obj = { first: 'hello', last: 'world' };
let { first: f, last: l } = obj;                  //解构后：f='hello', l='world'
```

（3）解构的正常情况。

```
let { foo: foo, bar: bar } = { foo: 'aaa', bar: 'bbb' };
```

可以简化成以下形式：

```
let { foo, bar } = { foo: 'aaa', bar: 'bbb' };
```

对象的解构赋值的内部机制是先找到同名属性，然后再赋给对应的变量。真正被赋值的是后者，而不是前者。

【例10-4】对象的几种解构赋值

程序运行后在浏览器中的显示结果如图10-4所示。

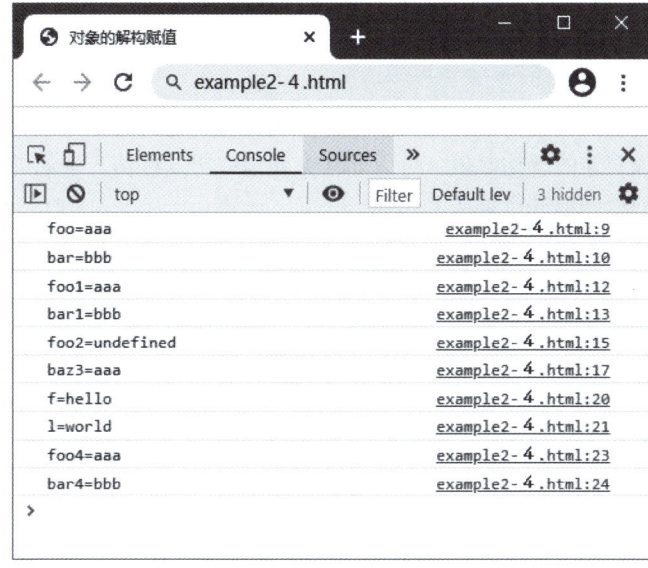

图 10-4　对象的赋值解构

程序代码如下：

```html
//文件：example10-4.html
<!DOCTYPE html>
<html>
  <head>
    <meta charset="utf-8">
    <title>对象的解构赋值</title>
    <script>
      window.onload=function(){
        let { foo, bar } = { foo: 'aaa', bar: 'bbb' };
        console.log('foo='+foo);
        console.log('bar='+bar);
        let { bar1, foo1 } = { foo1: 'aaa', bar1: 'bbb' };
        console.log('foo1='+foo1);
        console.log('bar1='+bar1);
        let {foo2} = {bar: 'baz'};
        console.log('foo2='+foo2);
        let { foo3: baz3 } = { foo3: 'aaa', bar: 'bbb' };
        console.log('baz3='+baz3);
        let obj = { first: 'hello', last: 'world' };
        let { first: f, last: l } = obj;
```

```
            console.log('f='+f);
            console.log('l='+l);
            let { foo4, bar4 } = { foo4: 'aaa', bar4: 'bbb' };
            console.log('foo4='+foo4);
            console.log('bar4='+bar4);
        }
    </script>
</head>
<body>
</body>
</html>
```

10.2.3 解构赋值的主要用途

1. 从函数返回多个值

函数只能返回一个值,如果需要返回多个值,则只能将返回的多个值放在数组或对象中返回,然后通过数组或对象的解构赋值,可以非常方便地取出这些值。下面的示例代码片段是对函数的数组和对象的返回值进行解构。

```
function example() {
    return [1, 2, 3];              //函数返回一个数组
}
let [a, b, c] = example();         //对函数的返回值进行解构
console.log(a,b,c)                 //解构后:a=1, b=2, c=3
function example1() {
    return {                       //函数返回一个对象
        foo: 1,
        bar: 2
    };
}
let { foo, bar } = example1();     //对函数的返回值进行解构
console.log(foo, bar)              //解构后:foo=1, bar=2
```

2. 函数参数的定义

解构赋值可以方便地将一组参数与变量名对应起来。

【例10-5】利用解构方法给函数传递入口参数

说明:在例10-5中定义了两个求和函数,一个函数的入口是由三个变量组成的数组,另一个函数的入口是对象,分别利用解构方法给这两个函数传递入口参数。程序运行后在浏览器中返回的求和结果分别是6和15。

程序代码如下:

```
//文件: example10-5.html
<!DOCTYPE html>
<html>
    <head>
        <meta charset="utf-8">
        <title></title>
        <script>
            window.onload=function(){
                let myDisplay=document.getElementById("display");
                myDisplay.innerHIML = arraySum([1,2,3])+"<br>";
```

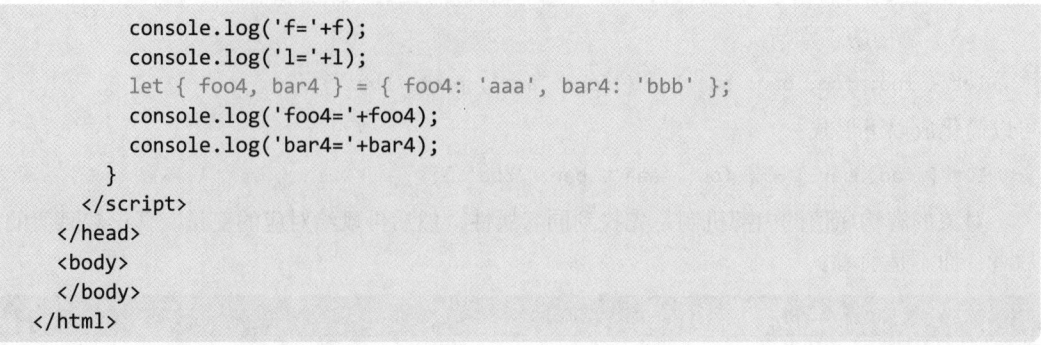

扫一扫,看视频

```
      myDisplay.innerHTML += objectSum({z: 4, y: 5, x: 6})
      function arraySum([x, y, z]) {
        return x+y+z
      }
      function objectSum({x, y, z}){
        return x+y+z
      }
    }
    </script>
  </head>
  <body>
    <div id="display"></div>
  </body>
</html>
```

3. 提取JSON对象中的数据

解构赋值在提取JSON对象中的数据时非常有用。

【例10-6】JSON数据解构

说明：在例10-6中定义一个JSON对象，然后进行解构赋值，最后把相关数据显示在浏览器中，其在浏览器中的显示结果如图10-5所示。

图 10-5　JSON 数据解构

程序代码如下：

```
//文件：example10-6.html
<!DOCTYPE html>
<html>
  <head>
    <meta charset="utf-8">
    <title>JSON数据解构</title>
    <script>
      window.onload=function(){
        let jsonData = {                //定义JSON变量
          name: '刘兵',
          age: 25,
          like: ['羽毛球', '足球']
        };
        //对JSON数据进行解构
        let { name, age, like: mylike } = jsonData;
        let myDisplay=document.getElementById("display");
        myDisplay.innerHTML = "姓名："+name+"<br>";
        myDisplay.innerHTML += "年龄："+age+"<br>";
        myDisplay.innerHTML += "爱好：";
        for(var i=0; i<mylike.length; i++){
          myDisplay.innerHTML += mylike[i]+"，";
        }
```

```
      }
    </script>
  </head>
  <body>
    <div id="display"></div>
  </body>
</html>
```

4. 遍历Map结构

任何部署了Iterator接口的对象，都可以用for...of循环进行遍历。Map结构原生支持Iterator接口，配合变量的解构赋值，可以非常方便地获取键名和键值。

【例10-7】遍历Map结构

说明：在例10-6中先定义和赋值Map变量，在循环访问Map变量的同时使用解构赋值遍历Map结构，其在浏览器中的显示结果如图10-6所示。

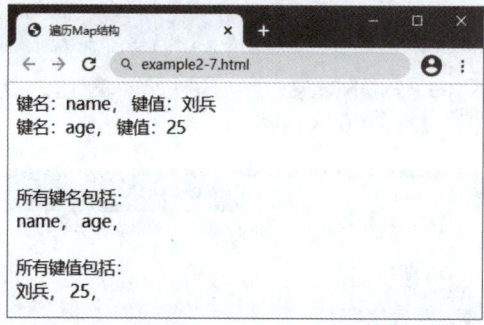

图 10-6　遍历 Map 结构

程序代码如下：

```
//文件：example10-7.html
<!DOCTYPE html>
<html>
  <head>
    <meta charset="utf-8">
    <title>遍历Map结构</title>
    <script>
      window.onload=function(){
        const map = new Map();
        map.set('name', '刘兵');
        map.set('age', 25);
        const myDisplay=document.getElementById("display");
        for (let [key, value] of map) {
          myDisplay.innerHTML += "键名："+key+", ";
          myDisplay.innerHTML += "键值："+value+"<br>";
        }
        //如果只想获取键名或者只想获取键值，可以写成下面这样
        myDisplay.innerHTML += "<br><br>所有键名包括：<br>"
        //获取键名，并显示所有键名
        for (let [key] of map) {
          myDisplay.innerHTML += key+", "
        }
        myDisplay.innerHTML += "<br><br>所有键值包括：<br>"
        //获取键值，并显示所有键值
```

```
          for (let [,value] of map) {
            myDisplay.innerHTML += value+", "
          }
        }
      </script>
    </head>
    <body>
      <div id="display"></div>
    </body>
</html>
```

10.3 箭头函数

10.3.1 箭头函数定义

1. 定义

通常函数的定义语法如下：

```
function函数名(形参[,形参]){
    //函数体
}
```

例如：

```
function fn1(a, b) {
    return a + b
}
```

或者

```
var fn2 = function(a, b) {
    return a + b
}
```

使用JavaScript箭头函数语法定义函数，将原函数的function关键字和函数名都删除，使用箭头"=>"来连接参数列表和函数体。上例可以修改成以下方式。

```
(a, b) => {
    return a + b
}
```

或者

```
var fn1 = (a, b) => {
    return a + b
}
```

2. 箭头函数的简化

箭头函数可以进行简化，简化的方法有以下两种。

（1）当函数只有一个参数时，括号可以省略；当没有参数时，括号不可以省略。例如：

```
var fn1 = () => {}                  //无参数
var fn2 = a => {}                   //单个参数a
var fn3 = (a, b) => {}              //多个参数a,b
var fn4 = (a, b, ...args) => {}     //可变参数
```

(2)当函数体只有一条return语句时,可以省略{ }和return关键字;当函数体包含多条语句时,不能省略{ }和return关键字。例如:

```
() => 'hello'              //函数返回字符串'hello'
(a, b) => a + b            //函数返回a+b的合
(a) => {                   //函数返回a+1的值
  a = a + 1
  return a
}
```

【例10-8】化简箭头函数

说明:在例10-8中先定义了一个普通函数,然后定义了两种简化的箭头函数,让读者体会箭头函数的简写方法,其在浏览器中的显示结果如图10-7所示。

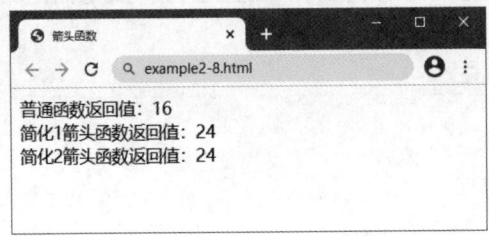

图10-7 箭头函数

程序代码如下:

```html
//文件: example10-8.html
<!DOCTYPE html>
<html>
  <head>
    <meta charset="utf-8">
    <title>箭头函数</title>
    <script>
      window.onload = () => {
        var myDisplay=document.getElementById("display");
        //①普通函数
        let show1=function(a){
          return a*2
        }
        myDisplay.innerHTML="普通函数返回值: "+show1(8)+"<br>";
        //②简化①: 如果只有一个参数,可以省略()
        let show2 = a => {
          return a * 3
        }
        myDisplay.innerHTML += "简化1箭头函数返回值: "+show2(8)+"<br>";
        //简化②: 如果只有一个return,可以省略{}
        let show3 = a => a * 3
        myDisplay.innerHTML += "简化2箭头函数返回值: "+show3(8)+"<br>";
      }
    </script>
  </head>
  <body>
    <div id="display"></div>
  </body>
</html>
```

10.3.2 箭头函数与解构赋值

通过将箭头函数与前文中介绍的解构赋值相结合，可以简化对箭头函数的调用方式，以提高代码编写效率。

【例10-9】箭头函数与解构赋值

说明：在例10-9中，使用箭头函数分别定义了求余数、求最大值、求最小值的方法，调用这些方法时，采用解构赋值的方式进行，其在浏览器中的显示结果如图10-8所示。

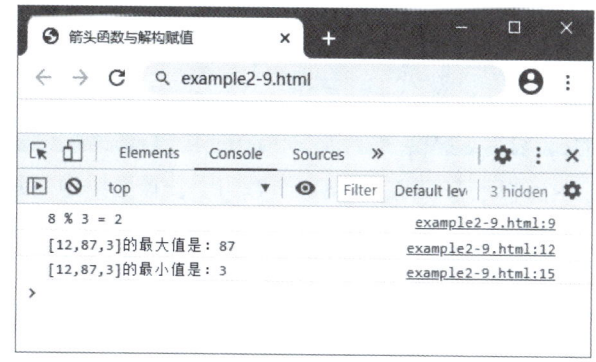

图 10-8　箭头函数与解构赋值

程序代码如下：

```html
//文件: example10-9.html
<!DOCTYPE html>
<html>
  <head>
    <meta charset="utf-8">
    <title>箭头函数与解构赋值</title>
    <script>
      arrow_remainder = ([i,j]) => i % j;                //求余数
      console.log('8 % 3 = '+arrow_remainder([8,3]));
      arrow_max = (...args) => Math.max(...args);        //求最大值
      max=arrow_max(...[12,87,3])
      console.log('[12,87,3]的最大值是: '+max)
      arrow_min = (...args) => Math.min(...args);        //求最小值
      min=arrow_min(...[12,87,3])
      console.log('[12,87,3]的最小值是: '+min)
    </script>
  <head>
  <body>
  </body>
</html>
```

10.4 数组方法

在程序设计中经常会使用数组，因此需要熟练掌握数组操作的相关方法。在JavaScript中，关于数组的操作又增加了一些新方法，下面介绍几种常用的新增数组操作方法。

10.4.1 map() 方法

map()方法用于遍历数组中的每个元素，让其作为参数执行一个指定的函数，然后把每个返回值形成一个新数组，map()方法不改变原数组的值。map()方法调用的语法格式如下：

```
let 新数组名 = 数组名.map(function(参数){
    //函数体
})
```

或者简写成：

```
let 新数组名 = 数组名.map((参数) => {
    //函数体
})
```

【例 10-10】map()方法的应用

说明：例 10-10 是两个应用，一个是定义一个数组，让该数组中的每一个数字乘以 2 来生成一个新数组；另一个是定义一个成绩数组，然后根据成绩来生成一个含有对应值（优秀、及格、不极格）的新数组，其在浏览器中的显示结果如图 10-9 所示。

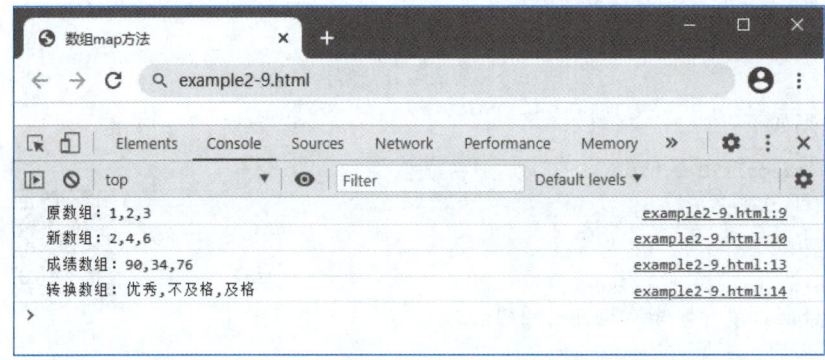

图 10-9　map() 方法的应用

程序代码如下：

```html
//文件: example10-10.html
<!DOCTYPE html>
<html>
  <head>
    <meta charset="utf-8">
    <title>数组map方法</title>
    <script>
      let arr=[1,2,3]
      let newArr=arr.map(item=>item*2)
      console.log('原数组: '+arr)
      console.log('新数组: '+newArr)
      let arrScore=[90,34,76]
      let score=arrScore.map(item=>item>=60?item>=90?'优秀':'及格':'不及格')
      console.log('成绩数组: '+arrScore)
      console.log('转换数组: '+score)
    </script>
  </head>
  <body>
  </body>
```

```
</html>
```

10.4.2 forEach() 方法

forEach()方法从头至尾遍历数组，为每个元素调用指定函数。该方法将改变原数组本身，并且指定调用函数的参数依次为数组元素、元素的索引、数组本身。其语法格式如下：

```
数组名.forEach(function(数组元素,元素的索引,数组本身){
    //函数体
})
```

或者简写成：

```
数组名.forEach((数组元素,元素的索引,数组本身) => {
    //函数体
})
```

【例10-11】forEach()方法的应用

说明：例10-11中定义了一个数组，然后把该数组中的每个数值加1，并分别显示修改前和修改后数组的值，其在浏览器中的显示结果如图10-10所示。

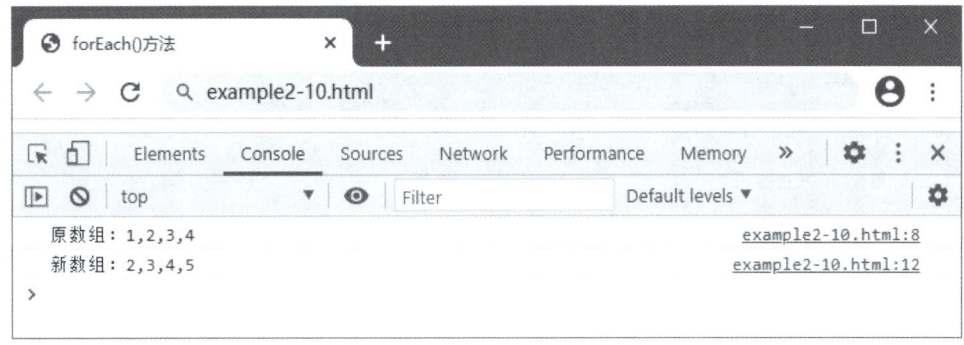

图 10-10　forEach() 方法的应用

程序代码如下：

```
//文件：example10-11.html
<!DOCTYPE html>
<html>
  <head>
    <meta charset="utf-8">
    <title>forEach()方法</title>
    <script>
      let arr=[1,2,3,4]
      console.log('原数组：'+arr)
      arr.forEach(function(element,index,arr){
        arr[index] = element+1;
      })
      console.log('新数组：'+arr)
    </script>
  </head>
  <body>
  </body>
</html>
```

10.4.3 filter() 方法

filter()方法通过执行特定函数对数组元素进行过滤，从而返回一个新的子集数组，也称为过滤方法。该方法的入口参数是执行逻辑判断的函数，该函数返回值为true或false，filter()方法的结果是所执行逻辑判断函数返回为true的元素，即filter()方法过滤掉数组中不满足条件的值，返回一个新数组，不改变原数组的值。filter()方法调用的语法格式如下：

数组名.filter((参数列表) => {//函数体})

例如，使用数组的filter()方法，过滤掉不能被3整除的元素形成新数组，使用的语句如下：

```
let arr=[60,70,80,87,90]
let result=arr.filter(tmp=>tmp%3==0)      //新数组result=[60,87,90]
```

【例10-12】filter()方法的应用

说明：例10-12中定义了一个对象，对象的属性有language和price，实现把price值大于65的元素过滤出来，形成一个新数组，其在浏览器中的显示结果如图10-11所示。

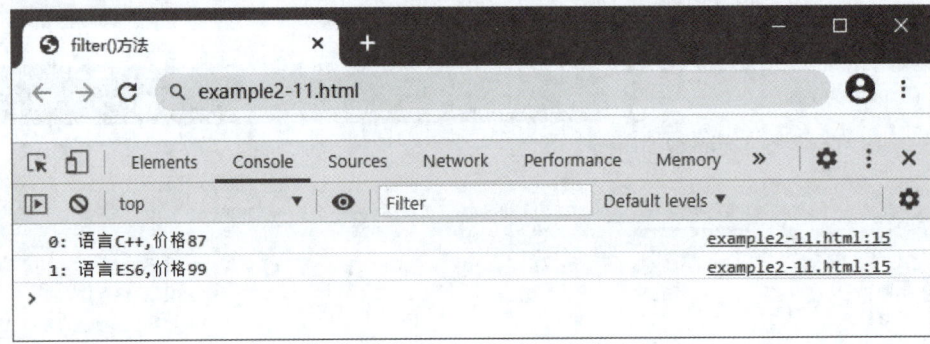

图 10-11　filter() 方法的应用

程序代码如下：

```
//文件: example10-12.html
<!DOCTYPE html>
<html>
  <head>
    <meta charset="utf-8">
    <title>filter()方法</title>
    <script>
      let arrJson=[
        {language:'web',price:54},
        {language:'C++',price:87},
        {language:'json',price:63},
        {language:'JavaScript',price:99},
      ]
      let arrResult=arrJson.filter(item=>item.price>=65)
      for(var key in arrResult){
        console.log(key+": 语言"+arrResult[key].language+",价格"+
                    arrResult[key].price);
      }
    </script>
  </head>
  <body>
```

```
    </body>
</html>
```

10.4.4　every() 方法和 some() 方法

every()方法和some()方法都是对数组元素进行指定函数的逻辑判断，入口参数都是一个指定函数，方法的返回值为true或false。

every()方法会遍历数组中的每个元素，将它们作为指定函数的参数。如果该函数对每个元素执行后的结果都为true，则every()方法最终返回true，即遵循"一假即假"的原则。相对地，some()方法也会遍历数组中的每个元素，并将它们作为指定函数的参数。只要有一个元素使该函数执行后的结果为true，some()方法就会返回true，即遵循"一真即真"的原则。every()方法和some()方法一般可以用于判断数组中的所有元素是否都满足某一条件或者是否存在某些元素满足条件。

【例10-13】every()方法和some()方法的应用

说明：例10-13中定义了对象数组，通过every()方法和some()方法来判断是否都是女性和是否包含女性，其在浏览器中的显示结果如图10-12所示。

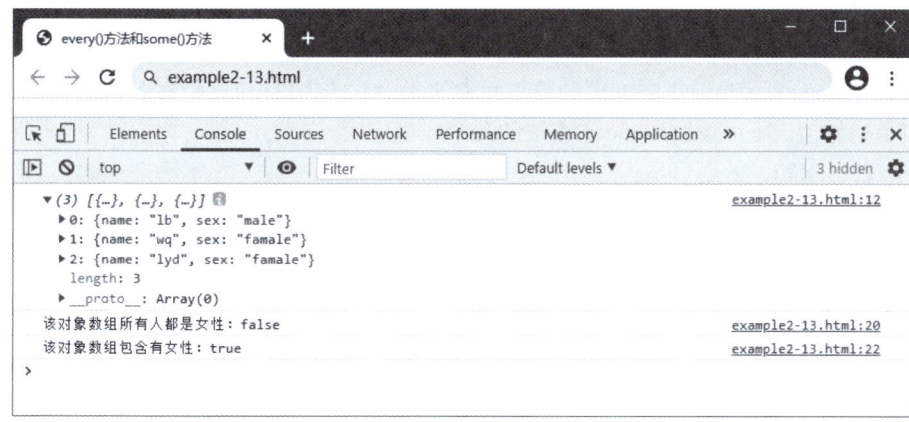

图 10-12　every() 方法和 some() 方法的应用

程序代码如下：

```
//文件: example10-13.html
<!DOCTYPE html>
<html>
  <head>
    <meta charset="utf-8">
    <title>every()方法和some()方法</title>
    <script>
      var people = [
        {name:"lb",sex:'male'},
        {name:"wq",sex:'famale'},
        {name:"lyd",sex:'famale'},
      ];
      console.log(people)
      /*普通函数定义*/
      var result= people.every(function(people){
        return people.sex === 'famale'
```

```
    })
    可以简写成以下箭头函数
    */
    var result= people.every(people=>people.sex === 'famale')
    console.log('该对象数组所有人都是女性：'+result);//返回值是false
    var some = people.some(people=>people.sex === 'famale')
    console.log('该对象数组包含有女性：'+some);        //返回值是true
  </script>
 </head>
 <body>
 </body>
</html>
```

10.4.5 reduce() 方法

reduce()方法接收一个函数作为累加器，使用数组中的每个元素依次执行回调函数，不包括数组中被删除或从未被赋值的元素，回调函数接收4个参数，reduce()方法调用的语法格式如下：

```
arr.reduce((prev,cur,index,arr) => {
    //操作语句
}, init);
```

其中，arr 表示原数组；prev表示上一次调用回调时的返回值或初始值init；cur表示当前正在处理的数组元素；index表示当前正在处理的数组元素的索引，若提供init值则索引为0，否则索引为1；init 表示初始值。下面说明reduce()方法的几个典型应用。

（1）数组求和。

```
const arr = [1, 2, 3, 4, 5]
const sum = arr.reduce((pre, item) => {
    return pre + item
}, 0)
```

以上回调函数被调用5次，参数变化情况见表10-1。

表 10-1　reduce() 方法调用参数变化情况

调用次数	上一次值	当前值	索引	原数组	返回值
第 1 次	0	1	0	[1, 2, 3, 4, 5]	1
第 2 次	1	2	1	[1, 2, 3, 4, 5]	3
第 3 次	3	3	2	[1, 2, 3, 4, 5]	6
第 4 次	6	4	3	[1, 2, 3, 4, 5]	10
第 5 次	10	5	4	[1, 2, 3, 4, 5]	15

（2）求数组项最大值。

```
var max = arr.reduce(function (prev, cur) {
    return Math.max(prev,cur);
});
```

由于未传入初始值，所以开始时prev的值为数组第1项，即1；cur的值为数组第2项，即2，取两值中的最大值后继续进入下一轮回调。

（3）数组去重。

```
var newArr = arr.reduce(function (prev, cur) {
    prev.indexOf(cur) === -1 && prev.push(cur);
```

```
    return prev;
},[]);        //[]的初始值是空数组
```

数组去重的基本流程如下：

1）初始化一个空数组。

2）将需要去重处理的数组中的第1个元素在初始化数组中查找，如果找不到（空数组中肯定找不到），就将该项添加到初始化数组中。

3）将需要去重处理的数组中的第2个元素在初始化数组中查找，如果找不到，就将该项继续添加到初始化数组中。

4）重复步骤3）。

5）将需要去重处理的数组中的第n个元素在初始化数组中查找，如果找不到，就将该项继续添加到初始化数组中。

6）将这个初始化数组返回。

【例10-14】reduce()方法的应用

说明：例10-14用于计算一个字符串中每个字母出现的次数，其在浏览器中的显示结果如图10-13所示。

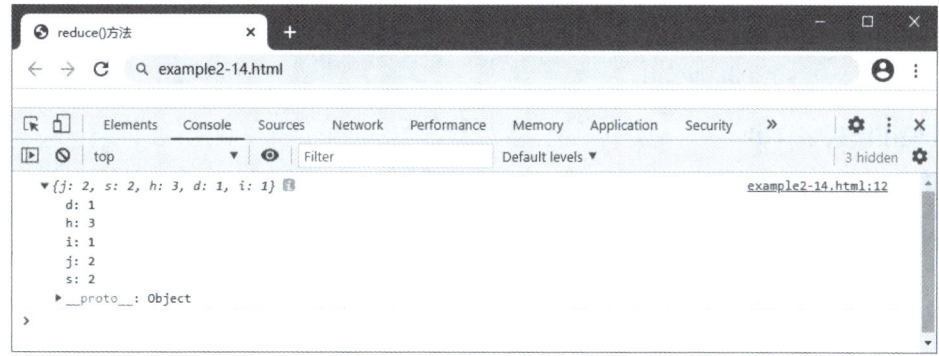

图10-13　reduce() 方法的应用

程序代码如下：

```
//文件：example10-14.html
<!DOCTYPE html>
<html>
  <head>
    <meta charset="utf-8">
    <title>reduce()方法</title>
    <script>
      const str = 'jshdjsihh';
      const obj = str.split('').reduce((pre,item) => {
        pre[item] ? pre[item] ++ : pre[item] = 1
        return pre
      },{})            //{}表示初始值是空对象
      console.log(obj)
    </script>
  </head>
  <body>
  </body>
</html>
```

10.5 字符串的扩展

10.5.1 模板字符串

1. 定义模板字符串

在使用字符串输出时,如果其中有变量,则需要使用字符串拼接方法进行。例如:

```
myDisplay.innerHTML = "姓名:"+name+"<br>";
```

这样的传统写法需要使用大量的双引号和加号进行拼接才能得到需要的模板,这种写法相当烦琐且不方便,JavaScript引入了模板字符串来解决这个问题。

模板字符串是增强版的字符串,用反引号(`)标识,即可以当作普通字符使用,也可以用于定义多行字符串,或者在字符串嵌入变量。当引入变量时,可以使用"${变量}"将变量括起来。上面的例子可以用模板字符串写成下面这样。

```
myDisplay.innerHTML = `姓名:${name} <br>`;
```

由于反引号是模板字符串的标识,如果需要在字符串中使用反引号,就需要对其进行转义,语法结构如下:

```
var str = ` \`Yo\` World! `
```

2. 使用模板字符串

如果使用模板字符串表示多行字符串,所有的空格和缩进都会被保存在输出中。例如:

```
console.log( `How old are you?
  I am 25.`);
```

输出结果将分两行显示,具体如下:

```
How old are you?
        I am 25.
```

另外,在"${}"的大括号中可以放入任意的JavaScript表达式,还可以进行运算及引用对象属性等。例如:

```
var x=88;
var y=100;
console.log(`x=${++x},y=${x+y}`);
```

输出结果如下:

```
x=89,y=189
```

模板字符串还可以调用函数,如果函数的结果不是字符串,则按照一般的规则转换为字符串。例如:

```
function string(){
return 25;
}
console.log( `How old are you?
I am ${string()}.`);
```

输出结果如下:

```
How old are you?
```

```
I am 25.
```
在这里，数字25实际上被转换成了字符串25。

10.5.2 JavaScript 字符串新增方法

1. 查找方法

传统的JavaScript只有indexof()方法和lastindexof()方法，可以返回一个字符串是否包含在另一个字符串中的判断结果。JavaScript又提供了以下三个方法。

（1）includes(String,index)：返回布尔值。参数String表示需要查找的字符串，index表示从源字符串的什么位置开始查找。该方法表示从indcx位置往后查找是否包含String字符串，如果找到返回true，否则返回false。如果没有index参数，表示查找整个源字符串。

（2）startsWith(String,index)：返回布尔值，表示参数字符串String是否在源字符串头部。index表示从源字符串的什么位置开始查找。

（3）endsWith(String,index)：返回布尔值，表示参数字符串String是否在源字符串尾部。index表示从源字符串后面的什么位置开始查找。

【例10-15】查找方法的应用

说明：例10-15是查找用户输入的URL网址。当用户输入一个URL网址时，程序会检查该网址的头部。如果网址以"http://"开头，则显示这是一般网址；如果以"https://"开头，则显示这是加密网址。此外，程序还会检查文件名的后缀。如果后缀是".txt"，则显示这是文本文件；如果后缀是".jpg"，则显示这是图片文件，其在浏览器中的显示结果如图10-14所示。

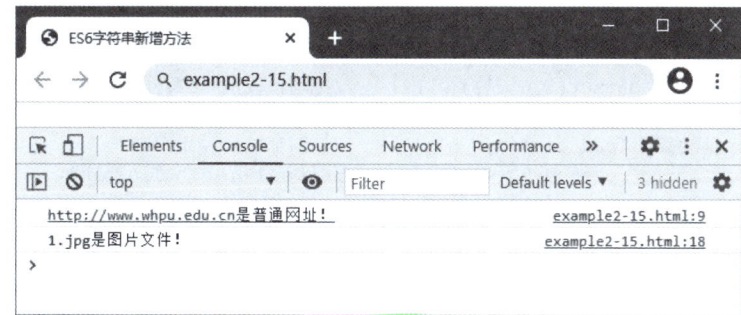

图 10-14　查找方法的应用

程序代码如下：

```
//文件: example10-15.html
<!DOCTYPE html>
<html>
  <head>
    <meta charset="utf-8">
    <title>JavaScript字符串新增方法</title>
    <script>
      let str='http://www.whpu.edu.cn';
      if(str.startsWith('http://')){
        console.log(str+'是普通网址! ')
      }else if(str.startsWith('https://')){
        console.log(str+'是加密网址! ')
      }
```

扫一扫，看视频

```
      let fileName="1.jpg"
      if(fileName.endsWith('.txt')){
        console.log(fileName+'是文本文件！')
      }else if(fileName.endsWith('.jpg')){
        console.log(fileName+'是图片文件！')
      }
    </script>
  </head>
  <body>
  </body>
</html>
```

2. 字符串重复方法

repeat()方法能将源字符串重复几次，并返回一个新的字符串。需要注意的是，如果输入的是小数，则会被向下取整，NaN会被当作0，输入其他的值则会报错。例如：

```
let str="lb";
console.log(str.repeat(3));           //控制台显示：lblblb
console.log(str.repeat(2.7));         //控制台显示：lblb
console.log(str.repeat(0.8));         //控制台无显示
console.log(str.repeat(NaN));         //控制台无显示
```

3. 字符串补全方法

padStart()和padEnd()是字符串补全长度的方法，如果某个字符串没有达到指定长度，则会在头部或尾部补全。这两个方法都有两个参数，第1个参数是补全后的字符串的最大长度，第2个参数是要补的字符串，返回的是补全后的字符串。

如果源字符串长度大于第1个参数，则会返回源字符串。如果不写第2个参数，则会用空格补全到指定长度。例如：

```
console.log('7'.padStart(2, '0'));        //控制台显示：07，可用于日期时间的两位显示
console.log('7'.padEnd(2, '0'));          //控制台显示：70
console.log('hello'.padStart(4, 'h'));    //控制台显示：'hello'
console.log('hello'.padEnd(9, 'lb'));     //控制台显示：'hellolblb'
console.log('hi'.padStart(5));            //控制台显示：'   hi'
```

如果补全字符串与源字符串超出了补全之后的字符串长度，那么补全字符串超出的部分将会被截取。例如：

```
console.log('hello'.padEnd(9, 'world'));  //控制台显示：'helloworl'
```

10.6 模块的语法

10.6.1 概述

在JavaScript没有得到很好的发展之前，该语言一直缺乏模块（module）体系，无法将一个大型程序分解成相互依赖的小文件，并通过简单的方法进行拼接，其他语言都有这一功能。例如，Python中的import，甚至连CSS都有@import，但是JavaScript没有任何对这方面的支持，这对于开发大型、复杂的项目而言是巨大的障碍。

在JavaScript之前，社区指定了一些模块加载方案，最主要的有CommonJS和AMD两种。

前者用于服务器，后者用于浏览器，JavaScript在语言规格的层面上实现了模块功能，而且实现得相当简单，完全可以取代现有的CommonJS和AMD规范，成为浏览器和服务器通用的模块解决方案。

JavaScript模块的设计思想是尽量静态化，静态化就是在静态分析阶段（词法分析、语法分析、语义分析等）就能确定模块的依赖关系，以及输入和输出的变量。这种静态化的优点是可以在编译时优化，缺点是不能进行条件加载，所有的import、export语句都只能在代码顶层，不能在条件里，不能有变量，因为这时候还没有运行，变量和条件都无法计算出来，因此不能实现条件加载。

JavaScript模块不是对象，而是通过export命令显式指定输出的代码，然后通过import命令输入。例如：

```
import { reactive, toRefs, computed } from 'vue'
```

以上代码是从Vue模块中加载3个方法，其他方法不加载，这种加载称为编译时加载或静态加载，即JavaScript可以在编译时就能完成模块加载。

10.6.2　export命令

模块功能主要由两个命令构成：export和import。其中，export命令用于规定模块的对外接口，import命令用于输入其他模块提供的功能。

一个模块就是一个独立的文件，外部无法获取该文件内部的所有变量。如果希望外部能够获取模块内部的某个变量，则必须使用export关键字输出该变量。例如：

```
export var m = 1;
```

使用大括号指定所要输出的一组变量，与直接放置在var语句前是等价的，但是应该优先考虑使用大括号指定这种写法。因为这样就可以写在脚本尾部，以便清楚地了解输出了哪些变量。例如：

```
var m = 1;
export {m};
```

通常情况下，export输出的变量就是本来的名字，但是可以使用as关键字重命名，即通常说的别名。export命令规定的是对外的接口，必须与模块内部的变量建立一一对应关系。例如：

```
var n = 1;
export {n as m};        //变量n的别名是m
```

上面几种写法都是正确的，规定了对外的接口m。其他脚本可以通过这个接口获取m的值。其实质就是在接口名与模块内部变量之间建立了一一对应关系。

export命令可以出现在模块的任何位置，只要处于模块顶层即可。如果处于块级作用域内，就会报错，这是因为处于条件代码块之中就无法进行静态优化，违背了JavaScript模块的设计初衷。

10.6.3　import命令

使用export命令定义了模块的对外暴露接口以后，其他JavaScript文件可以通过import命令加载这个模块。例如：

```
//main.js
```

```
import {firstName,lastName,year} from "./profile";

function setName(element) {
  element.textContent = firstName + " " + lastName;
}
```

import命令用于加载profile.js文件并从中输入变量。import命令接收一个对象（用大括号表示），里面指定要从其他模块导入的变量名，大括号中的变量名必须与被导入模块（profile.js）对外暴露接口的名称相同。如果想为输入的变量重新取一个名字，要在import命令中使用as关键字，将输入的变量重命名。例如：

```
import {lastName as surName} from "./profile";
```

import后面的from指定模块文件的位置，可以是相对路径，也可以是绝对路径，.js后缀可以省略；如果只是模块名，不带有路径，那么必须有配置文件，告诉JavaScript引擎该模块的位置。例如：

```
import {myMethod} from 'util';
```

在上面的代码中，util是模块文件名，由于不带有路径，必须通过配置文件告诉JavaScript引擎该模块的位置。

由于import命令是静态执行，所以不能使用表达式和变量，这些是只有在运行时才能得到结果的语法结构。import命令会执行所加载的模块，但不会输入任何值，并且多次重复执行同一条import命令，也仅会执行一次，而不会执行多次。例如：

```
import "lodash";
import 'lodash';
//只会执行一次
import { foo } from "my_module";
import { bar } from "my_module";
//等同于
import { foo, bar } from 'my_module';
```

10.6.4 export default 命令

从前面的例子可以看出，在使用import命令时，用户需要知道所要加载的变量名或函数名，否则无法加载。但是，用户肯定希望快速上手，未必愿意了解模块有哪些属性和方法。

为了给用户提供方便，让其不用阅读文档就能加载模块，提供了export default命令，可以为模块指定默认输出。例如，定义一个模块文件export-default.js，其默认输出是一个函数。

```
//export-default.js
export default function () {
  console.log('foo');
}
```

当其他模块加载该模块时，import命令可以为该匿名函数指定任意名字。例如，引入模块文件export-default。

```
//import-default.js
import customName from './export-default';
customName();                    //输出'foo'
```

以上代码中的import命令可以用任意名称指向export-default文件输出的方法，这时就不需要知道原模块输出的函数名。需要说明的是此时import命令后面不使用大括号。

通过对export命令和export default命令的学习，可以看出使用export default命令时对应的import语句不需要使用大括号；而不使用export default对应的import语句需要使用大括号。

export default命令用于指定模块的默认输出，一个模块只能有一个默认输出，因此export default命令只能使用一次。

10.7 JSON与Map

10.7.1 JSON 概述和 JSON 的使用

JSON概述和JSON的使用等知识可参考9.3节，此处不再赘述。

10.7.2 Map 数据结构

1. Map数据结构的特点

JavaScript的对象本质上是键值对的集合，只能用字符串来当键，这为使用带来了极大的限制。为了解决这个问题，JavaScript提供了Map数据结构。其类似于对象，也是键值对的集合，但其键的范围不仅限于字符串，而是可以将各种类型的值都当作键。也就是说，Object提供的是"字符串—值"的对应结构，Map提供的则是"值—值"的对应结构，Map数据结构是一种更加完善的Hash结构实现。如果需要使用键值对的数据结构，Map比Object更合适。

Map是JavaScript提供的一种字典数据结构。字典结构就是用于存储不重复键的Hash结构。不同于集合的是，字典使用键值对的形式来存储数据。创建Map及设置方法所使用的语句如下：

```
const myMap = new Map()              //定义Map
myMap.set('age',18)                  //通过set方法设置Map属性
console.log(myMap.get('age'))        //通过get方法获取Map属性值，此处返回18
```

2. Map的常用属性和方法

（1）size 属性。size 属性返回 Map 数据结构的成员总数。例如：

```
const map = new Map();
map.set('foo', true);
map.set('bar', false);
map.size                             //返回值是2
```

（2）set() 方法。set() 方法设置键名 key 对应的键值为 value，然后返回整个 Map 结构。如果 key 已经有值，则键值会被更新，否则就新生成该键。例如：

```
const m = new Map();
m.set('edition', 6)                  //键是字符串
m.set(262, 'standard')               //键是数值
m.set(undefined, 'nah')              //键是undefined
```

set()方法返回的是当前的Map对象，因此可以采用链式写法。例如：

```
let map = new Map().set(1, 'a').set(2, 'b').set(3, 'c')
```

（3）get() 方法。get() 方法读取 key 对应的键值，如果找不到 key，返回 undefined。例如：

```
const m = new Map();
const hello = function() {console.log('hello');};
m.set(hello, 'JavaScript world!')    //键是函数
```

```
m.get(hello)                          //输出值:JavaScript world!
```

（4）has()方法。has()方法返回一个布尔值，表示某个键是否在当前Map对象中。例如：

```
const m = new Map();
m.set('edition', 6);
m.set(262, 'standard');
m.set(undefined, 'nah');
m.has('edition')                      //返回值: true
m.has('years')                        //返回值: false
m.has(262)                            //返回值: true
m.has(undefined)                      //返回值: true
```

（5）delete()方法。delete()方法删除某个键，如果删除成功，则返回true；否则，返回false。例如：

```
const m = new Map();
m.set(undefined, 'nah');
m.has(undefined)                      //返回值: true
m.delete(undefined)
m.has(undefined)                      //返回值: false
```

（6）clear()方法。clear()方法用于清除数据，没有返回值。例如：

```
let map = new Map();
map.set('foo', true);
map.set('bar', false);
map.size                              //输出值: 2
map.clear()
map.size                              //输出值: 0
```

（7）Map循环遍历。Map数据结构原生提供3个遍历器生成函数和1个遍历方法，分别如下。

- keys()：返回键名的遍历器。
- values()：返回键值的遍历器。
- entries()：返回所有成员的遍历器。
- forEach()：遍历Map的所有成员

例如：

```
let map2 = new Map([[1, 'one'], [2, 'two'], [3, 'three']]);
[...map2.keys()];                     //返回值: [1, 2, 3]
[...map2.values()];                   //返回值: ['one', 'two', 'three']
[...map2.entries()];                  //返回值: [[1, 'one'], [2, 'two'], [3, 'three']]
//遍历输出
//1:one
//2:two
//3:three
map2.forEach((key,value) => console.log(key+":"+value))
```

3. Map与JSON相互转换

使用以下函数可以将Map数据结构转换为JSON格式。

```
function mapToJson(map) {
  return JSON.stringify([...map]);
}
```

使用以下函数可以将JSON格式转换为Map数据结构。

```
function jsonToMap(jsonStr) {
  return new Map(JSON.parse(jsonStr));
}
```

10.8　Promise对象

10.8.1　Promise 对象的含义

Promise是异步编程的一种解决方案，从语法上来讲，Promise是一个对象，可以获取异步操作的消息。Promise对象用于表示一个异步操作的最终完成（或失败）及其结果值。简单来讲，就是用于处理异步操作，异步操作处理成功就执行成功的操作，异步操作处理失败就捕获错误或者停止后续操作。

Promise的一般表示形式如下：

```
new Promise(
    /*executor*/
    function(resolve, reject) {
        if (条件) {             //条件为真
            //...执行代码
            resolve();
        } else {                //条件为假
            //...执行代码
            reject();
        }
    }
)
```

其中，Promise中的参数executor是一个用于实现异步操作的执行器函数，其有两个参数：resolve和reject。如果异步操作处理成功，就调用resolve()将该实例的状态设置为fulfilled，即已完成的状态；如果失败，则调用reject()将该实例的状态设置为rejected，即失败的状态。

Promise对象有三种状态，分别如下。

（1）pending：初始状态，也称为未定状态，即初始化Promise时调用executor执行器函数后的状态。

（2）fulfilled：完成状态，意味着异步操作处理成功。

（3）rejected：失败状态，意味着异步操作处理失败。

Promise对象只有两种状态可以转化，分别如下。

（1）操作成功：pending状态转化为fulfilled状态。

（2）操作失败：pending 状态转化为rejected状态。

状态转化是单向且不可逆转的，已经确定的状态（fulfilled/rejected）无法转回初始状态（pending）。

10.8.2　Promise 对象的方法

1. Promise.prototype.then()

Promise对象含有then()方法，then()方法调用后返回一个Promise对象，意味着实例化后的Promise对象可以进行链式调用，而且then()方法可以接收两个函数，一个是处理成功后的函数，一个是处理错误结果的函数。例如：

```javascript
var promise1 = new Promise(function(resolve, reject) {
  //2s后置为接收完成状态
  setTimeout(function() {
    resolve('success');          //转为完成状态，并传入数据success
  }, 2000);
});

promise1.then(function(data) {
  console.log(data);             //异步操作处理成功，调用第1个回调函数
}, function(err) {
  console.log(err);              //异步操作处理失败，调用第2个回调函数
}).then(function(data) {
  //上一步的then()方法没有返回值
  console.log('链式调用: ' + data);   //链式调用: undefined
}).then(function(data) {
  //....
});
```

2. Promise.prototype.catch()

catch()方法和then()方法一样，都会返回一个新的Promise对象，主要用于捕获处理异步操作时出现的异常。因此通常省略then()方法的第2个参数，把错误处理控制权转交给其后面的catch()函数。例如：

```javascript
var promise2 = new Promise(function(resolve, reject) {
  setTimeout(function() {             //2s后置为拒绝状态
    reject('reject');
  }, 2000);
});

Promise2.then(function(data) {
  console.log('这里是fulfilled状态');   //已转为拒绝状态，接收状态函数不会触发
  //...
}).catch(function(err) {
  //最后的catch()方法可以捕获这一条Promise链上的异常
  console.log('出错: ' + err);         //err中的数据是reject。输出结果：出错: reject
});
```

10.9 本章小结

学习Vue 3.x之前必须要有一定的HTML、CSS和JavaScript基础，但Vue 3.x的很多语句都采用JavaScript语法，如果不学好JavaScript语法知识，将对后续学习Vue 3.x造成障碍。本章重点讲解了学习Vue 3.x时将会用到的一些JavaScript语法知识，包括JavaScript基础、变量的解构与赋值、箭头函数、新增的数组方法、字符串的扩展、模块的语法、JSON与Map、Promise对象。在本章中结合一些实例让读者理解这些语法知识，为本书的后续学习打下良好的基础。

10.10 习题10

扫描二维码,查看习题。

扫描二维码
查看习题

10.11 实验10　抽奖游戏

扫描二维码,查看实验内容。

扫描二维码
查看实验内容

CHAPTER 11　Vue.js

学习目标：

本章主要讲解Vue.js框架的基础知识，重点阐述文本插值、常用指令、事件处理、表单输入绑定等。通过本章的学习，读者应该掌握以下主要内容。

- 文本插值。
- 常用指令。
- 事件处理。
- 表单输入绑定。

思维导图简图

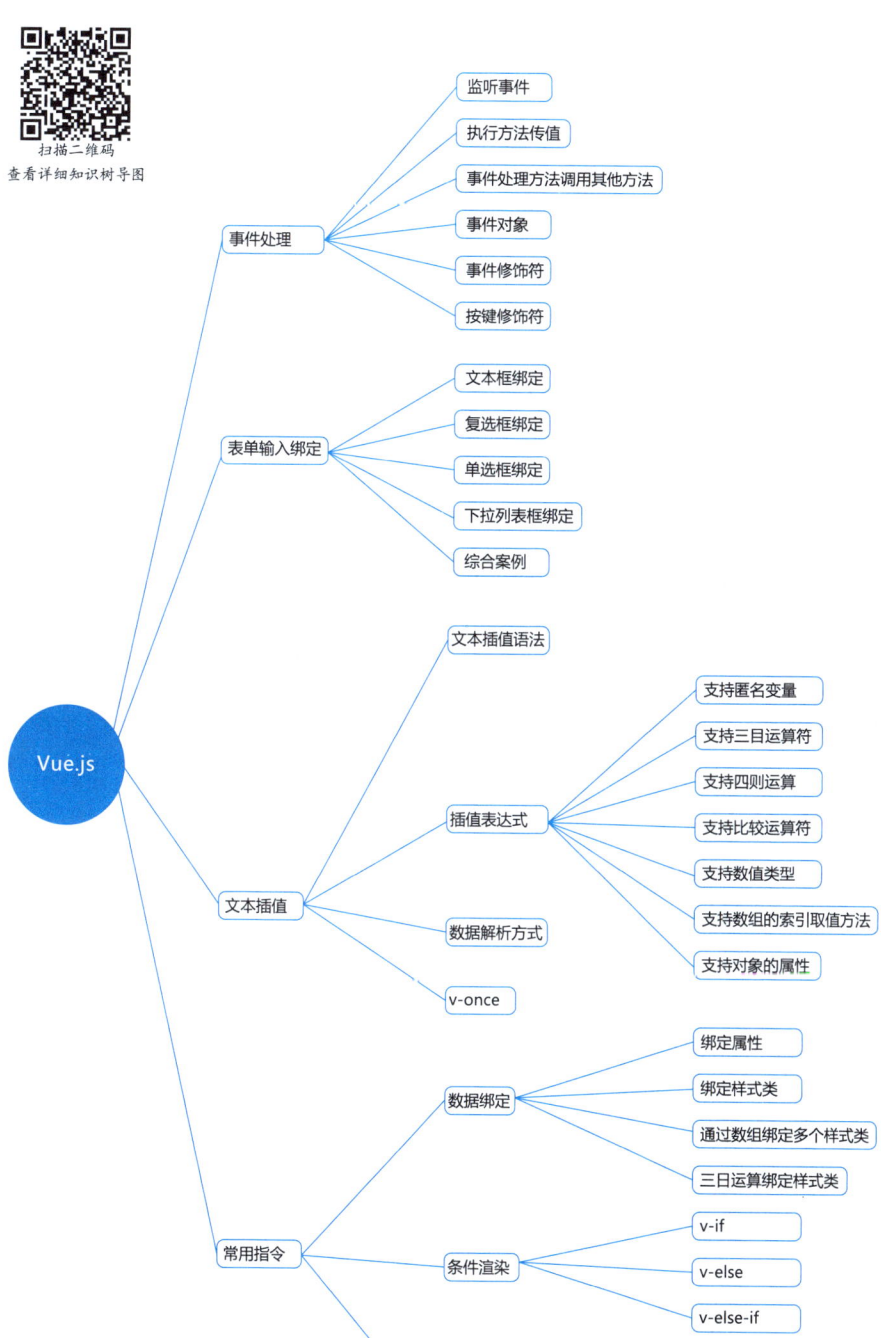

11.1 Vue.js概述

11.1.1 Vue.js 简介

1. 什么是Vue.js

Vue.js是一套构建用户界面的渐进式框架，Vue.js采用自下向上增量开发的设计，其核心库只关注视图层，易于上手。同时，Vue.js完全有能力驱动采用单文件组件和Vue.js生态系统支持的库所开发的复杂单页应用。

Vue.js不强求一次性接受并使用其全部功能特性，可以使用想用的或者能用的功能特性，其他的部分可以暂时不用，这就是Vue.js所提倡的渐进式。例如，Web项目中用了Vue.js中的部分功能，但随着项目的开展，想逐渐实现代码组件化以实现代码的复用，或者是基于组件原型的跨项目的代码复用，那么这时可以引入Vue.js的components组件功能。

2. Vue.js的核心功能

（1）响应式的数据绑定：当数据发生改变时，视图可以自动更新，不用关心DOM操作，而专心数据操作。

（2）可组合的视图组件：把视图按照功能切分成若干基本单元，组件可以一级一级组合整个应用形成倒置组件树，可维护、可重用、可测试。

（3）前端路由：更流畅的的用户体验，可以灵活地在页面中切换已渲染组件的显示，不需要与后端进行多余的交互。

（4）状态集中管理：在MVVM响应式模型的基础上实现多组件之间的状态数据同步与管理。

（5）前端工程化：结合Webpack等前端打包工具，管理多种静态资源、代码、测试、发布等整合前端大型项目。

11.1.2 创建 Vue.js 项目

1. 安装Node.js

在创建Vue.js项目时需要使用npm包管理器，而该包管理器是Node.js软件的DOS命令，所以必须先安装Node.js。本书使用的Node.js版本是node-v12.16.1-x64，可以通过Node.js官网下载这个版本的软件。

双击下载的安装文件进行安装。如果安装完成，可以通过附件中的命令提示来查看所安装的版本，Windows 10操作系统中的操作方法如下：开始→Windows系统→命令提示符，打开命令提示符窗口。在该窗口中输入命令node -v，来检查Node.js的安装版本，如图11-1所示。

2. 安装Vue-cli

搭建Vue.js的项目，必须依赖Vue-cli 3.0或者更高版本。打开命令提示符窗口，通过以下方法安装Vue-cli和查看版本号。

（1）如果之前安装过Vue 2.0版本，就需要先卸载Vue 2.0相关安装文件；如果没有，请忽略此步骤。打开命令提示符窗口，输入以下命令进行卸载。

```
npm uninstall vue-cli –g
```

（2）如果没有安装，直接在命令提示符窗口中输入以下命令，如图11-2所示。

```
npm install -g @vue/cli
```

其中，参数-g表示全局安装，@vue/cli表示安装Vue-cli的最新版本。

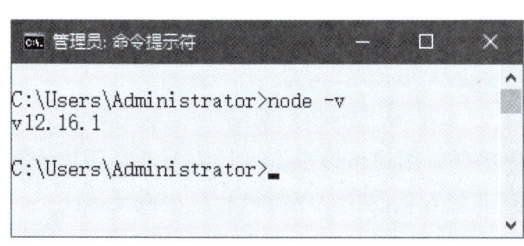

图 11-1　检查 Node.js 的安装版本

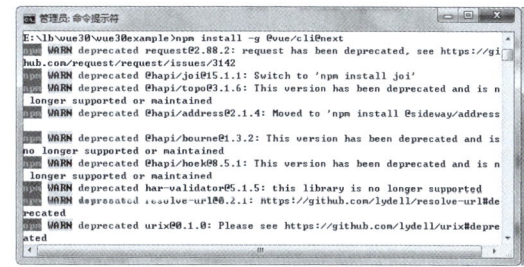

图 11-2　安装 Vue-cli

（3）当安装完成后，可以在命令提示符窗口中输入以下命令来检查安装成功的版本号，如果能看到如图11-3所示的响应，说明Vue-cli安装成功。

```
vue -V
```

3. 创建Vue.js项目

通过以下步骤创建Vue.js项目。

（1）新建一个用于存放Vue.js项目的文件夹，此处在E盘上新建一个文件夹，路径为E:\lb\vue30\vue30example。

（2）在命令提示符窗口中输入以下命令进入新创建的目录。

```
cd e:\lb\vue30\vue30example
```

（3）在命令提示符窗口中输入以下命令进入Vue.js项目的创建向导，如图11-4所示。

```
vue create 项目名称
```

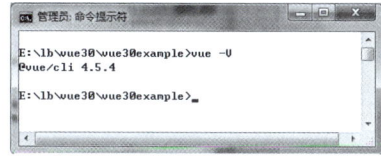

图 11-3　查看 Vue-cli 的版本

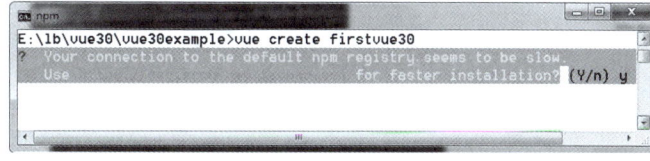

图 11-4　创建 Vue.js 项目

在图11-4中所创建的项目名称是firstvue30，然后询问用户是否用更快的链接地址生成Vue.js项目，此处输入字符y并按Enter键，打开如图11-5所示的页面。

（4）在图11-5中询问用户选择项目是以什么模板方式进行安装，其提供的三种安装方式如下。

● Default([Vue 2] babel,eslint)：默认的预设配置，会快速构建一个Vue 2.0项目，提供了babel和eslint的支持。

● Default(Vue 3 Preview)([Vue 3] babel,eslint)：默认的预设配置，会快速构建一个Vue.js 3.x项目，提供了babel和eslint的支持。

● Manually select features：手动进行项目配置创建，可以根据项目的需要选择合适的依赖，具备更多的选择性。

此处通过上、下键选中手动进行项目配置创建方式，按Enter键确定并显示如图11-6所示的页面。

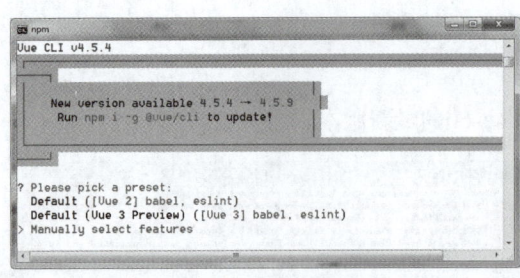
图11-5 选择安装方式

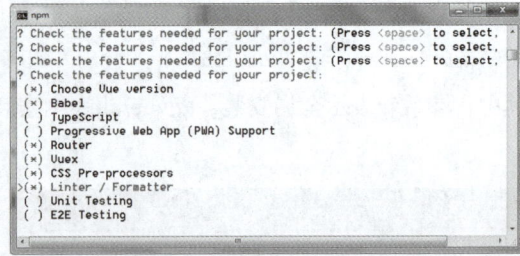
图11-6 生成项目的配置项选择

(5)在图11-6中，Vue-cli提供以下特性供用户选择，用户可以根据项目需要选择添加的配置项。通过上、下键进行配置项切换，对需要选择的配置项使用空格键进行选中或反选。

- Choose Vue version：是否进行Vue版本的选择。
- Babel：使用babel将源代码进行转码（把ES6转为ES5）。
- TypeScript：使用TypeScript进行源代码编写。使用TypeScript可以编写强类型JavaScript，对开发大有益处。
- Progressive Web App (PWA) Support：使用渐进式网页应用。
- Router：使用Vue路由。
- Vuex：使用Vuex状态管理器。
- CSS Pre-processors：使用CSS预处理器，如Less、Sass等。
- Linter/Formatter：使用代码风格检查和格式化。
- Unit Testing：使用单元测试。
- E2E Testing：使用E2E（End to End，端到端）测试，E2E是黑盒测试的一种。

当选择相应的配置选项后按Enter键，打开如图11-7所示的页面。

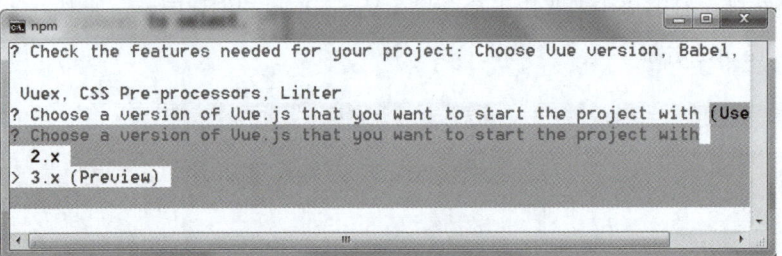
图11-7 选择项目版本

(6)在图11-7中，提示用户有Vue 2.x和Vue 3.x两种项目类型可以选择，可以通过上、下键进行选择。此处选择Vue 3.x并按Enter键，打开如图11-8所示的路由模式选择页面。

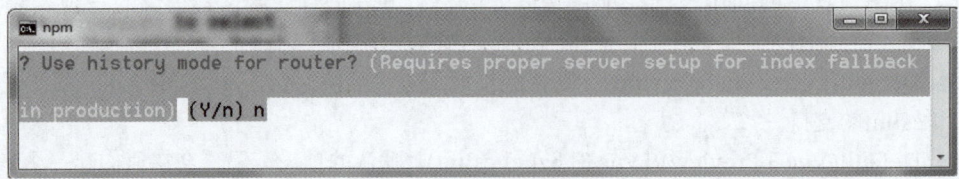
图11-8 选择路由模式

(7)在图11-8中询问是否使用history路由模式。如果启用history路由模式，项目生成之后，有可能会出现打开的浏览器页面是空白的现象。此处不选择history路由模式，输入字符n并按Enter键，打开如图11-9所示的页面。

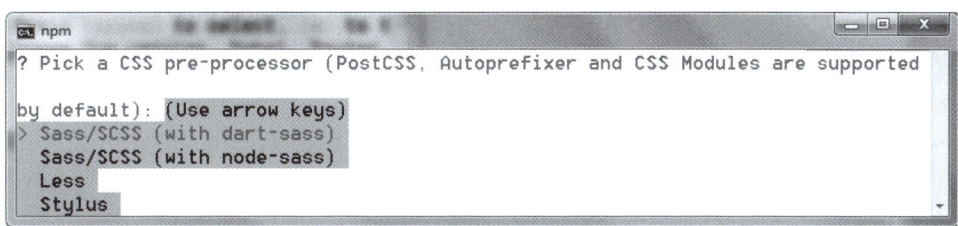

图 11-9　CSS 预处理器

（8）在图11-9中需要选择一种CSS预处理器。需要说明的是，CSS 预处理器用一种专门的编程语言进行Web页面样式设计，然后再编译成正常的CSS文件以供项目使用。

● Sass/SCSS：Sass是采用Ruby语言编写的一款CSS预处理语言，是最成熟的CSS预处理语言。最初是为了配合 HAML（一种缩进式 HTML 预编译器）而设计的，因此有着和HTML一样的缩进式风格。

● Less：一门 CSS 预处理语言，它扩充了 CSS 语言并增加了诸如变量、混合（mixin）、函数等功能，让 CSS 更易维护、方便制作主题、扩充。Less 可以运行在 Node.js或浏览器端。

● Stylus：可以省略原生CSS中的大括号、逗号和分号；类似于Python语言的编程风格。由于其语法灵活，如果没有团队规范，那么就会带来团队开发混乱、维护麻烦、各种语法混杂的问题。

在此处通过上、下键选择预处理器，然后按Enter键打开如图 11-10 所示的页面。

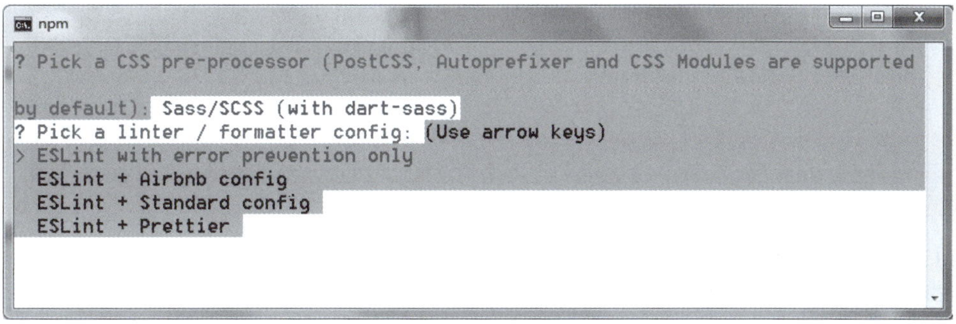

图 11-10　代码格式化检测工具

（9）在图11-10中，需要选择一种代码格式化检测工具，其中提供了以下4种代码格式化检测工具。

● ESLint with error prevention only：ESLint 只会进行错误提醒。
● ESLint + Airbnb config：ESLint Airbnb标准。
● ESLint + Standard config：ESLint Standard 标准。
● ESLint + Prettier：ESLint（代码质量检测）+ Prettier（代码格式化工具）。

在此处通过上、下键选择ESLint + Standard config的代码格式化检测工具，然后按Enter键打开如图 11-11 所示的页面。

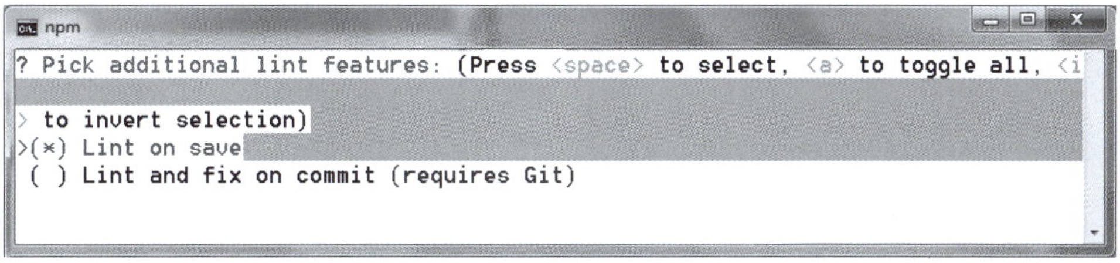

图 11-11　代码检查方式

（10）在图11-11中，选择代码检查方式，其中提供了以下两种代码检查方式。

- Lint on save：保存时检查。
- Lint and fix on commit(requires Git)：提交时检查。

在此处通过上、下键移动高亮行，再用空格键进行选中，然后按Enter键打开如图11-12所示的页面。

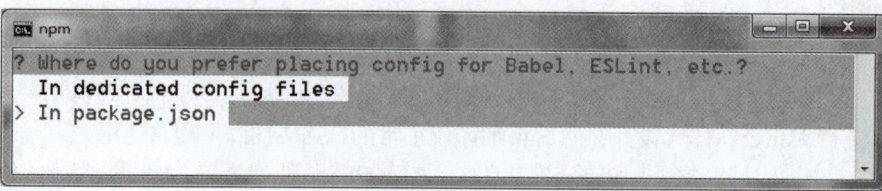

图11-12　配置文件存放方式

（11）在图11-12中设置Babel、PostCSS、ESLin等配置文件如何存放，其中提供了以下两种配置文件存放方式。

- In dedicated config files：放到单独的配置文件中。
- In package.json：放到package.json中。

为了方便配置清晰，选择单独的配置文件。然后通过上、下键移动高亮显示行，然后按Enter键选中相关配置，并打开如图11-13所示的页面。

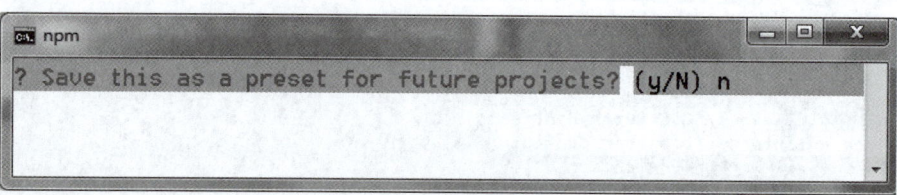

图11-13　配置保存方式

（12）在图11-13中设置是否需要保存当前配置，为以后生成新项目时进行快速构建，其中提供了以下两种配置保存方式。

- y：保存，后续创建新项目时可以直接使用该配置。
- n：不保存，需要重新配置。

此处选择不保存，输入字符n并按Enter键，配置完成。

（13）配置完成后开始生成Vue.js项目，当项目等待依赖安装完成后，显示如图11-14所示的页面。

（14）在图11-13中，项目安装在当前目录的firstvue30子目录下，通过命令提示符窗口先进入指定目录，然后输入以下命令，运行结果如图11-15所示。

```
npm run serve
```

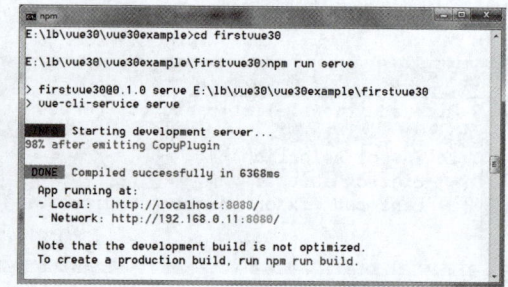

图11-14　Vue.js项目生成　　　　图11-15　Vue.js项目运行

（15）在浏览器的地址栏中输入http://localhost:8080/可以访问到生成项目的主页，在浏览器中的显示结果如图11-16所示。

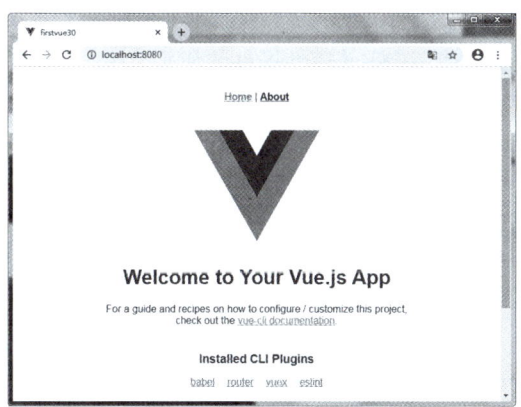

图 11-16　生成 Vue.js 项目运行的主页

4. 项目创建后的目录说明

通过以上方法生成的项目目录为脚手架，脚手架用于快速生成Vue项目基础架构。当脚手架创建完成后，生成的目录结构及相关文件的详细说明如下。

（1）node_modules目录。node_modules目录中是项目依赖包，其中包括很多基础依赖，用户也可以根据特定需要安装其他依赖。安装方法如下：打开命令提示符窗口，进入Vue.js的项目目录，输入以下命令进行安装。

```
npm install [依赖包名称]
```

例如，项目加载路由导航的安装命令如下：

```
npm install vue-router
```

（2）public目录。public目录是公共资源目录，用于存放需要访问的图片文件和HTML文件。其中，index.html是主页文件，favicon.icon是一个图标文件。打包时会把该文件夹下的资源原封不动地复制到dist文件夹下。

在index.html主页文件中，一般只定义一个空的根节点，具体如下：

```
<div id="app"></div>
```

该根结点是在main.js文件中定义的实例挂载点，内容通过Vue组件来填充。

（3）src目录。src目录是项目的核心文件目录，其中包括以下内容。
- assets：静态资源目录，存放样式、图片、脚本、字体等。
- compoments：组件文件夹，项目中公用组件的存放目录。
- router：路由配置目录。
- store：一个容器目录，包含着应用中大部分的状态。
- views：视图组件目录，项目中特定页面的组件存放目录。

（4）App.vue。App.vue是Vue项目的主组件，也是页面入口文件，所有页面都是在App.vue下进行切换的，是整个项目的关键，负责构建定义及页面组件归集。

（5）main.js：入口JavaScript文件。

```
import {createApp} from 'vue'         //从vue中引入createApp
import App from './App.vue'           //引入同目录下的App.vue组件
import router from './router'         //引入同目录下的vue的路由组件
```

```
import store from './store'          //引入同目录下的store状态组件
//使用store状态组件和router路由组件来创建App实例
//并把实例挂载到index.html文件中id='app'的<div></div>根结点
createApp(App).use(store).use(router).mount('#app')
```

（6）.browserslistrc：配置使用CSS兼容性插件的使用范围。
（7）.eslintrc.js：配置ESLint。
（8）.gitignore：配置git忽略的文件或文件夹。
（9）babel.config.js：使用一些预设。
（10）package.json：项目描述，即依赖。
（11）package-lock.json：版本管理使用的文件。
（12）README.md：项目描述。

11.2 文本插值

数据绑定就是将页面的数据和视图关联起来，当数据发生变化时，视图可以自动更新。

11.2.1 文本插值语法

数据绑定最常见的形式就是使用Mustache语法（双大括号）的文本插值，其基本语法格式如下：

```
{{插值表达式}}
```

文本插值将会被替代为对应数据对象上的值。当绑定数据对象上的值发生改变时，插值的内容会被更新。

使用文本插值方法输出数据对象值的示例语句如下：

```
<div class="hello">
  <h1>{{ msg }}</h1>
</div>
```

双大括号内的msg会被相应的数据对象（即在Vue.js的setup()函数内定义的msg属性值）替换，当msg值发生变化时，文本插值会随着msg值的变化而自动更新视图。

【例11-1】JSON数据操作

说明：响应式数据改变，其数据插值在对应视图中随之改变，例11-1定义了一个读取时钟的变量，每秒读取一次，视图中实时显示当前时间，其在浏览器中的显示结果如图11-17所示。

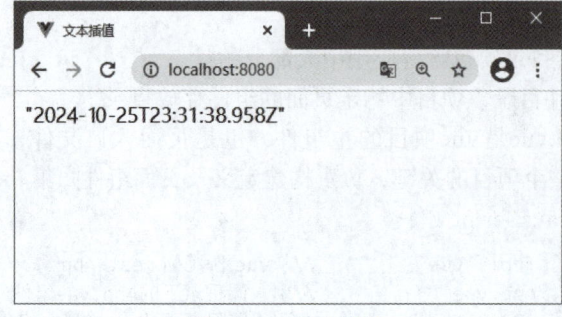

图11-17　文本插值

程序代码如下：

```vue
//文件：example11-1.vue
<template>
  <div>
    {{timeMsg}}
  </div>
</template>

<script>
import { reactive, toRefs, onMounted } from 'vue'
export default {
  setup () {
    const state = reactive({        //reactive响应式
      timeMsg: new Date(),          //读取当前时间
    })
    onMounted(() => {               //生命周期函数，网页加载后执行该函数
      setInterval(function(){       //定时1s读取时钟1次，改变数据
        state.timeMsg = new Date();
      },1000);
    })
    return {
      ...toRefs(state),
    }
  }
}
</script>
```

例11-1的reactive中定义数据timeMsg的初值是当前日期和时间；在onMounted()生命周期函数中定义的是每秒修改一次数据timeMsg的值，即利用JavaScript中的setInterval()方法设置自动每秒读取一次当前的日期和时间来修改数据timeMsg，对应的文本插值在视图中会跟随渲染。

11.2.2 插值表达式

插值表达式支持匿名变量、三目运算符、四则运算、比较运算符以及数值类型的一些内置方法，另外还支持数组的索引取值方法及对象的属性。

【例11-2】插值表达式的应用

说明：例11-2中是插值表达式的各种应用，其在浏览器中的显示结果如图11-18所示。

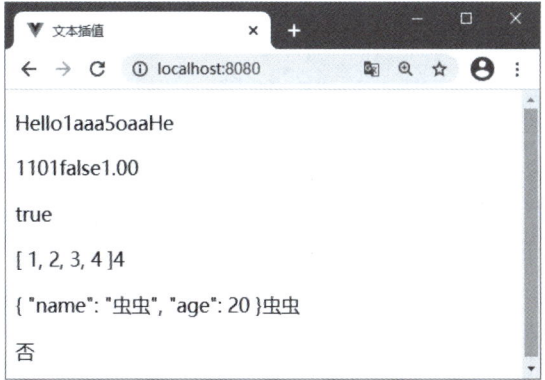

图11-18　插值表达式

程序代码如下:

```vue
//文件: example11-2.vue
<template>
    <!-- 字符串 -->
    <p>{{ str }}                <!--页面展示: 字符串-->
    {{ num + 'aaa'}}            <!--页面展示: 1aaa-->
    {{ str.length }}            <!--页面展示: 11-->
    {{ str.split('ll').reverse().join('aa') }} </p>
    <!-- 数值 -->
    <p>{{ num }}                <!--页面展示: 1-->
    {{ num+num1 }}              <!--页面展示: 101-->
    {{ num > num1 }}            <!--页面展示: false-->
    {{ num.toFixed(2) }}</p>    <!--页面展示: 1.00-->
    <!-- boolean -->
    <p>{{ flag }}</p>           <!--页面展示: true-->
    <!-- 数组 -->
    <p>{{ arr }}                <!--页面展示: [1,2,3,4]-->
    {{ arr[3] }}</p>            <!--页面展示: 4-->
    <!-- 对象 -->
    <p>{{ obj }} <!--页面展示: { "name": "虫虫", "age": 20 }-->
    {{ obj.name }}</p>          <!--页面展示: 虫虫-->
    <!-- 三目运算符 -->
    <p>{{ num > num1 ? "是" : "否" }}</p> <!--页面展示: 否-->
</template>

<script>
import { reactive, toRefs } from 'vue'
export default {
  setup () {
    const state = reactive({
        str: 'Hello',
        num: 1,
        num1:100,
        flag: true,
        arr: [1,2,3,4],
        obj:{
          name:'虫虫',
          age:20
        }
    })
    return {
      ...toRefs(state),
    }
  }
}
</script>
```

需要说明的是,{{str.split('ll').reverse().join('aa') }}是先执行split()方法,用子字符串ll将Hello字符串分割成两个字符串,即He和o,然后执行reverse()方法完成字符串数组的颠倒操作,变成o和He,再执行join()方法插入aa字符串,最后得到的结果为是oaaHe。

11.2.3 数据解析方式

如果想将HTML程序代码以文字形式原样输出,可以使用插值符号(双大括号)或者使用v-text指令实现；如果希望浏览器解析HTML程序代码后再输出，则使用v-html指令。换句话说，v-html指令会将元素当成HTML标签解析后输出，而v-text指令会将元素当成纯文本输出。

【例11-3】数据的解析方式

说明：例11-3中定义了一个HTML语句的字符串，分别使用插值、v-html和v-text输出该字符串，其在浏览器中的显示结果如图11-19所示。

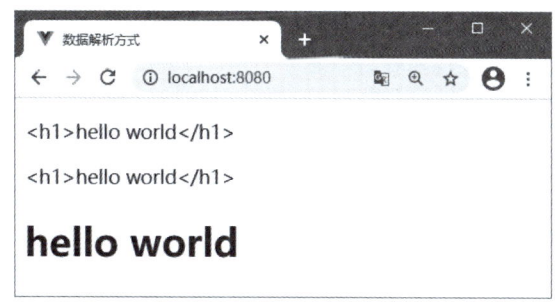

图 11-19 数据解析方式

程序代码如下：

```
//文件：example11-3.vue
<template>
  <!--{{ }}或v-text不能解析HTML元素，只会原样输出-->
  <p>{{hello}}</p>
  <p v-text = 'hello'></p>
  <!--v-html指令将解析HTML元素-->
  <p v-html = 'hello'></p>
</template>

<script>
import { reactive, toRefs } from 'vue'

export default {
  setup () {
    const state = reactive({
      hello: '<h1>hello world</h1>'
    })

    return {
      ...toRefs(state),
    }
  }
}
</script>
```

11.2.4 v-once 指令

v-once指令用于执行一次性的插值操作，意味着一旦数据被插值到元素或组件中，即便后续数据发生变化，插值处的内容也不会更新。简而言之，使用v-once的元素或组件只会在首次渲染时处理数据，之后即便数据变动，也不会重新渲染，这些元素或组件的内容将被视为静态内容。

【例11-4】v-once指令的用法

说明：在例11-4中，当用户修改input文本框中的值时，使用了v-once指令的第1个p元素不会随之改变，而第2个p元素可以随之改变，其在浏览器中的显示结果如图11-20所示。

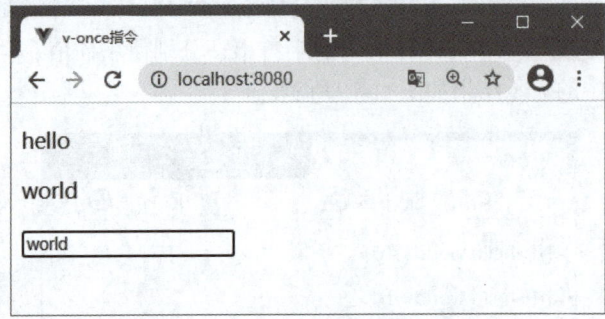

图11-20　v-once指令的用法

程序代码如下：

```vue
//文件: example11-4.vue
<template>
  <p v-once>{{msg}}</p>          <!--本行msg值不会改变-->
  <p>{{msg}}</p>                 <!--本行msg值会随之改变-->
  <p>
    <input type="text" v-model = "msg" name="">
  </p>
</template>
<script>
import { reactive, toRefs } from 'vue'
export default {
  setup () {
    const state = reactive({
      msg: 'hello'
    })

    return {
      ...toRefs(state)
    }
  }
}
</script>
```

v-model指令用于将DOM元素与响应式数据变量msg进行绑定，当用户在input文本框中输入数据时，就会传给msg数据变量，文本插值将重新渲染msg数据变量，显示用户输入的数据。但带有v-once命令的插值仅能在第1次打开网页时进行渲染，今后不管如何改变msg数据变量，都不会重新渲染，图11-20是在文本框中输入world值，第1个<p>标记不跟着改变，还是初值Hello，第2个已经变成了world。

11.3　常用指令

所谓指令，是指在模板中出现的特殊标记，根据这些标记让Vue.js框架知道需要对这里的

DOM元素进行哪些操作。例如：

```
<p v-text="message"></p>
```

其中，v是Vue.js的前缀，text是指令ID，message是表达式。message作为ViewModel，当其值发生改变时就触发指令text，重新计算标签的textContent(innerText)。这里的表达式可以使用内联方式，在任何依赖属性变化时都会触发指令更新。

11.3.1 数据绑定

1. 绑定属性

v-bind指令是Vue.js提供的、用于绑定HTML属性的指令，可以被绑定的HTML属性有id、class、src、title、style等，这些可以被绑定的属性是以键值对形式出现的，如id="first"。其完整语法格式如下：

```
<标记 v-bind:属性="值"></标记>
```

v-bind指令可以缩写成一个冒号，其语法格式如下：

```
<标记 :属性="值"></标记>
```

【例11-5】v-bind指令的用法

说明：例11-5定义了一个<a>标记，其href属性值通过v-bind指令从定义的数据中获取，其在浏览器中的显示结果如图11-21所示。

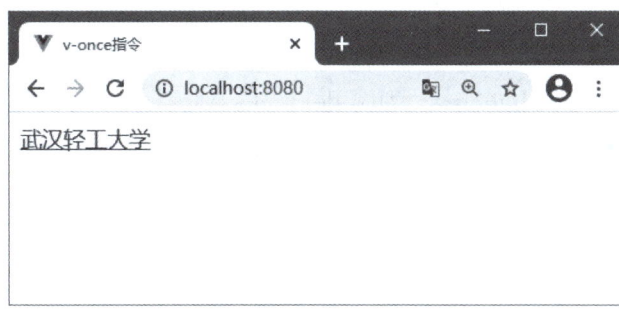

图 11-21　v-bind 指令

程序代码如下：

```
//文件：example11-5.vue
<template>
  <div>
    <a v-bind:href="path">武汉轻工大学</a>
  </div>
</template>
<script>
import { reactive, toRefs } from 'vue'
export default {
  setup () {
    const state = reactive({
      path: 'http://www.whpu.edu.cn/'
    })
    return {
      ...toRefs(state)
    }
```

扫一扫，看视频

```
    }
  }
</script>
```

例11-5中的`<a v-bind:href="path">`可以直接换成 `<a :href="path">`的简写形式。

2. 绑定样式类

使用v-bind绑定样式类class属性,并给该属性赋值对象,可以动态地切换class样式类,其语法格式如下:

```
<div v-bind:class="{ active: isActive }"></div>
```

以上语法格式表示的含义是active样式类存在与否取决于响应式数据isActive的取值,如果该值是true,则active样式类存在。

此外,v-bind:class 指令也可以与普通的class属性共存,这两种属性共存的示意代码如下:

```
<div class="error"
  v-bind:class="{ 'active': isActive }">
</div>
```

在Vue中定义响应式数据如下:

```
  isActive: true,
```

渲染结果如下:

```
<div class="static active"></div>
```

当isActive变化时,class列表将相应地更新。

3. 通过数组绑定多个样式类

可以把一个数组传给v-bind:class,即应用一个class列表,其示意代码如下:

```
<div v-bind:class="[activeClass, errorClass]"></div>
```

在Vue中定义响应式数据如下:

```
    activeClass: 'active',
    errorClass: 'error'
```

渲染结果如下:

```
<div class="active error"></div>
```

4. 三目运算绑定样式类

如果想根据条件切换列表中的class样式类,可以使用三目运算符,其示意代码如下:

```
<div :class="[flag?activeClass:errorClass]"></div>
```

上面这条语句根据flag值来确定添加哪一个样式类,如果flag值为真,则添加activeClass;如果flag值为假,则添加errorClass。

【例11-6】样式类绑定的用法

说明:在例11-6中,使用CSS定义active和error两个样式类,分别使用上述的几种方法进行样式类的选择,其在浏览器中的显示结果如图11-22所示。

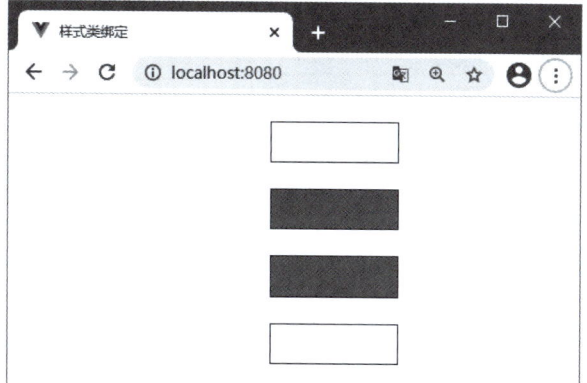

图 11-22　样式类绑定的用法

程序代码如下：

```vue
//文件: example11-6.vue
<template>
  <div :class="{'active':isActive,'error':hasError}"></div>
  <div class="error" :class="{'active':isActive}"></div>
  <div :class="[activeClass,errorClass]"></div>
  <div :class="[flag?activeClass:errorClass]"></div>
</template>
<script>
import { reactive, toRefs } from 'vue'
export default {
  setup () {
    const state = reactive({
      flag: true,
      isActive: true,
      hasError: false,
      activeClass: 'active',
      errorClass: 'error'
    })

    return {
      ...toRefs(state)
    }
  }
}
</script>
<style  scoped>
.active{
  margin-left: 200px;
  margin-top: 20px;
  height: 30px;
  width:100px;
  border: 1px solid black;
}
.error{
 background-color: grey;
}
</style>
```

11.3.2 条件渲染

1. v-if

v-if 指令用于条件性地渲染内容,被渲染的内容只会在指令的表达式返回为true时进行。例如,以下语句是当数据flag为true时,才会显示<h1></h1>标记之间的内容。

```
<h1 v-if="flag">Now you see me</h1>
```

2. v-else

使用v-else指令来表示v-if的else块。例如,以下语句是当数据flag为false时,才会显示第2个<h1></h1>标记之间的内容。

```
<h1 v-if="flag">Now you see me</h1>
<h1 v-else>Now you don't</h1>
```

另外,v-else必须紧跟在带v-if或v-else-if的元素之后,否则将不会被识别。

3. v-else-if

v-else-if是充当v-if的else-if块,可以连续使用。v-else-if也必须紧跟在带v-if或v-else-if的元素之后。

```
<div v-if="type === 'A'">
  A
</div>
<div v-else-if="type === 'B'">
  B
</div>
<div v-else-if="type === 'C'">
  C
</div>
<div v-else>
  Not A/B/C
</div>
```

【例11-7】条件渲染的用法

说明:例11-7中定义了<h2>标记,定义v-if指令根据生成的随机数是否大于0.5来确定是否显示该<h2>标记,<template>标记根据ok数据值是否为true来确定是否显示,其在浏览器中的显示结果如图11-23所示。

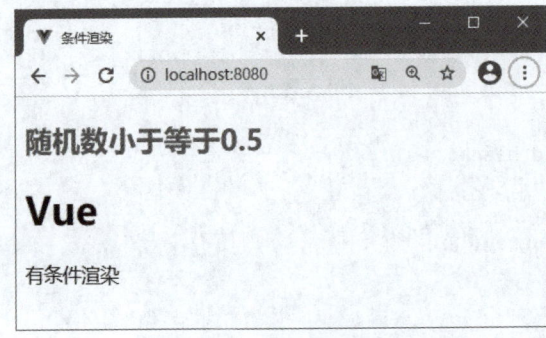

图11-23 条件渲染的用法

程序代码如下：

```vue
//文件：example11-7.vue
<template>
  <h2 v-if="Math.random() > 0.5">随机数大于0.5</h2>
  <h2 v-else>随机数小于等于0.5</h2>
  <template v-if="ok">
    <h1>Vue</h1>
    <p>有条件渲染</p>
  </template>
</template>
<script>
import { reactive, toRefs } from 'vue'
export default {
  setup () {
    const state = reactive({
      ok: true
    })
    return {
      ...toRefs(state)
    }
  }
}
</script>
<style scoped>
  h2 {
    color: red;
  }
</style>
```

v-show的用法与v-if基本一致，只不过v-show是改变元素的CSS属性display。当v-show表达式的值为false时，元素会隐藏，使用内联样式display:none。

11.4 v-for指令

11.3节学习了在Vue.js中如何通过v-if和v-show根据条件渲染所需要的DOM元素或模板。在实际的项目中，很多时候会碰到将JSON数据中的数组或对象渲染出列表的样式并呈现，在Vue.js中提供v-for指令来实现这一操作。

11.4.1 基本遍历

v-for指令根据一组数组的选项列表进行渲染，其指令的语法格式如下：

```
v-for="item in list"
```

其中，item是当前正在遍历的元素对象，in是固定语法，list是被遍历的数组。另一种遍历数组的方法是增加索引值，其语法格式如下：

```
v-for="(item,index) in list"  :key="index"
```

其中，item、in和list的含义同上，index是遍历数组的索引值。为了给Vue.js一个提示，以便其能跟踪每个节点，从而重用和重新排序现有元素，需要为每项提供一个唯一key属性。

【例 11-8】v-for 指令的基本遍历

说明：例 11-8 在 Vue.js 中定义了 list 字符串数组，在页面中使用 v-for 指令对 list 进行遍历。用插值表达式来展示当前遍历的对象，并且还为每一个元素对象定义了序号，把结果渲染到一个 table 表格中，其在浏览器中的显示结果如图 11-24 所示。

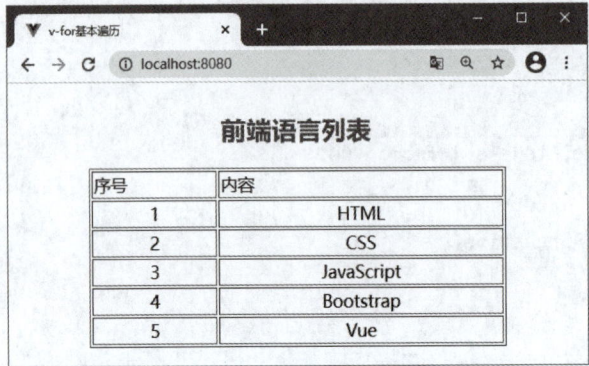

图 11-24　v-for 指令的基本遍历

程序代码如下：

```vue
//文件：example11-8.vue
<template>
  <table border="1" align="center" width="400px">
    <caption><h2>前端语言列表</h2></caption>
    <tr>
      <td>序号</td>
      <td>内容</td>
    </tr>
    <tr align="center" v-for="(item,index) in list" :key="index">
      <td>{{index+1}}</td>
      <td>{{item}}</td>
    </tr>
  </table>
</template>
<script>
import { reactive, toRefs } from 'vue'
export default {
  setup() {
    const state = reactive({
      list: ['HTML', 'CSS', 'JavaScript', 'Bootstrap', 'Vue']
    })
    return {
      ...toRefs(state)
    }
  }
}
</script>
<style scoped>
  h2{
    color:red;
  }
</style>
```

11.4.2 遍历对象数组

遍历对象数组与遍历普通数组的方式相同，只不过访问的数据略有不同。

【例 11-9】v-for指令遍历对象数组

说明：例11-9中定义了对象数组，用插值表达式来展示当前遍历的对象，把结果渲染到一个table表格中，其在浏览器中的显示结果如图11-25所示。

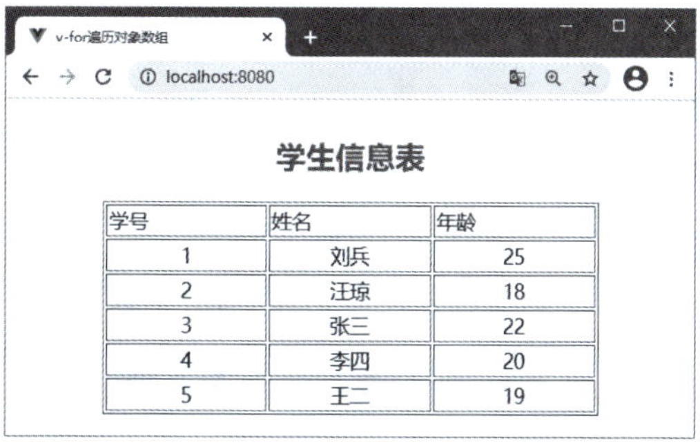

图 11-25　v-for指令遍历对象数组

程序代码如下：

```vue
//文件：example11-9.vue
<template>
<table border="1" align="center" width="400px">
  <caption>
     <h2>学生信息表</h2>
  </caption>
  <tr>
     <td>学号</td>
     <td>姓名</td>
     <td>年龄</td>
  </tr>
  <tr align="center" v-for="(user,index) in listObj" :key="index">
     <td>{{user.id}}</td>
     <td>{{user.name}}</td>
     <td>{{user.age}}</td>
  </tr>
</table>
</template>
<script>
import { reactive, toRefs } from 'vue'
export default {
  setup() {
    const state = reactive({
      listObj: [
        { id: 1, name: '刘兵', age: 25 },
        { id: 2, name: '汪琼', age: 18 },
        { id: 3, name: '张三', age: 22 },
        { id: 4, name: '李四', age: 20 },
        { id: 5, name: '王二', age: 19 }
      ]
    })
    return {
```

```
      ...toRefs(state)
    }
  }
}
</script>
<style scoped>
  h2{
    color:red;
  }
</style>
```

11.4.3 遍历对象

遍历对象使用的语法格式如下：

```
v-for="(value,key,index) in Object"  :key="index"
```

其中，object是对象，in是固定语法，key是对象的键，value是对象的值，index是索引值。

【例 11-10】v-for指令遍历对象

说明：例11-10在Vue.js对象的setup()中定义了对象，用插值表达式来展示当前遍历的对象并把结果渲染到网页中，其在浏览器中的显示结果如图11-26所示。

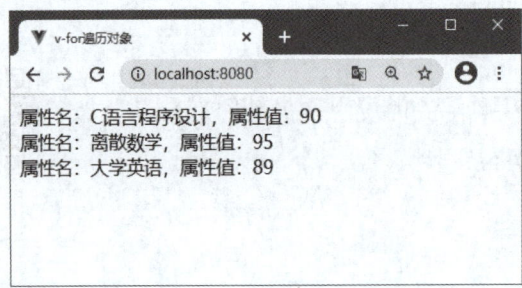

图 11-26　v-for指令遍历对象

程序代码如下：

```
//文件：example11-10.vue
<template>
  <span v-for="(value,key,index) in mark" :key="index">
    属性名：{{key}}，属性值：{{value}}<br>
  </span>
</template>
<script>
import { reactive, toRefs } from 'vue'
export default {
  setup() {
    const state = reactive({
      mark: {
        C语言程序设计：90,
        离散数学：95,
        大学英语：89
      }
    })
    return {
      ...toRefs(state)
    }
```

```
    }
  }
</script>
```

11.5 事件处理

11.5.1 监听事件

在Vue.js中使用v-on指令（通常缩写为 @ 符号）来监听DOM事件，并在触发事件时执行事件处理函数。Vue.js在HTML文档元素中采用v-on指令来监听DOM事件，其示意代码如下：

```
<button v-on:click="handleClick">测试</button>
```

或者简写为以下形式：

```
<button @click="handleClick">测试</button>
```

下面将一个按钮的单击事件click绑定到handleClick()方法中，该方法在Vue.js中进行定义，其定义的示例代码如下：

```
export default {
  setup() {
    const handleClick = () => {      //此处用箭头函数实现单击处理方法
      //事件处理语句
    }
    return {
      handleClick                    //把单击事件处理函数暴露给模板使用
    }
  }
}
```

【例11-11】单击事件绑定

说明：例11-11在网页中定义了一个数字和两个按钮，当用户单击"+"按钮时，其中的数字加1；当用户单击"-"按钮时，其中的数字减1，其在浏览器中的显示结果如图11-27所示。

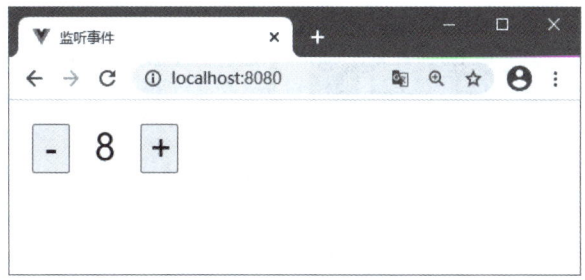

图11-27　单击事件绑定

程序代码如下：

```
//文件：example11-11.vue
<template>
  <button @click="sub">-</button>
  <span>{{ counter }}</span>
  <button @click="add">+</button>
```

扫一扫，看视频

```
</template>
<script>
import { reactive, toRefs } from 'vue'
export default {
  setup() {
    const state = reactive({
      counter: 1
    })
    const add = () => {            //定义"+"按钮的单击事件处理方法
      state.counter++
    }
    const sub = () => {            //定义"-"按钮的单击事件处理方法
      state.counter--
    }
    return {
      ...toRefs(state),
      add,                         //暴露给模板，以便在模板中使用
      sub
    }
  }
}
</script>
<style scoped>
  button,span {
    width: 30px;
    font-size: 28px;
    margin: 10px;
  }
</style>
```

11.5.2 执行方法传值

在调用事件处理方法时，还可以向事件处理方法传递参数。

【例11-12】事件处理方法传值

说明：例11-12中定义了一个按钮，单击该按钮后在调用事件处理方法时传递参数，将该参数的值写入msg并渲染到视图，其在浏览器中的显示结果如图11-28所示。

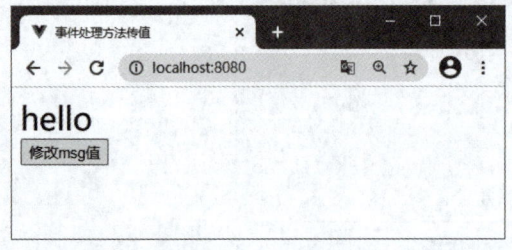 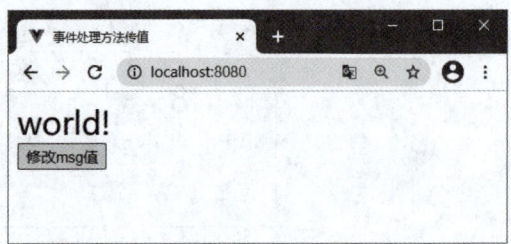

（a）单击按钮前　　　　　　　　　　　　　　（b）单击按钮后

图11-28　单击按钮前后页面显示的效果

程序代码如下：

```
//文件：example11-12.vue
<template>
  <span>{{ msg }}</span><br/>
```

```
      <button @click="setMsg('world!')">修改msg值</button>
</template>
<script>
import { reactive, toRefs } from 'vue'
export default {
  setup () {
    const state = reactive({
      msg: 'hello'
    })
    const setMsg = (data) => {
      state.msg = data
    }
    return {
      ...toRefs(state),
      setMsg
    }
  }
}
</script>
<style scoped>
  span {
    font-size: 28px;
  }
</style>
```

11.5.3 事件处理方法调用其他方法

在事件处理方法内部，还可以调用其他方法。

【例11-13】事件处理方法调用其他方法

说明：例11-13中定义了一个按钮，单击该按钮后在调用事件处理方法时调用getMsg()方法并弹出警告框，其在浏览器中的显示结果如图11-29所示。

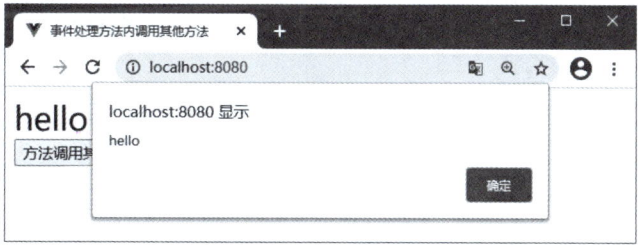

图 11-29　事件处理方法调用其他方法

程序代码如下：

```
//文件：example11-13.vue
<template>
    <span>{{ msg }}</span><br/>
    <button @click="run">方法调用其他方法</button>
</template>
<script>
import { reactive, toRefs } from 'vue'
export default {
  setup() {
    const state = reactive({
```

```
      msg: 'hello'
    })
    const getMsg = () => {
      alert(state.msg)
    }
    const run = () => {
      getMsg()
    }
    return {
      ...toRefs(state),
      run
    }
  }
}
</script>
<style scoped>
  span {
    font-size: 28px;
  }
</style>
```

11.5.4 事件对象

事件对象必须使用$event名称作为实参,当事件的处理函数有多个参数时,事件对象$event必须放在所有参数的之后,通过$event可以访问原生DOM节点。

【例11-14】事件对象的使用方法

说明:例11-14中定义了按钮单击事件方法,并改变按钮的相关属性和页面渲染的部分内容,其在浏览器中的显示结果如图11-30所示。

(a)单击按钮前

(b)单击按钮后

图11-30　单击按钮前后页面显示的效果

程序代码如下:

```
//文件: example11-14.vue
<template>
  {{ msg }}
  <button data-aid="world" @click="handleClick('Vue',$event)">
    事件对象按钮
  </button>
</template>
<script>
import { reactive, toRefs } from 'vue'
export default {
  setup () {
```

```
    const state = reactive({
      msg: 'Hello'
    })
    const handleClick = (argp, e) => {
      state.msg = state.msg + argp + e.srcElement.dataset.aid
      e.srcElement.style.background = 'red'
    }
    return {
      ...toRefs(state),
      handleClick
    }
  }
}
</script>
```

11.5.5 事件修饰符

Vue.js为v-on指令提供了事件修饰符来处理DOM事件细节，通过点（.）表示的指令后缀来调用修饰符。在事件处理器上，Vue.js为v-on提供了4个事件修饰符，即.stop、.prevent、.capture与.self，以使JavaScript代码负责处理纯粹的数据逻辑，而不用处理这些DOM事件的细节。其使用的示例代码如下：

```
<!--阻止单击事件冒泡-->
<a v-on:click.stop="doThis"></a>
<!--提交事件不再重载页面-->
<form v-on:submit.prevent="onSubmit"></form>
<!--修饰符可以串联-->
<a v-on:click.stop.prevent="doThat"></a>
<!--只有修饰符-->
<form v-on:submit.prevent></form>
<!--添加事件侦听器时使用事件捕获模式-->
<div v-on:click.capture="doThis">...</div>
<!--只有当事件在该元素本身（而不是子元素）触发时触发回调-->
<div v-on:click.self="doThat">...</div>
```

在使用方式上，事件修饰符可以串联，示例代码如下：

```
<a v-on:click.stop.prevent="doThis"></a>
```

【例11-15】事件修饰符的使用方法

说明：例11-15中使用事件对象与事件修饰符来阻止默认行为，其在浏览器中的显示结果如图11-31所示。

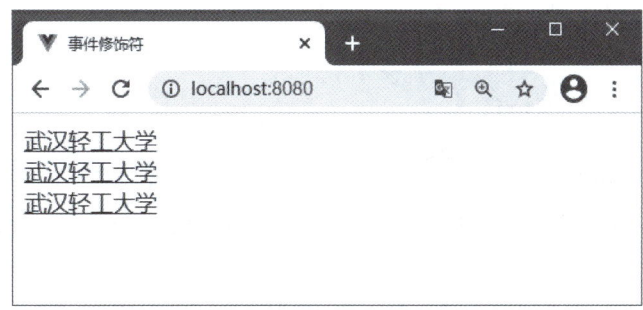

图11-31　事件修饰符的使用方法

程序代码如下：

```
//文件：example11-15.vue
<template>
  <a href="http://www.whpu.edu.cn" target='_blank'>
    武汉轻工大学
  </a><br>
  <a href="http://www.whpu.edu.cn" target='_blank' @click="handleClick( $event)">
    武汉轻工大学
  </a><br>
  <a href="http://www.whpu.edu.cn" target='_blank' @click.prevent="handleClick1()">
    武汉轻工大学
  </a><br>
</template>
<script>
  import { reactive, toRefs } from 'vue'
  export default {
    setup() {
      const state = reactive({
      })
    const handleClick = (e) => {
      e.preventDefault()
    }
    const handleClick1 = () => {
    }
    return {
      ...toRefs(state),
      handleClick,
      handleClick1
      }
    }
  }
</script>
```

例11-15中仅第1个链接可以访问，后面两个链接都被事件修饰符prevent阻止了。

11.5.6 按键修饰符

Vue.js允许在使用v-on指令监听键盘事件时添加按键修饰符。例如：

```
<!--只有在keyCode为13时调用vm.submit()-->
<input v-on:keyup.13="submit">
```

记住所有的keyCode比较困难，所以Vue.js为较常用的按键提供了别名，主要包括.enter、.tab、.delete、.esc、.space、.up、.down、.left、.right、.ctrl、.alt、.shift、.meta，这些按键别名的使用方法如下：

```
<input v-on:keyup.enter="submit">
<!--简写语法-->
<input @keyup.enter="submit">
```

【例11-16】按键修饰符的使用方法

说明：例11-16中使用两种方法来统计在一个文本框中按Enter键的次数，其在浏览器中的显示结果如图11-32所示。

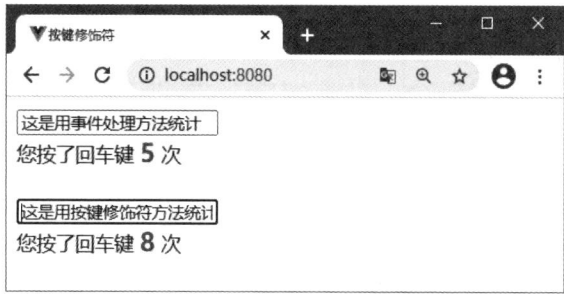

图 11-32　按键修饰符的使用方法

程序代码如下：

```vue
//文件：example11-16.vue
<template>
  <div>
    <input type="text" @keyup="handleKeyup($event)"><br>
    <span v-if="count>0">您按了回车键<span>{{count}}</span>次</span>
    <br><br>
    <input type="text" @keyup.enter="handleKeyup1()"><br>
    <span v-if="number>0">您按了回车键<span>{{number}}</span>次</span>
  </div>
</template>
<script>
import { reactive, toRefs } from 'vue'
export default {
  setup() {
    const state = reactive({
      count: 0,
      number: 0
    })
    const handleKeyup = (e) => {
      if (e.keyCode === 13) {
        state.count++
      }
    }
    const handleKeyup1 = () => {
      state.number++
    }
    return {
      ...toRefs(state),
      handleKeyup,
      handleKeyup1
    }
  }
}
</script>
<style scoped>
span span{
  font-size: 20px;
  color:red;
  font-weight: 900;
  margin: 5px;
}
</style>
```

11.6 表单输入绑定

Vue.js中经常用到<input>和<textarea>表单元素，与以往常用的jQuery相比，Vue.js在这些元素的数据绑定上有所不同。Vue.js使用v-model实现这些表单元素数据的双向绑定，会根据控件类型自动选取正确的方法来更新元素。v-model本质上是一个语法糖（指计算机语言中添加的某种语法，这种语法对语言的功能并没有影响，但是更方便程序员使用）。例如：

```
<input v-model="test">
```

该语句本质上的格式如下：

```
<input :value="test" @input="test = $event.target.value">
```

其中，@input是对<input>输入事件的监听，:value="test"是将监听事件中的数据放入input。在这里需要强调一点，v-model不仅可以给input赋值，还可以获取input中的数据，而且数据的获取是实时的，因为语法糖中是用@input对输入框进行监听的。例如，在<div>标记中加入"<p>{{ test }}</p>"获取input数据，然后修改input中的数据，<p></p>标记中的数据随之发生变化。v-model在单向数据绑定的基础上增加了监听用户输入事件并更新数据的功能。

可以用 v-model 指令在<input>、<textarea>及<select>表单元素上创建双向数据绑定，其根据控件类型自动选取正确的方法来更新元素，同时也负责监听用户的输入事件以更新数据，并对一些极端场景进行一些特殊处理。

需要说明的是，v-model会忽略所有表单元素的value、checked、selected属性的初始值而总是将当前活动实例的数据作为数据来源，所以应该通过JavaScript在组件的响应式设置中声明初始值。

v-model在内部为不同的输入元素使用不同的属性并抛出不同的事件。

- text和textarea元素使用value属性和input事件。
- checkbox和radio使用checked属性和change事件。
- select字段将value作为prop并将change作为事件。

11.6.1 文本框绑定

文本框双向数据绑定是指当使用JavaScript命令改变数据的值时会在页面中自动重新渲染内容，改变文本框的内容时也会自动修改所绑定的数据。

【例11-17】文本框绑定的使用方法

说明：例11-17中使用文本框和多行文本框进行数据双向绑定，其在浏览器中的显示结果如图11-33所示。

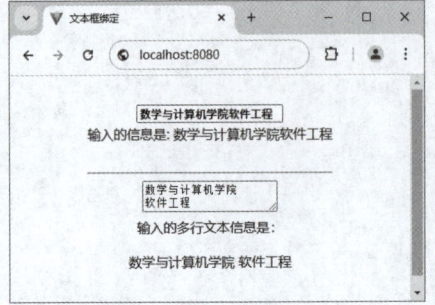

图11-33 文本框绑定

程序代码如下：

```vue
//文件：example11-17.vue
<template>
  <input v-model="message" placeholder="输入信息"/><br/>
  <span>输入的信息是：{{ message }}</span>
  <br/><br/>
  <hr/>
  <textarea v-model="mulMsg" placeholder="add multiple lines"></textarea>
  <br/>
  <span>输入的多行文本信息是：</span>
  <p>{{ mulMsg }}</p>
</template>
<script>
import { reactive, toRefs } from 'vue'
export default {
  setup () {
    const state = reactive({
      message: '',
      mulMsg: ''
    })
    return {
      ...toRefs(state)
    }
  }
}
</script>
```

11.6.2 复选框绑定

复选框绑定使用数组数据进行。

【例11-18】复选框绑定的使用方法

说明：例11-18中实现复选框绑定，其在浏览器中的显示结果如图11-34所示。

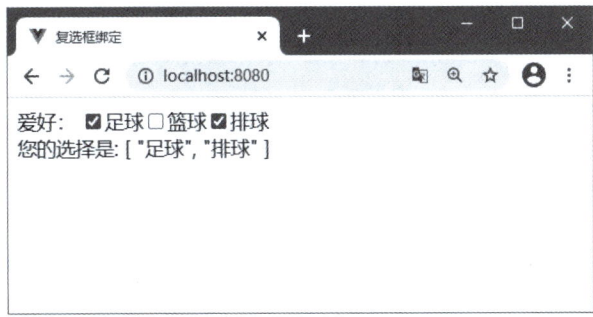

图 11-34　复选框绑定

程序代码如下：

```vue
//文件：example11-18.vue
<template>
  爱好：
  <input type="checkbox" id="football" value="足球" v-model="checkedNames"/>
  <label for="football">足球</label>
  <input type="checkbox" id="basketball" value="篮球" v-model="checkedNames"/>
```

```
            <label for="basketball">篮球</label>
            <input type="checkbox" id="volleyball" value="排球" v-model="checkedNames"/>
            <label for="volleyball">排球</label>
            <br/>
            <span>您的选择是：{{ checkedNames }}</span>
</template>
<script>
import { reactive, toRefs } from 'vue'
export default {
    setup() {
        const state = reactive({
            checkedNames: []
        })
        return {
            ...toRefs(state)
        }
    }
}
</script>
```

11.6.3 单选框绑定

单选框绑定是使用字符串数据进行。

【例11-19】单选框绑定的使用方法

说明：例11-19中实现单选框绑定，其在浏览器中的显示结果如图11-35所示。

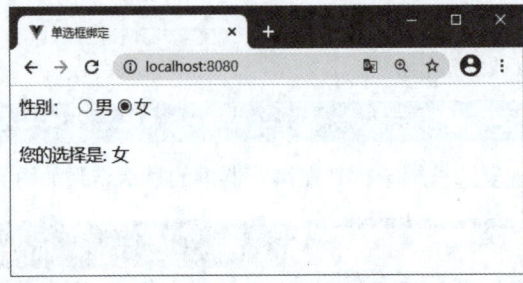

图11-35 单选框绑定

程序代码如下：

```
//文件：example11-19.vue
<template>
    性别：
    <input type="radio" id="one" value="男" v-model="picked"/>
    <label for="one">男</label>
    <input type="radio" id="two" value="女" v-model="picked"/>
    <label for="two">女</label>
    <br/><br/>
    <span>您的选择是：{{ picked }}</span>
</template>
<script>
import { reactive, toRefs } from 'vue'
export default {
    setup() {
```

```
    const state = reactive({
      picked: ''
    })
    return {
      ...toRefs(state)
    }
  }
}
</script>
```

11.6.4 下拉列表框绑定

下拉列表框绑定是使用字符串数据进行。

【例 11-20】下拉列表框绑定的使用方法

说明：例 11-20 中实现下拉列表框绑定，其在浏览器中的显示结果如图 11-36 所示。

图 11-36 下拉列表框绑定

程序代码如下：

```
//文件：example11-20.vue
<template>
  <select v-model="selected">
    <option disabled value="">请选择：</option>
    <option value="football">足球</option>
    <option value="basketball">篮球</option>
    <option value="valleyball">排球</option>
    <option value="badminton">羽毛球</option>
  </select>
  <span>您的选择是：{{ selected }}</span>
</template>
<script>
import { reactive, toRefs } from 'vue'
export default {
  setup() {
    const state = reactive({
      selected: 'badminton'
    })
    return {
      ...toRefs(state)
    }
  }
}
</script>
```

11.6.5 综合案例

【例11-21】通过绑定制作注册表单

说明：例11-21中利用v-model在表单元素上创建双向数据绑定，制作注册表单。本例中使用了文本框、下拉列表框、复选框、单选框等，其在浏览器中的显示结果如图11-37所示。

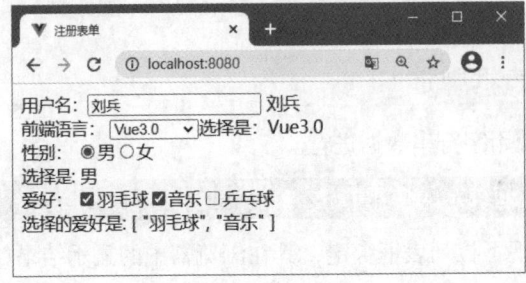

图 11-37　通过绑定制作注册表单

程序代码如下：

```vue
//文件：example11-21.vue
<template>
  <div id="app">
    <!--文本框-->
    用户名：<input v-model="test"/> {{ test }}<br/>
    <!--下拉列表框-->
    前端语言：
    <select v-model="selected">
      <option value="HTML">HTML</option>
      <option value="CSS">CSS</option>
      <option value="JavaScript">JavaScript</option>
      <option value="jQuery">jQuery</option>
      <option value="Vue.js">Vue.js</option>
    </select>
    <span>选择是：{{ selected }}</span>
    ><br/>
    <!--单选框-->
    性别：
    <input type="radio" id="boy" value="男" v-model="picked"/>
    <label for="boy">男</label>
    <input type="radio" id="girl" value="女" v-model="picked"/>
    <label for="girl">女</label>
    <br/>
    <span>选择是：{{ picked }}</span>
    <br/>
    <!--复选框-->爱好：
    <input type="checkbox" id="one" value="羽毛球" v-model="checkedNames"/>
    <label for="one">羽毛球</label>
    <input type="checkbox" id="two" value="音乐" v-model="checkedNames"/>
    <label for="two">音乐</label>
    <input type="checkbox" id="three" value="乒乓球" v-model="checkedNames"/>
    <label for="three">乒乓球</label>
    <br/>
    <span>选择的爱好是：{{ checkedNames }}</span>
  </div>
</template>
```

```
<script>
import { reactive, toRefs } from "vue";
export default {
  setup() {
    const state = reactive({
      test: "lb",
      selected: "Vue.js",
      picked: "女",
      checkedNames: ["音乐", "乒乓球"],
    });
    return {
      ...toRefs(state),
    };
  },
};
</script>
```

v-model指令后面还可以放置以下三种参数。

（1）number：将用户的输入自动转换为Number类型（如果原值的转换结果为NaN，则返回原值）。

（2）lazy：在默认情况下，v-model在input事件中同步文本框中的值和数据，可以添加一个lazy特性，从而将数据改到change事件中发生，即离开文本框后数据发生改变才改变绑定在文本上的数据。

（3）debounce：设置一个最小的延时，在每次输入之后延时同步文本框中的值与数据，如果每次更新都要进行高耗操作（如在input中输入内容时随时发送Ajax请求），那么这个参数较为有用。

11.6 本章小结

本章详细讲解了Vue.js的数据驱动，重点说明数据如何进行单向和双向数据绑定，同时也说明了如何绑定属性、如何进行样式类的绑定以及如何进行表单各种元素的数据绑定。另外还说明了一些常用的指令，包括v-text、v-html、v-once、v-if、v-else、v-for、v-bind、v-model、v-on等。读者应多加练习v-for的几种遍历方法、v-if指令如何显示与隐藏、v-on指令绑定JavaScript事件方法的实现步骤及事件绑定中修饰符的处理方法。

11.7 习题11

扫描二维码，查看习题。

扫描二维码
查看习题

11.8 实验11　Vue.js基础

扫描二维码，查看实验内容。

扫描二维码
查看实验内容

CHAPTER 12 计算属性与侦听属性

学习目标：

本章主要讲解Vue框架的计算属性和侦听属性，重点阐述计算属性的主要作用和用法，同时对侦听属性进行了说明。通过本章的学习，读者应该掌握以下主要内容：

- 计算属性的用法。
- 计算属性与方法的区别。
- 侦听属性的用法。
- 计算属性与侦听器的适用场合。

思维导图简图

扫描二维码
查看详细知识树导图

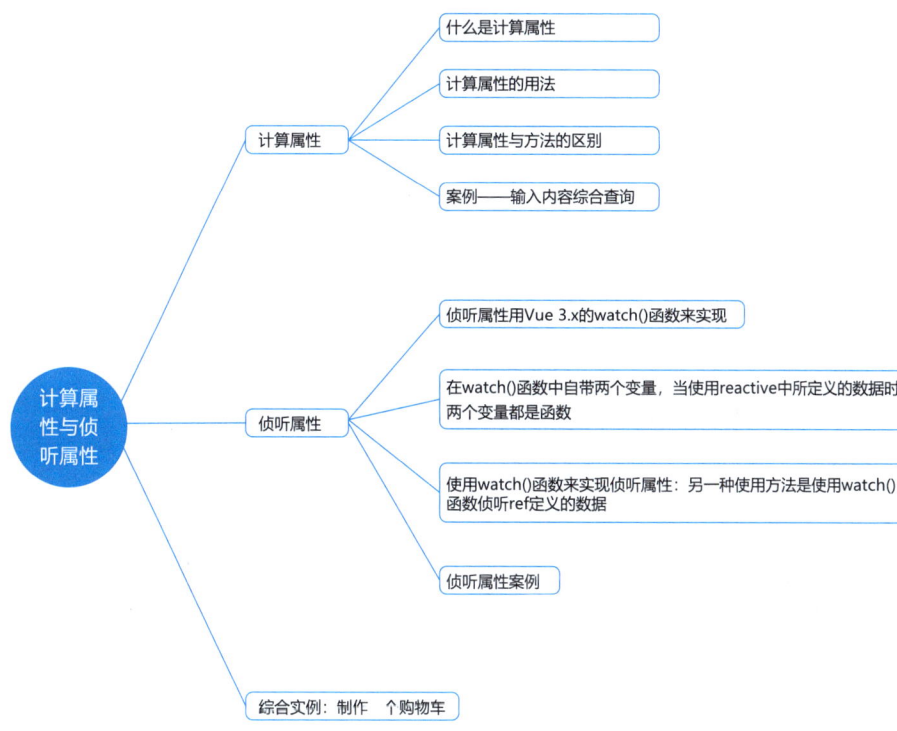

12.1 计算属性

12.1.1 什么是计算属性

首先通过例12-1来说明计算属性，实现把一个字符串倒序输出。

【例12-1】使用通常方法实现把一个字符串倒序输出

说明：例12-1中使用通常方法实现把一个字符串倒序输出，其在浏览器中的显示结果如图12-1所示。

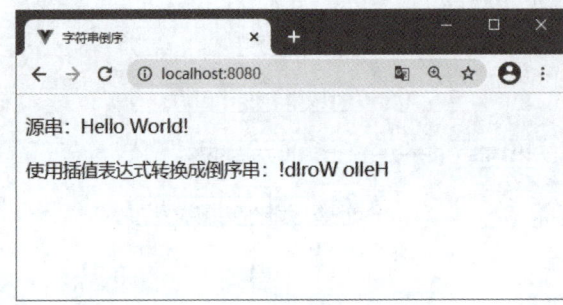

图 12-1 把字符串倒序输出

程序代码如下：

```vue
//文件：example12-1.vue
<template>
  <p>源串：{{ msg }}</p>
  <p>使用插值表达式转换成倒序串：{{ msg.split('').reverse().join('') }}</p>
</template>
<script>
import { reactive, toRefs } from 'vue'
export default {
  setup () {
    const state = reactive({
      msg: 'Hello World!'
    })
    return {
      ...toRefs(state)
    }
  }
}
</script>
```

通过图12-1可以看出，在插值表达式中通过使用字符串方法，把字符串Hello World进行倒序输出。在该例的代码中，如果插值表达式中的代码过长或者逻辑较为复杂，就会变得难以理解，不便于代码维护。当遇到较为复杂的逻辑时，官方不推荐使用插值表达式，而是使用计算属性把逻辑复杂的代码进行分离。

【例12-2】使用计算属性实现把一个字符串倒序输出

说明：例12-2中使用计算属性实现把一个字符串倒序输出，其在浏览器中的显示结果如图12-2所示。

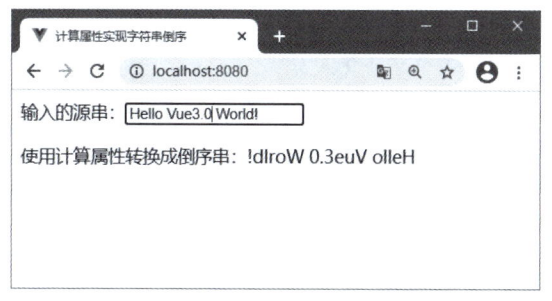

图 12-2 使用计算属性把字符串倒序输出

程序代码如下：

```vue
//文件：example12-2.vue
<template>
  输入的源串：<input v-model="msg" placeholder="输入信息"/>
   <p>使用计算属性转换成倒序串：{{ computedName }}</p>   <!--模板中使用计算属性-->
</template>
<script>
import { reactive, toRefs, computed } from 'vue'    //引入computed
export default {
  setup () {
    const state = reactive({
      msg: 'Hello World!'
    })
    const computedName = computed(() => {           //定义计算属性
      return state.msg.split('').reverse().join('')
    })
    return {
      ...toRefs(state),
      computedName                                  //返回计算属性
    }
  }
}
</script>
```

通过浏览器中的显示结果可以看出，利用计算属性依然可以完成字符串的倒序输出。计算属性可以分离逻辑代码，使代码的易维护性增强。

12.1.2 计算属性的用法

计算属性在Vue 3.x中使用computed()方法进行定义，computed()方法中的参数是一个函数，该函数中所使用的任意一个响应式数据发生变化，计算属性computed()方法都会自动重新运算，更新计算属性值，最终返回计算后的结果。其使用的语法格式如下：

```
export default {
  setup() {
    const state = reactive({
      ...                                  //响应式变量定义
    })
    const 计算属性名 = computed(() => {    //定义计算属性
      //进行复杂运算
      return 计算属性值
    })
    return {
    }                                      //返回计算属性值，可以在模板中调用
```

        }
    }

特别需要说明的是，在使用计算属性之前必须使用下面的语句从Vue.js中导入计算属性。

```
import { computed } from 'vue'
```

在计算属性中可以完成各种复杂的逻辑，包括运算、函数调用等，只要最终返回一个结果即可。除了例12-2中的简单用法外，计算属性还可以依赖多个在state状态中定义的响应式数据，只要其中任何一个数据变化，计算属性都会重新执行，视图也会同步更新。

【例12-3】简易购物车

说明：例12-3中通过购物车商品总价的示例来展示计算属性的用法，其在浏览器中的显示结果如图12-3所示。

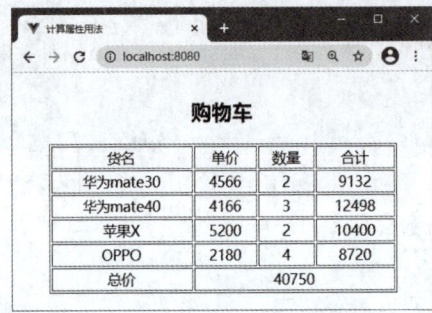

图 12-3　计算属性的用法

程序代码如下：

```
//文件：example12-3.vue
<template>
  <table border="1" align="center" width="400px">
    <caption><h2>购物车</h2></caption>
    <tr align="center" >
      <td>货名</td>
      <td>单价</td>
      <td>数量</td>
    <td>合计</td>
    </tr>
    <tr align="center" v-for="(user,index) in package1" :key="index">
      <td>{{user.name}}</td>
      <td>{{user.price}}</td>
      <td>{{user.count}}</td>
      <td>{{user.price*user.count}}</td>
    </tr>
    <tr align="center" >
      <td>总价</td>
      <td  colspan="3">{{computedname}}</td>
    </tr>
  </table>
</template>
<script>
import { reactive, toRefs, computed } from 'vue'
export default {
  setup () {
    const state = reactive({
      package1: [
```

```
        {
          name: '华为mate30',
          price: 4566,
          count: 2
        },
        {
          name: '华为mate40',
          price: 4166,
          count: 3
        },
        {
          name: '苹果X',
          price: 5200,
          count: 2
        },
        {
          name: 'OPPO',
          price: 2180,
          count: 4
        }
      ]
    })
    const computedname = computed(() => {
      let prices = 0
      for (let i = 0; i < state.package1.length; i++) {
        prices += state.package1[i].price * state.package1[i].count
      }
      return prices
    })
    return {
      ...toRefs(state),
      computedname
    }
  }
}
</script>
```

当package1中的商品发生变化,如购买数量变化或者增删商品时,计算属性prices就会自动更新,视图中的总价也会自动变化。

12.1.3 计算属性与方法的区别

【例12-4】计算属性与方法的区别

说明:在例12-4中,用户输入长度和宽度,使用计算属性计算长方形的面积,使用方法计算长方形的周长,其在浏览器中的显示结果如图12-4所示。

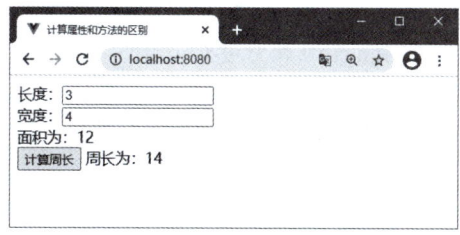

图 12-4 计算属性与方法的区别

程序代码如下:

```vue
//文件: example12-4.vue
<template>
  长度: <input v-model="length" type="text"/><br/>
  宽度: <input v-model="width" type="text"/><br/>
  面积为: {{computedName}}<br/>
  <button @click="add">计算周长</button> 周长为: {{perimeter}}
</template>
<script>
import { reactive, toRefs, computed } from 'vue'
export default {
  setup () {
    const state = reactive({
      length: 0,
      width: 0,
      perimeter: 0
    })
    const computedName = computed(() => {
      let areas = 0
      areas = state.length * state.width * 1
      return areas
    })
    const add = () => {
      state.perimeter = 2 * (state.length * 1 + state.width * 1)
    }
    return {
      ...toRefs(state),
      computedName,
      add
    }
  }
}
</script>
```

computed具有缓存功能,在系统初始运行时调用一次,当计算属性依赖的响应式数据发生变化时会被再次调用。例12-4中的计算属性computedName依赖长度length与宽度width,当这两个数据发生变化时,computed计算属性会被自动调用。另外需要强调的是,computed是计算属性,调用时计算属性名computedName后面不需要加括号。

为事件(如单击、键盘按下等)所编写的方法函数,如果没有入口参数,在调用时可以加括号也可以不加括号,但带参数时则必须加括号并带上相应的实参。事件方法只有使用程序代码调用时才会被执行。在例12-4中,输入长度和宽度的值后,只有单击"计算周长"按钮,单击事件add才被调用一次。

其实调用方法也能实现和计算属性一样的效果,甚至有的方法还能接收参数,使用起来更加灵活,既然使用methods就可以实现,那为什么还需要计算属性呢?原因就是计算属性是基于依赖缓存的,计算属性所依赖的数据发生变化时,就会调用计算属性重新计算,所以依赖的长方形的长度(length)和宽度(width)的值只要不改变,计算属性也就不更新。

使用计算属性还是方法取决于是否需要根据响应式数据自动更新视图,但通常在遍历大数组和进行大量计算时,应当使用计算属性。

12.1.4 案例——输入内容综合查询

【例12-5】输入内容综合查询

说明：本案例的运行结果如图12-5所示，当用户在图12-5的文本框中输入查询关键字后，使用计算属性在数据文件中找出包含输入关键字的书名。例如，当用户输入的关键字为空时，列出数据文件中的所有数据；当用户输入的关键字是"实战"时，则包含"实战"关键字书籍名的查询结果会显示在网页中，如图12-6所示。

图 12-5　综合查询 1

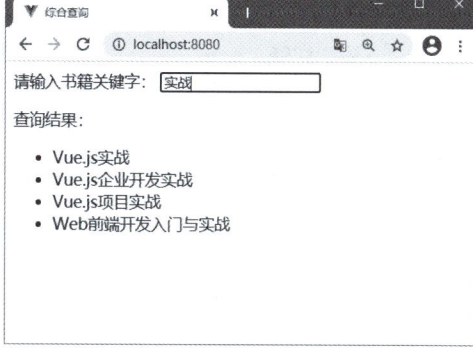

图 12-6　综合查询 2

实现步骤及源代码如下。

1. 数据文件

在Vue.cli脚手架的public目录中创建test.json文件，文件的内容如下：

```
{
  "list": [
    "Vue.js实战",
    "Vue.js企业开发实战",
    "ES6标准入门",
    "Vue.js项目实战",
    "深入浅出Vue.js",
    "Vue.js权威指南",
    "ECMAScript从零开始学",
    "Web前端开发入门与实战"
  ]
}
```

在该文件中定义了list的JSON对象（在实际项目中可以从服务器端获取相关数据），在该对象中列举了一些书名，在本案例的文件中使用异步方式引入到文件中进行使用。

2. 主文件example12–5.vue

```
<template>
  请输入书籍关键字:
  <input type="text" v-model="mytext"/><p></p>
  查询结果:
  <ul>
    <li v-for="(item, index) in computedList" :key="index">
      {{item}}
    </li>
```

```
      </ul>
    </template>
    <script>
    import { reactive, toRefs, computed, onMounted } from 'vue'
    export default {
      setup() {
        const state = reactive({
          mytext: '',
          list: []
        })
        onMounted(() => {                          //生命周期函数
          fetch('/test.json')                      //异步导入数据
            .then(res => res.json())
            .then(res => {
              state.list = res.list                //导入数据转换成响应式数据
            })
        })
        const computedList = computed(() => {
          //过滤掉不包含关键字的数据
          const newlist = state.list.filter(item => item.includes(state.mytext))
          return newlist
        })
        return {
          ...toRefs(state),
          computedList                             //返回数据到模板
        }
      }
    }
    </script>
```

在例12-5中，先使用生命周期函数（又称钩子函数）onMounted()在网页加载完之前对状态数据list数组进行赋值，使用异步方式从test.json文件中读取定义的JSON数据进行初始化。然后定义计算属性变量computedList，当所依赖的mytext发生变化时，该变量会进行自动计算，计算的结果会在页面模板中渲染。

12.2 侦听属性

12.2.1 侦听属性定义

Vue提供了一种通用的方式来观察和响应当前活动的数据变动，这种方式称为侦听属性。虽然计算属性在大多数情况下更合适，但有时也需要一个自定义的侦听器。这就是为什么Vue通过侦听属性提供了一个更通用的方法来响应数据的变化。当需要在数据变化时执行异步或开销较大的操作时这个方式是最有用的。

在Vue 3.x中，使用watch()函数来实现侦听属性。当侦听reactive()中定义的数据时，watch()函数自带两个参数。其中，第1个参数是一个函数，该函数返回需要侦听的变量。一旦这个返回值发生变化，就会立即触发watch()函数。第2个参数是一个回调函数，它定义了当侦听的变量发生变化时，应该执行什么操作。侦听属性的语法格式如下：

```
export default {
  setup() {
```

```
    const state = reactive({
      watchData: '',                    //reactive()定义的状态数据
      ......
    })
    //侦听state.watchData数据的变化
    watch(() => state.watchData, () => {
    //触发watch()函数所执行的回调函数
    })
}
```

另外，在使用watch()函数之前一定要先使用下面的语句把watch()函数从Vue中引入。

```
import { watch } from 'vue'
```

在Vue 3.x中，使用watch()函数侦听ref定义的数据时，其使用方式稍有不同。此时，watch()函数的第1个参数是要侦听的ref数据。一旦ref数据的值发生变化，就会立即触发watch()函数。第2个参数是一个回调函数，它定义了当侦听的ref数据发生变化时，应该执行什么操作。采用这种方式侦听属性的语法格式如下：

```
export default {
  setup () {
    const watchData= ref('')   //ref定义的数据
    ...
    //侦听watch()函数
    watch(watchData, () => {
    //触发watch()函数所执行的回调函数
    })
  }
}
```

【例12-6】使用侦听属性实现数字对应的英文字母

说明：在例12-6中，监听用户输入一个数字（0～25），然后把其对应的大写和小写字母显示出来，其在浏览器中的显示结果如图12-7所示。

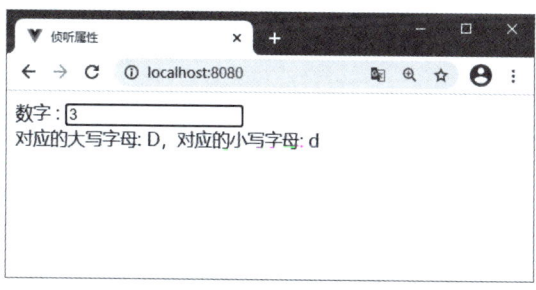

图12-7　侦听属性

程序代码如下：

```
//文件：example12-6.vue
<template>
  数字：<input type = "text" v-model = "num"><br>
  对应的大写字母：{{ strA }}，对应的小写字母：{{ stra }}
</template>
<script>
import { reactive, toRefs, watch } from 'vue'
export default {
  setup () {
```

```
        const state = reactive({
          num: 0,                        //定义数据初值
          strA: 'A',                     //定义对应大写字母数据变量
          stra: 'a'                      //定义对应小写字母数据变量
        })
        watch(() => state.num, () => {
          //计算对应大写字母，大写字母的ASCII码的十进制从65开始
          //String.fromCharCode(数值)函数将Unicode编码的数值转换为一个字符
          state.strA = String.fromCharCode(65 + parseInt(state.num % 26))
          //计算对应小写字母，大写字母的ASCII码的十进制从97开始
          state.stra = String.fromCharCode(97 + parseInt(state.num % 26))
        })
        return {
          ...toRefs(state)
        }
      }
    }
  </script>
```

12.2.2 侦听属性案例

本小节通过创建与例12-5相同功能的输入内容综合查询，让读者体会侦听属性在实际案例中的使用方法，其源代码的两种实现方法如例12-7（侦听使用reactive中定义的数据）和例12-8（侦听使用ref中定义的数据）所示，其在浏览器中的显示结果如图12-5和图12-6所示。

【例12-7】侦听使用reactive中定义的数据实现输入内容综合查询

说明：在例12-7中，侦听使用reactive中定义的数据实现输入内容综合查询。
程序代码如下：

```
//文件：example12-7.vue
<template>
  请输入书籍关键字：
  <input type="text" v-model="mytext"/><p></p>
  查询结果：
  <ul>
    <li v-for="(item, index) in list" :key="index">
      {{item}}
    </li>
  </ul>
</template>
<script>
import { watch, reactive, toRefs, onMounted } from 'vue'
export default {
  setup() {
    const state = reactive({
      mytext: '',
      list: []
    })
    watch(() => state.mytext, () => {
      state.list = state.list.filter(item => item.includes(state.mytext))
    })
    onMounted(() => {
      fetch('/test.json')
        .then(res => res.json())
```

```
      .then(res => {
        state.list = res.list
      })
    })
    return {
      ...toRefs(state)
    }
  }
}
</script>
```

【例12-8】侦听使用ref中定义的数据实现输入内容综合查询

说明：在例12-8中，侦听使用ref中定义的数据实现输入内容综合查询。
程序代码如下：

```
//文件：example12-8.vue
<template>
  请输入书籍关键字：
  <input type="text" v-model="mytext"/><p></p>
  查询结果：
  <ul>
    <li v-for="(item, index) in list" :key="index">
      {{item}}
    </li>
  </ul>
</template>
<script>
import { watch, ref, onMounted } from 'vue'
export default {
  setup() {
    const mytext = ref('')
    const list = ref([])
    const caschList = []
    watch(mytext, () => {
      console.log(mytext.value)
      list.value = caschList.value.filter(item => item.includes(mytext.value))
    })
    onMounted(() => {
      fetch('/test.json')
        .then(res => res.json())
        .then(res => {
          list.value = res.list
          caschList.value = res.list
        })
    })
    return {
      mytext,
      list
    }
  }
}
</script>
```

12.3 本章小结

Vue.js是以数据驱动和组件化的思想构建的,本章重点讲解了数据驱动中的计算属性和侦听属性。计算属性会根据所依赖的响应式数据的变化而自动进行重新计算,并同步刷新页面视图。12.1节说明了计算属性的使用方法,以及计算属性与事件方法执行的区别;而侦听属性可以指定根据某一个响应式数据的变化而自动计算侦听属性。12.2节说明了侦听属性的定义及其使用方法。

12.4 习题12

扫描二维码,查看习题。

扫描二维码
查看习题

12.5 实验12　使用Vue实现购物车

扫描二维码,查看实验内容。

扫描二维码
查看实验内容

CHAPTER 13 组件与路由

学习目标：

本章主要讲解Vue.js的强大功能之一——组件化，即可以把很多独立的功能封装成组件，再将这些组件拼装成一个复杂的网页。另外，讲解路由的基本概念及其在实际工程中的导航方法。通过本章的学习，读者应该掌握以下主要内容。

- Vue.js的组件定义与切换。
- Vue.js的组件之间的数据传递。
- 路由的基本概念。
- 编程式导航。

思维导图简图

扫描二维码
查看详细知识树导图

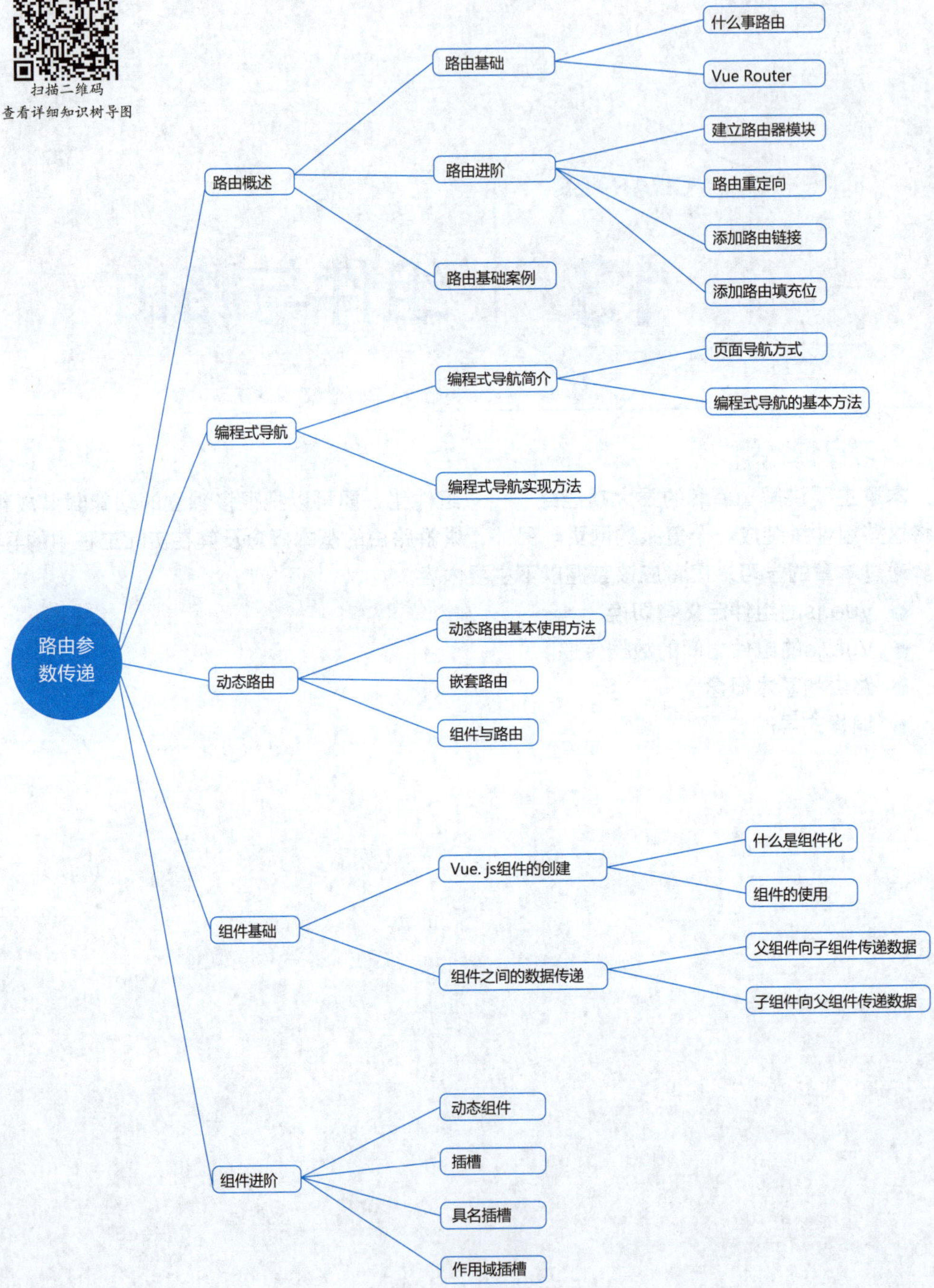

- 路由参数传递
  - 路由概述
    - 路由基础
      - 什么事路由
      - Vue Router
    - 路由进阶
      - 建立路由器模块
      - 路由重定向
      - 添加路由链接
      - 添加路由填充位
    - 路由基础案例
  - 编程式导航
    - 编程式导航简介
      - 页面导航方式
      - 编程式导航的基本方法
    - 编程式导航实现方法
  - 动态路由
    - 动态路由基本使用方法
    - 嵌套路由
    - 组件与路由
  - 组件基础
    - Vue.js组件的创建
      - 什么是组件化
      - 组件的使用
    - 组件之间的数据传递
      - 父组件向子组件传递数据
      - 子组件向父组件传递数据
  - 组件进阶
    - 动态组件
    - 插槽
    - 具名插槽
    - 作用域插槽

13.1 组件

13.1.1 Vue.js 组件的创建

1. 什么是组件化

所谓组件化，就是把页面拆分成多个组件，每个组件单独使用HTML、CSS、JavaScript、模板、图片等资源进行开发与维护，然后在网页制作过程中根据需要去调用相关的组件。因为组件是资源独立的，所以组件在系统内部可复用，组件和组件之间可以嵌套，如果项目比较复杂，可以极大地简化代码量，并且对后期的需求变更和维护也更加友好。

组件是为了拆分Vue.js实例的代码量，能够以不同的组件来划分不同的功能模块，当需要某种功能时，去调用对应的组件即可。

组件化和模块化是完全不同的两个概念。模块化是从代码逻辑的角度进行划分的，方便代码开发，保证每个功能模块的职能单一；组件化是从UI界面的角度进行划分的，前端的组件化方便UI的复用。

例如，每个网页中可能会有页头、侧边栏、导航等区域，把多个网页中这些统一的内容定义成一个组件，可以在使用的地方像搭积木一样快速创建网页。

组件化是Vue.js中的重要思想，其具有抽象性。利用组件可以开发出一个个独立可复用的小组件来构造应用。任何应用都会被抽象成一棵组件树，如图13-1所示。

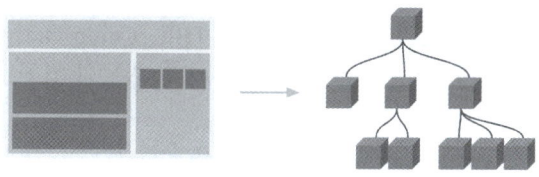

图 13-1 应用被抽象成一棵组件树

2. 组件的使用

组件的使用分成三个步骤：创建组件、注册组件、使用组件。

【例13-1】创建与使用组件

说明：例13-1实现用户单击按钮后对应计数器加1的组件，其在浏览器中的显示结果如图13-2所示。

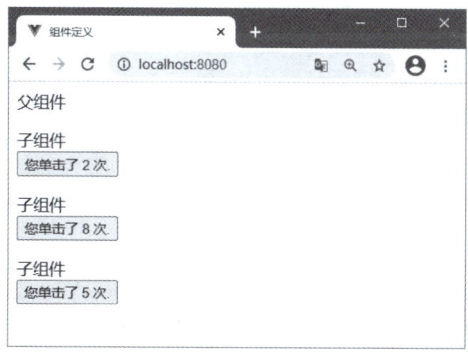

图 13-2 计数子组件

下面讲解程序实现步骤。

（1）在脚手架的components文件夹下创建子组件ChildComp.vue，该子组件内容主要包括一个按钮、计数器、按钮事件触发函数等。其源代码如下：

```vue
<template>
    子组件<br>
    <button v-on:click="count++">        <!--定义按钮，单击事件计数器加1-->
        您单击了 {{ count }} 次.          <!--渲染计数器-->
    </button>
</template>
<script>
import { reactive, toRefs } from 'vue'
export default {
    setup() {
        const state = reactive({
            count: 0                              //定义计数器
        })
        return {
            ...toRefs(state)
        }
    }
}
</script>
```

在组件中定义了数据count，其初值为0，3次调用该组件形成3个不同的计数器，其在浏览器中的显示结果如图13-2所示，该图中第1个按钮单击了2次，第2个按钮单击了8次，第3个按钮单击了5次。

（2）在脚手架的components文件夹下创建父组件fatherComp.vue，父组件内容完成导入子组件，然后在父组件中通过components声明子组件，在模板中使用子组件。其源代码如下：

```vue
<template>
    父组件<p/>
    <child-comp></child-comp><p/>        <!--第3步：使用子组件-->
    <child-comp></child-comp><p/>
    <child-comp></child-comp>
</template>
<script>
import { reactive, toRefs } from 'vue'
import ChildComp from './ChildComp.vue'       //第1步：导入子组件
export default {
    components: {
        ChildComp                                  //第2步：注册子组件
    },
    setup() {
        const state = reactive({
            count: 0
        })
        return {
            ...toRefs(state)
        }
    }
}
</script>
```

在这里的模板中，重复使用了3次子组件。当单击不同按钮时，每个组件都会各自独立维护count。因为每使用一次组件，就会有一个新的实例被创建。

(3)在入口文件src/main.js中引入父组件'./components/FatherComp.vue',然后将其挂载到id=app的Div块中,这样当程序运行时首先访问的就是FatherComp.vue组件。

```
import { createApp } from 'vue'
import App from './components/FatherComp.vue'
createApp(App).mount('#app')
```

13.1.2 组件之间的数据传递

Vue的组件传值分为两种方式:一种是父组件传递数据给子组件;另一种是子组件传递数据给父组件。一般父组件通过props属性给子组件下发数据,子组件通过事件给父组件发送消息。

1. 父组件向子组件传递数据

当子组件在父组件中当作标签使用时,给这个标签(即子组件)定义一个自定义属性,值为想要传递给子组件的数据。在子组件中通过props属性接收,props属性专门用于接收外部数据,该属性有两种接收数据的方式,分别是数组和对象,对象可以限制数据的类型。

当父组件向子组件传递数据时,子组件不允许更改父组件的数据,因为父组件会向多个子组件传值,如果某个子组件对父组件的数据进行修改,有可能导致其他的组件发生错误,很难对数据的错误进行捕捉。

【例13-2】实现父组件向子组件传递数据

说明:例13-2(example13-2)中展示父组件使用v-for指令向子组件传递一些标题,子组件接收标题并渲染到页面中,其在浏览器中的显示结果如图13-3所示。

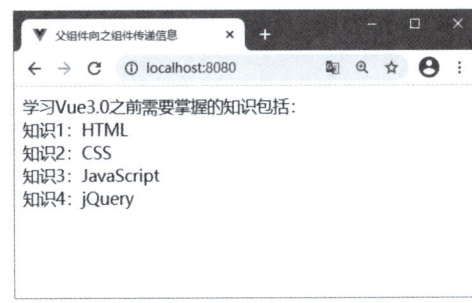

图13-3 父组件向子组件传递数据

下面介绍程序实现步骤及相关代码:

(1)在脚手架的components文件夹下创建子组件ChildComp.vue,该子组件通过props属性接收数据,把这些数据转换成响应式数据并在模板中进行渲染。其源代码如下:

```
<template>
    前期所需要的知识{{myid}}: {{mytext}}<br>
</template>
<script>
import { reactive, toRefs } from 'vue'
export default {
    props:['title','id'],                //接收父组件传递来的数据
    setup(props) {
        const state = reactive({
            mytext: props.title,         //把数据转换成响应式数据
            myid: props.id
        })
```

```
            return {
                ...toRefs(state),
            }
        }
    }
</script>
```

（2）在脚手架的components文件夹下创建父组件fatherComp.vue，父组件内容利用自定义属性向子组件传递数据。其源代码如下：

```
<template>
    学习Vue 3.x之前需要掌握的知识包括：<br>
    <blogpost v-for="post in posts" :key="post.id" :title="post.title" :id="post.id"></blogpost>
</template>
<script>
import { reactive, toRefs } from 'vue'
import blogpost from './ChildComp'
export default {
    components: {
        blogpost
    },
    setup() {
        const state = reactive({
            posts: [
                { id: 1, title: 'HTML' },
                { id: 2, title: 'CSS' },
                { id: 3, title: 'JavaScript' },
                { id: 4, title: 'jQuery' }
            ]
        })

        return {
            ...toRefs(state)
        }
    }
}
</script>
```

通过以上代码发现，可以使用v-bind指令来动态传递prop属性。这在一开始不清楚要渲染的具体内容时候非常有用。

2. 子组件向父组件传递数据

子组件向父组件传递数据是通过setup()方法进行的，其语法格式如下：

```
setup (props, {emit}) {
  //定义数据及方法
}
```

其中，props参数用于接收父组件传递给子组件的数据；{emit}是解构参数，利用emit对象通过事件向父组件传递数据，其语法格式如下：

```
emit('父组件调用子组件标签所绑定的事件名', 子组件向父组件传送的参数)
```

例如，父组件调用子组件标签所绑定的事件名为event，其代码如下：

```
<navbar @event="handleClick"></navbar>
```

子组件向父组件传递数据时使用的语句如下：

```
emit('event', '我是子组件传送过来的数据')
```

【例13-3】实现子组件向父组件传递数据

说明：例13-3（example13-3）中展示子组件传递数据给父组件。其中定义了两个子组件和一个父组件。在一个子组件中定义了一个按钮，用户单击该按钮后，向父组件传递数据并调用父组件上提供的函数来控制另一个组件内容的显示与否，其在浏览器中的显示结果如图13-4所示。

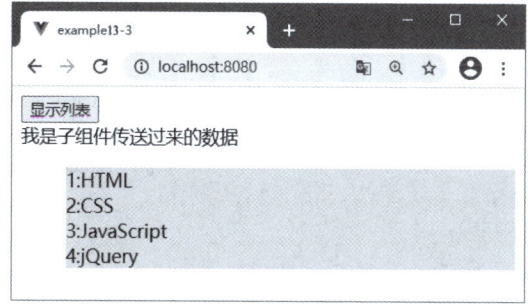

图13-4　子组件传递数据给父组件

下面介绍程序实现步骤及相关代码。

（1）创建父组件，在父组件中定义方法，然后利用子组件进行调用。在调用过程中传递数据。其源代码如下：

```
<template>
    <navbar @event="handleClick"></navbar>
    <br>{{mytext}}<br>
    <listbar v-if="isShow"></listbar>
</template>
<script>
import { reactive, toRefs } from 'vue'
import navbar from './ChildComp'            //导入子组件
import listbar from './ListComp'            //导入子组件
export default {
    components: {
        navbar,                              //注册子组件
        listbar
    },
    setup() {
        const state = reactive({
            isShow: false,
            mytext: ''
        })
        //定义方法，其中入口参数sonData用于接收子组件传递的数据
        const handleClick = (sonData) => {
         state.isShow = !state.isShow          //控制另一个子组件显示与否
         if (state.isShow) state.mytext = sonData
         else state.mytext=''
        }
        return {
            ...toRefs(state),
            handleClick
        }
    }
}
</script>
```

（2）创建子组件ChildComp.vue，其源代码如下：

```vue
<template>
    <button @click="showList">显示列表</button>
</template>
<script>
import { reactive, toRefs } from 'vue'
export default {
  setup (props, {emit}) {
    const state = reactive({
      count: 0
    })
    const showList = () => {               //按钮的单击事件处理函数
      emit('event', '我是子组件传送过来的数据')  //通过emit调用父组件绑定事件event
    }                                       //emit的第2个参数是向父组件传递的数据
    return {
        ...toRefs(state),
        showList
    }
  }
}
</script>
```

该子组件中的setup()函数有两个入口参数，第1个（props）是父组件向子组件传递数据的接口；第2个（emit）是解构出来，用于向父组件传递数据的方法。

（3）另一个子组件ListComp.vue仅用于显示一些数据，然后通过子组件ChildComp.vue调用父组件的方法来修改isShow的取值，以确定ListComp.vue组件显示与否。其源代码如下：

```vue
<template>
    <ul>
        <li v-for="item in posts" :key="item.id">
            {{item.id}}:{{item.title}}
        </li>
    </ul>
</template>
<script>
import { reactive, toRefs } from 'vue'
export default {
    setup() {
        const state = reactive({
            posts: [
                { id: 1, title: 'HTML' },
                { id: 2, title: 'CSS' },
                { id: 3, title: 'JavaScript' },
                { id: 4, title: 'jQuery' }
            ]
        })

        return {
            ...toRefs(state)
        }
    }
}
</script>
<style lang="scss" scoped>
ul li{
    list-style: none;
```

```
        background-color: yellow;
}
</style>
```

13.2 组件进阶

13.2.1 动态组件

Vue提供<component>组件标签元素，在该组件标签元素中使用v-bind指令搭配:is属性来动态渲染对应名称的组件，即<component>组件标签元素是一个占位符，:is属性可以用于指定要展示组件的名称，其切换代码如下：

`<component v-bind:is="切换组件的名称"></component>`

简写形式如下：

`<component :is="切换组件的名称"></component>`

简单来说，就是使用<component>组件标签元素动态地绑定多个组件名称到:is属性。

【例13-4】选项卡

说明：例13-4（example13-4）是实现一个选项卡页面，当用户单击不同的选项卡，通过切换组件实现显示不同的组件内容，其在浏览器中的显示结果如图13-5所示。

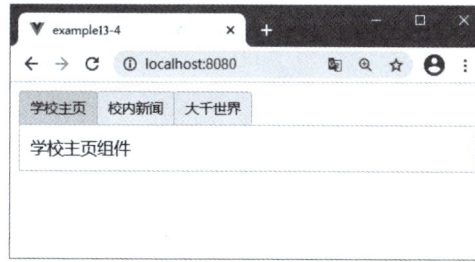 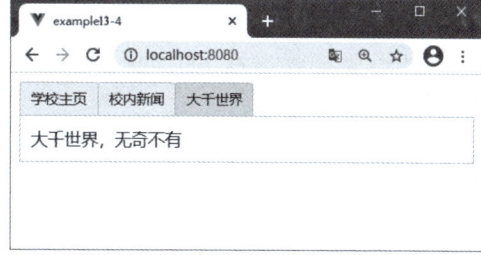

（a）切换选项卡前　　　　　　　　　　　（b）切换选项卡后

图13-5　选项卡切换结果

下面介绍程序实现步骤及相关代码。

（1）创建父组件，其实现的源代码如下：

```
<template>
  <div id="dynamic-component-demo" class="demo">
    <button v-for="(tab, index) in tabsName" v-bind:key="index"
        v-bind:class="['tab-button', { active: currentTab === index }]"
        v-on:click="currentTab = index">
      {{ tab }}
    </button>
    <component :is="currentTabComponent" class="tab"></component>
  </div>
</template>
<script>
import { reactive, toRefs, computed } from 'vue'
import tabhome from './TabHome.vue'         //导入子组件
```

```
import tabposts from './TabPosts.vue'
import tabarchive from './TabArchive.vue'
export default {
    components: {
        tabhome,                                        //注册子组件
        tabposts,
        tabarchive
    },
    setup() {
        const state = reactive({
            currentTab: 0,
            //定义切换子组件的组件名数组
            tabsCompName: ['tabhome', 'tabposts', 'tabarchive'],
            //定义子组件对应的中文选项卡标题
            tabsName: ['学校主页', '校内新闻', '大千世界']
        })
        //通过计算属性来侦听state.currentTab数据的变化,以改变不同的选项卡及内容
        const currentTabComponent = computed(() => {
            return state.tabsCompName[state.currentTab]
        })
        return {
            ...toRefs(state),
            currentTabComponent,
        }
    }
}
</script>
<style scoped>
.tab-button {                                           /*定义选项头的样式*/
    padding: 6px 10px;
    border-top-left-radius: 3px;
    border-top-right-radius: 3px;
    border: 1px solid #ccc;
    cursor: pointer;
    background: #f0f0f0;
    margin-bottom: -1px;
    margin-right: -1px;
}
.tab-button:hover {
    background: #f5d1d1;
}
.tab-button.active {
    background: #e0e0e0;
}
.demo-tab {
    border: 1px solid #ccc;
    padding: 10px;
}
</style>
```

当用户单击不同的选项卡标题时,会触发绑定的click事件。在该事件处理函数中,通过执行currentTab = index语句,将响应式变量currentTab更新为当前单击的选项卡索引;接着,利用按钮上的active: currentTab === index动态类绑定,根据currentTab的值来判断当前选项卡标题按钮是否处于激活状态;最后,通过计算属性来动态切换<component>标签内应渲染的组件。

（2）创建选项卡内容的子组件TabHome.vue、TabPosts.vue和TabArchive.vue。其中的内容类似，仅是\<div\>块内的文字略有不同，此处仅列出TabHome.vue的文件内容，其代码如下：

```
<template>
  <div class="demo-tab">学校主页组件</div>
</template>
```

13.2.2 插槽

插槽（slot）可以在自定义组件时把需要调用该组件并且要传递内容的位置预留出来，留给使用该组件的父组件去自定义，同时还可以传递一些数据供其使用。插槽使组件具有扩展性。

同一个组件根据用户调用的不同，需要渲染不同的内容。插槽就好像组件开发时定义的一个参数，该参数通过name值来区分，如果不传入值就使用默认值来渲染；如果传入了新值，在组件调用时就会替换定义时的插槽默认值。

定义插槽的语法格式如下：

```
<slot >默认内容</slot>
```

需要说明的是，这种插槽称为不具名插槽或默认插槽，其特点是只能有一个，并且其默认内容仅在插槽没有被具体内容匹配时才会生效。

【例13-5】默认插槽的定义与使用

说明：例13-5（example13-5）中定义了一个提示框，提示框包括头部、中间内容和底部三个部分。其中，头部和底部两个部分内容是不变的，改变的仅是中间的内容。此处中间的内容使用默认插槽进行定义，其在浏览器中的显示结果如图13-6所示。

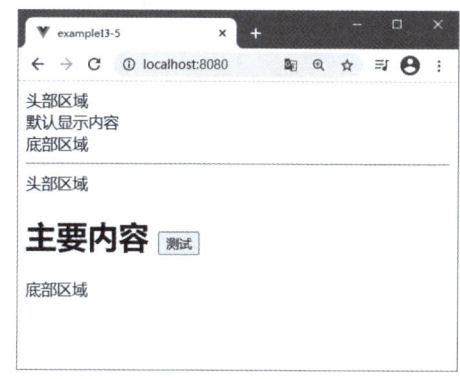

图 13-6 默认插槽的定义与使用

下面介绍程序实现步骤及相关代码。

（1）创建子组件Popup.vue，在该组件内写入以下代码。

```
<template>
    <div>头部区域</div>
    <slot>默认显示内容</slot>
    <div>底部区域</div>
</template>
```

（2）在父组件中使用两种方式引用子组件，一种是直接引用，让子组件采用默认方式显示中间内容；另一种是参数引用，用参数来代替\<slot\>\</slot\>插槽中的默认内容。其源代码如下：

```
<template>
```

```
        <popup></popup>               <!--直接引用子组件-->
        <hr>
        <popup>                        <!--带参数引用子组件-->
            <h1>                       <!--<h1>标签将代替插槽中的内容-->
                主要内容 <button>测试</button>
            </h1>
        </popup>
    </template>
    <script>
    import { reactive, toRefs } from 'vue'
    import popup from './Popup.vue'
    export default {
        components:{
            popup
        },
        setup () {
            const state = reactive({
                count: 0
            })
            return {
                ...toRefs(state)
            }
        }
    }
    </script>
```

13.2.3 具名插槽

具名插槽是通过给每个<slot>插槽指定一个名字来实现的,方法是在<slot>标签中使用name属性来定义如何分发内容。页面中可以有多个具名插槽,并且它们各自可以有不同的名字。例如,在子组件中定义一个名为footer的插槽,其使用的语句如下:

```
<slot name="footer"/>
```

在父组件使用这个插槽的语句如下:

```
<template v-slot:footer>
    这里的文字显示在组件的具名插槽footer内
</template>
```

【例13-6】具名插槽的定义与使用

说明:例13-6(example13-6)在子组件内定义了两个插槽,一个是匿名插槽,另一个具名插槽,然后在父组件中分别使用匿名插槽和具名插槽,其在浏览器中的显示结果如图13-7所示。

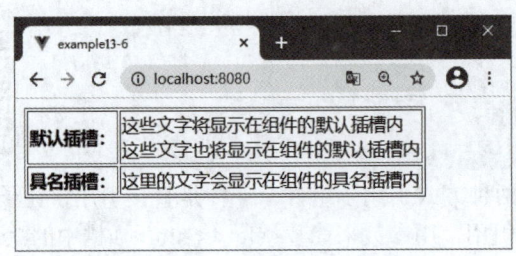

图13-7 具名插槽的定义与使用

下面介绍程序实现步骤及相关代码。

（1）创建子组件Popup.vue，在该组件内写入以下代码。

```
<template>
  <table border="1">
    <tr>
      <th>默认插槽：</th>
      <td><slot/></td>
    </tr>
    <tr>
      <th>具名插槽：</th>
      <td><slot name="footer"/></td>
    </tr>
  </table>
</template>
```

（2）在父组件中使用两种方式引用子组件，一种是直接引用，让子组件采用默认方式显示内容；另一种是具名插槽引用。其源代码如下：

```
<template>
    <popue>
        这些文字将显示在组件的默认插槽内
        <template v-slot:footer>
          这里的文字会显示在组件的具名插槽内
        </template>
        <br>这些文字也将显示在组件的默认插槽内
    </popue>
</template>
<script>
import popue from "./Popup.vue";
export default {
  components: {
      popue
  }
}
</script>
```

所有未指定具名插槽的内容，都将被渲染到默认插槽内，无论其在模板中的什么位置。

13.2.4 作用域插槽

通过前两节的讲解，可以得出以下结论：插槽是子组件提供的一种可替换模板的机制，允许父组件使用自定义的内容去替换子组件中的插槽内容。而具名插槽则是子组件内定义的多个插槽，每个插槽都有一个独特的名称，父组件在编写内容时可以通过指定插槽名来替换对应的插槽。

如果希望在父组件中有不一样的子组件样式渲染，在子组件中无法实现，只能通过将子组件的数据传递给父组件，让父组件按照需求再渲染到页面，得到一个子组件模板，从而渲染出不同的页面效果。数据是在子组件中定义的，却在父组件中使用，这样数据超出了其作用域。作用域插槽是指跨越数据作用域来实现数据在页面中的渲染。

现在有这样的需求：子组件Pupup.vue中定义了一条数组信息数据，然后需要在父组件中通过插槽渲染这条数组信息数据。但父组件中并没有这条数组信息数据，所以在父组件中直接使用这条数组信息数据是获取不到数据的，只有在子组件中可以访问到这条数组信息数据。这时可以把子组件中的这条数组信息数据传递给父组件并按照指定的格式渲染数据。在子组件中定义传递数据webLanguages的语句如下：

```
<slot name='footer' :data="webLanguages">
//此处是默认渲染内容及格式
</slot>
```

在父组件中通过子组件标签<popue>获取webLanguages数据的语句如下：

```
<popue>
  <template v-slot:footer="message">
  //此处是指定渲染内容及格式，其中message就是子组件内的webLanguages数据
  </template>
</popue>
```

【例 13-7】作用域插槽的定义与使用

说明：例13-7（example13-7）在子组件内定义了一条数组数据，然后定义具名插槽，在具名插槽中把数组数据传递出去，并定义显示数组数据的渲染方式；在父组件中分别进行默认数组数据渲染、数组数据以短横线隔离渲染、数组数据以星号隔离渲染，其在浏览器中的显示结果如图13-8所示。

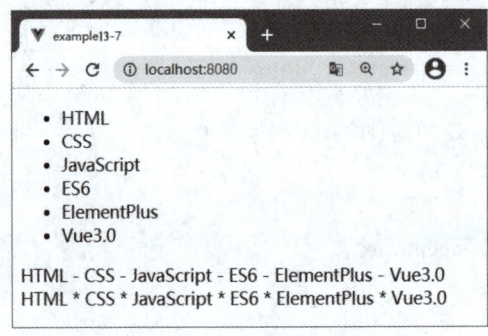

图13-8　作用域插槽的定义与使用

下面介绍程序实现步骤及相关代码。

（1）创建子组件Popup.vue，在该组件内写入以下代码。

```
<template>
  <slot name='footer' :data="webLanguages">        <!--定义作用域插槽-->
    <ul>                                            <!--定义默认渲染方式-->
      <li v-for="(item,index) in webLanguages" :key="index">
        {{item}}
      </li>
    </ul>
  </slot>
</template>
<script>
import { reactive, toRefs } from 'vue'
export default {
  setup() {
    const state = reactive({
      webLanguages: [                              //定义数组数据
        'HTML',
        'CSS',
        'JavaScript',
        'ES6',
        'ElementPlus',
```

```
          'Vue 3.x'
       ]
     })
     return {
       ...toRefs(state)
     }
   }
 }
</script>
```

（2）在父组件中使用 3 种方式引用子组件：直接引用、短横线分隔样式渲染、星号分隔样式渲染。其源代码如下：

```
<template>
    <popue></popue>                             <!--直接引用-->
    <popue>                                     <!--作用域插槽-->
      <template v-slot:footer="message">
        {{message.data.join(' - ')}}            <!--数组元素以分隔符分隔-->
      </template>
    </popue>
    <br>
    <popue>                                     <!--作用域插槽-->
      <template v-slot:footer="message">
        {{message.data.join(' * ')}}            <!--数组元素以星号分隔-->
      </template>
    </popue>
</template>
<script>
import popue from "./Popup.vue";
export default {
  components: {
      popue
  }
}
</script>
```

13.3 路由概述

13.3.1 路由基础

1. 什么是路由

假设有一台提供Web服务的服务器地址是www.lb.com，该Web服务器有3个提供给用户访问的页面，其页面的URL分别如下：

```
http://www.lb.com
http://www.lb.com/list
http://www.lb.com/adduser
```

当用户使用http://www.lb.com/list网址访问页面时，Web服务器会接收到请求，然后解析URL中的路径/list。在Web服务器进程中，该路径对应着相应的处理逻辑，程序会把请求交给路径对应的处理逻辑，这样就完成了一次"路由分发"。

对于普通的网站，所有的超链接都是URL地址，都对应服务器上相应的资源，这个对应关系就是后端中的路由，即根据不同的用户URL请求，返回不同的服务器资源。

对于单页面应用程序来说，主要通过URL中的hash（#）来实现不同页面之间的切换。HTTP请求中不会包含hash相关的内容，所以单页面应用程序中的页面跳转主要用hash实现。在单页面应用程序中，这种通过hash改变来切换页面的方式称为前端路由（区别于后端路由）。

前端路由主要是根据不同的用户事件来显示不同的页面内容，本质上是用户事件与事件处理函数之间的对应关系。

2. Vue Router

Vue.js官方提供了一套专用的路由工具库Vue Router，又称路由管理器，其与Vue.js的核心深度集成，让构建单页面应用程序变得非常简单。路由实际上可以理解为指向，就是在页面上单击一个按钮需要跳转到对应的页面，这就是路由跳转。这里需要理解以下三个词语的区别。

（1）route：单数，译为路由，可以理解为单个路由或者某一条路由。

（2）routes：复数，表示多个路由的集合，JavaScript中表示多种不同状态的集合形式只有数组和对象两种，事实上官方定义routes是表示多个数组的集合。

（3）router：译为路由器。一个包含route和routes的容器。router是一个管理者，负责管理route和routes。例如，当用户在页面上单击按钮时，router就会到routes中查找route，即路由器会到路由集合中查找对应的路由。其包含的功能如下：

- 嵌套的路由/视图表。
- 模块化的、基于组件的路由配置。
- 路由参数、查询、通配符。
- 基于Vue.js过渡系统的视图过渡效果。
- 细粒度的导航控制。
- 自定义的滚动条行为。

3. 安装路由

安装路由的方法有两种：一种是在创建项目时，选中安装路由，在生成项目的配置项中使用上、下键和空格键选中Router（参考图11-6）；另一种方法是在创建项目时没有安装Router，使用以下命令进行安装。

```
npm i vue-router@next
```

13.3.2 路由进阶

Vue Router是Vue.js的一个插件，需要在Vue.js的全局应用中通过Vue.use()将其纳入实例。在项目中，main.js是程序入口文件，全局配置都在这个文件中进行，该文件中的内容如下：

```
import { createApp } from 'vue'           //从Vue中引入createApp()方法
import App from './App.vue'                //将App.vue文件引入
import router from './router'              //从router文件夹下导入路由器
createApp(App).use(router).mount('#app')   //将路由器启动并挂载到id='app'的div上
```

在入口文件main.js中导入router文件夹下的index.js文件，即可使用路由配置的信息。

1. 建立路由器模块

先建立一个路由器模块来配置和绑定相关信息。在router文件夹下的index.js文件中使用createRouter()方法创建一个路由器router。在路由器router中指定两个内容：一个是用什么模式使用路由（有两种：history模式和hash模式），另一个是路由数组。

history模式使用以下命令进行指定。

```
history: createWebHistory(process.env.BASE_URL)
```

hash模式使用以下命令进行指定。

```
history: createWebHashHistory()
```

路由数组中的每个元素都是一条路由对象，一条路由对象由三部分组成：name、path和component。其中，name表示链接名称，path表示当前路由规则匹配的hash地址，component表示当前路由规则对应要展示的组件。

【例13-8】建立路由

说明：例13-8中建立默认路由和login路由。

程序代码如下：

```js
//文件：router/index.js
//从vue-router中引入createRouter()和createWebHashHistory()方法
import { createRouter, createWebHashHistory } from 'vue-router'
//使用组件名HelloWorld引入../views/HelloWorld.vue文件
import HelloWorld from '../views/HelloWorld.vue'
//定义路由数组
const routes = [
  //每一条路由三部分组成：name、path和component
  {
    path: '/',                                    //链接路径，'/'表示根目录
    name: 'HelloWorld',                           //命名路由
    component: HelloWorld                         //对应的组件模板
  },
  {
    path: '/Login',                               //链接路径
    name: 'Login',                                //命名路由
    component: () => import('../views/Login.vue') //引入文件的另一种方法
  }
]
//使用createRouter方法创建路由器router
const router = createRouter({
  //定义路由数组，相当于routes: routes
  history: createWebHistory(process.env.BASE_URL),   //指定history模式
  routes
})
export default router                             //输出路由器
```

2. 路由重定向

路由重定向的意思是当用户在访问地址A时，强制用户跳转到地址B，从而展示特定的组件页面。通过路由规则的redirect属性指定一个新的路由地址，以设置路由的重定向。其中，path表示需要被重定向的原地址，redirect表示将要被重定向到的新地址。

例如，把根目录地址"/"重定向到"/login"，其源代码如下：

```js
import { createRouter, createWebHashHistory } from 'vue-router'
```

```
import Login from '../views/'Login'.vue'
const routes = [
  {
      path: '/',                                    //根目录
    redirect: '/login'                              //路由重定向到/login
  },
  {
      path: '/login',
      component: Login
  }
]
const router = createRouter({
  history: createWebHistory(process.env.BASE_URL),
  routes
})
export default router
```

3. 添加路由链接

<router-link>是Vue.js中提供的标签，默认会被渲染为<a>标签，to属性可以用于指定目标地址，to属性会被渲染为<a>标签的href属性。例如：

```
<router-link to="home">Home</router-link>
```

其渲染结果如下：

```
<a href="home">Home</a>
```

使用v-bind指令的JavaScript表达式如下：

```
<router-link v-bind:to="'home'">Home</router-link>
<router-link :to="'home'">Home</router-link>
<!--同上-->
<router-link :to="{ path: 'home' }">Home</router-link>
```

在v-bind绑定的to属性中定义对象，而在该对象中定义name属性来命名路由。其实现语句如下：

```
<router-link :to="{name: 'applename'}"> to apple</router-link>
```

在命名路由之前，需要在项目脚手架router目录下的index.js文件中进行路由命名，然后name属性值才起作用。其实现语句如下：

```
const routes = [
  {
    path: '/home/:color',
    name: 'applename',              //命名路由
    component: () => import('../views/Home.vue')
  }
]
```

如果需要定义带查询参数的路由，在对象中定义query属性，其属性值也定义为一个对象，在该对象中再定义相关的属性和属性值。例如，需要在/apple地址后面加color=red属性和属性值，即地址变成/apple?color=red。其实现语句如下：

```
<router-link :to="{path: 'apple', query: {color: 'red' }}">
    to apple
</router-link>
```

无论是直接路由path、命名路由name还是带查询参数query，其地址栏将转换成以下结果。

/url?查询参数名:查询参数值

当直接路由path带路由参数params时，params将不会生效；当命名路由name带路由参数params时，其地址栏保持"/url/路由参数值"的形式，即参数params仅在命名路由中起作用。

例如，让导航/apple带red参数（即/apple/red）可以使用以下语句。

```
<router-link :to="{name: 'apple', params: { color: 'red' }}">
    to apple
</router-link>
```

另外，在激活状态时给<router-link>添加一些样式，可以使用以下代码实现。

```
<router-link to="/" active-class="active">Home</router-link> |
<router-link to="/about" active-class="active">About</router-link>
```

再通过<style></style>编写样式，如把激活状态的文字转变成红色，代码如下：

```
<style scoped>
  .active{
    color: #f00;
  }
</style>
```

4. 添加路由填充位

路由填充位又称路由占位符，通过路由规则匹配到的组件将会被渲染到路由占位符的位置。路由占位符的代码如下：

```
<router-view> </router-view>
```

13.3.3 路由基础案例

使用Vue Router时通常包括以下几个步骤。
（1）使用createRouter()方法创建路由组件。
（2）配置路由映射，即确定组件和路由的映射关系。
（3）通过<router-link>和<router-view>使用路由。

【例13-9】路由基础案例

说明：建立3个路由对应2个组件文件，组件文件存储在项目脚手架的views目录下，分别是Home.vue和About.vue，3个路由分别是根目录（/）、/home、/about，其中根目录路由被重定向到/home。。

下面介绍程序实现步骤及相关文件代码。

1. main.js文件

在Vue-cli脚手架的src目录下编写main.js文件。其文件内容如下：

```
import { createApp } from 'vue'
import App from './App.vue'
import router from './router'
createApp(App).use(router).mount('#app')
```

扫一扫，看视频

2. index.js文件

在Vue-cli脚手架的src/router目录下编写index.js文件，用于创建路由。其文件内容如下：

```js
import { createRouter, createWebHashHistory } from 'vue-router'
import Home from '../views/Home.vue'
import About from '../views/About.vue'
const routes = [
  {
    path: '/',                    //根目录
    redirect: '/home'             //路由重定向到/home
  },
  {
    path: '/home',
    name: 'Home',
    component: Home
  },
  {
    path: '/about',
    name: 'About',
    component: About
  }
]
const router = createRouter({
  history: createWebHashHistory(),
  routes
})
export default router
```

3. App.vue

在Vue-cli脚手架的src目录下编写App.vue文件。其文件内容如下：

```html
<template>
  <div id="nav">
    <img src="./assets/logo.png"><br>
    <router-link to="/" active-class="active">Home</router-link> |
    <router-link to="/about" active-class="active">About</router-link>
  </div>
  <router-view/>
</template>
<style scoped>
  #nav {
    text-align: center;
  }
  .active{
    color: #f00;
  }
</style>
```

在App.vue文件中编写两个链接及一个路由占位符。当某个路由与其匹配时，就将匹配路由所对应的组件文件内容渲染到路由占位符<router-view/>内。

4. Home.vue和About.vue

在Vue-cli脚手架的src/views目录下编写 Home.vue文件，如果用户单击路由跳转到该组件文件，则该组件文件中的内容将被渲染到App.vue的<router-view/>标签内。Home.vue文件内容如下：

```html
<template>
  <div class="home">
    <h1>网站主页</h1>
  </div>
```

About文件与Home.vue类似。其文件内容如下：

```
<template>
  <div class="about">
    <h1>关于网站</h1>
  </div>
</template>
```

13.4 编程式导航

13.4.1 编程式导航简介

1. 页面导航方式

在Vue中，页面导航方式主要有以下两种。

（1）通过单击定义的链接实现导航，称为声明式导航，如普通网页中的<a></a>链接或Vue中的<router-link><router-link>，13.3.3小节中的例13-9实现的就是声明式导航。

（2）通过调用JavaScript形式的API实现导航，称为编程式导航。

2. 编程式导航的基本方法

本节所指的router是通过Vue 3.x的useRouter()方法创建的，使用该方法之前必须将其引入，其使用的语句如下：

```
import { useRouter } from 'vue-router'         //引入useRouter
const router = useRouter()                      //创建router
```

（1）router.push()方法。想要导航到不同的URL，则使用router.push()方法。这个方法会向history栈添加一个新的记录，当用户单击浏览器中的"后退"按钮时，则退回到上一次访问的浏览器网页。另外，单击 <router-link :to="..."> 等同于调用router.push()方法，该方法的参数可以是一个字符串路径，也可以是一个描述地址的对象。例如：

```
//字符串
router.push('home')
//对象
router.push({ path: 'home' })
//命名的路由
router.push({ name: 'user', params: { userId: '123' }})
//带查询参数，变成/register?plan=private
router.push({ path: 'register', query: { plan: 'private' }})
```

需要注意的是，如果提供了path参数，params参数将会被忽略，上述例子中的query并没有这个限制。当需要提供命名路由name或手写完整的带有参数path时，可使用以下语句实现。

```
const userId = '123'
router.push({ name: 'user', params: { userId }})        //导航到/user/123
router.push({ path: `/user/${userId}` })                //导航到/user/123
//下面的params不生效
router.push({ path: '/user', params: { userId }})       //导航到/user
```

同样的规则也适用于router-link组件的to属性。

（2）router.replace()方法。该方法与router.push()方法基本相同，唯一的区别是不向浏览器的history添加新记录，而是替换当前的history记录。

（3）router.go()方法。router.go()方法的参数是一个整数，表示在浏览器的history记录中向前或者后退多少步，类似于原生JavaScript脚本中的window.history.go(n)方法。使用router.go()方法的基本语句如下：

```
//在浏览器记录中前进一步，等同于history.forward()
router.go(1)
//后退一步记录，等同于history.back()
router.go(-1)
//前进3步记录
router.go(3)
//如果history记录不够用，将导航失败
router.go(-100)
router.go(100)
```

13.4.2 编程式导航实现方法

下面介绍编程式导航实现方法。

（1）从vue-router引入useRouter()方法，使用的语句如下：

```
import { useRouter } from 'vue-router'
```

（2）利用引入的useRouter()方法创建路由器，使用的语句如下：

```
const router = useRouter()
```

（3）使用新建路由器的push()方法动态导航到不同的链接，使用的语句如下：

```
const homeClick = () => {            //用户单击时触发该事件
  router.push('about')               //路由匹配到about
}
```

（4）在模板<template></template>中定义导航的触发元素并绑定单击导航事件。例如，定义按钮为导航元素，使用的语句如下：

```
<button @click="homeClick">about home program</button>
```

【例13-10】编程式导航案例

说明：例13-10是上面编程式导航的完整实现，其在浏览器中的显示结果如图13-9所示。当用户单击了"编程式导航"按钮时，实现的功能与单击About超级链接实现的功能相同，如图13-10所示。

图13-9　声明式导航 Home

图13-10　编程式导航

程序代码如下：

```vue
//文件：App.vue
<template>
  <div id="nav">
    <img src="./assets/logo.png"><br>
    <router-link to="/" active-class="active">Home</router-link> |
    <router-link to="/about" active-class="active">About</router-link> |
    <button @click="homeClick">编程式导航</button>
  </div>
  <router-view/>
</template>
<script>
import { reactive, toRefs } from 'vue'
import { useRouter } from 'vue-router'
export default {
  setup() {
    const state = reactive({
      count: 0
    })
    const router = useRouter()
    const homeClick = () => {
      router.push('/about')
    }
    return {
      ...toRefs(state),
      homeClick
    }
  }
}
</script>
<style scoped>
 #nav {
    text-align: center;
 }
 .active{
    color: #f00;
 }
</style>
```

13.5 动态路由

13.5.1 动态路由的基本使用方法

在某些情况下，一个页面的path路径可能是不确定的，如进入用户页面时，希望不仅有路径信息，还有一些其他信息。例如：

```
/user/lb
/user/wq
```

这种路径与组件之间的匹配关系称为动态路由（也是路由传递数据的一种方式）。如果针对上面的用户lb和wq建立两个路由链接，其语句如下：

```
<router-link to="/user/lb">userLb</router-link>
```

```
<router-link to="/user/wq">userWq</router-link>
```

然后定义这两个路由链接对应的路由规则，其语句如下：

```
const routes = [
  { path: '/user/lb', component: User},
  { path: '/user/wq', component: User}
]
```

这种方法虽然能够实现路由，但是动态性几乎不存在，因为用户增删是随时变化的。在 Vue.js 项目中，这种使用 Vue Router 进行不传递参数的路由模式称为静态路由。

如果能够传递参数，并且对应的路由数量不确定，则可以用动态路由实现。例如，上面说明的 User 组件，对于 ID 各不相同的用户都要使用这个组件来渲染。那么可以在 Vue Router 的路由路径中使用"动态路径参数"来达到这个效果。动态路由以冒号开头，其定义的语句如下：

```
const routes = [
  { path: '/user/:userId', component: User}    //动态路由参数以冒号开头
]
```

在路由组件中通过route.params获取路由参数，其使用的语句如下：

```
route.params.userId
```

【例13-11】实现动态路由

说明：例13-11是动态路由方法实现。任务需求是实现生成一个任意的用户ID值，将其链接到User组件并将这个用户ID值显示在网页上。用户ID值需要通过字符拼接的方式生成，具体为将字符串lb与一个随机数拼接来构成用户ID值，其在浏览器中的显示结果如图13-11所示。

图13-11 动态路由

下面介绍程序实现步骤及相关文件代码。

(1) 在脚手架的 components 文件夹下创建组件 User.vue。其组件内容如下：

```
<template>
  <h2>用户信息</h2>
  <p>收集到的用户信息</p>
  <h3>{{ userID }}</h3>
</template>
<script>
```

```
import { computed } from 'vue'
import { useRoute } from 'vue-router'
export default {
  setup() {
    //获取列表页面传来的用户ID值，利用此用户ID值进行数据请求工作
    const route = useRoute()
    //计算属性
    const userID = computed(() => {
      return route.params.userId    //获取URL中的用户ID值
    })
    return {
      userID
    }
  }
}
</script>
```

（2）在router文件夹下的index.js文件中添加路径与路由之间的对应关系。其文件内容如下：

```
import { createRouter, createWebHashHistory } from 'vue-router'
import Home from '../views/Home.vue'
import About from '../views/About.vue'
import User from '../components/User.vue'
const routes = [
  {
    path: '/',
    name: 'Home',
    component: Home
  },
  {
    path: '/about',
    name: 'About',
    component: About
  },
  {
    path: '/user/:userId',
    name: 'User',
    component: User
  }
]
const router = createRouter({
  history: createWebHashHistory(),
  routes
})
export default router
```

（3）在App.vue中进行路由调用，其源代码如下：

```
<template>
<div id="nav">
    <img src="./assets/logo.png"><br>
    <router-link to="/" active-class="active">主页</router-link> |
    <router-link to="/about" active-class="active">关于</router-link> |
    <router-link :to="`/user/${userId}`" active-class="active">
        用户
    </router-link>
  </div>
  <router-view/>
```

```
</template>
<script>
import { reactive, toRefs } from 'vue'
export default {
  setup() {
    const state = reactive({
      userId: 'lb' + Math.floor(Math.random() * 10)
    })
    return {
      ...toRefs(state),
    }
  }
}
</script>
<style scoped>
 #nav {
    text-align: center;
  }
  .active{
     color: #f00;
  }
</style>
```

13.5.2 嵌套路由

在实际的项目应用中，通常由多层嵌套的组件组合而成。同样地，URL中的各段动态路径也按某种结构对应嵌套的各层组件。

例如，在home页面中，希望通过/home/news和/home/message访问一些内容，这就需要用到嵌套路由。路径/home访问一个组件，路径/home/news和/home/message通过路由占位符将渲染这两个路径对应的组件，其路径与组件的关系如图13-12所示。

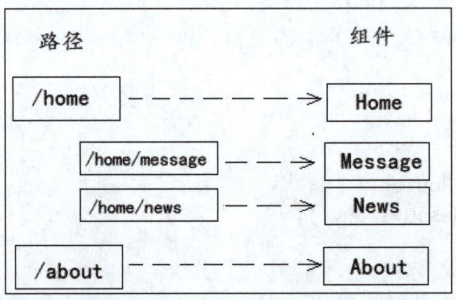

图13-12　路径与组件的关系

实现嵌套路由需要以下两个步骤。
（1）创建对应的子组件，并且在路由映射中配置对应的子路由。
（2）在父组件内部使用<router-view>标签。

【例13-12】实现嵌套路由

说明：例13-12（example13-12）实现/home/news和/home/message的嵌套路由，其在浏览器中的显示结果如图13-13和图13-14所示。

图 13-13　子路由 /home/news

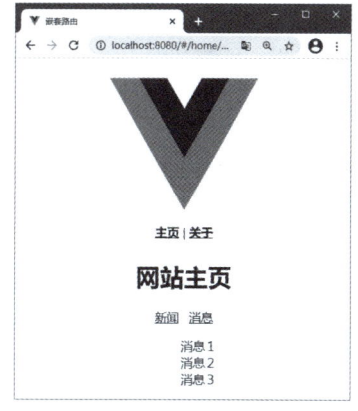
图 13-14　子路由 /home/message

下面介绍程序实现步骤及相关文件代码。

（1）在components文件夹下创建两个组件，分别是HomeNews.vue和HomeMsg.vue。

1）HomeNews.vue组件中的内容如下：

```
<template>
  <ul>
    <li>新闻1</li>
    <li>新闻2</li>
    <li>新闻3</li>
  </ul>
</template>
```

2）HomeMsg.vue组件中的内容如下：

```
<template>
  <ul>
    <li>消息1</li>
    <li>消息2</li>
    <li>消息3</li>
  </ul>
</template>
```

（2）在router文件夹下的路由配置文件index.js中增加以下加色内容。需要注意的是，子路由的path值直接写路由信息，不能加根目录符号。index.js文件中的代码如下：

```
import { createRouter, createWebHashHistory } from 'vue-router'
import Home from '../views/Home.vue'
import About from '../views/About.vue'
import User from '../components/User.vue'
const HomeNews = () => import('../components/HomeNews.vue')
const HomeMsg = () => import('../components/HomeMsg.vue')
const routes = [
  {
    path: '/',
    redirect: '/home'
  },
  {
    path: '/home',
    name: 'Home',
    component: Home,
    children: [                        //子路由
      {
```

```
      path: '',                        //设置默认子路由
      component: HomeNews              //不使用路由重定向
    },
    {
      path: 'news',                    //设置/home/news子路由
      component: HomeNews              //设置匹配成功后所渲染的组件
    },
    {
      path: 'msg',                     //设置/home/msg子路由
      component: HomeMsg               //设置匹配成功后所渲染的组件
    }
    ]
  },
  {
    path: '/about',
    name: 'About',
    component: About
  }
]
const router = createRouter({
  history: createWebHashHistory(),
  routes
})
export default router
```

（3）在主页组件文件Home.vue中增加以下加色内容，即在文件中增加路由链接和路由占位符。代码如下：

```
<template>
  <div class="home">
    <h1>网站主页</h1>
    <router-link to="/home/news">新闻</router-link>  
    <router-link to="/home/msg">消息</router-link>
    <router-view/>
  </div>
</template>
<style >
ul li{
  list-style: none;
}
</style>
```

（4）在App.vue主组件内，使用<router-view/>语句引入Home.vue组件。App.vue文件中的内容如下：

```
<template>
  <div id="nav">
    <img src="./assets/logo.png"><br>
    <router-link to="/">主页</router-link> |
    <router-link to="/about">关于</router-link>
  </div>
  <router-view/>
</template>
<style lang="scss">
#app {
  font-family: Avenir, Helvetica, Arial, sans-serif;
  -webkit-font-smoothing: antialiased;
```

```
    -moz-osx-font-smoothing: grayscale;
    text-align: center;
    color: #2c3e50;
}
#nav {
    padding: 30px;
    a {
        font-weight: bold;
        color: #2c3e50;
        &.router-link-exact-active {
            color: #42b983;
        }
    }
}
</style>
```

（5）入口文件main.js中的内容如下：

```
import { createApp } from 'vue'
import App from './App.vue'
import router from './router'
createApp(App).use(router).mount('#app')
```

13.5.3 路由参数传递

route路由对象是通过useRoute()方法创建的，在使用useRoute()方法之前必须先将其引入，其使用的语句如下：

```
import { useRoute } from 'vue-router'
const route = useRoute()
```

通过route路由对象，可以获取URL中所传递的路由。通常有以下两种方式。

（1）使用<route-link>标签传递。

（2）使用事件方法传递。

下面分别介绍这两种方式的实现步骤及代码。

1. 使用<route-link>标签传递参数

【例13-13】使用<route-link>标签传递参数

说明：例13-13（example13-13）是使用<route-link>标签在调用相应组件的同时传递一些参数，当用户单击该链接后，可以把标签内所输送的参数显示在页面上，其在浏览器中的显示结果如图13-15所示。

图13-15 使用<route-link>标签传递参数

下面介绍程序实现步骤及相关文件代码。

（1）在脚手架的components文件夹下新建组件，本例使用的组件名为Profile.vue。

```
<template>
  详细信息：<br>
  姓名：{{route.query.name}}<br>     <!--通过route的query访问参数-->
  年龄：{{route.query.age}}<br>
  身高：{{route.query.height}}
</template>
<script>
import { useRoute } from 'vue-router'   //引入useRoute()方法
export default {
  setup() {
    const route = useRoute()            //生成route路由实例
    return {
      route
    }
  }
}
</script>
```

（2）路由文件index.js中的内容如下：

```
import { createRouter, createWebHashHistory } from 'vue-router'
import Profile from '../components/Profile.vue'
//此处省略其他组件导入
const routes = [
  {
    path: '/profile/',
    component: Profile
  },
  //此处省略其他路由
]
const router = createRouter({
  history: createWebHashHistory(),
  routes
})
export default router
```

（3）在需要路由链接的文件（本例是App.vue）中写入以下query内容。

```
<template>
  <!--此处省略其他链接-->
  <router-link :to="{path:'/profile',
    query:{name:'刘兵',age:25,height:1.88}}" active-class="active">
    Profile
  </router-link>
  <hr>
  <router-view></router-view>
</template>
```

2. 使用事件方法传递路由参数

【例13-14】使用事件方法传递路由参数

说明：例13-14（example13-14）是使用事件方法传递路由参数，在事件响应函数内通过route路由的push()方法来携带相关参数，当用户单击页面上的按钮时，在触发的按钮事件中把相关参数展示在页面中。其与<router-link>链接实现代码的第（3）步略有不同，其在浏览器中的显示结果如图13-16所示。

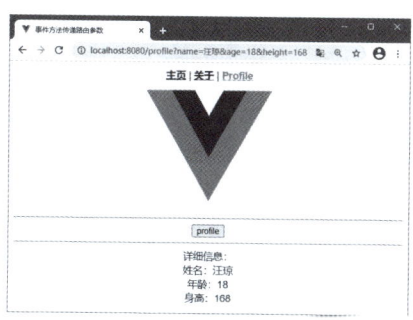

图 13-16　使用事件方法传递参数

程序文件代码如下：

```
//文件：App.vue
<template>
  <!--此处省略其他链接-->
  <hr>
    <button @click="profileClick">profile</button>
  <hr>
    <router-view></router-view>
</template>
<script>
import { useRouter } from 'vue-router'
export default {
  setup() {
    const router = useRouter()
    const profileClick = () => {
      router.push({
        path: '/profile',
        query: {
          name: '汪琼',
          age: 18,
          height: 168
        }
      })
    }
    return {
      profileClick
    }
  }
}
</script>
```

13.6　本章小结

本章详细讲解了组件、组件进阶与路由三方面的内容。组件是Vue.js较强大的功能之一，其核心目标是提高代码的可重用性高及减少重复性开发。13.1节重点对组件的创建方法、组件中数据的定义和引用方法、各个组件之间的数据传递方法及组件的切换方法等进行阐述。父组件调用子组件所显示的内容都是相同的，如果想让父组件根据不同的内容渲染动态子组件内容时，可以使用插槽实现。13.2节重点说明了插槽的实现方式，包括插槽的基本使用方法、具名插槽和作用域插槽。13.3节重点讲解了路由相关知识，路由是指根据URL分配到对应的处理程序，其作用是解析URL调用对应视图组件的方法，在调用过程中还可以通过URL传递参数。

13.7 习题13

扫描二维码，查看习题。

扫描二维码
查看习题

13.8 实验13　使用组件实现简易轮播图

扫描二维码，查看实验内容。

扫描二维码
查看实验内容

CHAPTER 14 第三方插件

学习目标：

由其他厂商或个人根据Vue 3.x规范针对某一特殊要求所编写的程序称为第三方插件。本章讲解主要用于PC端UI设计的Element Plus和用于手机端UI设计的Vant。通过本章的学习，读者应该掌握以下主要内容。

- Element Plus的引入及使用方法。
- Vant的引入及使用方法。

思维导图简图

- 第三方插件
  - Element Plus
    - Element Plus概述
    - 内置过渡动画
      - 淡入/淡出
      - 缩放
      - 展开/折叠
    - 组件
      - 布局
      - 图标与按钮
    - 表单
      - ElementPlus提供了许多表单样式
    - 表格
      - 表格样式
    - 通知
      - 通知(Notification)组件有4种通知类型
      - 使用position属性定义Notification组件的弹出位置
    - 导航菜单
      - 水平导航菜单
      - 侧边导航栏
    - Badge
      - 展示新消息数量
      - 小红点
    - 轮播图
    - Drawer
  - Vant
    - Vant概述
      - Vant主要特性
      - Vant支持Vue.js 3.x的官方网址
      - 安装
      - 引入Vant
      - 在页面中使用Vant
    - Vant组件的使用方法
      - Icon(图标)
      - Tabbar(标签栏)

扫描二维码
查看详细知识树导图

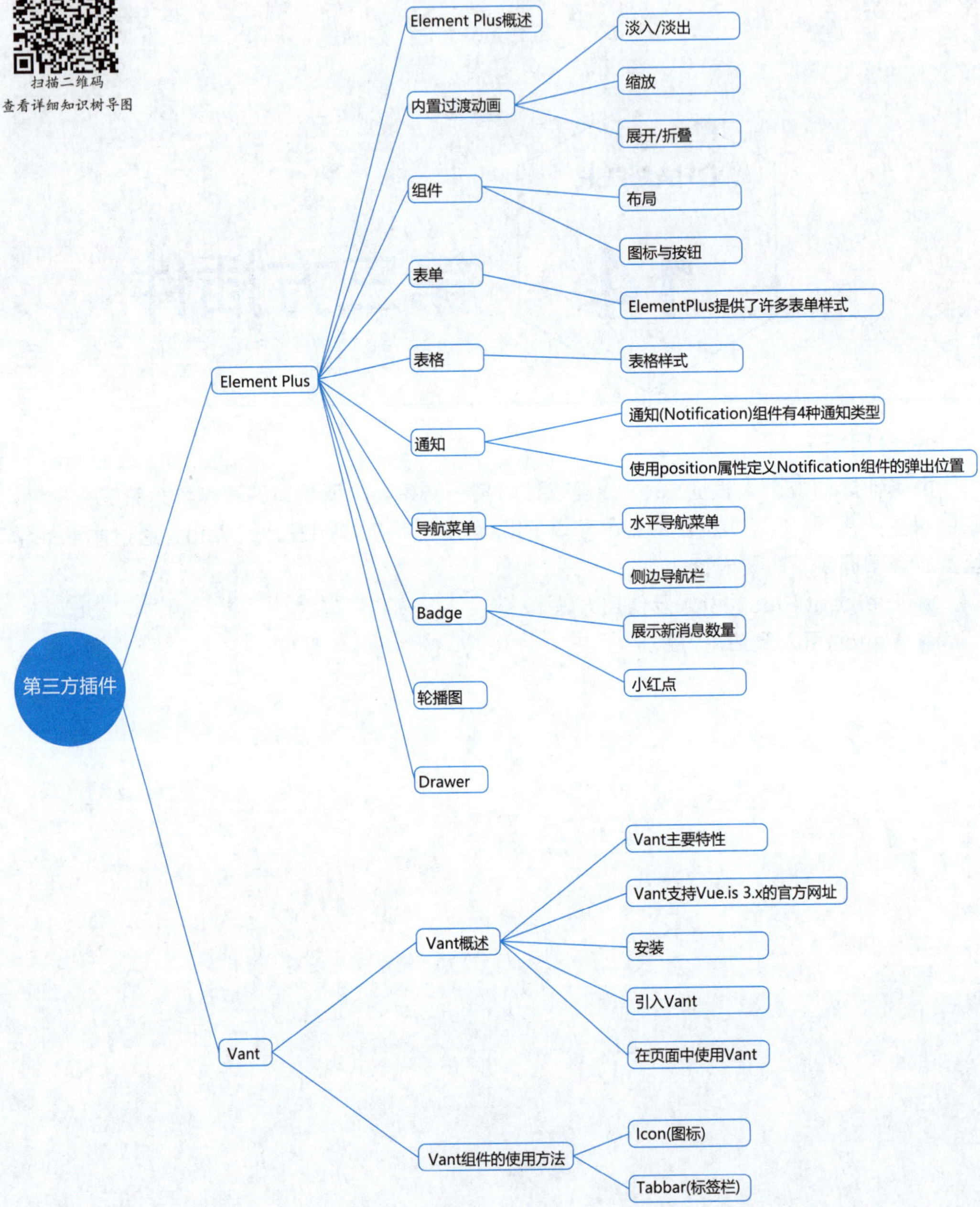

14.1 Element Plus

14.1.1 Element Plus 概述

Element Plus是基于Vue 3.x实现的一套不依赖业务的UI组件库，提供了丰富的PC端组件，减少了用户对常用组件的封装，降低了开发者对页面样式的开发难度，有助于Web前端开发者的网站快速成型。

1. 安装

使用npm的方式安装，使其能更好地与Webpack打包工具配合使用，其使用的代码如下：

```
npm install element-plus --save
```

2. 引入Element Plus

要想使用Element Plus，必须先将其引入到Vue-cli脚手架中。引入的方法是在脚手架src目录下的main.js文件中加入以下粗体字代码：

```
import { createApp } from 'vue'
import App from './App'
import router from './router'
import store from './store'
import ElementPlus from 'element-plus'
import 'element-plus/dist/index.css'
createApp(App).use(ElementPlus).use(store).use(router).mount('#app')
```

3. 在页面中使用Element Plus

【例14-1】Element Plus的引入和使用方法

说明：例14-1（example14-1）中使用Element Plus的按钮，并在按钮中显示数据"Hello Element Plus World!"，其在浏览器中的显示结果如图14-1所示。

图14-1 Element Plus 的引入和使用方法

程序代码如下：

```
<template>
  <el-button>{{msg}}</el-button>
  <el-button type="success">成功按钮</el-button>
  <el-button type="primary" round>主要按钮</el-button>
</template>
<script>
import { reactive, toRefs } from 'vue'
```

扫一扫，看视频

```
export default {
  setup() {
    const state = reactive({
      msg: 'Hello Element Plus World!'
    })
    return {
      ...toRefs(state)
    }
  }
}
</script>
```

14.1.2 内置过渡动画

Element Plus可以定义内置过渡动画，包括淡入/淡出、缩放和展开/折叠。其中：

（1）元素淡入方式有两种，分别是el-fade-in-linear和el-fade-in。

（2）元素缩放方式有三种，分别是el-zoom-in-center（中心缩放）、el-zoom-in-top（往上缩放）、el-zoom-in-bottom（往下缩放）。

（3）使用el-collapse-transition组件可以实现展开/折叠效果。

需要注意的是，要使用内置过渡动画的标签外层必须嵌套<transition>标签，并添加name属性，属性值为进行某种过渡动画的样式类名，如el-fade-in-linear。

【例14-2】Element Plus过渡效果验证

说明：例14-2（example14-2）实现<div>块的几种不同的过渡方法，读者应着重体会内置过渡动画的使用方法，其在浏览器中的显示结果如图14-2所示。

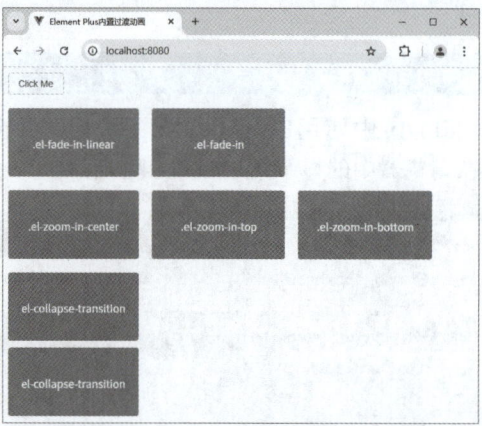

图 14-2 Element Plus 过渡效果验证

程序代码如下：

```
<template>
  <el-button @click="handleClick">Click Me</el-button>
  <!--内置过渡动画：淡入/淡出-->
  <div style="display: flex; margin-top: 20px; height: 100px;">
    <transition name="el-fade-in-linear">
      <div v-show="show" class="transition-box">.el-fade-in-linear</div>
    </transition>
    <transition name="el-fade-in">
```

```vue
        <div v-show="show" class="transition-box">.el-fade-in</div>
      </transition>
    </div>
    <!--内置过渡动画:绽放-->
    <div style="display: flex; margin-top: 20px; height: 100px;">
      <transition name="el-zoom-in-center">
        <div v-show="show" class="transition-box">.el-zoom-in-center</div>
      </transition>
      <transition name="el-zoom-in-top">
        <div v-show="show" class="transition-box">.el-zoom-in-top</div>
      </transition>
      <transition name="el-zoom-in-bottom">
        <div v-show="show" class="transition-box">.el-zoom-in-bottom</div>
      </transition>
    </div>
    <!--内置过渡动画:展开/折叠-->
     <div style="margin-top: 20px; height: 200px;">
      <el-collapse-transition>
        <div v-show="show">
          <div class="transition-box">el-collapse-transition</div>
          <div class="transition-box">el-collapse-transition</div>
        </div>
      </el-collapse-transition>
    </div>
</template>
<script>
import { reactive, toRefs } from 'vue'
export default {
  setup() {
    const state = reactive({
      show: true
    })
    const handleClick = () => {
      state.show = !state.show
    }
    return {
      ...toRefs(state),
      handleClick
    }
  }
}
</script>
<style scoped>
.transition-box {
    margin-bottom: 10px;
    width: 200px;
    height: 100px;
    border-radius: 4px;
    background-color: #409EFF;
    text-align: center;
    color: #fff;
    padding: 40px 20px;
    box-sizing: border-box;
    margin-right: 20px;
  }
</style>
```

14.1.3 组件

1. 布局

Element Plus随着屏幕或视口（viewport）尺寸的增加，系统会自动把浏览器窗口分为多栏（最多24栏），结合媒体查询，就可以制作出强大的响应式栅格系统。

可以利用row和col组件，并通过col组件的span属性自由地组合布局。当需要在分栏之间添加一定间隔时，row组件提供gutter属性来指定每一栏之间的间隔，默认间隔为0。例如，把整行分为两个分栏，每个分栏之间间隔20px，其使用的语句如下：

```html
<el-row :gutter="20">
  <el-col :span="12">
    <div class="grid-content bg-purple-dark"></div>
  </el-col>
  <el-col :span="12">
    <div class="grid-content bg-purple-dark"></div>
  </el-col>
</el-row>
```

Element Plus参照Bootstrap的响应式布局预设了5个响应尺寸：xs（＜768px）、sm（≥768px）、md（≥992px）、lg（≥1200px）和xl（≥1920px）。

【例14-3】Element Plus布局验证

说明：例14-3（example14-3）是一个响应式布局，会针对不同的分辨率动态调整其显示分栏，其在浏览器中的显示结果如图14-3所示。

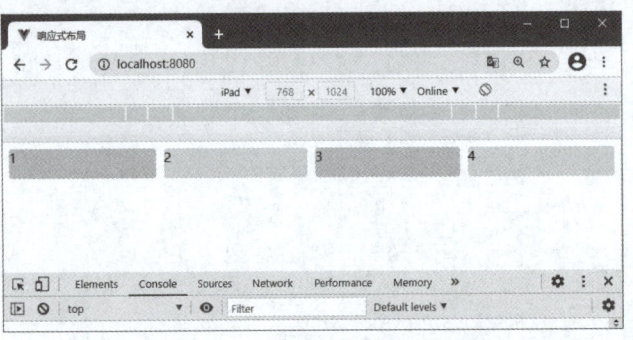
（a）sm 尺寸

（b）xs 尺寸

图 14-3 Element Plus 布局验证

程序代码如下：

```html
<template>
  <el-row :gutter="10">
    <el-col :xs="8" :sm="6" :md="4" :lg="3" :xl="1"><div class="grid-content bg-purple">1</div></el-col>
    <el-col :xs="4" :sm="6" :md="8" :lg="9" :xl="12"><div class="grid-content bg-purple-light">2</div></el-col>
    <el-col :xs="4" :sm="6" :md="8" :lg="9" :xl="12"><div class="grid-content bg-purple">3</div></el-col>
    <el-col :xs="8" :sm="6" :md="4" :lg="3" :xl="1"><div class="grid-content bg-purple-light">4</div></el-col>
  </el-row>
```

```
</template>
<style scoped>
  .el-col {
    border-radius: 4px;
  }
  .bg-purple-dark {
    background: #99a9bf;
  }
  .bg-purple {
    background: #d3dce6;
  }
  .bg-purple-light {
    background: #e5e9f2;
  }
  .grid-content {
    border-radius: 4px;
    min-height: 36px;
  }
</style>
```

2. 图标与按钮

Element Plus提供了一套常用的图标集合，直接通过设置类名为el-icon-iconName来使用即可。例如，编写具有编辑、共享、删除和带有搜索图标的按钮所使用的语句如下：

```
<i class="el-icon-edit"></i>
<i class="el-icon-share"></i>
<i class="el-icon-delete"></i>
<el-button type="primary" icon="el-icon-search">搜索</el-button>
```

Element Plus还提供常用的按钮操作按钮，主要使用plain（朴素按钮）、round（圆角按钮）和circle（圆形按钮）属性来定义按钮的样式。同时，type属性支持多种取值，主要包括primary（主要按钮）、success（成功按钮）、info（信息按钮）、warning（警告按钮）、danger（危险按钮）。

【例14-4】Element Plus图标与按钮验证

说明：例14-4（example14-4）中定义了图标与按钮，并显示或隐藏各种图标或按钮，其在浏览器中的显示结果如图14-4所示。

图 14-4 Element Plus 图标与按钮验证

程序代码如下：

```
<template>
  <el-button type="primary" @click="handleClick">主要按钮</el-button><br><br>
  <el-row v-if="show">
    <el-button type="success">成功按钮</el-button>
```

```html
        <el-button type="info" plain>信息按钮</el-button>
        <el-button type="warning" round>警告按钮</el-button>
        <el-button type="danger" round>危险按钮</el-button>
        <el-button type="primary" plain disabled>主要按钮,禁用</el-button>
        <el-button type="primary" :loading="true">加载中</el-button>
    </el-row>
    <br><br>
    <el-row v-if="show">
        <el-button-group>
            <el-button type="primary" icon="el-icon-arrow-left">上一页</el-button>
            <el-button type="primary">下一页<i class="el-icon-arrow-right "></i>
            </el-button>
        </el-button-group>
        <el-button-group>
          <el-button type="primary" icon="el-icon-edit"></el-button>
          <el-button type="primary" icon="el-icon-share"></el-button>
          <el-button type="primary" icon="el-icon-delete"></el-button>
        </el-button-group>
        <el-button type="primary" icon="el-icon-search">搜索</el-button>
        <el-button type="primary">上传<i class="el-icon-upload el-icon--right"></i>
        </el-button>
    </el-row>
</template>
<script>
import { reactive, toRefs } from 'vue'
export default {
  setup() {
    const state = reactive({
      show: true
    })
    const handleClick = () => {
      state.show = !state.show
    }
    return {
      ...toRefs(state),
      handleClick
    }
  }
}
</script>
```

14.1.4 表单

Element Plus提供了许多表单元素样式,主要包括Radio(单选框)、Checkbox(复选框)、Input(输入框)、InputNumber(计数器)、Select(选择器)、Cascader(级联选择器)、Switch(开关)、Slider(滑块)、TimePicker(时间选择器)、DatePicker(日期选择器)、DateTimePicker(日期时间选择器)、Upload(上传)、Rate(评分)、ColorPicker(颜色选择器),同时还可以对表单元素进行验证。

【例14-5】基于Element Plus的表单制作

说明:例14-5(example14-5)中制作了一个申请活动表单,注意各种表单元素的用法,其在浏览器中的显示结果如图14-5所示。

图 14-5　基于 Element Plus 的表单制作

程序实现步骤及相关代码如下：

```
<template>
  <el-form :model="form" label-width="100px">
  <el-form-item label="用户" prop="username">
    <el-input v-model="form.username"></el-input>
  </el-form-item>
  <el-form-item label="活动区域">
    <el-select v-model="form.region" placeholder="请选择活动区域">
      <el-option label="常青校区" value="changqing"></el-option>
      <el-option label="金银湖校区" value="jinyinhu"></el-option>
    </el-select>
  </el-form-item>
   <el-form-item label="活动时间">
   <el-col :span="11">
      <el-date-picker type="date" placeholder="选择日期" v-model="form.date1" style="width: 100%;"></el-date-picker>
   </el-col>
   <el-col class="line" :span="2">-</el-col>
   <el-col :span="11">
      <el-time-picker placeholder="选择时间" v-model="form.date2" style="width: 100%;"></el-time-picker>
   </el-col>
 </el-form-item>
 <el-form-item label="即时配送">
   <el-switch v-model="form.delivery"></el-switch>
 </el-form-item>
 <el-form-item label="活动性质">
   <el-checkbox-group v-model="form.type">
     <el-checkbox label="美食/餐厅线上活动" name="type"></el-checkbox>
     <el-checkbox label="地推活动" name="type"></el-checkbox>
     <el-checkbox label="线下主题活动" name="type"></el-checkbox>
     <el-checkbox label="单纯品牌曝光" name="type"></el-checkbox>
   </el-checkbox-group>
 </el-form-item>
 <el-form-item label="特殊资源">
    <el-radio-group v-model="form.resource">
      <el-radio label="线上品牌商赞助"></el-radio>
      <el-radio label="线下场地免费"></el-radio>
    </el-radio-group>
 </el-form-item>
```

```
        <el-form-item label="活动形式">
          <el-input type="textarea" v-model="form.desc"></el-input>
        </el-form-item>
        <el-form-item>
          <el-button type="primary" @click="onSubmit">立即创建</el-button>
          <el-button>取消</el-button>
        </el-form-item>
      </el-form>
</template>
<script>
import { reactive } from 'vue'
export default {
  setup() {
    //定义变量
    const form = reactive({
      username: '',
      region: '',
      date1: '',
      date2: '',
      delivery: false,
      type: [],
      resource: '',
      desc: ''
    })
    const onSubmit = () => {
      alert('提交表单')
    }
    return {
      form,
      onSubmit
    }
  }
}
</script>
```

需要特别说明的是,在例14-5中,表单元素一定要绑定响应式数据,否则数据将无法输入到表单元素中。

14.1.5 表格

当需要展示多条结构类似的数据时,可以使用表格。Element Plus中提供了丰富的表格样式及其相关处理方法,表格样式相关处理方法包括排序、筛选、对比和其他自定义操作。

基础表格使用的语句如下:

```
<el-table :data="对象数组" stripe="true" style="width: 100%">
  <el-table-column prop="数组元素" label="表头展示文字" width="180">
  </el-table-column>
</el-table>
```

在el-table元素中,当注入一个数据对象数组后,可以通过在el-table-column中使用prop属性来对应对象中的键名,从而填入数据。label属性用于定义表格的列名,而width属性则用于设定列宽。此外,stripe属性用于控制表格是否显示斑马纹效果,它是一个布尔值(默认为false),设置为true时,将启用带斑马纹的表格显示。

默认情况下,table组件不显示竖直方向的边框。如果需要显示,可以使用border属性,它是一个布尔值(默认为false)。当将border属性设置为true时,表格将显示竖直方向的边框。

【例14-6】Element Plus表格验证

说明：例14-6（example14-6）中制作了一个带有复选框的表格，读者应着重体会表格的用法，其在浏览器中的显示结果如图14-6所示。

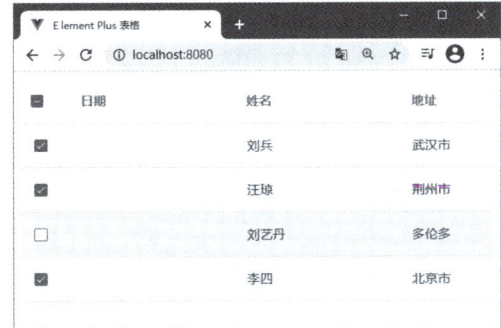

图 14-6　Element Plus 表格验证

程序代码如下：

```
<template>
  <el-table
     stripe="true"
     :data="tableData"
     style="width:100%;">
    <el-table-column
      type="selection"
      width="55">
    </el-table-column>
    <el-table-column
      prop="date"
      label="日期"
      width="180">
    </el-table-column>
    <el-table-column
      prop="name"
      label="姓名"
      width="180">
    </el-table-column>
    <el-table-column
      prop="address"
      label="地址">
    </el-table-column>
  </el-table>
</template>
<script>
import { reactive, toRefs } from 'vue'
export default {
  setup() {
    const state = reactive({
      tableData: [{
        id: '1',
        name: '刘兵',
        address: '武汉市'
      }, {
        id: '2',
```

```
        name: '汪琼',
        address: '荆州市'
      }, {
        id: '3',
        name: '刘艺丹',
        address: '多伦多'
      }, {
        id: '4',
        name: '李四',
        address: '北京市'
      }],
      multipleSelection: []
    })
    return {
      ...toRefs(state)
    }
  }
}
</script>
```

14.1.6 通知

通知（Notification）组件提供通知功能，即悬浮出现在页面角落，显示全局的通知提醒消息。Element Plus使用$notify方法接收options操作参数，在最简单的情况下仅设置title字段和message字段，用于设置通知的标题和正文。在默认情况下，Notification组件会在4500ms后自动关闭，也可以设置duration属性使其在指定的时间后关闭。需要特别说明的是，如果将duration属性设置为0，则不会自动关闭。duration属性值是一个数值型变量，单位为毫秒，默认值为4500。

Notification组件有4种通知类型，分别是success（成功）、warning（警告）、info（信息）、error（错误），通过type字段进行设置。

另外，还可以使用position属性定义Notification组件的弹出位置，支持4种弹出位置，分别是top-right、top-left、bottom-right、bottom-left，默认为top-right。

Notification组件还可以通过offset字段来设置偏移量，可以指定弹出的消息距屏幕边缘的距离。需要注意的是，在同一时刻所有的Notification实例应当具有一个相同的偏移量。

将dangerouslyUseHTMLString属性设置为true，message就会被当作HTML片段处理，即可使用HTML标签设置message 信息。

【例14-7】Element Plus的通知制作

说明：例14-7（example14-7）制作了几种通知，读者应着重体会几种通知的用法，其在浏览器中的显示结果如图14-7所示。

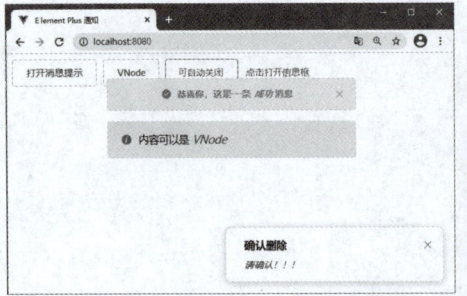 

图14-7 通知的几种状态

程序代码如下：

```vue
<template>
  <el-button :plain="true" @click="openMsg">打开消息提示</el-button>
  <el-button :plain="true" @click="openVn">VNode</el-button>
  <el-button plain @click="open1" >可自动关闭</el-button>
  <el-button type="text" @click="openMsgBox">点击打开信息框</el-button>
</template>
<script>
import { reactive, toRefs, getCurrentInstance, h } from 'vue'
export default {
  setup() {
    const { ctx } = getCurrentInstance()
    const state = reactive({
      count: 0
    })
    const openMsg = () => {
      ctx.$message({
        dangerouslyUseHTMLString: true,       //message会被当作HTML片段处理
        message: '<strong>恭喜你，这是一条<i>成功</i>消息</strong>',
        type: 'success',
        showClose: true,                       //设置为可关闭警告框
        center: true                           //文字居中
      })
    }
    const openVn = () => {
      ctx.$message({
        message: h('p', null, [
          h('span', null, '内容可以是 '),
          h('i', { style: 'color: teal' }, 'VNode')
        ])
      })
    }
    const openMsgBox = () => {
      ctx.$alert('这是一段内容', '标题名称', {
        confirmButtonText: '确定',
        callback: action => {
          ctx.$message({
            type: 'info',
            message: `action: ${action}`
          })
        }
      })
    }
    const open1 = () => {
      ctx.$notify({
        title: '确认删除',
        message: h('i', { style: 'color: teal' }, '请确认！！！'),
        position: 'bottom-right'                //定义弹出位置
      })
    }
    return {
      ...toRefs(state),
      openMsg,
      openVn,
      openMsgBox,
      open1
```

```
          }
       }
    }
</script>
```

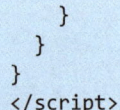 14.1.7 导航菜单

1. 水平导航菜单

导航菜单默认为垂直模式,通过mode属性可以使导航菜单变成水平模式。另外,在菜单中通过submenu组件可以生成二级菜单。另外,menu提供了background-color、text-color和active-text-color,分别用于设置菜单的背景色、菜单的文字颜色和当前激活菜单的文字颜色。

【例14-8】Element Plus的水平导航菜单制作

说明:例14-8(example14-8)制作了水平导航菜单,读者应着重体会水平导航菜单的用法,其在浏览器中的显示结果如图14-8所示。

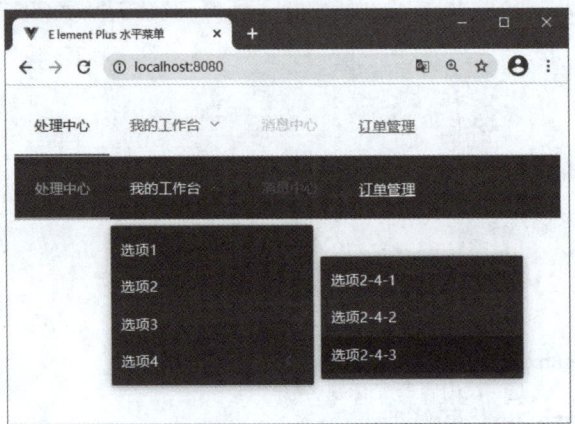

图14-8 水平导航菜单

程序代码如下:

```
<template>
    <el-menu :default-active="activeIndex" class="el-menu-demo" mode="horizontal"
     @select="handleSelect">
    <el-menu-item index="1">处理中心</el-menu-item>
    <el-submenu index="2">
        <template v-slot:title>我的工作台</template>
        <el-menu-item index="2-1">选项1</el-menu-item>
        <el-menu-item index="2-2">选项2</el-menu-item>
        <el-menu-item index="2-3">选项3</el-menu-item>
        <el-submenu index="2-4">
            <template v-slot:title>选项4</template>
            <el-menu-item index="2-4-1">选项2-4-1</el-menu-item>
            <el-menu-item index="2-4-2">选项2-4-2</el-menu-item>
            <el-menu-item index="2-4-3">选项2-4-3</el-menu-item>
        </el-submenu>
    </el-submenu>
    <el-menu-item index="3" disabled>消息中心</el-menu-item>
    <el-menu-item index="4"><a href="https://www.ele.me" target="_blank">订单管理
```

```
    </a></el-menu-item>
  </el-menu>
  <div class="line"></div>
  <el-menu
    :default-active="activeIndex2"
    class="el-menu-demo"
    mode="horizontal"
    @select="handleSelect"
    background-color="#545c64"
    text-color="#fff"
    active-text-color="#ffd04b">
    <el-menu-item index="1">处理中心</el-menu-item>
    <el-submenu index="2">
      <template v-slot:title>我的工作台</template>
      <el-menu-item index="2-1">选项1</el-menu-item>
      <el-menu-item index="2-2">选项2</el-menu-item>
      <el-menu-item index="2-3">选项3</el-menu-item>
      <el-submenu index="2-4">
        <template v-slot:title>选项4</template>
        <el-menu-item index="2-4-1">选项2-4-1</el-menu-item>
        <el-menu-item index="2-4-2">选项2-4-2</el-menu-item>
        <el-menu-item index="2-4-3">选项2-4-3</el-menu-item>
      </el-submenu>
    </el-submenu>
    <el-menu-item index="3" disabled>消息中心</el-menu-item>
    <el-menu-item index="4"><a href="https://www.whpu.edu.cn" target="_blank">订单管理
    </a></el-menu-item>
  </el-menu>
</template>
<script>
import { reactive, toRefs } from 'vue'
export default {
  setup () {
    const state = reactive({
      activeIndex: '1',
      activeIndex2: '1'
    })
    const handleSelect = (key, keyPath) => {
      console.log(key, keyPath)
    }
    return {
      ...toRefs(state),
      handleSelect
    }
  }
}
</script>
```

2. 侧边导航栏

通过el-menu-item-group组件可以将菜单进行分组，实现侧边导航栏。

【例14-9】Element Plus的侧边导航栏制作

说明：例14-9（example14-9）制作了侧边导航栏，读者应着重体会侧边导航栏的用法，其在浏览器中的显示结果如图14-9所示。

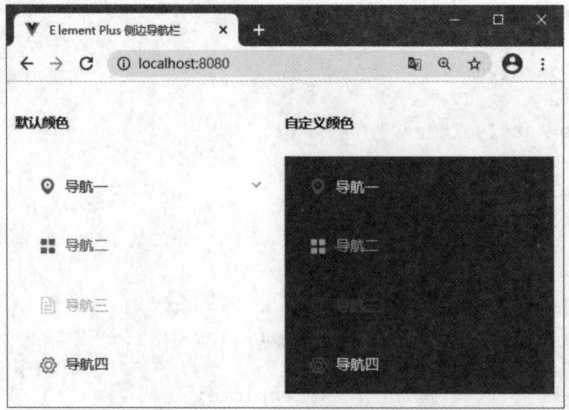

图 14-9 侧边导航栏

程序代码如下:

```
<template>
  <el-row class="tac">
    <el-col :span="12">
      <h5>默认颜色</h5>
      <el-menu
        default-active="2"
        class="el-menu-vertical-demo"
        @open="handleOpen"
        @close="handleClose">
        <el-submenu index="1">
          <template v-slot:title>
            <i class="el-icon-location"></i>
            <span>导航一</span>
          </template>
          <el-menu-item-group>
            <template v-slot:title>分组一</template>
            <el-menu-item index="1-1">选项1-1</el-menu-item>
            <el-menu-item index="1-2">选项1-2</el-menu-item>
          </el-menu-item-group>
          <el-menu-item-group title="分组2">
            <el-menu-item index="1-3">选项1-3</el-menu-item>
          </el-menu-item-group>
          <el-submenu index="1-4">
            <template v-slot:title>选项4</template>
            <el-menu-item index="1-4-1">选项1-4-1</el-menu-item>
          </el-submenu>
        </el-submenu>
        <el-menu-item index="2">
          <i class="el-icon-menu"></i>
          <span>导航二</span>
        </el-menu-item>
        <el-menu-item index="3" disabled>
          <i class="el-icon-document"></i>
          <span >导航三</span>
        </el-menu-item>
        <el-menu-item index="4">
          <i class="el-icon-setting"></i>
          <span >导航四</span>
        </el-menu-item>
```

```html
      </el-menu>
    </el-col>
    <el-col :span="12">
      <h5>自定义颜色</h5>
      <el-menu
        default-active="2"
        class="el-menu-vertical-demo"
        @open="handleOpen"
        @close="handleClose"
        background-color="#545c64"
        text-color="#fff"
        active-text-color="#ffd04b">
        <el-submenu index="1">
          <template v-slot:title>
            <i class="el-icon-location"></i>
            <span>导航一</span>
          </template>
          <el-menu-item-group>
            <template v-slot:title>分组一</template>
            <el-menu-item index="1-1">选项1-1</el-menu-item>
            <el-menu-item index="1-2">选项1-2</el-menu-item>
          </el-menu-item-group>
          <el-menu-item-group title="分组2">
            <el-menu-item index="1-2">选项1-2</el-menu-item>
          </el-menu-item-group>
          <el-submenu index="1-3">
            <template v-slot:title>选项4</template>
            <el-menu-item index="1-3-1">选项1-3-1</el-menu-item>
          </el-submenu>
        </el-submenu>
        <el-menu-item index="2">
          <i class="el-icon-menu"></i>
          <span>导航二</span>
        </el-menu-item>
        <el-menu-item index="3" disabled>
          <i class="el-icon-document"></i>
          <span >导航三</span>
        </el-menu-item>
        <el-menu-item index="4">
          <i class="el-icon-setting"></i>
          <span >导航四</span>
        </el-menu-item>
      </el-menu>
    </el-col>
  </el-row>
</template>
<script>
import { reactive, toRefs } from 'vue'
export default {
  setup() {
    const state = reactive({
      activeIndex: '1',
      activeIndex2: '1'
    })
    const handleOpen = (key, keyPath) => {
      console.log(key, keyPath)
    }
```

```
      const handleClose = (key, keyPath) => {
        console.log(key, keyPath)
      }
      return {
        ...toRefs(state),
        handleClose,
        handleOpen
      }
    }
  }
</script>
```

14.1.8 Badge

Badge（标记）是出现在按钮、图标旁的数字或状态标记。

1. 展示新消息数量

定义value属性，该属性可以是数值型或字符型，其使用的语句如下：

```
<el-badge :value="12">
//或者
<el-badge value="new">
```

2. 自定义最大值

自定义最大值由max属性定义，该属性是数值型。需要注意的是，只有当value取值为数值型时，该属性才会生效。

```
<el-badge :value="200" :max="99">
```

3. 小红点

设置is-dot属性可以以小红点的形式标注需要关注的内容，该属性是布尔型。

```
<el-badge is-dot class="item">数据查询</el-badge>
```

【例14-10】Element Plus的状态标记使用

说明：例14-10（example14-10）中制作了几种状态标记，读者应着重体会这几种状态标记的用法，其在浏览器中的显示结果如图14-10所示。

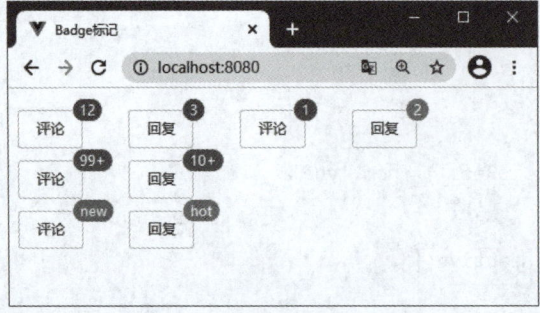

图 14-10　Element Plus 的状态标记

程序代码如下：

```
<template>
```

```
<el-badge :value="12" class="item">
  <el-button size="small">评论</el-button>
</el-badge>
<el-badge :value="3" class="item">
  <el-button size="small">回复</el-button>
</el-badge>
<el-badge :value="1" class="item" type="primary">
  <el-button size="small">评论</el-button>
</el-badge>
<el-badge :value="2" class="item" type="warning">
  <el-button size="small">回复</el-button>
</el-badge>
<br>
<el-badge :value="200" :max="99" class="item" type="danger">
  <el-button size="small">评论</el-button>
</el-badge>
<el-badge :value="100" :max="10" class="item" type="info">
  <el-button size="small">回复</el-button>
</el-badge>
<br>
<el-badge value="new" class="item" type="success">
  <el-button size="small">评论</el-button>
</el-badge>
<el-badge value="hot" class="item" type="warning">
  <el-button size="small">回复</el-button>
</el-badge>
</template>
<style scoped>
.item {
  margin-top: 10px;
  margin-right: 40px;
}
</style>
```

扫一扫,看视频

14.1.9 轮播图

轮播图是在页面的指定区间内循环播放同一类型的图片、文字等内容。Element Plus使用el-carousel和el-carousel-item标签实现轮播图效果,并且轮播图的内容是任意的,需要放在el-carousel-item标签中。默认情况下,当将鼠标指针移动到底部图片指示器时会切换轮播图,也可以通过设置trigger属性为click,达到单击触发的效果。height属性可以设置轮播图的高度。例如,定义单击切换、高度为350px的示意代码如下:

```
<el-carousel height="350px" trigger="click" ></el-carousel>
```

indicator-position属性定义指示器的位置。默认情况下,指示器会显示在轮播图内部,设置为outside则会显示在外部;设置为none则不会显示指示器。示意代码如下:

```
<el-carousel indicator-position="outside"></el-carousel>
```

arrow属性定义切换箭头的显示时机。默认情况下,切换箭头只有在将鼠标指针移到轮播图上时才会显示;若将arrow设置为always,则会一直显示;设置为never,则会一直隐藏。其示意代码如下:

```
<el-carousel arrow="always"></el-carousel>
```

interval属性可以设置轮播图自动切换的时间间隔，默认值为3000（单位为毫秒）。例如，设置自动切换的时间间隔为4s。其示意代码如下：

```
<el-carousel :interval="4000"  ></el-carousel>
```

【例14-11】基于Element Plus的轮播图

说明：例14-11（example14-11）中制作一个轮播图，读者应着重体会轮播图的用法及控制方法，其在浏览器中的显示结果如图14-11所示。

图14-11　轮播图

程序代码如下：

```
<template>
  <div class="block">
    <el-carousel height="350px" :interval="4000" >
      <el-carousel-item v-for="item in 4" :key="item" >
        <h3>
          <img :src="imgArray[item]">
        </h3>
      </el-carousel-item>
    </el-carousel>
  </div>
</template>
<script>
import { reactive, toRefs } from 'vue'
export default {
  setup () {
    const state = reactive({
      imgArray: [
        require('../assets/0.jpg'),
        require('../assets/1.jpg'),
        require('../assets/2.jpg'),
        require('../assets/3.jpg'),
        require('../assets/4.jpg')
      ]
    })
    return {
      ...toRefs(state)
    }
```

```
      }
    }
</script>
<style scoped>
 .el-carousel__item h3 {
    color: #475669;
    font-size: 18px;
    opacity: 0.75;
    line-height: 300px;
    margin: 0;
  }
.el-carousel{
  width:500px;
}
  .el-carousel__item:nth-child(2n) {
    background-color: #99a9bf;
  }
  .el-carousel__item:nth-child(2n+1) {
    background-color: #d3dce6;
  }
</style>
```

14.1.10　Drawer

Drawer（抽屉）组件具有多样化的用途，如例14-12所展示的，它可以用于打开一个临时的侧边栏，这个侧边栏可以从多个方向进行展开。要实现其展开功能，需要设置visible属性，这是一个布尔类型的属性，当其值为true时，Drawer将被显示出来。Drawer主要由两个部分组成：title和body。其中，title部分可以通过一个具名为title的插槽来定义，也可以通过title属性来指定，其默认值为空。需要注意的是，默认情况下，Drawer是从右向左展开的，但也可以通过设置direction属性来改变其弹出的方向。

【例14-12】不同方向的侧边栏

说明：例14-12（example14-12）中从4个方向打开侧边栏，分别是从左往右开、从右往左开、从上往下开和从下往上开，其在浏览器中的显示结果如图14-12所示。

图14-12　不同方向的侧边栏

程序代码如下：

```
<template>
```

```
    <el-radio-group v-model="direction">
      <el-radio label="ltr">从左往右开</el-radio>
      <el-radio label="rtl">从右往左开</el-radio>
      <el-radio label="ttb">从上往下开</el-radio>
      <el-radio label="btt">从下往上开</el-radio>
    </el-radio-group>
    <el-button @click="drawer = true" type="primary" style="margin-left: 16px;">
      点我打开
    </el-button>
    <el-drawer
      title="我是标题"
      v-model= "drawer"
      :direction="direction"
      :before-close="handleClose">
      <span>我来啦!</span>
    </el-drawer>
  </template>
  <script>
  import { reactive, toRefs, getCurrentInstance } from 'vue'
  export default {
    setup () {
      const { ctx } = getCurrentInstance()
      const state = reactive({
        drawer: false,
        direction: 'rtl'
      })
      const handleClose = (done) => {
        ctx.$confirm('确认关闭？')
          .then(_ => {
            done()
          })
          .catch(_ => {})
      }
      return {
        ...toRefs(state),
        handleClose
      }
    }
  }
  </script>
```

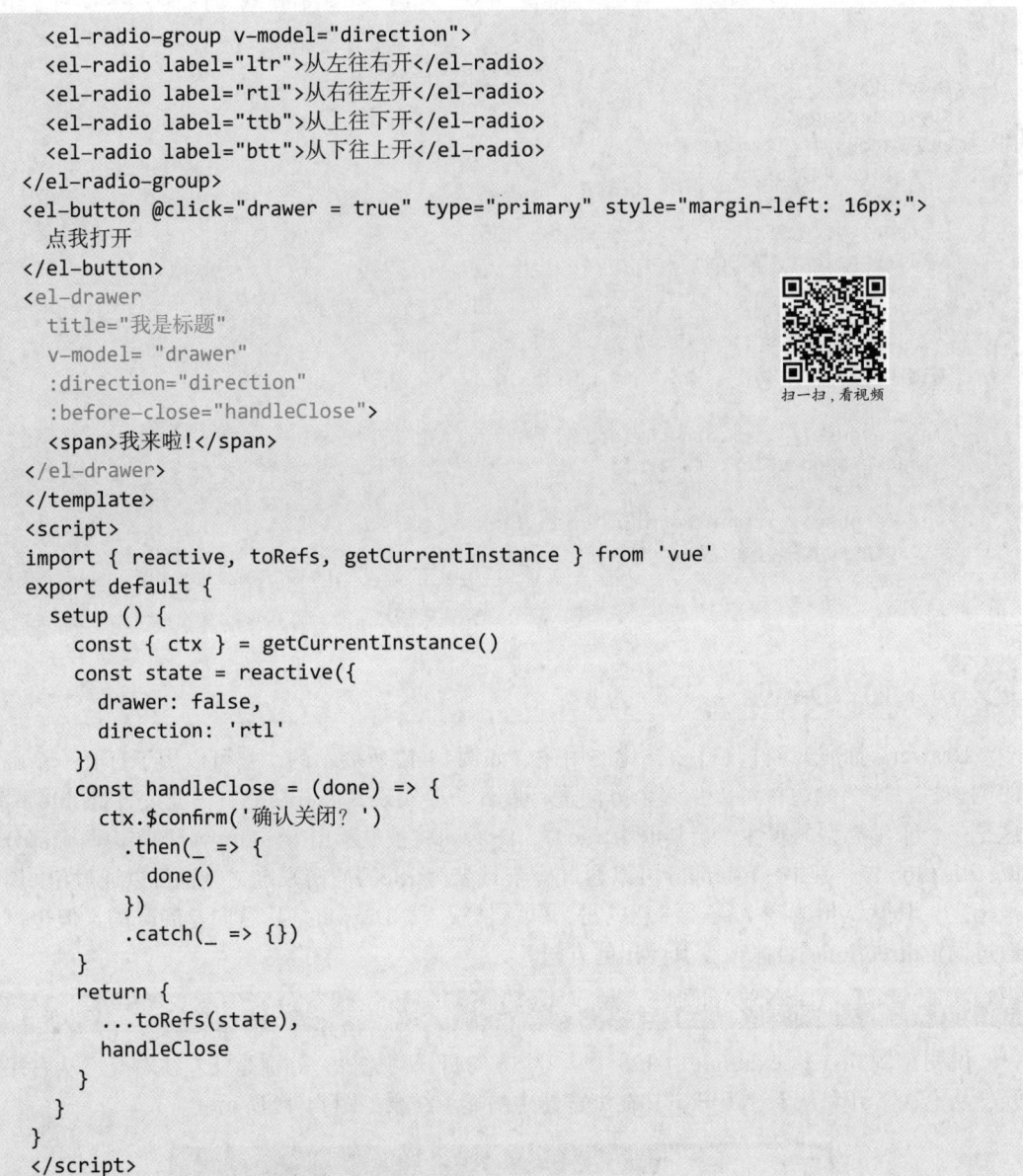

扫一扫，看视频

14.2 Vant

14.2.1 Vant 概述

Vant是一个轻量、可靠的移动端组件库，目前Vant官方提供Vue 2版本、Vue 3版本和微信小程序版本，并由社区团队维护React版本和支付宝小程序版本。Vant主要包括以下特性。

（1）性能极佳，组件平均体积小于1KB。

（2）65+个高质量组件，覆盖移动端主流场景。

（3）使用TypeScript编写，提供完整的类型定义。

（4）单元测试覆盖率超过90%，提供稳定性保障。

（5）提供完善的中英文文档和组件示例。
（6）支持主题定制，内置700+个主题变量。
（7）支持按需引入。
（8）支持服务器端渲染。
（9）支持国际化和语言包定制。

1. 安装

在现有项目中使用Vant时可以通过npm进行安装，其使用的代码如下：

```
npm i vant -S
```

2. 引入Vant

使用Vant前必须先将其引入到Vue-cli脚手架中。引入的方法是在脚手架src目录下的main.js文件中加入以下粗体字代码。

```
import { createApp } from 'vue'
import App from './App.vue'
import router from './router'
import Vant from 'vant';                    //导入Vant所有组件
import 'vant/lib/index.css';                //导入Vant的样式文件
createApp(App).use(Vant).use(router).mount('#app')    //把Vant应用到App项目
```

3. 在页面中使用Vant

【例14-13】Vant的引入和使用方法

说明：例14-13（example14-13）中使用Vant的按钮，并在按钮中显示数据"Hello Vant World!"，其在浏览器中的显示结果如图14-13所示。

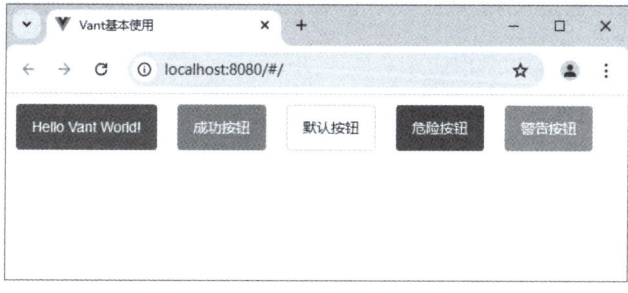

图 14-13　Vant 的引入和使用方法

在进行程序代码设计之前，必须先在main.js文件中导入Vant。其程序代码如下：

```
<template>
  <div>
    <van-button type="primary">{{msg}}</van-button>
    <van-button type="success">成功按钮</van-button>
    <van-button type="default">默认按钮</van-button>
    <van-button type="danger">危险按钮</van-button>
    <van-button type="warning">警告按钮</van-button>
  </div>
</template>
<script>
import { reactive, toRefs } from 'vue'
export default {
```

```
    setup() {
      const state = reactive({
        msg: 'Hello Vant World!'
      })
      return {
        ...toRefs(state),
      }
    }
  }
</script>
<style scoped>
button{
  margin: 10px;                      /*让按钮组件与其他组件间隔10px*/
}
</style>
```

14.2.3 Vant 组件的使用方法

1. Icon（图标）

在Vant中，基于字体的图标集既可以通过Icon组件来实现，也可以在其他组件中通过icon属性来引用。Icon的基础用法是通过name属性来指定需要使用的图标。Vant内置了一套图标库，用户可以直接传入对应的图标名称来使用。例如，聊天的图标就可以在Vant的官方网址的"Icon图标"目录下找到，如图14-14所示。其使用的代码如下：

```
<van-icon name="chat-o"/>
```

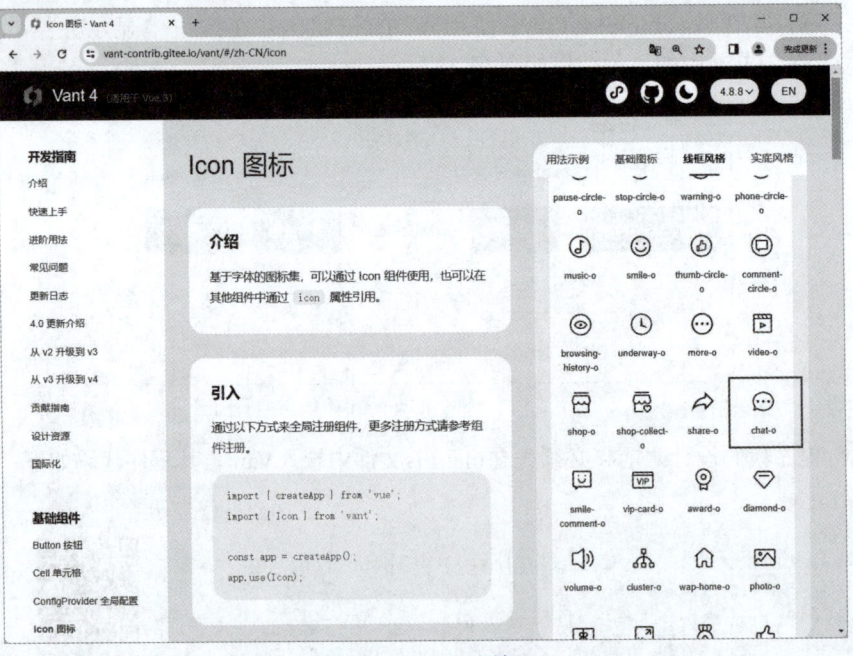

图 14-14　Icon 图标

Icon 图标包括以下主要属性。

（1）name：图标名称或图片链接。

（2）dot：是否显示图标右上角的小红点。

（3）badge：图标右上角徽标的内容。

（4）badge-props：自定义徽标的属性，传入的对象会被传递给Badge组件的props属性。
（5）color：图标颜色。
（6）size：图标大小，如 20px。
（7）class-prefix：类名前缀，用于使用自定义图标。
（8）tag：根节点对应的 HTML 标签名。

【例 14-14】Icon 图标的几种使用方法

例14-14列出了Icon的几种使用方法，其在浏览器中的显示结果如图 14-15 所示。

图 14-15　Icon 图标

程序代码如下：

```
<template>
  <div>
    <!--Icon图标的基本使用方法-->
    <van-icon name="chat-o"/>
    <!--name属性中传入一个图片URL来作为图标-->
    <van-icon
      name="https://fastly.jsdelivr.net/npm/@vant/assets/icon-demo.png"/>
    <!--设置dot属性后，会在图标右上角展示一个小红点-->
    <van-icon name="chat-o" dot/>
    <!--设置 badge 属性后，会在图标右上角展示相应的徽标-->
    <van-icon name="chat-o" badge="9"/>
    <van-icon name="chat-o" badge="99+"/>
    <!--通过 color 属性来设置图标的颜色-->
    <van-icon name="cart-o" color="#1989fa"/>
    <van-icon name="fire-o" color="#ee0a24"/>
    <!--不指定单位，默认使用px-->
    <van-icon name="chat-o" size="40"/>
    <!--指定使用rem单位-->
    <van-icon name="chat-o" size="3rem"/>
  </div>
</template>
<style scoped>
* {
  margin: 10px;                      /*让图标之间间隔10px*/
}
</style>
```

2. Tabbar（标签栏）

Tabbar主要应用于手机App中的屏幕底部导航栏，通过单击不同的底部图标在不同页面之间进行切换。

Tabbar的基础用法是使用v-model属性默认绑定选中标签的索引值，通过修改绑定的索引值即可切换不同的选中标签，其示例代码如下：

```
<van-tabbar v-model="active">
  <van-tabbar-item icon="home-o">标签</van-tabbar-item>
  <van-tabbar-item icon="search">标签</van-tabbar-item>
  <van-tabbar-item icon="friends-o">标签</van-tabbar-item>
  <van-tabbar-item icon="setting-o">标签</van-tabbar-item>
</van-tabbar>
import { ref } from 'vue';
export default {
  setup() {
    //初值选中第1个标签，修改active值可以让下面导航栏对应的图标处于激活状态
    const active = ref(0);
    return { active };
  },
};
```

在van-tabbar-item标签中，设置dot属性会在图标右上角显示一个小红点，作为提示或标记；若设置badge属性，则会在图标右上角显示相应的徽标，通常用于显示数量或状态。此外，通过active-color属性可以设置标签在激活状态下的颜色，而通过inactive-color属性则可以设置未选中标签的颜色，以实现视觉上的区分和用户界面的美化。例如：

```
<van-tabbar-item icon="search" dot>标签</van-tabbar-item>
<van-tabbar-item icon="friends-o" badge="5">标签</van-tabbar-item>
```

通过change事件来监听选中标签的变化，该事件的返回参数是当前选中标签的索引值。其示例代码如下：

```
<van-tabbar v-model="active" @change="onChange">
  ...
</van-tabbar>
import { ref } from 'vue';
export default {
  setup() {
    const active = ref(0);
    const onChange = (index) => console.log(index);
    return {
      icon,
      onChange,
    };
  },
}
```

Tabbar还支持路由模式，用于搭配Vue Router使用。路由模式下会匹配页面路径和标签的to属性，并自动选中对应的标签。其示例代码如下：

```
<router-view/>            <!--路由结果占位符-->
<van-tabbar route>
  <van-tabbar-item replace to="/home" icon="home-o">标签</van-tabbar-item>
  <van-tabbar-item replace to="/search" icon="search">标签</van-tabbar-item>
</van-tabbar>
```

【例14-15】手机App主界面

在例14-15中，实现了通过单击屏幕下方的导航图标按钮来展示不同页面内容的功能。在图14-16中，展示了单击"主页"和"设置"这两个导航图标后所呈现的结果。

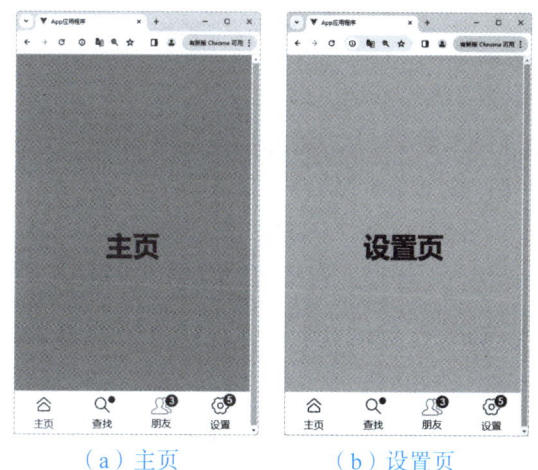

（a）主页　　　　　　（b）设置页

图 14-16　手机 App 主界面

下面介绍程序实现步骤及相关文件代码。

（1）创建4个Vue页面程序。为了简单起见，此处的4个程序完全相同，仅改变msg变量的值，但在实现项目中可以根据具体需求来显示相关信息。程序代码如下：

```
<template>
  <!--不同页面设置不同的背景色-->
  <div style="background-color: mediumturquoise;">
    <h1>{{msg}}</h1>
  </div>
</template>
<script>
import { reactive, toRefs } from 'vue'
export default {
  setup () {
    const state = reactive({
      msg:'主页',                       //4个不同的程序此处设置的内容不同
    })
    return {
      ...toRefs(state),
    }
  }
}
</script>
<style scoped>
div {
  height: 100vh;              /*占整个屏幕高度*/
  display: flex;              /*网页布局为弹性布局*/
  justify-content: center;    /*主轴方向居中对齐*/
  align-items: center;        /*次轴方向居中对齐*/
}
</style>
```

（2）设置路由程序，即修改router/index.js文件，其内容如下：

```
import { createRouter, createWebHashHistory } from 'vue-router'
import HomeView from '../views/experiment10/home.vue'
const routes = [
  {
    path: '/',                     //默认主页程序，主页路由
```

```
    name: 'home',
    component: HomeView
  },
  {
    path: '/friend',              //朋友页面的导航路由
    name: 'friend',
    component: function () {
      return import('../views/experiment10/friend.vue')
    }
  },
  {
    path: '/setting',             //设置页面的导航路由
    name: 'setting',
    component: function () {
      return import('../views/experiment10/setting.vue')
    }
  },
  {
    path: '/search',              //查找页面的导航路由
    name: 'search',
    component: function () {
      return import('../views/experiment10/search.vue')
    }
  },
]
const router = createRouter({
  history: createWebHashHistory(),
  routes
})
export default router
```

（3）带底部导航路由的手机App主程序，代码如下：

```
<template>
  <div>
    <!--路由结果占位符-->
    <router-view/>
    <!--底部导航工具条组件-->
    <van-tabbar v-model="active" active-color="#ee0a24" >
      <van-tabbar-item replace to="/home1" icon="home-o">主页</van-tabbar-item>
      <van-tabbar-item replace to="/search" icon="search" dot>
        查找
      </van-tabbar-item>
      <!--自定义图标-->
      <van-tabbar-item replace to="/friend" badge="3">
        <span>朋友</span>
        <template #icon="props">
          <img :src="props.active ? icon.active : icon.inactive"/>
        </template>
      </van-tabbar-item>
      <van-tabbar-item replace to="/setting" icon="setting-o" badge="5">
        设置
      </van-tabbar-item>
    </van-tabbar>
  </div>
</template>
<script>
```

```
import {onMounted, reactive, toRefs } from 'vue'
export default {
  setup() {
    const state = reactive({
      active: 0,
    })
    const icon = {                          //自定义图标的激活和未激活状态的图标
      active: 'https://fastly.jsdelivr.net/npm/@vant/assets/user-active.png',
      inactive:'https://fastly.jsdelivr.net/npm/@vant/assets/user-inactive.png',
    };
    return {
      ...toRefs(state), icon
    }
  }
}
</script>
```

14.3 本章小结

本章详细讲解了用于支持Vue 3.x并能在网页中进行UI设计的两个插件:Element Plus和Vant。14.1节讲解了Element Plus的常用知识,包括Element Plus概述、内置过渡动画、布局与图标组件、表单及其验证、表格、通知、导航菜单、Badge、轮播图和Drawer;14.2讲解了用于手机UI设计的Vant插件,其中重点说明了如何在项目中安装和引用Vant,并通过两个组件说明其最基本的使用方法,但由于篇幅限制,有很多内容没有讲解到,读者在用到时可以查询官方文档进行了解。

14.4 实验14　手机App主页程序

扫描二维码,查看实验内容。

扫描二维码
查看实验内容

第5部分 实操综合案例 提升开发技能

第15章 制作影院订票系统前端页面

制作影院订票系统前端页面

学习目标：

本章通过讲解一个综合案例——制作影院订票系统前端页面，让读者对本书前面所学习内容进行综合实训。通过本章的学习，读者应该掌握以下主要内容。

- Vue 3.x的数据绑定、事件触发响应。
- Vue 3.x的计算属性。
- Vue 3.x的各种指令。

思维导图简图

扫描二维码
查看详细知识树导图

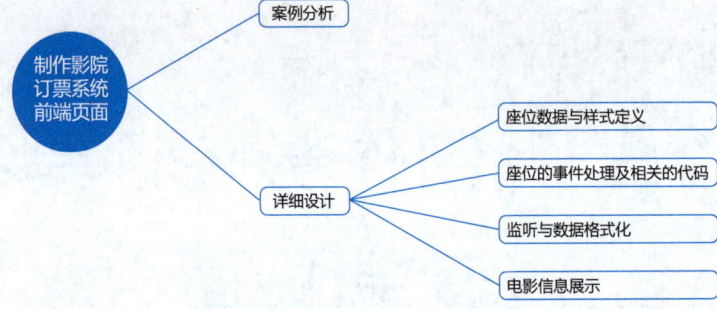

15.1 案例分析

影院订票系统是电影院电影票销售的核心环节，它直接关乎用户体验的便捷性与界面设计的直观性。该系统涵盖了用户注册、影片信息管理、订票信息管理、站内新闻管理等多个功能模块。本节将着重介绍其中的订票前端页面设计，旨在帮助读者综合运用前期所学知识。完成的页面如图15-1所示。

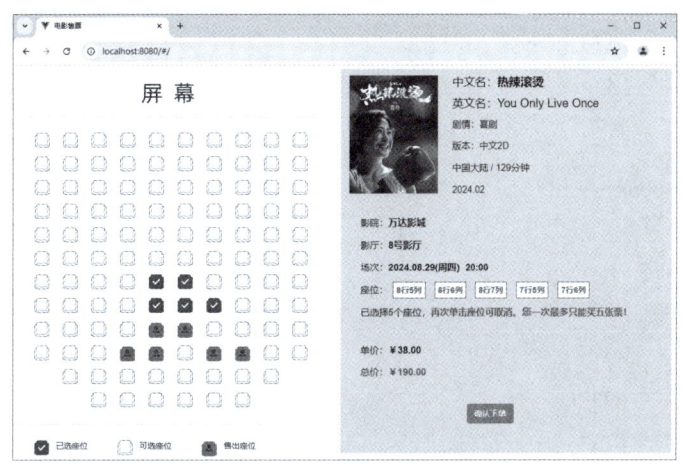

图 15-1　影院订票系统页面

该页面要求用图形方式进行座位的选择，即能够单击图15-1左侧的可选座位来选中所要购买的座位，当用户单击可选座位后，该座位会变成已选座位状态；当用户单击已选座位后，该座位会重新回到可选座位状态；图中灰色的座位表示已售出座位的状态。

另外，当用户选中或取消某一个座位后，在图15-1的右侧会自动显示出已选座位是几行几列，并能根据用户所选择的电影票张数，自动计算出本次购票的总价。同时，还能限制用户一次最多只能购买5张电影票，当票数达到上限时能动态提示用户，此时不能再选择新的可选座位，但可以取消已选座位。

通过图15-1可以看出该页面分为左右两个部分，采用CSS+DIV方式布局，即左右各使用一个DIV块。其中，右半部分被分成两行，分别是电影信息行和影票购买信息行，而电影信息行又分成两列，分别是影片海报和电影的基本信息。其实现源代码如下：

```
<template>
  <div class="film">
    <div class="filmLeft">
      <!--电影的座位-->
    </div>
    <div class="filmRight">
      <div class="rightTop">
        <div class="rightTopleft">
          <!--电影的海报-->
        </div>
        <div class="rightTopRight">
          <!--电影的基本信息-->
        </div>
      </div>
```

扫一扫，看视频

```html
            <div class="rightBootom">
                <!--电影票的购买信息-->
            </div>
        </div>
    </div>
</template>
```

基础框架的样式定义如下：

```css
.film{
    margin: 0 auto;
    width: 1050px;
    border:1px solid grey;
    height: 550px;
}
.filmLeft{
    width:550px;
    height: 500px;
    float: left;
}
.filmLeft h3{
    text-align: center;
}
.filmLeft ul {
    list-style: none;
}
.filmRight{
    width:500px;
    height: 550px;
    float: left;
    background-color: bisque;
}
.rightTopleft{
    float: left;
    margin: 20px 15px 5px 10px;
}
.rightTopRight{
    float: left;
    margin:0px 0px 5px 5px
}
.rightBootom{
    clear: both;
    margin: 0px 10px;
}
.rightBootom p{
    line-height: 12px;
}
```

15.2 详细设计

15.2.1 座位数据与样式定义

座位实现是通过在<li></li>标记中使用背景图片完成的，背景图片包含了4种座位样式：

无座位(空白)、可选座位(白色)、选中座位(红色)、售出座位(灰色)。这些座位样式在数组中通过特定的数值进行定义和区分,具体如下:

-1:无座位　　0:可选座位　　1:选中座位　　2:售出座位

例如,在Vue 3.x中定义一个11行10列的影院座位,每一个座位用一个数字来表示,数字含义如上,定义数组的语句如下(其在浏览器中对应图15-1左半部分座位图):

```
seatflag: [
  0, 0, 0, 0, 0, 0, 0, 0, 0, 0,
  0, 0, 0, 0, 0, 0, 0, 0, 0, 0,
  0, 0, 0, 0, 0, 0, 0, 0, 0, 0,
  0, 0, 0, 0, 0, 0, 0, 0, 0, 0,
  0, 0, 0, 0, 0, 0, 0, 0, 0, 0,
  0, 0, 0, 0, 0, 0, 0, 0, 0, 0,
  0, 0, 0, 0, 0, 0, 0, 0, 0, 0,
  0, 0, 0, 0, 0, 0, 0, 0, 0, 0,
  0, 0, 0, 0, 2, 2, 0, 0, 0, 0,
  0, 0, 0, 2, 2, 0, 2, 2, 0, 0,
  -1, 0, 0, 0, 0, 0, 0, 0, 0, -1,
  -1, -1, 0, 0, 0, 0, 0, 0, -1, -1,
]
```

扫一扫,看视频

从定义的seatFlag数组可以看出,它原本是一个一维数组。为了使其能够表示座位的行列信息,可以定义一个表示每行座位数的数据seatCol。当用户单击某一个座位时,程序可以获取到该座位在一维数组中的序号。通过将该序号整除seatCol得到的商,即可确定座位的行号;而对seatCol取余数,则可以确定座位对应的列号。

在CSS中通过4个座位的背景图对座位<li>元素的样式进行定义,如图15-2所示。通过上、下移动该背景图使用户在<li>元素的窗口中看到不同的座位样式,其样式定义如下:

```css
.seat {                          /*座位统一样式*/
  float: left;                   /*左浮动,让座位横向排列*/
  width: 30px;                   /*宽度30px*/
  height: 30px;                  /*高度30px*/
  margin: 5px 10px;              /*座位之间左右间隔10px,上下间隔5px*/
  cursor: pointer;               /*鼠标指针手形*/
}
.seatSpace {                     /*可选座位样式*/
  /*背景图bg.png,不重复,向右1px,向上29px*/
  background: url("img/bg.png") no-repeat 1px -29px;
}

.seatActive {                    /*选中座位样式*/
  /*背景图bg.png,向右1px,向上0px*/
  background: url("img/bg.png") 1px 0px;
}
.seatNoUse {                     /*售出座位样式*/
  /*背景图bg.png,向右1px,向上56px*/
  background: url("img/bg.png") 1px -56px;
}
.noSeat {                        /*没有座位样式*/
  /*背景图bg.png,向右1px,向上84px*/
  background: url("img/bg.png") 1px -84px;
}
```

图 15-2　座位背景图

使用Vue 3.x中的v-for命令对上面的数据动态生成多个座位的<li>元素。首先每个座位都有seat样式类，然后根据每个座位对应的数据来显示其对应的样式图片。当座位对应的数据是-1时，添加noSeat样式类，即无该座位；当座位对应的数据是0时，添加seatSpace样式类，即该座位是可选座位；当座位对应的数据是1时，添加seatActive样式类，即该座位是已选座位；当座位对应的数据是2时，添加seatNoUse样式类，即该座位是已售出座位。其在HTML中的循环语句如下：

```html
<h3>屏幕</h3>
<ul>
  <li v-for="(item, index) in seatflag" :key="index" class="seat"
      :class="{'noSeat' : seatflag[index]==-1,
               'seatSpace' : seatflag[index]==0,
               'seatActive' : seatflag[index]==1,
               'seatNoUse' : seatflag[index]==2}"
      @click="handleClick(index)">
  </li>
</ul>
```

行列是由单击座位对应的序号和数据seatCol来确定的，但在浏览器中的显示是由<li>元素的父级元素来确定的，即由<ul>元素的宽度来控制，这些数据以后都可以通过后台服务器动态获取。该<ul>元素的样式定义如下：

```css
.filmLeft{
    width:550px;                    /*设定宽度，目的一行显示多少个座位，其他座位另起新行*/
    height: 500px;
    float: left;
}
.filmLeft ul {
    list-style: none;               /*去除列表样式*/
}
```

15.2.2　座位的事件处理及相关的代码

当用户单击某个座位后，会执行相应座位的单击事件处理函数handleClick(index)，处理函数的入口参数index代表用户单击的座位在一维数组seatflag中的位置。在Vue 3.x中，利用数据绑定特性，当数组seatflag中的数据值被用户修改时，会自动刷新对应的座位图片。该函数的实现方式如下：

```javascript
const handleClick = (index) => {
    if (state.seatflag[index] === 1) {           //当前是已选座位
        state.seatflag[index] = 0                //将当前座位值变为0，并驱动座位图自动刷新
        //利用ES6语法findIndex()方法找到当前已选座位的索引值，再利用splice()方法将其删除
        state.curSeat.splice(state.curSeat.findIndex(item => item === index), 1)
```

```
      } else {                                    //当前是可选座位
        //判断单击座位是否为可选座位且选中座位数是否小于5
        if (state.seatflag[index] === 0 && state.curSeat.length < 5) {
          state.seatflag[index] = 1   //将当前座位值变为1,并驱动座位图自动刷新
          //将当前单击座位在数组中的索引值加入已选座位数组
          state.curSeat.push(index)             }
        }
      //初始化表示当前选中的座位是几行几列的数组
      state.curSeatDisp = []
      for (const data of state.curSeat) { //循环,取出已选座位数组的每个座位值
        //座位值除以10加1得到行数,座位值对10取模加1得到列数,组合成"几行几列"字符串
        //压入已选座位数组
        state.curSeatDisp.push((Math.floor(data / state.seatCol) + 1) + '行' + (data
% state.seatCol + 1) + '列')
      }
      //统计已选座位数,即统计seatflag中代表已选座位1的个数
      var mySeat = state.seatflag.filter(item => item === 1)
      state.count = mySeat.length
      //判断是否达到购买上限,并显示提示语句"您一次最多只能买五张票!"
      if (state.count >= 5) state.maxFlag = true
      else state.maxFlag = false
    }
    return {
      ...toRefs(state),
      fileTotal,
      handleClick,
      numberFormat
    }
  }
}
```

其中:

(1)显示已选座位"几行几列"是根据curSeatDisp数组来确定的。其在HTML中通过v-for命令来实现,代码如下:

```
<p id="seatSelect">
  座位:
  <span v-for="(item, index) in curSeatDisp" :key="index">
    {{item}}
  </span>
</p>
```

(2)显示已选座位数是根据count数据来确定的。其在HTML中的实现代码如下:

```
<p>已选择
  <strong style="color:red;">{{count}}</strong>个座位
</p>
```

(3)判断购买票数是否达到上限,并在达到上限后显示"您一次最多只能买五张票!"的提示语句是通过数据maxFlag的值来确定的。其在HTML中的实现代码如下:

```
<strong style="color:red;">再次单击座位可取消。
  <span v-if="maxFlag">您一次最多只能买五张票! </span>
</strong>
```

15.2.3 监听与数据格式化

在Vue 3.x中通过监听count数据的变化来重新计算总价。其在Vue实例中的语句如下：

```
const fileTotal = computed(() => {
  return state.count * state.filmInfo.unitPrice
})
```

在电影票单价和总价的显示上，通过Vue 3.x定义的方法实现了保留小数点后两位，并在金额前面添加了人民币符号。其在Vue实例中的语句如下：

```
//方法代替Vue2.0的过滤器
const numberFormat = (value) => '￥' + value.toFixed(2)
```

在HTML中使用该方法的代码如下：

```
<p>单价：<strong>{{numberFormat(filmInfo.unitPrice) }}</strong></p>
<p>总价：<strong style="color:red;">{{numberFormat(fileTotal)}}</strong></p>
```

15.2.4 电影信息展示

图15-1的右上半部分是电影海报和电影的部分相关信息，这部分是通过调用Vue实例中filmInfo对象中的相关数据来显示信息的。这个filmInfo对象在Vue实例的data中的定义如下：

```
filmInfo: {
  name: '囧妈',                    //影片中文名
  nameEnglish: 'Lost in Russia',   //影片英文名
  copyRight: '中文2D',             //版本
  filmImg: 'img/film1.png',        //影片海报文件名
  storyType: '喜剧',               //影片类型
  place: '中国大陆',               //影片产地
  timeLength: '126分钟',           //影片时长
  timeShow: '2020.02',             //影片上映时间
  cinema: '万达影城',              //电影院
  room: '8号影厅',                 //放映影厅
  time: '2020.05.18(周一）20:00',  //放映时间
  unitPrice: 38,                   //单价
}
```

HTML中的实现代码如下：

```
<div class="filmRight">
 <div class="rightTop">
  <div class="rightTopleft">
   <a href="#">
    <img src="filmInfo.filmImg" alt="..." height="200">
   </a>
  </div>
  <div class="rightTopRight">
   <p >中文名：<strong>{{filmInfo.name}}</strong></p>
   <p >英文名：{{filmInfo.nameEnglish}}</p>
   <p>剧情：{{filmInfo.storyType}}</p>
   <p>版本：{{filmInfo.copyRight}}</p>
   <p>{{filmInfo.place}} / {{filmInfo.timeLength}}</p>
   <p>{{filmInfo.timeShow}}</p>
  </div>
```

```
    </div>
    <div class="rightBootom">
     <p>影院：<strong>{{filmInfo.cinema}}</strong></p>
     <p>影厅：<strong>{{filmInfo.room}}</strong></p>
     <p>场次：<strong>{{filmInfo.time}}</strong></p>
      <p id="seatSelect">座位：<span v-for="(item, index) in curSeatDisp"
:key="index">{{item}}</span></p>
      <p>已选择<strong style="color:red;">{{count}}</strong>个座位，<strong
style="color:red;">再次单击座位可取消。
     <span v-if="maxFlag">您一次最多只能买五张票! </span></strong></p>
     <hr>
     <p>单价：<strong>{{numberFormat(filmInfo.unitPrice) }}</strong></p>
     <p>总价：<strong style="color:red;">{{numberFormat(fileTotal)}}</strong></p>
     <hr>
     <button type="button" class="btn" @click="filmSubmit">
      确认下单
     </button>
    </div>
  </div>
```

在HTML中进行数据绑定时使用了两种方式，一种是双大括号的数据绑定方式，即"{{数据}}"；另一种是属性绑定方式，即":src='filmInfo.filmImg'"。

15.3 本章小结

本章主要围绕影院订票系统前端页面的综合案例进行讲解，重点在于利用Vue 3.x的特性进行实现。该案例要求开发者具备较高的JavaScript程序设计能力，并能够熟练掌握Vue 3.x进行网页行为控制。通过这个案例的实践，读者不仅能够进一步加深对前面章节所学知识的理解，还能切身体会到最新前端框架Vue 3.x在实际项目中的灵活应用，包括数据渲染、事件触发响应、监听属性、计算属性以及各种指令的使用。

15.4 实验15 影院订票前端页面

扫描二维码，查看实验内容。

扫描二维码
查看实验内容